高校转型发展系列教材

电工电子技术

主　编　张　明

副主编　孙海静　任　苹　张珍珍

清华大学出版社

北京

内 容 简 介

随着科学技术的不断发展,电工电子技术课程已经成为高等学校计算机、自动化、通信工程、仪器仪表等专业的专业基础课程。对成人教育来说,电工电子技术既能为学习专业课打下良好的基础,同时又具有很强的实践性,是电类相关专业以及机电一体化、数控技术等专业的必修课。电工电子技术教材建设是学校培养优秀工科类人才的关键环节。

本书共分为11章,内容包括:电路及其分析方法、正弦交流电路、磁路和变压器、交流异步电动机、半导体器件基础、放大电路基础、集成运算放大器、直流稳压电源、门电路与组合逻辑电路、触发器与时序逻辑电路、数-模与模-数转换。

图书在版编目(CIP)数据

电工电子技术/张明主编. —北京:清华大学出版社,2020.8
高校转型发展系列教材
ISBN 978-7-302-46553-9

Ⅰ. ①电… Ⅱ. ①张… Ⅲ. ①电工技术-高等学校-教材 ②电子技术-高等学校-教材
Ⅳ. ①TM ②TN

中国版本图书馆 CIP 数据核字(2017)第 030104 号

责任编辑:赵　斌　赵从棉
封面设计:常雪影
责任校对:王淑云
责任印制:杨　艳

出版发行:清华大学出版社
　　　　　网　　　址:http://www.tup.com.cn,http://www.wqbook.com
　　　　　地　　　址:北京清华大学学研大厦 A 座　　　　　邮　　编:100084
　　　　　社 总 机:010-62770175　　　　　　　　　　　　邮　　购:010-62786544
　　　　　投稿与读者服务:010-62776969,c-service@tup.tsinghua.edu.cn
　　　　　质量反馈:010-62772015,zhiliang@tup.tsinghua.edu.cn
印 装 者:三河市君旺印务有限公司
经　　销:全国新华书店
开　　本:185mm×260mm　　印　张:26.5　　　　字　　数:643 千字
版　　次:2020 年 9 月第 1 版　　　　　　　　　　印　　次:2020 年 9 月第 1 次印刷
定　　价:75.00 元

产品编号:069995-01

前言

Preface

电工电子技术是工程类、计算机类、电子类专业的重要专业基础课，对人才培养有着至关重要的作用。电工电子技术涉及的内容也浩如烟海，知识点多、理论性强、难度大，为了更好地适应学生的学习，本教材设定的目标是通过教学，培养学生具有清晰、准确、系统的理论知识，并具有较强的电工电子技术实际应用能力。本教材内容体系完整，较全面地讲述了电工电子技术知识，以基本概念和基本应用为主，着重于电路功能的描述、分析和典型应用，强调电路特性和电路的应用，淡化电路的内部结构，将写作的重点从纯粹理论分析转向面对应用的功能分析。

在教材编写上，通过对问题进行深入、透彻的解析，并结合关键知识点的讲解，帮助学生把各单元的知识，甚至其他学科的知识纵向、横向地联系起来，构建系统化的电子技术知识和技能体系，培养学生的自学能力及分析判断能力。同时将理论知识与实践能力、创新能力的培养结合起来，重点突出学生主体性，激发学生的学习兴趣，提高学生的综合能力，使从未接触过电工与电子技术的学生能够建立起电路及电子技术工程的整体知识体系并对电路及电子技术的实际应用建立基本概念。在每章的最后都有对本章知识进行汇总的小结，以加强学生对每章知识内容的整体理解，进而加深对所学习理论知识的理解，达到理论知识的学习与实践能力培养相互促进的目的。为后续课程的学习以及考研打下良好的基础。

本教材是在对应用于教学多年，并且取得较好效果的讲义进行完善的基础上写作的。在多年的教学中，该讲义不断被完善，在教学中收到了良好的教学效果。本教材编写组教师长期从事电工电子技术系列课程的教学及科研工作，理论功底扎实，科研能力较强，教学水平高，具有较好的写作教材的功底。

全书共分 11 章，第 1～4，8 章由张明编写，第 5，6 章由任苹编写，第 7，9～11 章由孙海静编写。全书由张明、张珍珍统稿。本书在编写的过程中还得到了北京凌阳爱普科技有限公司工程师罗亚非、王浩的帮助。

目

录

Contents

074 第 2 章 正弦交流电路

绪 论

1. 电能的应用及其与生产发展的关系

自 18 世纪末至今,电工技术和电子技术在理论上和技术上都取得了迅速的发展,电的应用已涉及各个领域,推动着工业、农业、国防建设以及人们日常生活的各个方面发生日新月异的变化。可以说,现在所有不同领域的科学技术无不与电有着密切的关系。

电能之所以在现代工农业生产中得到广泛的应用,是因为它具有以下优越性:①转换方便,电能和其他形式能量之间便于相互转换。而且电能本身也有低压工频交流、高压工频交流、低压直流、高压直流和高频交流等多种形式,它们之间也便于相互转换。②输送方便、经济。电能无论作为能量的传输和分配,或作为信号的传递和处理,都极为容易、迅速,而且经济、可靠。③控制灵活。利用电动机、低压电器等组成的电气设备来带动生产机械,起动、停车和转速的调节等都可以按生产的需要很方便地加以控制和调整。随着电子技术、自动控制技术和计算机技术等高新技术的不断发展及其在生产领域的应用,电能为提高劳动生产率和产品质量,促进生产过程的自动化和智能化创造了有利的条件。

2. 电工电子技术课程的作用和任务

电工电子技术是研究电磁现象及其基本规律在电工技术和电子技术方面应用的科学,是高等工科学校非电专业的一门重要的技术基础课程。本课程的任务是使学生获得电工技术和电子技术必要的基本理论、基本知识和基本实践技能,了解电工技术和电子技术的应用和发展概况,为继续学习后续课程以及从事与本专业有关的工程技术和科学技术研究等工作打下一定的基础。

3. 电工电子技术课程的学习方法

本课程的学习包括听课、自学、解题和实训等。为了学好本课程,现就本课程的几个教学环节提出学习中应注意之处,以供参考。

(1) 课堂教学是当前主要的教学方式,也是获得知识最快和最有效的学习途径。为了得到较好的学习效果,务必要课前做适当的预习,课堂认真听课,课后及时总结复习。学习时要抓住基本概念、基本理论、工作原理和分析方法;要理解问题是如何提出和引申的,又是怎样解决和应用的;在加深理解的基础上,注意教材中各部分内容之间的联系,前后是如何呼应的,区分哪些是基本内容,哪些是前者的扩展或派生,找出来龙去脉;要培养自学能力,结合自己的学习和理解,做出阶段性的总结,重在理解,能提出问题,积极思考,不要死记公式和结论,要多看参考书;要注重电工和电子技术的应用。

（2）要认真独立完成作业。习题是用于检验学生对基本理论和分析计算方法的掌握程度、是培养和提高独立分析问题和解决问题能力的工具。解题前，要对所学内容基本掌握；解题时，要看懂题意，注意分析，选择合适的方法，独立解题，并检查结果。作业要书写整洁，电路图要标绘清楚，且要注明单位。

（3）课堂教学要和实践相结合。电工电子技术是一门实践性很强的课程，通过实验巩固和加深所学的理论，训练实验技能，并培养严谨的科学作风。实验前务必认真预习，熟悉有关理论内容，了解实验内容和步骤，对实验电路、实验方法和实现预期结果等都应做到心中有数；实验时要积极思考，多动手，学会正确使用常用的电子仪器和各种电气设备及电子元器件等，能正确连接电路，能准确读取数据，并能根据要求设计简单线路；实验后，要对实验现象和实验数据进行整理分析，撰写出整洁的实验报告。

第1章

电路及其分析方法

教学提示

　　电路是电工技术和电子技术的基础。本章从电路模型入手,介绍电路的组成,对描述电路的基本物理量——电流、电压和电位等进行了复习,并讨论了电流、电压的参考方向问题。讨论了电阻元件的伏安关系——欧姆定律(VCR)和电路功率。最后对电路的工作状态做了简单分析,并对电气设备的额定值做了简要说明。

　　电路分析是指在已知电路结构和元件参数的条件下,确定电路中各部分电压、电流和功率,其分析依据是电路的基本概念和基本定律。

　　本章主要介绍分析电路经常采用的等效变换方法,分析复杂电路的一般方法,以及线性电路的重要性质。内容包括:电阻的串、并联电路及其星形、三角形电路的分析,电压源与电流源的等效变换,支路电流法,节点电压法,叠加定理,戴维南定理,受控电源和非线性电阻的概念,电容元件和电感元件的定义,电容和电感与电压电流的关系,换路概念和换路定律,暂态分析中初始值的确定,一阶线性电路暂态过程分析的三要素法。

学习目标

- ➢ 了解电路和电路模型的概念;
- ➢ 理解电压、电流参考方向的意义;
- ➢ 理解电功率和额定值的意义;
- ➢ 掌握电源元件、电阻元件的伏安关系;
- ➢ 了解电路的工作状态;
- ➢ 掌握欧姆定律和基尔霍夫定律;
- ➢ 掌握电阻的串、并联及等效电阻的计算,电压源与电流源的等效变换;
- ➢ 了解支路电流法;
- ➢ 理解节点电压法;
- ➢ 掌握叠加定理和戴维南定理;
- ➢ 了解受控电源的概念、非线性电阻的概念;
- ➢ 了解换路定律和初始值的确定;
- ➢ 理解一阶线性电路暂态过程分析的三要素法。

知识结构

本章知识结构如图 1-1 所示。

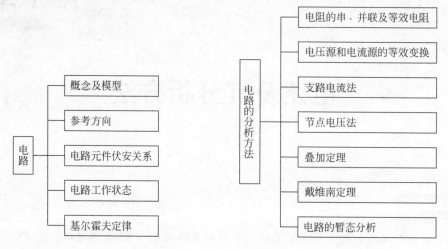

图 1-1　本章知识结构图

1.1　电路组成与电路模型

1.1.1　电路

电路是为了某种需要将电工设备和电路元件按一定方式连接起来供电流流通的通路。

因实际需要不同,电路的结构形式有多种多样,归纳起来,一般由三部分组成:电源、负载和中间环节。

电源:是供应电能的设备。它把其他形式的能量转换成电能,如发电机把机械能或热能转换为电能,电池把化学能转换为电能。

负载:是取用电能的设备。它是将电能转换成其他形式能量的装置,如电灯、电动机、电炉分别将电能转换为光能、机械能、热能等。

中间环节:连接电源和负载的部分。最简单的中间环节就是导线和开关,起到传输和分配电能或对电信号进行传递和处理的作用。

按电路所能完成的工作任务划分,电路的作用有两种。一种是实现电能的传输与转换,如图 1-2(a)所示。该系统用发电机将其他形式的能量转换成电能,再通过变压器和输电线输送到负载,将电能转换成其他形式的能量,如电动机、电炉、电灯等。

电路的另一种作用是实现信号的传递与处理。常见的例子如图 1-2(b)所示的扩音机电路,先由话筒把声音信号转换为相应的电压或电流,它们就是电信号。再经过放大器将电信号进行放大,而后通过电路传递给扬声器,把电信号还原为声音信号。信号的这种转换和放大,称为信号处理。

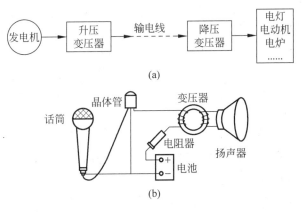

图 1-2　电路示意图

(a) 电力系统；(b) 扩音机电路

不论是电能的传输与转换还是信号的传递与处理,电源或信号源的电压或电流统称为激励,它推动电路工作。激励在电路中产生的电压和电流的效应称为响应。所谓电路分析,就是在已知电路的结构和元件参数的条件下,讨论电路的激励与响应的各种运算关系和表示方法。

1.1.2　电路模型

在图 1-2 中,由发电机、变压器、传输线、电灯、话筒、电阻器、晶体管、电池和扬声器等电气元件和设备连接而成的电路,称为实际电路。实际电路中发生的物理过程是十分复杂的,电磁现象发生在各器件和导线之中,相互交织在一起,分析起来比较麻烦。若将实际电路元件或设备理想化,在一定的条件下突出其主要的电磁性质,忽略其次要的电磁性质,并按规定的符号画出对应的电路图,这样的电路图称为电路模型。如图 1-3 (a)所示的手电筒实际电路可用如图 1-3(b)所示的电路模型来表示。

手电筒电路由电池、灯泡、开关和筒体组成。电池是提供电压的电源元件,在电路模型中用电动势 U_S 和内电阻 R_i 来表示;灯泡主要具有消耗电能的性质,是负载元件,在电路模型中用参数为 R_L 的电阻来表示;筒体用来连接电池和灯泡,其电阻忽略不计,可认为是无电阻的理想导体,在电路模型中用连接导线来表示;开关用来控制电路的通断,在电路模型中用 S 表示。

对电路模型进行分析与计算,具有概念清晰、结构简单、计算方便等特点,如图 1-3(b)所示。

电路模型在分析与计算过程中更具有一般性、方便性和灵活性,更能准确表现电路理论

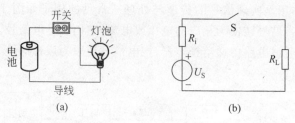

图 1-3　手电筒电路

（a）实际电路；（b）电路模型

的特点,也更有利于电路的分析与计算。

【练习与思考】

1.1.1　何为电路? 它由哪几部分组成? 每个部分的作用是什么?

1.1.2　何为电路模型?

1.1.3　试列举日常生活中遇到的一些电路实例。

1.2　电路的基本物理量

电路的特性是由电流、电压和功率等物理量来描述的。电路分析的基本任务是计算电路中的电流、电压和功率。

1.2.1　电流和电流的参考方向

电荷的定向移动形成电流。电流在数值上等于单位时间内通过导体横截面的电荷量,一般用符号 i 表示,即

$$i = \frac{\mathrm{d}q}{\mathrm{d}t} \tag{1-1}$$

式中,q 是 t 时间内通过导体横截面的电荷量。在 SI 制(国际单位制)中,电荷量的单位是 C,时间的单位是 s,则电流 i 的单位是 A。

当 $\dfrac{\mathrm{d}q}{\mathrm{d}t}$ 为常量时,这种电流称为恒定电流,简称直流电流,通常用大写字母 I 来表示,即

$$I = \frac{q}{t} \tag{1-2}$$

式中,q 是在时间 t 内通过导体某截面的电量。也就是说直流电流是用平均值来表示的;

电流方向随时间按周期性规律变化,且在一个周期内平均值为零的电流称为交流电流,一般用小写字母 i 来表示。

习惯上把正电荷移动的方向规定为电流方向(实际方向)。在分析电路时,往往难以事先确定电流的实际方向,而且交流电流的实际方向又随时间而变,无法在电路图上标出适合于任何时间的电流实际方向。为此,在分析和计算电路时,可任意选定某一方向为电流的参考方向,或称为正方向。在电路图中一般用箭头表示,也可以用双下标表示。例如 i_{ab} 表示参考方向是由 a 指向 b。

所选的电流参考方向并不一定与电流的实际方向一致。当电流实际方向与参考方向相同时,电流取正值;当电流实际方向与参考方向相反时,电流取负值。根据电流的参考方向以及电流值的正负,就能确定电流的实际方向。

例如在图 1-4 所示的二端元件中,每秒钟有 2C 正电荷由 a 点移动到 b 点。当规定电流参考方向由 a 点指向 b 点时,该电流 $I=2A$,如图 1-4(a)所示;若规定电流参考方向由 b 点指向 a 点时,则电流 $I=-2A$,如图 1-4(b)所示。若采用双下标表示电流参考方向,则写为 $I_{ab}=2A$ 或 $I_{ba}=-2A$。电路中任一电流有两种可能的参考方向,当对同一电流规定相反的参考方向时,相应的电流表达式相差一个负号,即

$$I_{ab} = - I_{ba} \tag{1-3}$$

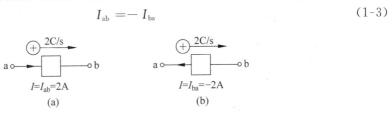

$$I=I_{ab}=2A \qquad \qquad I=I_{ba}=-2A$$
$$\text{(a)} \qquad \qquad \text{(b)}$$

图 1-4　电流的参考方向

(a) 规定参考方向由 a 点指向 b 点;(b) 规定参考方向由 b 点指向 a 点

1.2.2　电压和电压的参考方向

电荷在电路中移动,就会有能量的交换发生。单位正电荷在电路中由 a 点移动到 b 点所获得或失去的能量,称为 ab 两点间的电压,即

$$u = \frac{\mathrm{d}W}{\mathrm{d}q} \tag{1-4}$$

其中,q 为由 a 点移动到 b 点的电荷量,单位是 C;W 为电荷移动过程中所获得或失去的能量,其单位是 J;电压的单位是 V。

电场力将单位正电荷从电场内的 a 点移动至无限远处所做的功,称为 a 点的电位 V_a。由于无限远处的电场为零,所以电位也为零。因此,电场内两点间的电位差,就是 a、b 两点间的电压。即

$$U_{ab} = V_a - V_b \tag{1-5}$$

为分析电路方便起见,一般在电路中任选一点为参考点,令参考点电位为零,则电路中某点

相对于参考点的电压就是该点的电位。

　　大小和方向均不随时间变化的电压，称为恒定电压或直流电压，一般用符号 U 表示。大小和方向随时间变化的电压，称为时变电压，一般用符号 u 表示。

　　习惯上认为电压的实际方向是从高电位指向低电位。将高电位称为正极，低电位称为负极。与电流类似，电路中各电压的实际方向或极性往往不能事先确定，在分析电路时，必须选定电压的参考方向或参考极性，以时变电压为例，用"＋"号和"－"号分别标注在电路图的 a 点和 b 点附近，或者用双下标 U_{ab} 表示，或者用箭头表示，即设定沿箭头方向电位是降低的。电压参考方向的表示方法如图 1-5 所示。

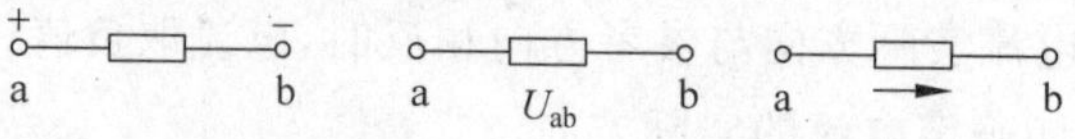

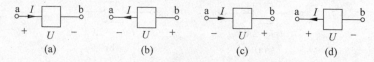

图 1-5　电压参考方向的表示法

　　所选的电压参考方向并不一定与电压的实际方向一致。若计算出的电压 $U_{ab}>0$，表明电压参考方向或参考极性与电压的实际方向或实际极性一致，即该时刻 a 点的电位比 b 点电位高；若电压 $U_{ab}<0$，表明电压参考方向或参考极性与电压的实际方向或实际极性相反，即该时刻 a 点的电位比 b 点电位低。

　　对于二端元件而言，电压的参考极性和电流参考方向的选择有 4 种可能的方式，如图 1-6 所示。

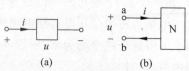

图 1-6　二端元件电流、电压参考方向
(a)、(b) 关联参考方向；(c)、(d) 非关联参考方向

　　为了电路分析和计算的方便，常采用电压电流的关联参考方向，即，当电压的参考极性已经规定时，电流参考方向从"＋"指向"－"，当电流参考方向已经规定时，电压参考极性的"＋"号标在电流参考方向的进入端，"－"号标在电流参考方向的流出端。

1.2.3　电功率

　　下面讨论图 1-7 所示二端元件或二端网络的功率。电功率与电压和电流密切相关。当正电荷从元件上电压的"＋"极经元件运动到电压的"－"极时，与此电压相应的电场力对电荷做功，这时元件吸收能量；反之，当正电荷从元件上电压的"－"极经元件运动到电压的"＋"极时，与此电压相应的电场力对电荷做负功，这时元件向外释放电能。

　　当电压电流采用关联参考方向时，二端元件或二端网络吸收的功率为

图 1-7　二端元件和二端网络
(a) 二端元件；(b) 二端网络

$$p = \frac{\mathrm{d}W}{\mathrm{d}t} = \frac{\mathrm{d}W}{\mathrm{d}q}\frac{\mathrm{d}q}{\mathrm{d}t} = ui \tag{1-6}$$

当电压电流采用非关联参考方向时,二端元件或二端网络吸收的功率为

$$p = -ui \tag{1-7}$$

功率的 SI 单位是 W。

与电压、电流是代数量一样,功率也是一个代数量。不论是用式(1-6)还是用式(1-7)进行计算,当 $p(t)>0$ 时,表明该时刻二端元件实际吸收(消耗)功率,二端元件为负载;当 $p(t)<0$ 时,表明该时刻二端元件实际发出(产生)功率,二端元件为电源。

由于能量必须守恒,对于一个完整的电路来说,在任一时刻,所有元件吸收功率的总和必须为零。若电路由 b 个二端元件组成,且全部采用关联参考方向,则

$$\sum_{k=1}^{b} u_k i_k = 0 \tag{1-8}$$

二端元件或二端网络从 $t_0 \sim t_1$ 时间内吸收的电能为

$$W(t_0, t_1) = \int_{t_0}^{t_1} p(\xi)\mathrm{d}\xi = \int_{t_0}^{t_1} u(\xi)i(\xi)\mathrm{d}\xi = pt \tag{1-9}$$

式中,$t = t_1 - t_0$。

例 1-1 在图 1-8 中,5 个元件代表电源或负载。电流和电压的参考方向如图所示,今通过实验测量得知:$I_1 = -4\mathrm{A}$,$I_2 = 6\mathrm{A}$,$I_3 = 10\mathrm{A}$,$U_1 = 140\mathrm{V}$,$U_2 = -90\mathrm{V}$,$U_3 = 60\mathrm{V}$,$U_4 = -80\mathrm{V}$,$U_5 = 30\mathrm{V}$。

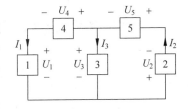

图 1-8 例 1-1 图

(1) 计算各元件的功率,判断哪些元件是电源?哪些是负载?(2)电源发出的功率和负载取用的功率是否平衡?

解 (1) 由图 1-8 中电压的参考极性和电流的参考方向,计算各二端元件吸收的功率。

元件 1:$P_1 = U_1 I_1 = 140 \times (-4)\mathrm{W} = -560\mathrm{W}$ (负值为电源,发出功率)

元件 2:$P_2 = U_2 I_2 = (-90) \times 6\mathrm{W} = -540\mathrm{W}$ (负值为电源,发出功率)

元件 3:$P_3 = U_3 I_3 = 60 \times 10\mathrm{W} = 600\mathrm{W}$ (正值为负载,取用功率)

元件 4:$P_4 = U_4 I_1 = (-80) \times (-4)\mathrm{W} = 320\mathrm{W}$ (正值为负载,取用功率)

元件 5:$P_5 = U_5 I_2 = 30 \times 6\mathrm{W} = 180\mathrm{W}$ (正值为负载,取用功率)

(2)电源发出功率:$P_E = (560 + 540)\mathrm{W} = 1100\mathrm{W}$

负载取用功率:$P = (600 + 320 + 180)\mathrm{W} = 1100\mathrm{W}$

两者平衡。

【练习与思考】

1.2.1 何为电压、电流的参考方向?为什么要引入参考方向?参考方向与实际方向有什么区别和联系?

1.2.2 在图 1-9 所示各装置中,已知电压 $U = 10\mathrm{V}$,电流 $I = 6\mathrm{A}$,试确定哪个装置是电源,哪个装置是负载?

1.2.3 U_{ab} 是否表示 a 端的电位高于 b 端的电位?

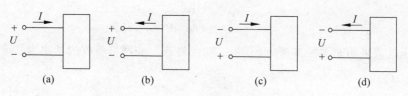

图 1-9 【练习与思考】1.2.2 图

1.2.4 在图 1-10(a)中，$U_{ab} = -3V$，试问 a、b 两点哪点电位高？

1.2.5 在图 1-10(b)中，$U_1 = -8V$，$U_2 = 5V$，试问 U_{ab} 为多大？

1.2.6 如图 1-11 所示电路中，已知 $I = 1A$，$U_1 = 10V$，$U_2 = 6V$，$U_3 = 4V$，求各元件的功率，指出各元件是作为电源还是作为负载，并分析电路的功率平衡关系。

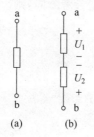

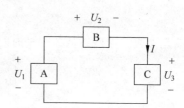

图 1-10 【练习与思考】1.2.4 图和 1.2.5 图　　图 1-11 【练习与思考】1.2.6 图

1.3 电阻元件

电路是由各种电路元件连接而成的，为了分析电路，必须掌握电路元件的电流和电压之间的关系，即伏安关系。元件的伏安关系只与元件本身的性质有关，与电路的结构无关。它们是分析电路的基本依据之一。本节先讨论电阻元件的伏安关系。

1.3.1 欧姆定律

电阻元件是反映消耗电能这一物理现象的电路元件，如电灯、电炉、电阻器等。通常流过电阻的电流与电阻两端的电压成正比，这就是欧姆定律，即电阻元件上的电流与电压之间的约束关系。这一关系只与电阻元件的性质有关，与电阻元件在电路中的连接情况无关，它是分析电路的基本定律之一。

根据在电路图上所选电压和电流参考方向的不同，欧姆定律的数学表达式中可带有正号和负号。

在电压和电流取关联参考方向下,如图 1-12(a)所示,其数学表达式为

$$U = RI \qquad (1\text{-}10)$$

在电压和电流取非关联参考方向下,如图 1-12(b)所示,其数学表达式为

$$U = -RI \qquad (1\text{-}11)$$

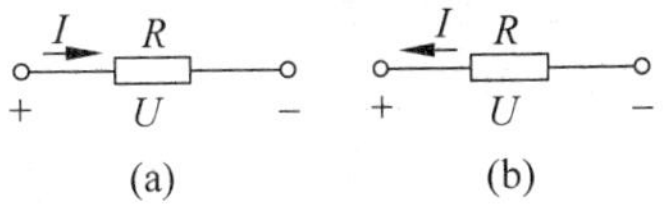

式中 R 为电阻,其 SI 单位为 Ω。

值得注意的问题是:欧姆定律的表达式中有两套正负号,一套是由电压与电流参考方向的选择得出的,另一套是由电压和电流本身的正负得出的。

图 1-12 欧姆定律

(a) 电压和电流取关联参考方向;

(b) 电压和电流取非关联参考方向

例 1-2 电路如图 1-13 所示,写出电压的表达式并计算电阻的值。

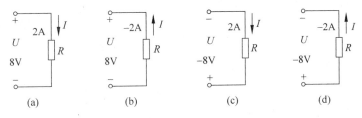

图 1-13 例 1-2 图

解 (a) $U = RI$, $R = \dfrac{U}{I} = \dfrac{8}{2}\Omega = 4\Omega$;

(b) $U = -RI$, $R = -\dfrac{U}{I} = -\dfrac{8}{-2}\Omega = 4\Omega$;

(c) $U = -RI$, $R = -\dfrac{U}{I} = -\dfrac{-8}{2}\Omega = 4\Omega$;

(d) $U = RI$, $R = \dfrac{U}{I} = \dfrac{-8}{-2}\Omega = 4\Omega$。

以上 4 种情况说明了两套正负号(电压、电流参考方向及电压、电流本身正值和负值)在计算过程中的具体表现。

1.3.2 线性电阻

电阻元件的特性可以用流过电阻的电流值与电阻两端的电压值之间的关系表示。由于电压的单位是 V、电流的单位是 A,所以电压与电流的关系又叫伏安特性。在 U-I 平面坐标上表示电压与电流关系的特性曲线称伏安特性曲线。若伏安特性曲线是一条通过坐标原点的直线,这种电阻称为线性电阻,不符合这个要求的电阻称非线性电阻。线性电阻遵循欧姆定律。

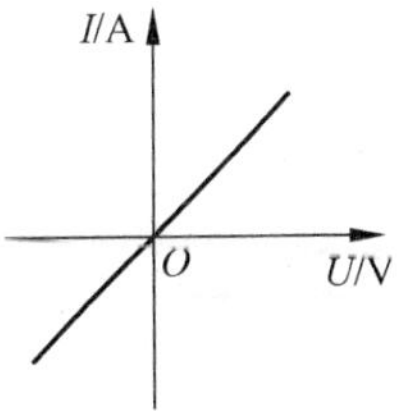

线性电阻是电路中的一种理想元件,其伏安特性曲线如图 1-14 所示。

图 1-14 线性电阻的伏安特性曲线

线性电阻有两个特殊现象——开路和短路。当一个电阻元件两端的电压无论为何值，流过它的电流恒为零值时，则它的阻值 R 是无限大，称此现象为电阻的"开路"；当流过一个电阻元件的电流无论为何值，电阻两端的电压恒为零值时，则它的阻值 R 为零，称此现象为电阻的"短路"。

1.3.3 电阻元件的功率与能量

当电阻元件的电压 U 和电流 I 取关联参考方向时，电阻元件在任一瞬间吸收的功率为

$$P = UI = RI^2 = \frac{U^2}{R} \tag{1-12}$$

式中 R 是正实数，所以功率 $P \geqslant 0$，这表明电阻总是吸收功率，电阻元件是一种无源元件。

电阻元件从 t_0 到 t_1 的时间内吸收的能量为

$$W = \int_{t_0}^{t_1} P(\xi) \mathrm{d}\xi = \int_{t_0}^{t_1} RI^2(\xi) \mathrm{d}\xi = Pt \tag{1-13}$$

式中 $t = t_1 - t_0$。电阻元件一般把吸收的电能转换成热能消耗掉，所以电阻元件也是耗能元件。

例 1-3 已知一个电阻器的阻值为 $10\mathrm{k}\Omega$、功率为 $9\mathrm{W}$，试问当该电阻用于直流电路时，它所能承受的最大电压和允许通过的最大电流各是多少？

解 根据 $P = \dfrac{U^2}{R}$，则有 $U = \sqrt{PR} = \sqrt{9 \times 10 \times 10^3}\,\mathrm{V} = 300\mathrm{V}$。

又由 $P = I^2 R$，则有 $I = \sqrt{\dfrac{P}{R}} = \sqrt{\dfrac{9}{10 \times 10^3}}\,\mathrm{A} = 3 \times 10^{-2}\,\mathrm{A} = 30\mathrm{mA}$。

通过计算可知，该电阻器能承受的最大电压为 $300\mathrm{V}$，最大电流为 $30\mathrm{mA}$。

【练习与思考】

1.3.1 在关联参考方向下，电阻端电压为 $1\mathrm{V}$，电流为 $10\mathrm{mA}$，则电阻 R 是多少？

1.3.2 在非关联参考方向下，电阻 R 为 $1\mathrm{k}\Omega$，电压为 $2\mathrm{V}$，试问电流是多少？

1.3.3 一个"$220\mathrm{V}/100\mathrm{W}$"的灯泡，其额定电流是多少？其电阻 R 是多少？

1.4 电压源和电流源

任何一个实际电路都必须有电源提供能量才能工作。根据实际电源的不同特性，经科学抽象可以得到两种电源模型：电压源模型和电流源模型。

1.4.1　电压源模型

　　能够独立产生电压的电路元件称为电压源。任何一个实际的电压源,例如发电机、电池、蓄电池等,都能提供一定的电动势,而且具有一定的内阻。以电池为例,当电池两端接上负载并有电流输出时,内阻就会消耗一定的能量,电流越大,消耗的能量越多,电池两端的输出电压也越低。由此可见,实际电压源可以用一个电动势 E 和内阻 R_0 串联的电压源模型表示,如图 1-15 所示虚线框内的电路。其中 R_L 为负载,即电源的外电路,I 是负载电流。

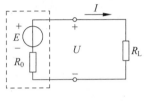

图 1-15　电压源电路

　　由图 1-15 所示电路,可得电压源端电压 U 与输出电流 I 之间的关系为

$$U = E - R_0 I \tag{1-14}$$

由此可作出电压源的外特性曲线,如图 1-16 所示。当电压源开路时,$I=0$,$U=U_0=E$;当电压源短路时,$U=0$,$I=I_S=\dfrac{E}{R_0}$。内阻 R_0 越小,则斜线越平。

　　当 $R_0=0$ 时,端电压 U 恒等于电动势 E,是一个定值。电路中的电流 I 则是任意的,由负载电阻 R_L 和端电压 U 确定。这样的电压源称为理想电压源或恒压源,其电路符号和电路模型如图 1-17 所示。它的外特性曲线是与横轴平行的一条直线,如图 1-16 所示。

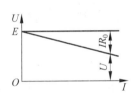

图 1-16　电压源外特性曲线

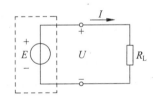

图 1-17　理想电压源电路

　　需要指出,如果一个实际电压源的内阻远远小于负载电阻,即 $R_0 \ll R_L$ 时,则内阻电压降 $R_0 I \ll U$,于是 $U \approx E$,端电压基本恒定,可以认为是理想电压源。常用的稳压电源也可以认为是一个理想电压源,用 U_S 表示。

1.4.2　电流源模型

　　与电压源类似,能够独立产生电流的电路元件称为电流源。任何一个实际的电流源,都能提供一定的电流,而且具有一定的内阻。实际电流源可用一个恒流源 I_S 和内阻 R_0 并联的电流源模型表示,如图 1-18 所示虚线框内的电路。其中 R_L 为负载,即电源的外电路,I 是负载电流。

由图 1-18 所示电路,可得电流源端电压 U 与输出电流 I 之间的关系为

$$I = I_S - I_0 = I_S - \frac{U}{R_0} \tag{1-15}$$

由此可作出电流源的外特性曲线,如图 1-19 所示。当电流源开路时,$R_L = \infty$,$I = 0$,$U = R_0 I_S$;当电流源短路时,$R_L = 0$,$U = 0$,$I = I_S$。内阻 R_0 越大,则斜线越平。

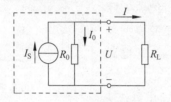

图 1-18　电流源电路

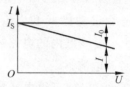

图 1-19　电流源外特性曲线

当 $R_0 = \infty$ 时(相当于并联支路 R_0 断开),电流 I 恒等于电流 I_S,是一个定值,其两端电压 U 则是任意的,由负载电阻 R_L 和电流 I_S 确定,这样的电流源称为理想电流源或恒流源,其电路符号和电路模型如图 1-20 所示。它的外特性曲线是与横轴平行的一条直线,如图 1-19 所示。理想电流源也是理想的电源。

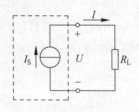

图 1-20　理想电流源电路

如果一个实际电流源的内阻远远大于负载电阻,即 $R_0 \gg R_L$ 时,则 $I \approx I_S$,基本恒定,可以认为是理想电流源。

实际使用时,应注意以下两点:

(1) 实际电压源不允许短路。由基尔霍夫电压定律(见 1.6 节)

$$U_S = U + R_0 I = R_L I + R_0 I$$

可以看出,当负载电阻 R_L 很小甚至为零时,端电压 $U = 0$,这时电源处于短路状态,短路电流 $I_S = \frac{U}{R_0}$,由于一般电压源内阻 R_0 很小,短路电流将很大,会烧毁电源,这是不允许的。平时,实际电压源不使用时应开路放置,因电流为零,不消耗电源的电能。

(2) 实际电流源不允许电路处于空载状态。由式 $I_S = I + \frac{U}{R_0}$ 可以看出,负载电流 I 越小,内阻上的电流 I_0 就越大,内部损耗 $R_0 I_0^2$ 就越大,所以不应使实际电流源处于空载状态。空载时,电源内阻将把电流源的能量消耗掉,而电源对外没送出电能。平时,实际电流源不使用时,应短路放置,因实际电流源的内阻 R_0 一般都很大,电流源被短路后,通过内阻的电流很小,损耗很小,而外电路上短路后电压为零,不消耗电源的电能。

例 1-4　求图 1-21 所示电路中的 I、U,图(a)中,$I_S = 10A$,R_L 分别为 0、∞ 和 20Ω;图(b)中,$I_S = 10A$,$E = 20V$;图(c)中,$I_S = 10A$,$E = 20V$,$R_L = 5Ω$。

解　对于图(a)

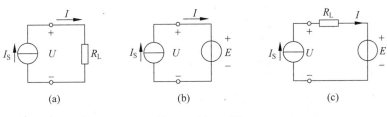

图 1-21　例 1-4 图

$R_L = 0$ 时：$I = I_S = 10\text{A}, U = 0$；

$R_L = \infty$ 时：$I = I_S = 10\text{A}, U = \infty$；

$R_L = 20\Omega$ 时：$I = I_S = 10\text{A}, U = R_L I = 20 \times 10\text{V} = 200\text{V}$；

对于图(b)：$I = I_S = 10\text{A}, U = E = 20\text{V}$；

对于图(c)：$I = I_S = 10\text{A}, U = R_L I + E = (5 \times 10 + 20)\text{V} = 70\text{V}$。

例 1-5　有一直流电源，其额定功率 $P_N = 200\text{W}$，额定电压 $U_N = 50\text{V}$，内阻 $R_0 = 0.5\Omega$，负载电阻 R 可调，电路如图 1-22 所示。求：(1)额定状态下电流、负载电阻及电源电压。(2)开关 S 打开，开路状态下的电源端电压。(3)负载电阻 $R = 0\Omega$，电源短路时的电流。

解　(1) 根据 $P_N = U_N I_N$，可知

$$I_N = \frac{P_N}{U_N} = \frac{200}{50}\text{A} = 4\text{A}$$

负载电阻

$$R = \frac{U_N}{I_N} = \frac{50}{4}\Omega = 12.5\Omega$$

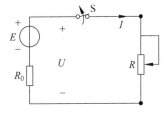

图 1-22　例 1-5 图

电源电压

$$E = I_N(R + R_0) = 4 \times 13\text{V} = 52\text{V}$$

(2) 开路状态下的电源端电压　$U_0 = E = 52\text{V}$。

(3) 电源短路时的电流　$I_S = \dfrac{E}{R_0} = \dfrac{52}{0.5}\text{A} = 104\text{A}$。

【练习与思考】

1.4.1　电流源外接电阻越大，其端电压越高，对吗？

1.4.2　某实际电源的外特性为 $U = 10 - 5I$，当外接负载 $R = 2\Omega$ 时，供出的电流为多少安培？

1.4.3　在图 1-23 所示的两个电路中，(1)R_1 是不是电源的内阻？(2)R_2 中的电流 I_2 及其两端的电压 U_2 各等于多少？(3)改变 R_1 的阻值，对 I_2 和 U_2 有无影响？

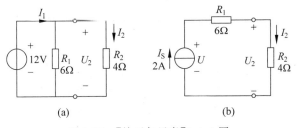

图 1-23　【练习与思考】1.4.3 图

1.5　电路的有载状态、开路与短路

1.5.1　电源有载工作

在图 1-24 所示电路中,当开关闭合后,电源与负载接通为闭合回路,有电流流过负载 R,这种状态称为电源的有载工作状态,或称为负载状态。下面分别讨论以下几个问题。

(1) 电压与电流

由图 1-24,应用欧姆定律得出电路中的电流

$$I = \frac{E}{R_0 + R} \tag{1-16}$$

因为负载电阻两端电压

$$U = RI \tag{1-17}$$

由以上两式得

$$U = E - R_0 I \tag{1-18}$$

式(1-16)表明有载工作状态时电源端电压与其电流的关系,由于电源内部有电阻的缘故,电源端电压小于电动势,两者之差为电流通过电源内阻所产生的电压降 $R_0 I$。电流越大,电源端电压下降得越多。表示电源端电压 U 与输出电流 I 之间的曲线,称为电源的外特性曲线,如图 1-25 所示,其斜率与电源内阻有关。电源内阻一般很小,当 $R_0 \ll R$ 时,则

$$U \approx E$$

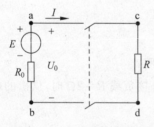

图 1-24　电路模型

图 1-25　电源的外特性曲线

(2) 功率与功率平衡

将电压方程(1-18)两端各乘以电流 I 得

$$UI = EI - R_0 I^2 \tag{1-19}$$

$$P = P_E - \Delta P$$

即　　　　$$\begin{pmatrix} 负载消耗或 \\ 吸收的功率 \end{pmatrix} = \begin{pmatrix} 电源产生 \\ 的功率 \end{pmatrix} - \begin{pmatrix} 内部消耗 \\ 的功率 \end{pmatrix}$$

可见任何一个电路功率都是平衡的,称式(1-19)为功率平衡方程式。

（3）额定值与实际值

为了使电路安全可靠地工作,各种电气设备所能承受的电压和允许通过的电流,以及它们产生的功率都有一定的限额,这个限额就是电气设备的额定值,包括额定功率 P_N、额定电压 U_N 和额定电流 I_N。额定值是根据绝缘材料在正常寿命下的允许温升,考虑电气设备在长期连续运行或规定的工作状态下允许的最大值,同时兼顾可靠性、经济效益等因素所规定的电气设备的最佳工作状态。例如,一盏白炽灯泡上标明 220V、60W,这就是它的额定值。这表示该灯泡在正常使用时应把它接在 220V 的电源上,此时它消耗的功率为 60W,并能保证正常的使用寿命。

电气设备的额定值是指导用户正确使用电气设备的技术数据,在使用电气设备时,应严格遵守额定值的规定。

电气设备在使用时测量出的电压、电流和功率等数值,称为实际值。由于受到外界的影响,如电源电压的波动,或由于负载的变化,会导致电气设备的实际值不一定等于它的额定值。比如电动机在工作时,其电压通常工作在额定值之下,但它的实际功率和工作电流取决于它轴上所带机械负载的大小,通常就不一定是额定值。若电气设备长期超过额定值工作,将大大缩短其使用寿命,甚至造成电气设备的损坏;若电气设备在低于额定值下工作,又达不到预期效果,严重时同样会损坏设备。只有按照额定值使用才最安全可靠,经济合理。

工程上把电气设备在额定值条件下的工作状态称为额定工作状态。电气设备通常工作于额定状态。因为电源电压通常是近似不变的,所以当电气设备的电流等于额定电流时,称为满载工作状态;超过额定电流时称为过载工作状态;小于额定电流时称为轻载工作状态。

例 1-6 一个标明 220V/25W 的灯泡,如果把它接在 110V 的电源上,它消耗的功率是多少(设灯泡的电阻是线性的)?

解 220V、25W 是该灯泡的额定值,110V 则是灯泡工作的实际值,在这样的条件下灯泡所消耗的功率就是要求的内容。

首先根据额定条件求出灯泡的等效电阻 R,因为 $P_N = \dfrac{U_N^2}{R}$,则

$$R = \frac{U_N^2}{P_N} = \frac{220^2}{25}\Omega = 1936\Omega$$

当把它接在 110V 的电源上时,

$$I = \frac{110}{1936}\text{A} = 0.0568\text{A}$$

$$P = I^2 R = 0.0568^2 \times 1936\text{W} = 6.25\text{W}$$

由此可见实际值与额定值的区别,25W 是指额定电压作用下灯泡的取用功率,在非额定情况下,要根据给定条件重新计算。

例 1-7 有一额定值为 5W/500Ω 的绕线电阻,其额定电流为多少? 在使用时电压不得超过多少伏特?

解 根据额定功率和电阻值可以求出额定电流,即

$$I = \sqrt{\frac{P}{R}} = \sqrt{\frac{5}{500}}\mathrm{A} = 0.1\mathrm{A}$$

在使用时电压不得超过

$$U = RI = 500 \times 0.1\mathrm{V} = 50\mathrm{V}$$

因此,在选用绕线电阻时不能只考虑电阻值,还要考虑电流和电压值。

1.5.2 电源开路

将图 1-26 中开关 S 打开或由于其他原因切断电源与负载之间的连接,使电源与负载没有接通为闭合回路,这时电源处于开路(空载)状态。开路时外电路的电阻对电源来说等于无穷大,因此电路中电流为零。

电路开路时的特性可以表示为

$$\begin{cases} I = 0 \\ U = U_0 = E \\ P = 0 \end{cases} \tag{1-20}$$

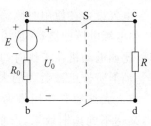

图 1-26　电源的开路

1.5.3 电源短路

由于某种原因使电源的两端被电阻值近似等于零的导体连通,称为电源被短路,如图 1-27 所示。电源短路时,外电路的电阻可视为零,电流经过短路线与电源构成闭合回

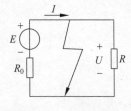

图 1-27　电源的短路

路,不再流过负载。因为在这个闭合回路中仅有很小的电源内阻 R_0,所以这时的电流很大,此电流称为短路电流 I_S。短路电流的数值远远超过电源允许的电流额定值,会使电源遭受到损伤或毁坏。

电路短路时的特性可以表示为

$$\begin{cases} U = 0 \\ I = I_\mathrm{S} = \dfrac{E}{R_0} \\ P_E = \Delta P = R_0 I^2, \quad P = 0 \end{cases} \tag{1-21}$$

例 1-8 若电源的开路电压 $U_0 = 12\mathrm{V}$,其短路电流 $I_\mathrm{S} = 30\mathrm{A}$,试问该电源的电动势和内阻各为多少?

解 电源的电动势

$$E = U_0 = 12\mathrm{V}$$

电源的内阻

$$R_0 = \frac{E}{I_S} = \frac{U_0}{I_S} = \frac{12}{30}\Omega = 0.4\Omega$$

这是由电源的开路电压和短路电流计算它的电动势和内阻的一种方法。

例1-9 设图1-28所示电路中的电源额定功率 $P_N = 22\text{kW}$，额定电压 $U_N = 220\text{V}$，内阻 $R_0 = 0.2\Omega$，R 为可调节的负载电阻。求：(1)电源的额定电流 I_N；(2)电源的开路电压 U_0；(3)电源在额定工作条件下的负载电阻 R_N；(4)负载发生短路时的短路电流 I_S。

解 (1)电源的额定电流

$$I_N = \frac{P_N}{U_N} = \frac{22 \times 10^3}{220}\text{A} = 100\text{A}$$

(2)电源的开路电压

$$U_0 = E = U_N + I_N R_0 = (220 + 100 \times 0.2)\text{V} = 240\text{V}$$

(3)电源在额定工作情况下的负载电阻

$$R_N = \frac{U_N}{I_N} = \frac{220}{100}\Omega = 2.2\Omega$$

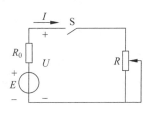

图1-28 例1-9图

(4)负载发生短路时的短路电流

$$I_S = \frac{E}{R_0} = \frac{240}{0.2}\text{A} = 1200\text{A}$$

【练习与思考】

1.5.1 某电源的电动势为 E，内阻为 R_0，有载工作时的电流为 I。试问该电源有载和空载时的电压和输出的电功率是否相同？若不相同，各等于多少？

1.5.2 额定值为 $1\text{W}/100\Omega$ 的碳膜电阻，在使用时电流和电压不能超过多大数值？

1.5.3 线性电阻器的额定值为 $220\text{V}/800\text{W}$，现将它接到 110V 电源上，则此时它消耗的功率是多少？

1.5.4 一额定值为 $220\text{V}/10\text{kW}$ 的电源，如只接一个 $220\text{V}/40\text{W}$ 的灯泡，试问灯泡能否被烧毁？

1.6 基尔霍夫定律

电路中各元件的电压和电流要受到两个方面的约束：一种为元件约束，这种约束取决于元件本身的特性，即每个元件都要满足自己的伏安特性(VCR)，例如电阻元件的电压和电流必须满足 $u = Ri$ 的关系；另一种为拓扑约束或称电路结构约束，这种约束取决于电路元件相互之间的连接方式(拓扑结构)，表示这种拓扑约束关系的是基尔霍夫定律，它包括基尔霍夫电流定律和基尔霍夫电压定律。元件约束和拓扑约束是电路的基本定律，它们是电路分析中解决集总电路问题的基本依据。

在叙述基尔霍夫定律之前,先介绍几个表述电路结构的常用名词。

(1) 支路:电路中流过同一电流的每个分支。图 1-29 所示电路中有 3 条支路:acb、ab、adb。

(2) 节点:3 条或 3 条以上支路的连接点。图 1-29 所示电路中有两个节点:a 点和 b 点。

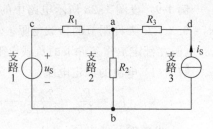

图 1-29　支路、节点和回路

(3) 回路:由电路中的一条或多条支路组成的闭合路径。图 1-29 所示电路中有 3 个回路:abca、abda、acbda。

(4) 网孔:在回路内部不含有支路的回路,即"空心回路"。图 1-29 所示电路中有两个网孔:abca、abda。

1.6.1　基尔霍夫电流定律

基尔霍夫电流定律(KCL)描述电路中与同一节点相连接的各支路电流之间的约束关系,具体表述为:在任一时刻,对于电路中的任一节点,流经该节点的所有支路电流代数和恒等于零。其数学表达式为

$$\sum I = 0 \tag{1-22}$$

上式称为节点电流方程,简称 KCL 方程。对电路某节点列写 KCL 方程时,规定参考方向是指向节点的支路电流取"+"号,背向节点的支路电流取"—"号。

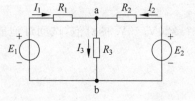

图 1-30　KCL 方程示图例

例如,对于图 1-30 所示电路,其 KCL 方程为

$$I_1 + I_2 - I_3 = 0$$

将上式中的负项移至等式右端,得

$$I_1 + I_2 = I_3$$

上式的左端是流入节点的电流之和,右端是流出节点的电流之和。因此基尔霍夫电流定律也可以表述为:在任一时刻,对于电路中的任一节点,流出该节点的各支路电流之和等于流入该节点的各支路电流之和。其表示式为

$$\sum I_{流出} = \sum I_{流入} \tag{1-23}$$

基尔霍夫电流定律不仅适用于电路中的任一节点,也可推广至包围部分电路的任一闭合面,这个闭合面又称为广义节点。例如,图 1-31 所示的闭合面包围的是一个三角形电路,在任一时刻,通过该闭合面的电流代数和等于零,即

$$I_A + I_B + I_C = 0$$

基尔霍夫电流定律反映了电流连续性,是电荷守恒的体现,它表示了连接于同一节点的各支路电流之间的拓扑

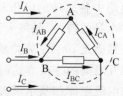

图 1-31　KCL 方程的推广应用

约束关系,而与各支路元件的性质无关。

例 1-10 在图 1-32 中,已知 $I_2 = 6\text{A}$,$I_3 = 4\text{A}$,$R_7 = 5\Omega$,试计算 R_7 上的电压 U_7。

解 由于 $U_7 = R_7 I_7$,因此欲求 U_7,关键在于求 I_7,而 I_7 和未知大小的 R_5、R_6 支路电流有约束关系,所以用节点 b 的 KCL 不行。选取包围节点 a、b、c、d 在内的封闭曲面(如图 1-32 虚线所示),对这个广义节点列 KCL 方程为

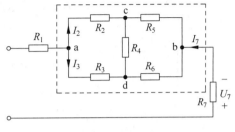

图 1-32 例 1-10 图

$$I_2 + I_3 + I_7 = 0$$

所以

$$I_7 = -I_2 - I_3 = (-6 - 4)\text{A} = -10\text{A}$$

$$U_7 = R_7 I_7 = 5 \times (-10)\text{V} = -50\text{V}$$

1.6.2 基尔霍夫电压定律

基尔霍夫电压定律(KVL)描述回路中各支路电压之间的约束关系,它可表述为:对于电路中的任一回路,在任一时刻,沿该回路全部支路电压的代数和等于零。其数学表达式为

$$\sum U = 0 \qquad (1\text{-}24)$$

上式称为回路电压方程,简称 KVL 方程。对电路某回路列写 KVL 方程时,首先应对给定的回路选取一个回路绕行方向。若支路电压的参考方向与回路绕行方向一致,则该支路电压在 KVL 方程中取"+"号;若支路电压的参考方向与回路绕行方向相反,则取"−"号。

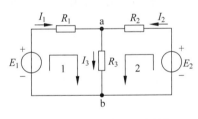

图 1-33 KVL 方程示图例

以图 1-33 所示的电路为例,图中电流的参考方向均已标出。按照绕行方向循行一周,列出回路 1 和回路 2 的 KVL 方程,得

回路 1:

$$R_1 I_1 + R_3 I_3 - E_1 = 0$$

回路 2:

$$R_2 I_2 + R_3 I_3 - E_2 = 0$$

以上两式也可改写为

回路 1:

$$R_1 I_1 + R_3 I_3 = E_1$$

回路 2:

$$R_2 I_2 + R_3 I_3 = E_2$$

即

$$\sum E = \sum RI \qquad (1\text{-}25)$$

此为基尔霍夫电压定律在电阻电路中的另一种表达式,就是在任一回路绕行方向上,回路中电动势的代数和等于电阻上电压降的代数和。凡是电源电压的参考方向与所选回路绕行方向一致者,取"+"号,不一致者则取"−"号;凡是电流的参考方向与回路绕行方向一致

者,则该电流在电阻上所产生的电压降取"十"号,不一致者则取"一"号。

基尔霍夫电压定律不仅应用于闭合回路,也可以把它推广应用于回路的部分电路,见例 1-11 的求解过程。

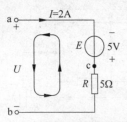

图 1-34　例 1-11 图

例 1-11　电路如图 1-34 所示,求电压 U。

解　由电路可知

$$U = U_{ab} = U_{ac} + U_{cb} = (-5 + 5 \times 2)V = 5V$$

也可以把该电路假想成一回路,利用 KVL 求电压 U。回路的绕行方向如图 1-34 所示。利用 KVL 得

$$U + U_{bc} + U_{ca} = 0$$

由于

$$U_{bc} = -RI = -5 \times 2V = -10V, \quad U_{ca} = 5V$$

由以上两式,解得 $U = 5V$。

例 1-12　电路如图 1-35 所示,已知 $E_1 = 12V, E_2 = 3V, R_1 = 3\Omega, R_2 = 9\Omega, R_3 = 10\Omega$,试求开口处 ab 两端的电压 U_{ab}。

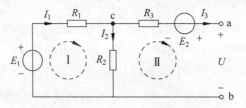

图 1-35　例 1-12 图

解　设电流 I_1、I_2、I_3 的参考方向及回路 I、II 的绕行方向如图 1-35 所示。因 ab 处开路,所以 $I_3 = 0$。对节点 c 列出 KCL 方程,有

$$I_1 = I_2$$

对回路 I 列出 KVL 方程,有

$$R_1 I_1 + R_2 I_2 = E_1$$

解之,得

$$I_1 = I_2 = \frac{E_1}{R_1 + R_2} = \frac{12}{3 + 9}A = 1A$$

对回路 II 列出 KVL 方程,有

$$U_{ab} - R_2 I_2 + R_3 I_3 - E_2 = 0$$

解之,得

$$U_{ab} = R_2 I_2 - R_3 I_3 + E_2 = (1 \times 9 - 0 \times 10 + 3)V = 12V$$

基尔霍夫电压定律反映了电路中组成回路的各支路电压之间的拓扑约束关系,它是能量守恒定律在电路中的体现,与各支路元件的性质无关。

【练习与思考】

1.6.1　在图 1-36 中,已知 $I_1 = 4A, I_2 = -2A, I_3 = 1A, I_4 = -3A$,求 I_5。

1.6.2　在图 1-37 中,已知 $I_1 = 11A, I_4 = 2A, I_5 = 6A$。求 I_2, I_3, I_6。

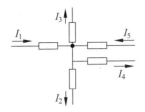

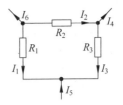

图 1-36 【练习与思考】1.6.1 图　　　　　图 1-37 【练习与思考】1.6.2 图

1.6.3 电路如图 1-38 所示,试写出该回路的 KVL 方程。

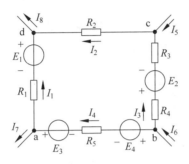

图 1-38 【练习与思考】1.6.3 图

1.7 电路中电位的概念及计算

在前面几节中介绍了电压的概念,电压是电路中两点之间的电位差。它只能说明电路中某一点的电位高,另一点的电位低,以及两点之间的电位相差多少。那么某点的电位究竟是多少呢? 这就是本节所要讨论的问题。

在讨论某点的电位之前,必须首先在电路中选定某一点作为参考点,它的电位称为参考电位,其数值通常设为零。而其他各点的电位都与它进行比较,比它高的为正,比它低的为负。正数值越大则电位越高,负数值越大则电位越低。参考点在电路图中用"接地"符号("⊥")表示。所谓"接地",并非真的与大地相接。在电力系统中通常选择大地作为参考点;在电子电路中常以机箱(或电气柜柜体)作为参考点。

电路中某一点的电位等于该点到参考点的电压,记为"V_x"。以图 1-39 所示电路为例,来讨论该电路中各点的电位。

在图 1-39(a)所示电路中,选择 b 点为参考点,则 $V_b = 0\text{V}$,因为

$$U_{ab} = V_a - V_b$$

$$U_{cb} = V_c - V_b$$

$$U_{db} = V_d - V_b$$

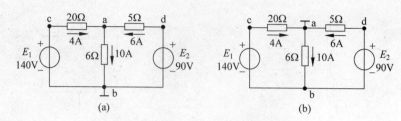

图 1-39 选择不同参考点时电位的计算

(a) 以 b 点为参考点图；(b) 以 a 点为参考点图

所以

$$V_a = U_{ab} + V_b = (6 \times 10 + 0)V = 60V$$

$$V_c = U_{cb} + V_b = E_1 + V_b = (140 + 0)V = 140V$$

$$V_d = U_{db} + V_b = E_2 + V_b = (90 + 0)V = 90V$$

在图 1-39(b)所示电路中，选择 a 点为参考点，则 $V_a = 0V$。因为

$$U_{ab} = V_a - V_b$$

$$U_{ca} = V_c - V_a$$

$$U_{da} = V_d - V_a$$

所以

$$V_b = V_a - U_{ab} = (0 - 6 \times 10)V = -60V$$

$$V_c = U_{ca} + V_a = (20 \times 4 + 0)V = 80V$$

$$V_d = U_{da} + V_a = (5 \times 6 + 0)V = 30V$$

由此可见，电路中各点的电位值因所取参考点的不同而不同。

但电路中任意两点之间的电位差是一定的，即两点之间的电压值不会随参考点选择不同而改变，是绝对的。例如图 1-39(b)所示电路中，ab 两点间的电压为

$$U_{ab} = V_a - V_b = [0 - (-60)]V = 60V$$

此结果与图 1-39(a)所示电路中的结果是相同的。

如图 1-40(a)所示，电路中各电压源有公共端，可以简化为如图 1-40(b)所示电路，不画电源，各端标以电位值。

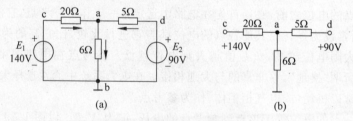

图 1-40 图 1-39(a)的简化电路

(a) 原电路；(b) 简化电路

例 1-13 计算图 1-41(a)中 B 点的电位。

解 图 1-41(a)中的 -9V 和 +6V 分别是 C 点和 A 点的电位值，图(a)是以电位形式给出的简化电路，可以转变成电压源形式给出的闭合电路，如图 1-41(b)所示。

$$I = \frac{V_A - V_C}{R_1 + R_2} = \frac{6 - (-9)}{(100 + 50) \times 10^3}A = \frac{15}{150 \times 10^3}A$$

$$= 0.1 \times 10^{-3}A = 0.1mA$$

$$U_{AB} = V_A - V_B = R_2 I$$

$$V_B = V_A - R_2 I = [6 - (50 \times 10^3) \times (0.1 \times 10^{-3})]V = (6 - 5)V = 1V$$

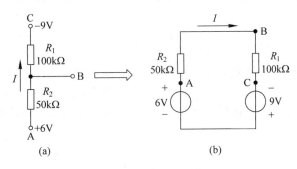

图 1-41 例 1-13 图

例 1-14 电路如图 1-42 所示,已知 $E_1 = 6V$,$E_2 = 4V$,$R_1 = 4\Omega$,$R_2 = R_3 = 2\Omega$。求 A 点的电位 V_A。

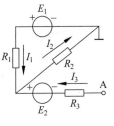

解 $I_1 = I_2 = \dfrac{E_1}{R_1 + R_2} = \dfrac{6}{4 + 2}A = 1A$

$$I_3 = 0$$

$$V_A = R_3 I_3 - E_2 + R_2 I_2 = (0 - 4 + 2 \times 1)V = -2V$$

或

$$V_A = R_3 I_3 - E_2 - R_1 I_1 + E_1$$
$$= (0 - 4 - 4 \times 1 + 6)V$$
$$= -2V$$

图 1-42 例 1-14 图

上例说明电位计算与路径无关。

【练习与思考】

1.7.1 电路如图 1-43 所示,计算开关断开和闭合两种情况下 U_{ab} 和 I。

1.7.2 电路如图 1-44 所示,计算开关断开和闭合两种情况下 a 点电位。

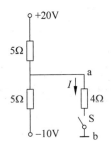

图 1-43 【练习与思考】1.7.1 图

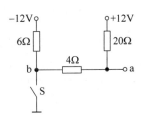

图 1-44 【练习与思考】1.7.2 图

1.8　电阻的串联和并联及其等效变换

电路元件的互相连接组成了电路。按照结构形式的不同,电路可以分为简单电路和复杂电路。所谓简单电路,是指具有单一回路的电路(即无分支电路),或者虽然不是单一回路的电路,但可用电阻串、并联的方法化简为单一回路的电路。

在电路中,电路元件的连接形式是多种多样的,其中最简单和最常用的连接形式是串联和并联。

1.8.1　电阻的串联

若电路中有 n 个电阻按顺序首尾依次相连,中间没有分支,当接通电源后,每个电阻上通过的电流相同,则称这种连接方式为电阻的串联,如图 1-45(a)所示。

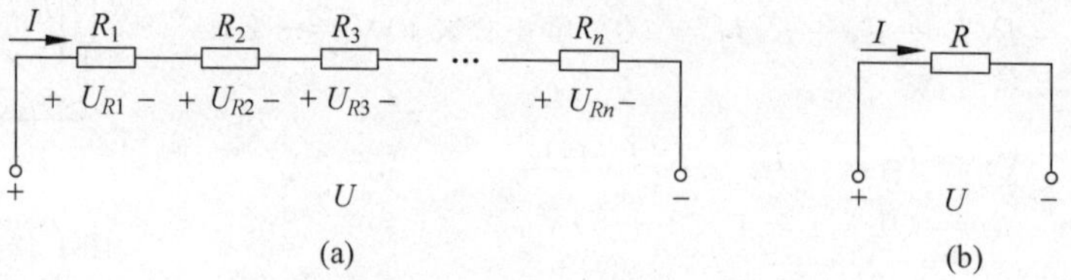

图 1-45　电阻的串联及其等效电阻
(a) 电阻的串联；(b) 等效电阻

设电压和电流的参考方向如图 1-45(a)所示,根据 KVL,有

$$U = U_{R1} + U_{R2} + \cdots + U_{Rn}$$

根据欧姆定律,$U_{R1}=R_1 I,U_{R2}=R_2 I,\cdots,U_{Rn}=R_n I$,代入上式,得

$$U = (R_1 + R_2 + \cdots + R_n)I \tag{1-26}$$

令

$$R = R_1 + R_2 + \cdots + R_n \tag{1-27}$$

R 称为这 n 个电阻的等效电阻,其值等于各个串联电阻之和。

这里所说的"等效",是指两个电路对于外接任意电路而言,其作用效果完全相同,等效的条件是在同一电压 U 作用下电流 I 保持不变。所以,将式(1-27)代入式(1-26),得

$$U = RI \tag{1-28}$$

用等效电阻 R 代替图 1-45(a)中 $R_1,R_2,\cdots,R_n$ 的串联,得到图 1-45(b),因为式(1-28)与式(1-26)等效,所以图 1-45(b)就是图 1-45(a)的等效电路。

在串联电路中,各电阻两端的电压与其电阻值成正比,即

$$U_k = R_k I = \frac{R_k}{R}U \qquad (1\text{-}29)$$

该式称为串联电路的分压公式。

两个电阻的串联电路如图 1-46 所示,两个串联电阻的电压分别为

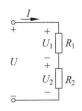

图 1-46 两个电阻的串联

$$\begin{cases} U_1 = \dfrac{R_1}{R_1 + R_2}U \\[2mm] U_2 = \dfrac{R_2}{R_1 + R_2}U \end{cases} \qquad (1\text{-}30)$$

例 1-15 有一盏额定电压 $U_1 = 40\text{V}$、额定电流 $I = 5\text{A}$ 的电灯,应该怎样把它接入电压 $U = 220\text{V}$ 的照明电路中?

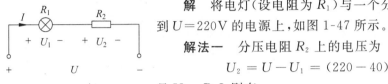

图 1-47 例 1-15 图

解 将电灯(设电阻为 R_1)与一个分压电阻 R_2 串联后,接到 $U = 220\text{V}$ 的电源上,如图 1-47 所示。

解法一 分压电阻 R_2 上的电压为

$$U_2 = U - U_1 = (220 - 40)\text{V} = 180\text{V}$$

且 $U_2 = R_2 I$,则有

$$R_2 = U_2/I = 180/5\,\Omega = 36\,\Omega$$

解法二 利用两个电阻串联的分压公式

$$U_1 = \frac{R_1}{R_1 + R_2}U, \quad \text{且} \quad R_1 = \frac{U_1}{I} = \frac{40}{5}\Omega = 8\,\Omega$$

可得

$$R_2 = R_1\frac{U - U_1}{U_1} = 8 \times \frac{220 - 40}{40}\Omega = 36\,\Omega$$

应该把电灯与一个 $36\,\Omega$ 分压电阻串联后,接到 $U = 220\text{V}$ 的电源上。

1.8.2 电阻的并联

若电路中有 n 个电阻,其首尾两端分别连接于两个节点之间,每个电阻两端的电压都相同,则称这种连接方式为电阻的并联,如图 1-48(a)所示。

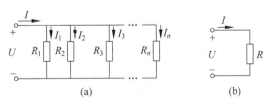

(a)   (b)

图 1-48 电阻的并联及其等效电阻

(a) 电阻的并联;(b) 等效电阻

设电压和电流的参考方向如图 1-48(a)所示,根据 KCL,有

$$I = I_1 + I_2 + \cdots + I_n$$

根据欧姆定律，$I_1 = \dfrac{U}{R_1}, I_2 = \dfrac{U}{R_2}, \cdots, I_n = \dfrac{U}{R_n}$，代入上式，得

$$I = \left(\frac{1}{R_1} + \frac{1}{R_2} + \cdots + \frac{1}{R_n}\right)U \tag{1-31}$$

令

$$\frac{1}{R} = \frac{1}{R_1} + \frac{1}{R_2} + \cdots + \frac{1}{R_n} \tag{1-32}$$

R 称为这 n 个电阻的等效电阻，R 的倒数等于各个并联电阻的倒数之和。

将式(1-32)代入式(1-31)，得

$$I = \frac{U}{R} \tag{1-33}$$

用等效电阻 R 代替图 1-48(a)中 $R_1, R_2, \cdots, R_n$ 的并联，得到图 1-48(b)，因为式(1-33)与式(1-31)等效，所以图 1-48(b)就是图 1-48(a)的等效电路。

在并联电路中，各电阻支路流过的电流与其电阻值成反比，即

$$I_k = \frac{U}{R_k} = \frac{R}{R_k}I \tag{1-34}$$

该式称为并联电路的分流公式。

特别地，两个电阻的并联电路如图 1-49 所示，两个并联电阻 R_1, R_2 的等效电阻可用下式求出

$$R = R_1 /\!/ R_2 = \frac{R_1 R_2}{R_1 + R_2} \tag{1-35}$$

两个并联电阻支路流过的电流分别为

图 1-49　两个电阻并联

$$\begin{cases} I_1 = \dfrac{R_2}{R_1 + R_2}I \\[2mm] I_2 = \dfrac{R_1}{R_1 + R_2}I \end{cases} \tag{1-36}$$

例 1-16　如图 1-50 所示，电源供电电压 $U = 220\text{V}$，每根输电导线的电阻 R_1 均为 1Ω，电路中一共并联 100 盏额定电压 220V、功率 40W 的电灯。假设电灯在工作(发光)时电阻值为常数。试求：(1)当只有 10 盏电灯工作时，每盏电灯的电压 U_L 和功率 P_L。(2)当 100盏电灯全部工作时，每盏电灯的电压 U_L 和功率 P_L。

解　每盏电灯的电阻为 $R = U^2/P = 1210\Omega$，n 盏电灯并联后的等效电阻为 $R_n = R/n$。

根据分压公式，可得每盏电灯的电压、功率分别为

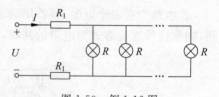

图 1-50　例 1-16 图

$$U_L = \frac{R_n}{2R_1 + R_n}U, \quad P_L = \frac{U_L^2}{R}$$

(1) 当只有 10 盏电灯工作时，即 $n = 10$，则 $R_{10} = R/10 = 121\Omega$，因此有

$$U_L = \frac{R_{10}}{2R_1 + R_{10}}U \approx 216\text{V}, \quad P_L = \frac{U_L^2}{R} \approx 39\text{W}$$

(2) 当有 100 盏电灯工作时，即 $n = 100$，则 $R_{100} = R/100 = 12.1\Omega$，因此有

$$U_L = \frac{R_{100}}{2R_1 + R_{100}}U \approx 189\text{V}, \quad P_L = \frac{U_L^2}{R} \approx 29\text{W}$$

1.8.3 电阻的串并联

既有电阻串联又有电阻并联的电路,称为电阻的串并联电路,简称混联电路。对于电阻混联电路,可以应用等效的概念,逐一求出各串联、并联部分的等效电阻,最终将电路简化为一个无分支的等效电路。

在电阻的串并联电路中,如果已知电路的总电压或总电流,欲求各电阻的电压和电流,其计算步骤如下:

(1) 先求出串并联电路的等效电阻;

(2) 应用欧姆定律求出总电流或总电压;

(3) 根据欧姆定律或并联电路的分流公式和串联电路的分压公式,求出各电阻上的电流和电压。

例 1-17 电路如图 1-51(a)所示,根据已知条件,求:(1)等效电阻 R;(2)电路中的电流 I。

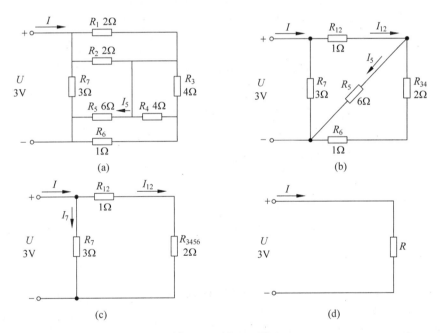

图 1-51 例 1-17 图

解 (1) 求等效电阻。首先根据串并联的理论对其进行有效化简。可以看出:R_1 与 R_2 并联,得 $R_{12}=1\Omega$;R_3 与 R_4 并联,得 $R_{34}=2\Omega$,化简为图 1-51(b)所示电路;R_{34} 与 R_6 串联后,与 R_5 并联,化简为图 1-51(c)所示电路。最后化简为图 1-51(d)所示的电路,其等效电阻为

$$R = \frac{(1+2)\times 3}{1+2+3}\Omega = 1.5\Omega$$

(2) 计算电路中的电流

$$I = \frac{U}{R} = \frac{3}{1.5}A = 2A$$

例 1-18   电路如图 1-52 所示,已知 $E=12\mathrm{V},R_1=R_2=20\Omega,R_3=30\Omega,R_4=40\Omega$,求各支路的电流。

解   电路的结构参数已知,求各支路电流,这是一种典型的电路求解问题,一般要经过两个过程。首先,从远离电源的电路后段开始"从后往前",根据电路的结构按照串、并联等效简化电路;R_2,R_4 串联得到 R_{24},如图 1-53(a)所示,R_{24} 与 R_3 并联得到 R',如图 1-53(b)

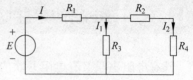

图 1-52   例 1-18 图

所示,R' 与 R_1 串联得到总电阻 R,电流 I 很容易求出。其次,根据等效的概念"从前往后",求出总电流 I 后,再按照分流公式求出各支路电流 I_1,I_2。

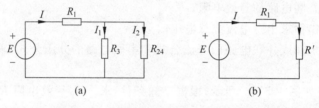

(a)   (b)

图 1-53   例 1-18 混联电路的等效变换

(a) R_2 与 R_4 串联后的电路;(b) 电阻混联的等效电路

具体的计算步骤如下

$$R_{24}=R_2+R_4=(20+40)\Omega=60\Omega$$

$$R'=\frac{R_3 R_{24}}{R_3+R_{24}}=\frac{30\times60}{30+60}\Omega=20\Omega$$

$$R=R_1+R'=(20+20)\Omega=40\Omega$$

$$I=\frac{E}{R}=\frac{12}{40}\mathrm{A}=0.3\mathrm{A}$$

$$I_1=\frac{R_{24}}{R_3+R_{24}}I=\frac{60}{30+60}\times0.3\mathrm{A}=0.2\mathrm{A}$$

$$I_2=I-I_1=(0.3-0.2)\mathrm{A}=0.1\mathrm{A}$$

【练习与思考】

1.8.1   串联电路的电阻个数增加后,其等效电阻如何变化? 并联电路的电阻个数增加后,其等效电阻如何变化?

1.8.2   求图 1-54 所示电路中 a,b 间的等效电阻。

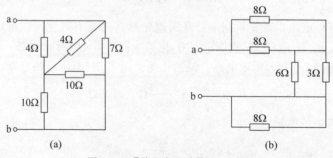

(a)   (b)

图 1-54   【练习与思考】1.8.2 图

1.8.3 求图 1-55 所示电路中 a,b 间的等效电阻。

1.8.4 电路如图 1-56 所示,已知 $R_1=10\Omega$,$R_2=5\Omega$,$R_3=2\Omega$,$R_4=3\Omega$,电源电压 $U=125V$,求:电路中的电流 I_1,I_2,I_3。

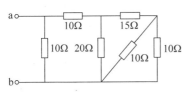

图 1-55 【练习与思考】1.8.3 图

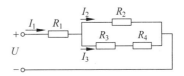

图 1-56 【练习与思考】1.8.4 图

*1.9 电阻的星形连接与三角形连接的等效变换

电阻的连接方式,除了串联和并联外,还有更复杂的形式。能用电阻串并联等效变换化简的电路,是简单电路。凡不能用电阻串并联等效变换化简的电路,一般称为复杂电路。本节介绍的星形连接和三角形连接,就是复杂电路中常见的情形。将三个电阻的一端连在一起,另一端分别与外电路的三个节点相连,这种连接方式称星形连接,又称为丫连接,如图 1-57(a)所示;将三个电阻首尾相连,形成一个三角形,三角形的三个顶点分别与外电路的三个节点相连,称为电阻的三角形连接,又称为△连接,如图 1-57(b)所示。

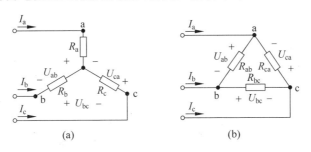

(a)   (b)

图 1-57 电阻的星形连接和三角形连接
(a)星形连接;(b)三角形连接

对于星形(丫)连接与三角形(△)连接电路,无法用电阻的串、并联对其进行等效化简。但是这两种连接都是通过三个端子 a,b,c 与外电路相连,根据等效电路的概念,只要满足丫与△连接电路各对应端(如 abc)流入或流出的电流(如 I_a,I_b,I_c)对应相等,各端的电压(如 U_{ab},U_{bc},U_{ca})也对应相等,那么,星形连接电路与三角形连接电路就可以进行等效变换。也就是经过这样的变换后,不影响电路其他部分的电压和电流。

当满足以上条件后,对应的任意两点间的等效电阻也必然相等。设某一对应端(例如 c端)开路时,其他两端(a 和 b)间的等效电阻为

$$R_a + R_b = \frac{R_{ab}(R_{bc} + R_{ca})}{R_{ab} + R_{bc} + R_{ca}}$$

同理

$$R_b + R_c = \frac{R_{bc}(R_{ca} + R_{ab})}{R_{ab} + R_{bc} + R_{ca}}$$

$$R_c + R_a = \frac{R_{ca}(R_{ab} + R_{bc})}{R_{ab} + R_{bc} + R_{ca}}$$

解以上三式,可得出将丫连接等效变换为△连接时

$$\begin{cases} R_{ab} = \dfrac{R_a R_b + R_b R_c + R_c R_a}{R_c} \\[2mm] R_{bc} = \dfrac{R_a R_b + R_b R_c + R_c R_a}{R_a} \\[2mm] R_{ca} = \dfrac{R_a R_b + R_b R_c + R_c R_a}{R_b} \end{cases} \tag{1-37}$$

将△连接等效变换为丫连接时

$$\begin{cases} R_a = \dfrac{R_{ab} R_{ca}}{R_{ab} + R_{bc} + R_{ca}} \\[2mm] R_b = \dfrac{R_{bc} R_{ab}}{R_{ab} + R_{bc} + R_{ca}} \\[2mm] R_c = \dfrac{R_{ca} R_{bc}}{R_{ab} + R_{bc} + R_{ca}} \end{cases} \tag{1-38}$$

当 $R_a = R_b = R_c = R_Y$ 时,即电阻的丫连接在对称的情况下,由式(1-37)可见,

$$R_{ab} = R_{bc} = R_{ca} = R_\triangle = 3R_Y \tag{1-39}$$

即变换所得的△连接也是对称的,但每边的电阻是原丫连接时的 3 倍。

$$R_Y = \frac{1}{3}R_\triangle \tag{1-40}$$

例 1-19 计算图 1-58(a)所示电路中的电流 I。

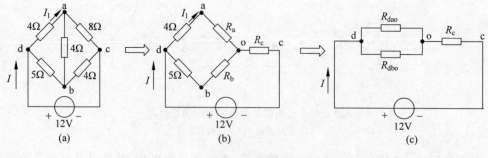

图 1-58 例 1-19 图

解 将连成三角形 abc 的电阻变换为星形的等效电路,如图 1-58(b)所示,则

$$R_a = \frac{4 \times 8}{4 + 4 + 8}\Omega = 2\Omega$$

$$R_b = \frac{4 \times 4}{4 + 4 + 8}\Omega = 1\Omega$$

$$R_c = \frac{8 \times 4}{4 + 4 + 8}\Omega = 2\Omega$$

再将图 1-58(b)化为图 1-58(c)所示的电路,则

$$R_{dao} = (4 + 2)\Omega = 6\Omega$$

$$R_{dbo} = (5 + 1)\Omega = 6\Omega$$

最后得

$$I = \frac{12}{\dfrac{6 \times 6}{6 + 6} + 1}A = 3A$$

1.10　电源的等效变换

　　前面我们曾介绍过实际电源的两种电路模型,一种是电动势 E 与内阻 R_0 串联的电压源,另一种是电流 I_S 与内阻 R_0' 并联的电流源,分别如图 1-59(a)、(b)所示。

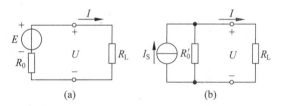

图 1-59　电压源与电流源的等效变换

(a) 电压源模型；(b) 电流源模型

　　根据等效电路的概念,用电压源或电流源向同一个负载供电,若能产生相同的供电效果,即负载电阻上的电压 U 和电流 I 分别相同,则这两个电源是等效的,这两种电源模型可以进行等效变换。

　　如图 1-59(a)所示电路,由电压源的伏安关系式 $U = E - R_0 I$,可得

$$I = \frac{E}{R_0} - \frac{U}{R_0} \tag{1-41}$$

式中,R_0 为电压源内阻。

　　对于如图 1-59(b)所示电流源模型,其伏安关系式为

$$I = I_S - \frac{U}{R_0'} \tag{1-42}$$

式中,R_0' 为电流源内阻。

　　比较式(1-41)和式(1-42),根据等效电路的概念可知,若电压源和电流源对外电路等效,则以上两式的对应项应相等,因此可求得电压源与电流源等效变换的条件为

$$\begin{cases} I_S = \dfrac{E}{R_0} & \text{或} \quad E = R_0' I_S \\ R_0 = R_0' \end{cases} \tag{1-43}$$

图 1-59(a)、(b)所示电路相互等效。

在这种等效变换过程中,除满足式(1-43)的条件外,还要注意电压源电压极性与电流源电流方向的关系。电压源 E 内部由"—"极性端到"＋"极性端的指向应与电流源 I_S 的方向一致,电流源 I_S 的方向应与电压源 E 内部由"—"极性端到"＋"极性端的指向一致。

电压源与电流源等效变换时,还需要注意:

(1) 表示同一电源的电压源与电流源的等效变换,只对电源的外电路等效,而对两种电源的内部是不能等效的。

(2) 理想电压源与理想电流源不能等效变换,因为两者的外特性不同。

例 1-20   电压源模型电路如图 1-59(a)所示。已知 $E = 230\text{V}$,$R_0 = 1\Omega$,当负载电阻 $R_L = 22\Omega$ 时,求:U 和 I。如将其变成如图 1-59(b)所示的电流源模型时,再求:U 和 I,并计算电源内部的损耗功率和内阻压降。

解 (1) 由图 1-59(a)得

$$I = \frac{E}{R_L + R_0} = \frac{230}{22+1}\text{A} = 10\text{A}$$

$$U = R_L I = 220\text{V}$$

(2) 将电压源变成电流源如图 1-59(b)所示,其中

$$I_S = \frac{E}{R_0} = \frac{230}{1}\text{A} = 230\text{A}$$

则

$$I = \frac{R_0'}{R_0' + R} I_S = \frac{1}{22+1} \times 230\text{A} = 10\text{A}$$

$$U = R_L I = 22 \times 10\text{V} = 220\text{V}$$

(3) 计算内阻压降和电源内部损耗的功率

图 1-59(a)中

$$R_0 I = 1 \times 10\text{V} = 10\text{V}$$

$$\Delta P = R_0 I^2 = 1 \times 10^2\text{W} = 100\text{W}$$

图 1-59(b)中

$$\frac{U}{R_0'} R_0' = 220\text{V}$$

$$\Delta P = \frac{U^2}{R_0'^2} R_0' = \frac{220^2}{1}\text{W} = 48400\text{W} = 48.4\text{kW}$$

可见,电源模型的变换只对外电路等效。

例 1-21   用电源等效变换的方法计算图 1-60(a)所示电路中的电流 I。

解 根据电源等效变换的原则,变换过程如图 1-60(b)、图 1-60(c)及图 1-60(d)所示,得

$$I = \frac{9-4}{1+2+7}\text{A} = 0.5\text{A}$$

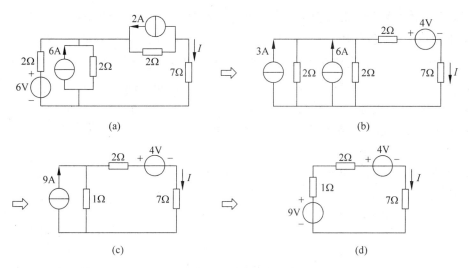

图 1-60 例 1-21 图

【练习与思考】

1.10.1 电压源与电流源等效变换的目的是什么？

1.10.2 电压源与电流源等效变换的条件是什么？

1.10.3 理想电压源与理想电流源能否进行等效变换？

1.10.4 用电源等效变换的方法求图 1-61 所示电路中的电流 I。

1.10.5 用电源等效变换的方法求图 1-62 所示网络的等效电路。

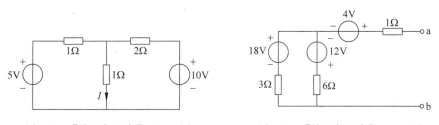

图 1-61 【练习与思考】1.10.4 图   图 1-62 【练习与思考】1.10.5 图

1.11 支路电流法

  解决复杂电路问题的方法有两种,一种是根据电路待求的未知量,应用基尔霍夫定律列出联立方程组,然后求解出各未知量;另一种是应用等效变换的概念,先将电路化简或等效变换,再通过基尔霍夫定律、欧姆定律等求解结果。

支路电流法是以整个电路中所有支路电流作为未知量,根据 KCL、KVL 和电路元件的电压电流关系建立一组代数方程,解出各支路电流,进而求出所需要的电压、功率等。

列方程时,必须先在电路图上标出未知支路电流以及电压或电动势的参考方向。

以图 1-63 所示的电路为例,说明如何用支路电流法求解电路。

在本电路中,节点数 $n=2$,支路数 $m=3$,因此共需列出三个独立方程。各电动势和支路电流的参考方向如图 1-63 所示。

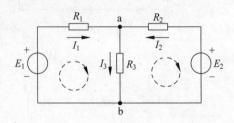

图 1-63　支路电流法用图

首先,应用 KCL 定律分别对节点 a,b 列方程。

节点 a

$$I_1 + I_2 - I_3 = 0$$

节点 b

$$-I_1 - I_2 + I_3 = 0$$

在以上两式中,其中任何一个方程式都可以由另一个方程式变换得到,即一个是独立方程式,一个是非独立方程式。对只有两个节点的电路,应用 KCL 定律只能列出 $2-1=1$ 个独立方程。

一般来说,对于有 n 个节点的电路,应用 KCL 定律能得到 $(n-1)$ 个独立方程。

其次,应用 KVL 定律列出其余 $m-(n-1)$ 个方程,通常选取单回路电路(或称网孔)列出电压方程。在图 1-63 中有两个网孔,分别对两个网孔列出 KVL 电压方程

左网孔

$$R_1 I_1 + R_3 I_3 = E_1$$

右网孔

$$R_2 I_2 + R_3 I_3 = E_2$$

对于有 n 个节点、m 条支路的电路,应用 KCL 定律和 KVL 定律一共可列出 $(n-1)+m-(n-1)=m$ 个独立方程,所以能解出 m 个支路电流。

支路电流法的一般步骤可归纳如下(设电路的支路数为 m,节点数为 n):

(1) 在给定电路图中,设定各支路电流的参考方向;

(2) 任选 $(n-1)$ 个独立节点,写出 $(n-1)$ 个 KCL 方程;

(3) 选取 $l=m-(n-1)$ 个独立回路(一般选网孔作为独立回路),并设定其绕行方向,写出各网孔的 KVL 方程;

(4) 联立求解上述独立方程,解出各支路电流。

例 1-22　在图 1-63 所示电路中,已知 $E_1=20\text{V}$,$E_2=10\text{V}$,$R_1=5\Omega$,$R_2=10\Omega$,$R_3=20\Omega$。求:各支路的电流。

解　(1) 按设定的电流参考方向,列出节点 a 的 KCL 电流方程

$$I_1 + I_2 - I_3 = 0$$

(2) 按选择的回路绕行方向,列出左、右两回路的 KVL 电压方程

$$R_1 I_1 + R_3 I_3 = E_1$$
$$R_2 I_2 + R_3 I_3 = E_2$$

代入数据

$$\begin{cases} I_1 + I_2 - I_3 = 0 \\ 5I_1 + 20I_3 = 20 \\ 10I_2 + 20I_3 = 10 \end{cases}$$

解方程组得 $I_1 = 1.14\text{A}, I_2 = -0.43\text{A}, I_3 = 0.71\text{A}$。

【练习与思考】

1.11.1 用支路电流法列方程的依据是什么?

1.11.2 用支路电流法分析电路时,可供列写 KCL 方程的独立节点数是多少? 独立节点的选择是任意的吗?

1.11.3 网孔与回路有什么不同? 如何选取回路才能保证所列写的 KVL 方程是独立的?

1.12 节点电压法

对于有多条支路,但只有两个节点的电路,可以不需解联立方程组,直接求出两个节点间的电压。如图 1-64 所示的电路,就只有两个节点 a 和 b。两个节点之间的电压 U 称为节点电压。在图中,其参考方向由 a 指向 b。

节点电压法是以电路中的节点电压为未知量,列出独立节点的 KCL 方程,再应用 KVL 定律或欧姆定律,求出各支路电流并代入 KCL 方程中,从而求解出电路的节点电压。现以图 1-64 所示的电路为例,说明如何用节点电压法求解电路。

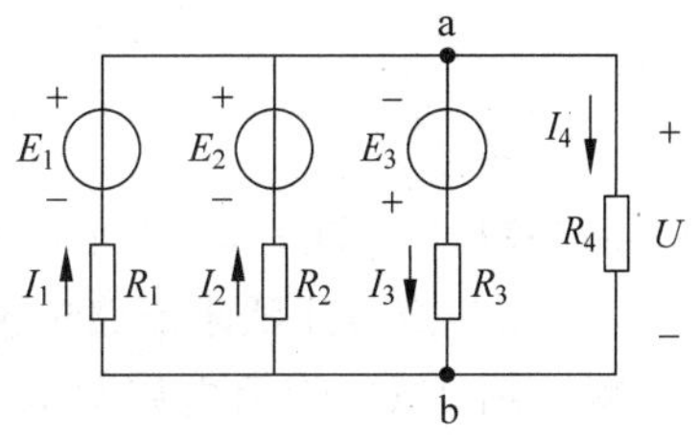

由图 1-64 所示各支路电流的参考方向,可列出独立节点 a 的 KCL 方程

$$I_1 + I_2 - I_3 - I_4 = 0 \tag{1-44}$$

各支路电流可应用 KVL 定律或欧姆定律得出

$$\begin{cases} U = E_1 - R_1 I_1, & I_1 = \dfrac{E_1 - U}{R_1} \\ U = E_2 - R_2 I_2, & I_2 = \dfrac{E_2 - U}{R_2} \\ U = -E_3 + R_3 I_3, & I_3 = \dfrac{E_3 + U}{R_3} \\ U = R_4 I_4, & I_4 = \dfrac{U}{R_4} \end{cases} \tag{1-45}$$

图 1-64 支路电流法用图

将式(1-45)代入式(1-44),则得

$$\frac{E_1 - U}{R_1} + \frac{E_2 - U}{R_2} - \frac{E_3 + U}{R_3} - \frac{U}{R_4} = 0$$

整理后得出

$$U = \frac{\dfrac{E_1}{R_1} + \dfrac{E_2}{R_2} - \dfrac{E_3}{R_3}}{\dfrac{1}{R_1} + \dfrac{1}{R_2} + \dfrac{1}{R_3} + \dfrac{1}{R_4}} = \frac{\sum \dfrac{E}{R}}{\sum \dfrac{1}{R}} \tag{1-46}$$

在式(1-46)中,分母的各项总为正;分子的各项可为正,也可为负,当电动势的参考方向与节点电压的参考方向相反时取"＋"号,相同时取"－"号,与各支路电流的参考方向无关。

由式(1-46)求出节点电压后,即可根据式(1-45)求出各支路电流。

例 1-23 在图 1-63 所示电路中,已知 $E_1 = 140\text{V}$,$E_2 = 90\text{V}$,$R_1 = 20\Omega$,$R_2 = 5\Omega$,$R_3 = 6\Omega$。试用节点电压法求各支路的电流。

解 图 1-63 所示电路只有两个节点,因此根据式(1-46),可得节点电压

$$U_{ab} = \frac{\dfrac{E_1}{R_1} + \dfrac{E_2}{R_2}}{\dfrac{1}{R_1} + \dfrac{1}{R_2} + \dfrac{1}{R_3}} = \frac{\dfrac{140}{20} + \dfrac{90}{5}}{\dfrac{1}{20} + \dfrac{1}{5} + \dfrac{1}{6}}\text{V} = 60\text{V}$$

由此可计算出各支路的电流

$$I_1 = \frac{E_1 - U_{ab}}{R_1} = \frac{140 - 60}{20}\text{A} = 4\text{A}$$

$$I_2 = \frac{E_2 - U_{ab}}{R_2} = \frac{90 - 60}{5}\text{A} = 6\text{A}$$

$$I_3 = \frac{U_{ab}}{R_3} = \frac{60}{6}\text{A} = 10\text{A}$$

例 1-24 在图 1-65 所示电路中,已知 $I_{S1} = 4\text{A}$,$E_2 = 60\text{V}$,$R_1 = 20\Omega$,$R_2 = 10\Omega$,$R_3 = 20\Omega$。试用节点电压法求支路电流 I_2。

解 图 1-65 所示电路只有两个节点,因此根据式(1-46),可得节点电压

$$U_{ab} = \frac{I_{S1} + \dfrac{E_2}{R_2}}{\dfrac{1}{R_1} + \dfrac{1}{R_2} + \dfrac{1}{R_3}} = \frac{4 + \dfrac{60}{10}}{\dfrac{1}{20} + \dfrac{1}{10} + \dfrac{1}{20}}\text{V} = 50\text{V}$$

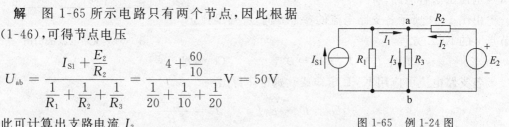

由此可计算出支路电流 I_2

$$I_2 = \frac{E_2 - U_{ab}}{R_2} = \frac{60 - 50}{5}\text{A} = 2\text{A}$$

图 1-65 例 1-24 图

【练习与思考】

1.12.1 节点电压法是复杂电路的一种求解方法,它更适合哪一种电路?

1.12.2 对于只有两个节点的电路如何计算两点间的电压?

1.13 叠 加 定 理

叠加定理是线性电路的一个重要定理。所谓线性电路就是由线性元件和电源组成的电路。

叠加定理可以表述为：在线性电路中，任一支路的电流或电压都是由电路中各个独立电源单独作用时，在该支路产生的电流或电压的叠加。

叠加定理的正确性可用下例说明。

图 1-66(a)所示电路中有两个独立电源，现在要求解电流 I_1 和 I_2。利用支路电流法列 KCL 和 KVL 方程。

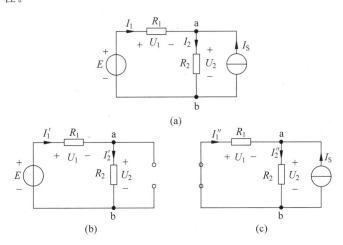

图 1-66 叠加定理

(a) 两个电源共同作用；(b) 电压源单独作用；(c) 电流源单独作用

节点 a

$$I_1 - I_2 + I_S = 0$$

左网孔

$$R_1 I_1 + R_2 I_2 = E$$

联立以上两式解之，得

$$I_1 = \frac{E}{R_1 + R_2} - \frac{R_2 I_S}{R_1 + R_2} = I_1' - (-I_1'') = I_1' + I_1''$$

$$I_2 = \frac{E}{R_1 + R_2} + \frac{R_1 I_S}{R_1 + R_2} = I_2' + I_2''$$

其中，I_1' 和 I_2' 是在电压源单独作用时（将独立电流源开路，如图 1-66(b)所示）产生的电流；I_1'' 和 I_2'' 是在电流源单独作用时（将独立电压源短路，如图 1-66(c)所示）产生的电流。

叠加定理体现了线性电路的一个重要性质——可叠加性，利用这个性质可以将一个多电源的复杂电路简化成若干个单电源的电路,从而简化电路的计算。

应用叠加定理时应注意:

(1)叠加定理仅适用于线性电路。

(2)当某一独立源单独作用时,其他独立源均应置零,即独立电压源用短路线代替,独立电流源用开路代替。

(3)在叠加时,必须注意各个电源单独作用时的电压和电流分量的参考方向是否与原电路中对应物理量的参考方向一致。如果一致,则其值前面取"＋"号,反之,取"－"号。

(4)叠加定理只适用于计算电压、电流,而不适用于计算功率。因为功率不是电流或电压的一次函数,不等于各个电源单独作用时在该元件上所产生的功率之和。

例 1-25　电路如图 1-67(a)所示。已知 $E_1 = 140\text{V}$,$E_2 = 90\text{V}$,$R_1 = 20\Omega$,$R_2 = 5\Omega$,$R_3 = 6\Omega$。试用叠加定理求解各支路电流和电阻 R_3 消耗的功率。

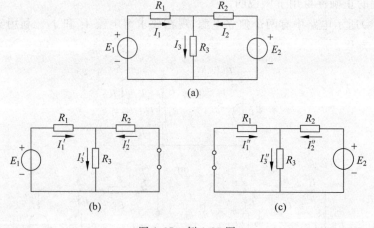

图 1-67　例 1-25 图

(a)电路图;(b)电压源 E_1 单独作用;(c)电压源 E_2 单独作用

解　利用叠加定理求解该电路。当电压源 E_1 作用时,电压源 E_2 置零(即 E_2 短路),如图 1-67(b)所示。由图可得

$$I_1' = \frac{E_1}{R_1 + \dfrac{R_2 \times R_3}{R_2 + R_3}} = \frac{140}{20 + \dfrac{5 \times 6}{5 + 6}}\text{A} = 6.16\text{A}$$

$$I_2' = -\frac{R_3}{R_2 + R_3}I_1' = -\frac{6}{5 + 6} \times 6.16\text{A} = -3.36\text{A}$$

$$I_3' = I_1' + I_2' = 2.8\text{A}$$

当电压源 E_2 作用时,电压源 E_1 置零(即 E_1 短路),如图 1-67(c)所示。由图可得

$$I_2'' = \frac{E_2}{R_2 + \dfrac{R_1 \times R_3}{R_1 + R_3}} = \frac{90}{5 + \dfrac{20 \times 6}{20 + 6}}\text{A} = 9.36\text{A}$$

$$I_1'' = -\frac{R_3}{R_1 + R_3}I_2'' = -\frac{6}{20 + 6} \times 9.36\text{A} = -2.16\text{A}$$

$$I_3'' = I_2'' + I_1'' = 7.2\text{A}$$

则原电路各支路电流为

$$I_1 = I'_1 + I''_1 = (6.16 - 2.16)\text{A} = 4\text{A}$$

$$I_2 = I''_2 + I'_2 = (9.36 - 3.36)\text{A} = 6\text{A}$$

$$I_3 = I'_3 + I''_3 = (2.8 + 7.2)\text{A} = 10\text{A}$$

电阻 R_3 消耗的功率

$$P_{R_3} = R_3 I_3^2 = 6 \times 10^2 \text{W} = 600\text{W}$$

例1-26 电路如图1-68(a)所示。求电压源电流 I 和电流源端电压 U。

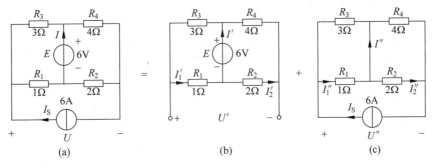

图1-68 例1-26图

解 利用叠加定理求解该电路。当电压源作用时,电流源置零(即电流源开路),如图1-68(b)所示。由图可得

$$I'_1 = \frac{E}{R_1 + R_3} = \frac{6}{1+3}\text{A} = 1.5\text{A}$$

$$I'_2 = -\frac{E}{R_2 + R_4} = -\frac{6}{2+4}\text{A} = -1\text{A}$$

故电压源电流

$$I' = I'_1 - I'_2 = (1.5 - (-1))\text{A} = 2.5\text{A}$$

电流源端电压

$$U' = R_1 I'_1 + R_2 I'_2 = (1 \times 1.5 + 2 \times (-1))\text{V} = -0.5\text{V}$$

当电流源作用时,电压源置零(即电压源短路),如图1-68(c)所示。由图可得

$$I''_1 = \frac{R_3}{R_1 + R_3} I_S = \frac{3}{1+3} \times 6\text{A} = 4.5\text{A}$$

$$I''_2 = \frac{R_4}{R_2 + R_4} I_S = \frac{4}{2+4} \times 6\text{A} = 4\text{A}$$

故电压源电流

$$I'' = I''_1 - I''_2 = (4.5 - 4)\text{A} = 0.5\text{A}$$

电流源端电压

$$U'' = R_1 I''_1 + R_2 I''_2 = (1 \times 4.5 + 2 \times 4)\text{V} = 12.5\text{V}$$

原电路中电压源电流 I 和电流源端电压 U 分别为

$$I = I' + I'' = (2.5 + 0.5)\text{A} = 3\text{A}$$

$$U = U' + U'' = (-0.5 + 12.5)\text{V} = 12\text{V}$$

【练习与思考】

1.13.1 应用叠加定理分析计算电路时,应注意哪些事项?

1.13.2 叠加定理能否用于将多电源(例如有 6 个电源)电路看成是几组电源(例如 3 组电源)分别单独作用的叠加?

1.13.3 利用叠加定理能否说明在单电源电路中,各处的电压和电流随电压源的电压或电流源的电流成比例的变化?

1.13.4 电路如图 1-69 所示,用叠加定理计算电流 I。

1.13.5 电路如图 1-70 所示,用叠加定理计算电压 U 和电流 I。

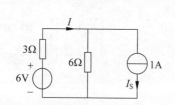

图 1-69 【练习与思考】1.13.4 图

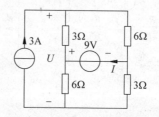

图 1-70 【练习与思考】1.13.5 图

1.14 戴维南定理和诺顿定理

在阐述戴维南定理和诺顿定理之前,先解释几个名词。

网络:通常把含元件较多或者比较复杂的电路称为网络。

二端网络:凡是具有两个接线端的部分电路,不管它是简单电路还是复杂电路,都称之为二端网络,如图 1-71(a)所示电路中,a,b 端左、右两侧的电路都是二端网络。

有源二端网络:内部含有独立电源的二端网络,如图 1-71(a)所示电路中,从 a,b 两端向左看进去的这部分电路。最简单的有源二端网络,是由电动势为 E 的理想电压源与内阻 R_0 串联的电压源,或由电流为 I_S 的理想电流源与内阻 R_0 并联的电流源。

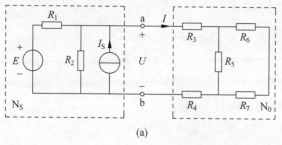
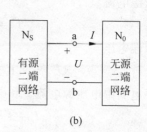

(a) (b)

图 1-71 二端网络

无源二端网络：内部不含独立电源的二端网络，如图1-71(a)所示的电路中，从a,b两端向右看进去的那部分电路。最简单的无源二端网络只含有一个电阻元件。

1.14.1　戴维南定理

在电路分析中，经常只需要计算一个复杂电路中某一支路的电流或电压，如图1-72(a)所示的电路中，求a,b端右侧电路中电阻R_L的电流或电压。如果能将一个复杂的有源二端网络等效变换为一个最简单的有源二端网络，则会使计算简便。

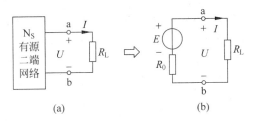

图1-72　说明戴维南定理的电路

(a) 有源二端网络；(b) 戴维南等效电路

戴维南定理和诺顿定理就是关于有源二端网络等效变换的重要定理。

戴维南定理指出：任何一个有源二端网络N_S，对于外电路来说，都可以用一个电动势为E的理想电压源和内阻R_0串联的电压源模型来等效代替，如图1-72(b)所示。等效电源的电动势E等于有源二端网络N_S两端之间的开路电压U_0，等效电源的内阻R_0等于有源二端网络N_S中所有电源置零(各理想电压源短路，各理想电流源开路)后所得无源二端网络N_0的a,b两端之间的等效电阻。

应用戴维南定理求图1-72(b)所示的戴维南等效电路的方法如下：

(1) 求有源二端网络的开路电压U_0。

先将需要计算的支路，比如图1-72(a)所示电路a,b端右侧的电阻R_L所在支路从复杂电路中断开，如图1-73所示。然后，可用前面学过的任何一种分析电路的方法，求解出如图1-73中a,b端左侧的有源二端网络的开路电压U_0。

(2) 求无源二端网络的等效电阻R_0。

先将图1-73中a,b端左侧的有源二端网络N_S中所有电源除去(将各理想电压源短路，各理想电流源开路)，得到无源二端网络N_0。无源二端网络N_0的等效电阻R_0可用外加电源法求出。即在无源二端网络的a,b两端外接一个电压源U，测量或计算流经二端网络

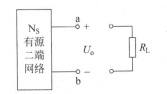

图1-73　有源二端网络开路电压

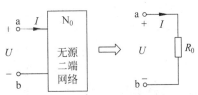

图1-74　无源二端网络的等效电路

两端的电流 I，如图 1-74 所示，则无源二端网络 N_0 的等效电阻 R_0 可用下式求得

$$R_0 = \frac{U}{I} \tag{1-47}$$

（3）组成戴维南等效电路，解得电路待求量

用一个电动势为 $E=U_0$ 的理想电压源和等效电阻 R_0 串联，组成等效电压源代替原来的复杂有源二端网络，连接需要计算的支路 R_L，构成如图 1-72(b) 所示的戴维南等效电路。这是一个最简单的单回路电路，其中电流可用下式计算

$$I = \frac{E}{R_0 + R_L} \tag{1-48}$$

进而可以求得其他待求量。

下面通过举例来说明应用戴维南定理求解电路问题。

例 1-27 电路如图 1-75(a) 所示。已知 $E_1=120\text{V}$，$E_2=70\text{V}$，$R_1=20\Omega$，$R_2=5\Omega$，$R_3=6\Omega$。试用戴维南定理求解支路电流 I_3 和电阻 R_3 消耗的功率。

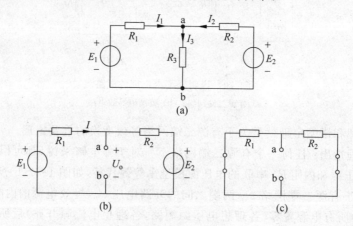

图 1-75 例 1-27 图

解 （1）求开路电压 U_0。

断开图 1-75(a) 中 a、b 两端之间的支路 R_3，形成如图 1-75(b) 所示有源二端网络。

$$I = \frac{E_1 - E_2}{R_1 + R_2} = \frac{120 - 70}{20 + 5}\text{A} = 2\text{A}$$

$$E = U_0 = E_2 + R_2 I = (70 + 5 \times 2)\text{V} = 80\text{V}$$

（2）求无源二端网络的等效电阻 R_0

将图 1-75(b) 中的理想电压源 E_1 和 E_2 短路，形成如图 1-75(c) 所示无源二端网络。

$$R_0 = \frac{R_1 \times R_2}{R_1 + R_2} = \frac{20 \times 5}{20 + 5}\Omega = 4\Omega$$

（3）组成戴维南等效电路，解得电路待求量

$$I_3 = \frac{E}{R_0 + R_3} = \frac{80}{4 + 6}\text{A} = 8\text{A}$$

$$P_3 = R_3 I_3^2 = 6 \times 8^2 \text{W} = 384\text{W}$$

例 1-28 电路如图 1-76(a) 所示。已知：$R_1=R_2=R_3=5\Omega$，$R_4=R_G=10\Omega$，$E=12\text{V}$，用戴维南定理求检流计中的电流 I_G。

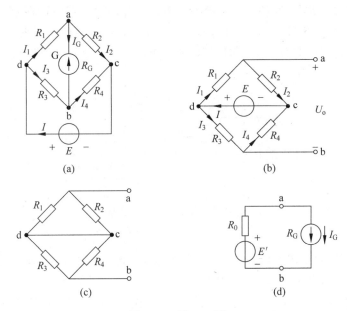

图 1-76　例 1-28 图

解　(1) 求开路电压 U_o。

断开图 1-76(a)中 a、b 两端之间的支路 R_G，形成如图 1-76(b)所示有源二端网络。

$$I_1 = \frac{E}{R_1 + R_2} = \frac{12}{5 + 5}A = 1.2A$$

$$I_3 = \frac{E}{R_3 + R_4} = \frac{12}{5 + 10}A = 0.8A$$

$$U_o = I_3 R_3 - I_1 R_1 = (5 \times 0.8 - 5 \times 1.2)V = -2V$$

(2) 求无源二端网络的等效电阻 R_0

将图 1-76(b)中的理想电压源 E 短路，形成如图 1-76(c)所示无源二端网络。

$$R_0 = \frac{R_1 \times R_2}{R_1 + R_2} + \frac{R_3 \times R_4}{R_3 + R_4} = \left(\frac{5 \times 5}{5 + 5} + \frac{10 \times 5}{5 + 10}\right)\Omega = 5.8\Omega$$

(3) 组成戴维南等效电路，如图 1-76(d)所示，求解得待求量 I_G

$$I_G = \frac{E'}{R_0 + R_G} = \frac{-2}{5.8 + 10}A = -0.127A$$

1.14.2　诺顿定理

诺顿定理也是关于有源二端网络等效变换的重要定理，它是戴维南定理的对偶形式。由前面介绍可知，电压源与电流源之间可以等效变换，因此任一有源二端网络不仅可以用电压源模型等效代替，也可以用电流源模型等效代替。

诺顿定理指出：任何一个有源二端网络 N_S，对于外电路来说，都可以用一个电流为 I_S

的理想电流源和内阻 R_0 并联的电流源模型来等效代替,如图 1-77(b)所示。等效电源的电流 I_S 等于有源二端网络 N_S 两端之间的短路电流 I_{so},等效电源的内阻 R_0 等于有源二端网络 N_S 中所有电源置零(各理想电压源短路,各理想电流源开路)后所得无源二端电路 N_0 的 a,b 两端之间的等效电阻。

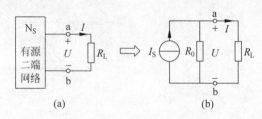

图 1-77 说明诺顿定理电路

(a) 有源二端网络;(b) 诺顿等效电路

实际上,诺顿等效电源的内阻 R_0 与戴维南等效电源的内阻 R_0 的求解过程相同。下面通过举例来说明应用诺顿定理求解电路问题。

例 1-29 电路如图 1-75(a)所示。已知条件与例 1-27 相同。试用诺顿定理求解支路电流 I_3 和 a,b 两端之间的电压 U。

解 (1)求短路电流 I_{so}

断开图 1-75(a)中 a,b 两端之间的支路 R_3,并将 a,b 两端之间用短路线短接,形成如图 1-78(a)所示的求解短路电流的电路。因为 a,b 两端被短路线短接,所以 a,b 端左右两侧形成两个独立的单回路电路。

$$I_{so} = \frac{E_1}{R_1} + \frac{E_2}{R_2} = \left(\frac{120}{20} + \frac{70}{5}\right)\mathrm{A} = 20\mathrm{A}$$

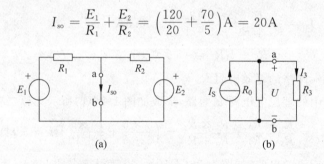

图 1-78 例 1-29 图

(a) 求短路电流的电路;(b) 诺顿等效电路

(2)求无源二端网络的等效电阻 R_0

求解过程和结果与例 1-27 的步骤(2)相同

$$R_0 = 4\Omega$$

(3)组成诺顿等效电路,如图 1-78(b)所示,解得电路待求量

利用并联电路的分流公式,求解 I_3 和 U

$$I_3 = \frac{R_0}{R_0 + R_3}I_{so} = \frac{4}{4+6} \times 20\mathrm{A} = 8\mathrm{A}$$

$$U = R_3 I_3 = 6 \times 8\mathrm{V} = 48\mathrm{V}$$

【练习与思考】

1.14.1 有源二端网络的内部与其等效的戴维南等效电路的内部是否等效？为什么？

1.14.2 如何求戴维南、诺顿等效电路中的电阻 R_0？计算时需注意哪些问题？

1.14.3 对一个不知内部情况的有源二端网络，试问如何用实验手段建立其戴维南等效电路？

1.14.4 分别应用戴维南定理和诺顿定理将图 1-79 所示各电路化为等效电压源和等效电流源。

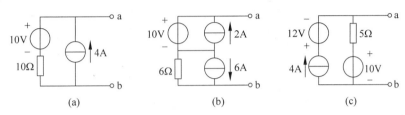

(a)　　　　　　　　(b)　　　　　　　　(c)

图 1-79　【练习与思考】1.14.4 图

*1.15　受控源电路的分析

　　在前面所学电路中出现的电源都是独立电源，所谓独立电源，就是电压源的电压或电流源的电流都是不受外电路控制的独立量。此外，在一些电气设备或电子器件中，经常有某一条支路的电流或电压受电路中其他部分的电流或电压控制的现象。例如，直流发电机的电压受激磁线圈电流的控制，晶体管的集电极电流受基极电流的控制，运算放大器的输出电压受输入电压的控制。受控电源就是由此类实际器件抽象而来的一种理想化电源模型，简称受控源。受控源是非独立电源，当控制量（电流或电压）消失或等于零时，受控量（电流或电压）也将为零。

　　由于控制量可以是电流或电压，同样受控量也可以是电流或电压，因此受控源可分为电压控制的电压源（VCVS）、电压控制的电流源（VCCS）、电流控制的电压源（CCVS）、电流控制的电流源（CCCS）四种类型。四种理想受控源的模型如图 1-80 所示。

　　受控源的受控量与控制量之比，称为受控源的控制系数。图 1-80 中 μ,g,γ,β 分别为四种受控源的控制系数。当它们为常数时，受控源是线性的。

　　在 VCVS 中，$U_2=\mu U_1$，其中 U_2 为电路中受控的电压源，U_1 为控制量，$\mu=U_2/U_1$ 为电压放大倍数，无量纲。

　　在 VCCS 中，$I_2=gU_1$，其中 I_2 为电路中受控的电流源，U_1 为控制量，$g=I_2/U_1$ 为转移电导，电导的量纲。

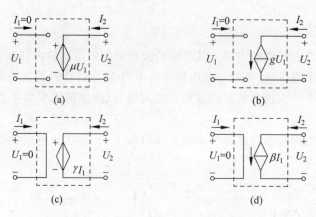

图 1-80　四种受控电源的电路符号

(a) VCVS；(b) VCCS；(c) CCVS；(d) CCCS

在 CCVS 中，$U_2 = \gamma I_1$，其中 U_2 为电路中受控的电压源，I_1 为控制量，$\gamma = U_2/I_1$ 为转移电阻，电阻量纲。

在 CCCS 中，$I_2 = \beta I_1$，其中 I_2 为电路中受控的电流源，I_1 为控制量，$\beta = I_2/I_1$ 为电流放大倍数，无量纲。

对含有受控源的线性电路，也可以用前几节介绍的电路分析方法进行分析与计算。但考虑到受控源的特性，在分析与计算时有需要注意之处。下面通过典型例题逐一说明含有受控源电路的计算。

例 1-30　电路如图 1-81 所示，用支路电流法求 I_1，I_2，U_2。

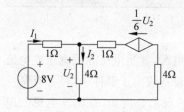

图 1-81　例 1-30 图

解　根据支路电流法可列如下方程：

$$\begin{cases} \dfrac{1}{6}U_2 + I_1 - I_2 = 0 \\ 1 \times I_1 + 4 \times I_2 = 8 \\ U_2 = 4I_2 \end{cases}$$

第三个方程可视为补充方程。因为电路中被求的电流只有两个，图 1-81 中的受控源为电压控制的电流源。一般情况下，列电路方程或表达式时，通常给予受控源独立电源的地位。

解上述方程得

$$I_1 = 0.615\text{A}, \quad I_2 = 1.85\text{A}, \quad U_2 = 4I_2 = 4 \times 1.85\text{V} = 7.4\text{V}$$

例 1-31　电路如图 1-82(a) 所示，其中 $\gamma = 2\Omega$，用叠加原理求 I。

解　(1) 10V 电压源单独作用，如图 1-82(b) 所示，注意此时受控源的电压为 $2I'$。由此可得以支路电流表示的 KVL 方程

$$-10 + 3I' + 2I' = 0$$

解得 $I' = 2\text{A}$。

(2) 3A 电流源单独作用，如图 1-82(c) 所示，注意此时受控源的电压为 $2I''$，电流为 I''。由两类约束关系求解 I'' 如下：

$$I_1 - I'' = 3$$
$$2I'' + I_1 + 2I'' = 0$$

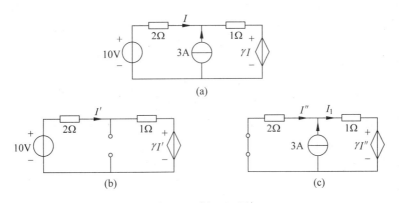

图 1-82　例 1-31 图

解得 $I'' = -0.6\text{A}$。

（3）两电源同时作用

$$I = I' + I'' = (2 - 0.6)\text{A} = 1.4\text{A}$$

例 1-32　电路如图 1-83(a)所示。用戴维南定理求电路中的 I。

解　（1）将被求支路断开，求断点的开路电压 U_{ab}。由图 1-83(b)得

$$I_1 = -10\text{A}$$

$$U_{ab} = 10 - 6I_1 = (10 + 60)\text{V} = 70\text{V}$$

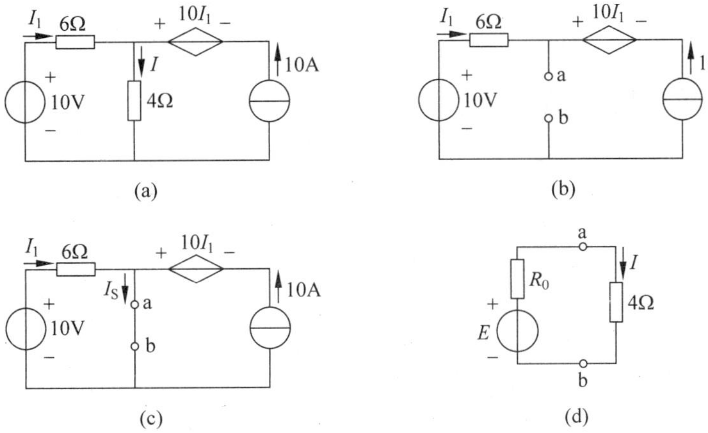

（a）　　　　　　　　　（b）

（c）　　　　　　　　　（d）

图 1-83　例 1-32 图

（2）求等效电源的内阻 R_0

电路中无受控源时，计算方法是将电源除去，计算端口的电阻。由于电路中有受控源，根据其属性不能与独立电源一起除去。所以，等效电阻只能通过计算的方法得到。具体为伏安法或短路法。本题目使用短路法计算等效电阻 R_0。过程如下：

首先将被求支路短路，如图 1-83(c)所示，求出短路电流 I_s。我们知道若电路中的电源是电压源模型，其电动势的值就等于断点的开路电压。

$$I_s = \left(\frac{10}{6} + 10\right)\text{A} = \frac{70}{6}\text{A}$$

$$R_0 = \frac{U_{ab}}{I_S} = \frac{70}{\dfrac{70}{6}}\Omega = 6\Omega$$

最后根据图 1-83(d)求得

$$I = \frac{E}{R_0 + 4} = \frac{70}{6 + 4}A = 7A$$

例 1-33　用电压源与电流源等效变换的方法求如图 1-84(a)所示电路中的 I。

解　根据题目要求,首先对电路做等效变换,过程如图 1-84(b)、1-84(c)所示,并通过图 1-84(c)计算出 I。

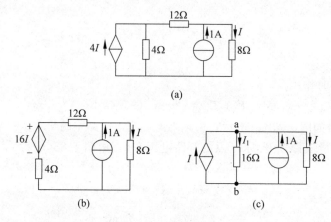

(a)

(b)   (c)

图 1-84　例 1-33 图

由图(c)可列节点电流方程

$$I + I_1 = 1 + I$$

得

$$I_1 = 1A, \quad U_{ab} = 16I_1 = 16V$$

所以

$$I = \frac{16}{8}A = 2A$$

以上例题分别介绍了含受控源电路的特点和解题过程中应注意的问题,总结如下:

(1) 在列方程的过程中,原则上把受控源视为独立电源,如:支路电流法。

(2) 根据受控源的属性,受控源不能单独组成电路,如:叠加定理。

(3) 求网络电阻时,不能把受控源除去,只能通过计算的方法得到等效电阻,如:戴维南定理。

(4) 变换电路时,如:电压源与电流源等效变换时,原则上保留控制量的存在。

【练习与思考】

1.15.1　什么是受控源?与独立电源的区别是什么?

1.15.2　含受控源电路的计算过程应注意的问题有哪些?根据不同的解题方法分别加以说明。

*1.16　非线性电阻电路的分析

1.16.1　非线性电阻

前面各章节所讨论的电路中出现的电阻都是线性电阻。线性电阻两端的电压与通过的电流成正比,其电阻值是一个常数,不随电压或电流的变化而变化。线性电阻两端的电压与其中电流的关系遵循欧姆定律,即

$$R = \frac{U}{I}$$

前面所讨论的电路都是线性电阻电路。

如果电阻的阻值不是一个常数,而是随着它的端电压或通过的电流变动,这种电阻就称为非线性电阻。非线性电阻两端的电压与其中电流的关系不遵循欧姆定律,一般不能用数学式表示,而是用电压与电流的伏安特性曲线 $U = f(I)$ 或 $I = f(U)$ 来表示。图 1-85 和图 1-86 分别为白炽灯丝和二极管的伏安特性曲线。图 1-87 是非线性电阻的符号。

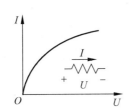

图 1-85　白炽灯丝的伏安特性曲线

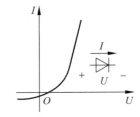

图 1-86　二极管的伏安特性曲线

由于非线性电阻的伏安特性曲线是一条曲线,不同数值的电流通过非线性电阻时,其电阻值也不同。要计算它的阻值,就必须指明它的工作电流或工作电压。非线性元件由工作电流(或工作电压)所确定的工作状态,称为非线性元件的工作点,如图 1-88 所示伏安特性上的 Q 点。

图 1-87　非线性电阻的符号

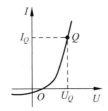

图 1-88　非线性元件的伏安特性

非线性电阻元件的电阻值有两种表示方式。一种称为静态电阻（或称为直流电阻），它等于工作点 Q 处的电压 U_Q 与电流 I_Q 之比，即

$$R = \frac{U_Q}{I_Q} \qquad (1\text{-}49)$$

另一种称为动态电阻（或称为交流电阻），它等于工作点 Q 附近的电压的微变量 ΔU 与电流的微变量 ΔI 之比，即

$$r = \lim_{\Delta I \to 0} \frac{\Delta U}{\Delta I} = \frac{\mathrm{d}U}{\mathrm{d}I} \qquad (1\text{-}50)$$

由上述可知，对非线性电阻来说，对应于其伏安特性曲线上的任何一个工作点 Q，都有两个表征其特性的电阻值，即静态电阻和动态电阻，它们是两个完全不同的概念，数值一般也不相等，但两者都与工作点 Q 的位置有关。此工作点是给非线性电阻加直流电压（或直流电流）时确定的，因此称为静态工作点。它们各有其应用的范围。静态电阻应用在电压和电流为直流的情况下；动态电阻应用在电压和电流有微小变化的情况下。

1.16.2 非线性电阻电路的图解分析法

存在非线性元件的电路称为非线性电路。由于非线性电阻的阻值不是常数，所以前面介绍的线性电路的有关定理和分析方法一般也不适用于分析非线性电路，但基尔霍夫定律与电路元件的性质无关，因此基尔霍夫定律依然是分析非线性电路的依据。在分析与计算非线性电阻电路时，常常采用图解分析法。

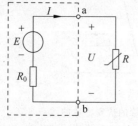

图 1-89 非线性电阻电路

当电路中只含有一个非线性电阻电路时，可将它单独从电路中分离出来，剩下的电路就是一个线性有源二端网络。利用戴维南定理，将这个线性有源二端网络用戴维南等效电路来代替，这样，原来的非线性电阻电路便可简化为如图 1-89 所示的电路。

对图 1-89 所示的电路，根据基尔霍夫电压定律列出

$$U = E - R_0 I \qquad (1\text{-}51)$$

或

$$I = -\frac{1}{R_0}U + \frac{E}{R_0} \qquad (1\text{-}52)$$

显然上面二式都是直线方程，它是图 1-89 中戴维南等效电路的伏安特性，据此可画出一条直线 NM。

对于式(1-51)，令 $I=0$，则 $U=E$，得该直线与 U 坐标轴的交点 M 为 $(E,0)$；令 $U=0$，则 $I=E/R_0$，得该直线与 I 坐标轴的交点 N 为 $(0,E/R_0)$。连接 N 点和 M 点，即得到直线 NM，如图 1-90 所示。

直线 NM 与非线性电阻元件 R 的伏安特性曲线 $I(U)$ 相交于 $Q(U_Q, I_Q)$ 点，电路的工作情况由 Q 点确定，因为

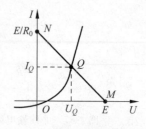

图 1-90 非线性电阻电路的图解法

Q 点即表示了非线性电阻 R 上的电压与电流的关系,同时也符合线性电路中电压与电流的关系(即式(1-51)或式(1-52))。Q 点称为电路的静态工作点,图 1-90 所示的图解法又称为曲线相交法。

【练习与思考】

1.16.1 什么叫静态电阻、动态电阻? 写出其表达式。

1.16.2 非线性电阻的静态电阻和动态电阻是否相等?

1.16.3 KVL、KCL 能否用于非线性电路,为什么?

1.16.4 有一非线性电阻,工作点电压 $U=6\text{V}$,电流 $I=3\text{mA}$,若电压增量 $\Delta U=0.1\text{V}$,电流增量 $\Delta I=0.01\text{mA}$,试求其静态电阻和动态电阻。

1.17 电路的暂态分析

以上章节讨论的都是电阻元件的电路,一旦接通或断开电源,电路立即处于稳定状态。但当电路中含有电感元件或电容元件时,在电路接通、断开或电路参数改变时,电路的状态一般需要经过一段短暂时间才能达到稳态,这个过程称为暂态过程。

本节主要讨论储能元件的特性、引起暂态过程的原因,以及暂态过程中电压和电流随时间变化的规律。

1.17.1 储能元件

1. 电感元件

实际的电感元件是由导线绕制而成的线圈,如图 1-91(a)所示。如果忽略导线电阻,便可得到理想的电感元件,如图 1-91(c)所示。

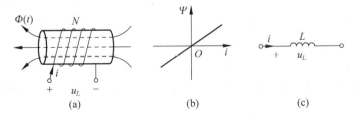

图 1-91 线性电感元件

(a)实际电感元件;(b) i-Ψ 关系图;(c)理想电感元件

当电流 i 通过电感线圈时,将产生磁通 Φ,它通过每匝线圈。通过每匝线圈的磁通 Φ 与线圈匝数 N 的乘积

$$\Psi = N\Phi \tag{1-53}$$

称为磁链,磁链 Ψ 与磁通 Φ 的单位名称为韦伯,符号为 Wb(韦)。

电感线圈的磁链 Ψ 与产生它的电流 i 的比值

$$L = \frac{\Psi}{i} = \frac{N\Phi}{i} \tag{1-54}$$

称为电感线圈的电感系数,简称电感。若式(1-54)在 i-Ψ 坐标内为通过原点的一条直线,如图 1-91(b)所示,则 L 是一个常数,称此电感线圈为线性电感。在国际单位制中,L 的单位名称为亨利,符号为 H(亨)。辅助单位有 mH,μH 等。

$$1H = 10^3 mH = 10^6 \mu H$$

由法拉第电磁感应定律可知,当电感线圈中的电流发生变化时,磁链 Ψ 也随之发生变化,在线圈两端将产生感应电动势 e_L。通常规定 e_L 的参考方向与磁通 Φ 的参考方向满足右手螺旋定则,如图 1-91(a)所示,则

$$e_L = -\frac{d\Psi}{dt} = -N\frac{d\Phi}{dt} = -L\frac{di}{dt} \tag{1-55}$$

根据基尔霍夫电压定律,可写出

$$u_L + e_L = 0$$

或

$$u_L = -e_L = L\frac{di}{dt} \tag{1-56}$$

上式是在 u 和 i 的参考方向关联的情况下得出的,否则要加一负号。式(1-56)表明,电感线圈两端的电压与通过电感的电流变化率成正比,只有通过线圈的电流发生变化时,线圈两端才有电压,因此电感元件是一种动态元件。若线圈中通过恒定电流时,其上电压 $u_L = 0$,故电感线圈对直流电而言可视作短路。

在 u 和 i 关联参考方向下,电感元件吸收的电功率为

$$p = ui = Li\frac{di}{dt} \tag{1-57}$$

将式(1-57)两边积分,则得

$$\int_0^t ui = \int_0^t Li\,di = \frac{1}{2}Li^2 \tag{1-58}$$

上式表明,当电感电流增大时,磁场能量增加,在此过程中电能转换为磁场能,即电感元件从电源取用能量,$\frac{1}{2}Li^2$ 就是电感元件中的磁场能量;当电感电流减小时,磁场能量减少,磁场能转换为电能,即电感元件向电源放还能量。可见电感元件不消耗能量,是储能元件。

2. 电容元件

两块金属极板中间用绝缘介质隔开,并从两极板引出引线,就可构成一个电容器,如图 1-92(a)所示。电容元件的电路符号如图 1-92(b)所示。

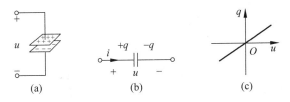

图 1-92　线性电容元件

(a) 电容器；(b) 电容元件符号；(c) 电容 u-q 线性关系

电容极板上的电荷量 q 与其极间电压 u 的比值

$$C = \frac{q}{u} \tag{1-59}$$

称为电容器的电容量，简称电容。若式(1-59)在 u-q 坐标内为通过原点的一条直线，如图 1-92(c)所示，则 C 是一个常数，称此电容为线性电容。在国际单位制中，C 的单位名称为法拉，符号为 F(法)。辅助单位有 μF，pF 等。

$$1F = 10^6\,\mu F = 10^{12}\,pF$$

当电容元件上的电荷量 q 或电压 u 发生变化时，则在电路中引起电流

$$i = \frac{dq}{dt} = C\frac{du}{dt} \tag{1-60}$$

上式是在 u 和 i 的参考方向关联的情况下得出的，否则要加一负号。式(1-60)表明，通过电容的电流与电容两端的电压变化率成正比，只有电容两端的电压发生变化时，电容两端的引线上才有电流，因此电容元件也是一种动态元件。若电容两端为恒定电压时，其上电流 $i=0$，故电容元件对直流而言可视作开路。

在 u 和 i 关联参考方向下，电容元件吸收的电功率为

$$p = ui = Cu\frac{du}{dt} \tag{1-61}$$

将式(1-61)两边积分，则得

$$\int_0^t ui = \int_0^t Cu\,du = \frac{1}{2}Cu^2 \tag{1-62}$$

上式表明，当电容电压增大时，电场能量增加，在此过程中电能转换为电场能量，即电容元件从电源取用能量(充电)，$\frac{1}{2}Cu^2$ 就是电容元件中的电场能量；当电容电压减小时，电场能量减少，电场能量转换为电能，即电容元件向电源放还能量(放电)。可见电容元件不消耗能量，也是储能元件。

1.17.2　换路定则

电路的接通、断开以及电路的结构、参数或输入信号改变等，统称为换路。

在电路中含有储能元件时，换路会打破电路原有的稳态，电路中各部分电压、电流都将被迫发生变化，以求达到新的稳态。因电感元件存储的磁能 $\frac{1}{2}Li^2$ 不能突变，将导致电感元

件中的电流 i_L 不能突变；电容元件存储的电场能量 $\frac{1}{2}Cu^2$ 不能突变,将导致电容元件中的电压 u_C 不能突变。因此,电路不会立即从一个稳态变化到另一个稳态,而需要经过一段短暂时间,才能到达新的稳态,这两个稳态中间的过渡过程,称为暂态过程。

在电路的暂态分析中,一般以换路发生的时刻作为计算时间的起点(初始时刻)。设换路在 $t=0$ 时发生,把换路前的最后一个瞬时表示为 $t=0_-$,即 t 为负值,趋于零的极限;把换路后的第一个瞬时表示为 $t=0_+$,即 t 为正值,趋于零的极限。

从 $t=0_-$ 到 $t=0_+$ 瞬间,电容元件上的电压和电感元件中的电流应该保持不变,称为换路定则。换路定则可表示为

$$\begin{cases} u_C(0_+) = u_C(0_-) \\ i_L(0_+) = i_L(0_-) \end{cases} \tag{1-63}$$

换路定则仅适用于换路瞬间,可根据它来确定 $t=0_+$ 时电路中各电压、电流之值,即暂态过程的初始值。确定各电压、电流的初始值时,先由 $t=0_-$ 的电路求出 $u_C(0_-)$ 或 $i_L(0_-)$,而后由 $t=0_+$ 的电路,在已求得的 $u_C(0_+)$ 或 $i_L(0_+)$ 的条件下,求其他电压、电流的初始值。

例 1-34　图 1-93(a)所示电路中的开关闭合已经很久,$t=0$ 时断开开关,试求开关转换前和转换后瞬间的电容电压和电感电流。

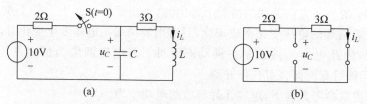

图 1-93　例 1-34 图

(a) $t=0_-$ 的电路；(b) $t=0_-$ 时刻电容开路和电感短路的电路

解　在图 1-93(a)所示电路达到直流稳定状态时,电压、电流均为恒定值,电容电流为零,电容相当于开路,电感电压为零,电感相当于短路。用开路代替电容,短路代替电感后的电路如图(b)所示。由此求出电容电压和电感电流如下所示:

$$u_C(0_-) = \frac{3}{2+3} \times 10\text{V} = 6\text{V}$$

$$i_L(0_-) = \frac{10}{2+3}\text{A} = 2\text{A}$$

在开关断开后,根据换路定则,电容电压不能跃变,电感电流不能跃变,由此求得

$$u_C(0_+) = u_C(0_-) = 6\text{V}$$

$$i_L(0_+) = i_L(0_-) = 2\text{A}$$

例 1-35　电路如图 1-94(a)所示,已知 $E=10\text{V},R_1=4\Omega,R_2=6\Omega$,在 $t=0$ 时将开关打开。求：$u_C(0_+),i_L(0_+),i_C(0_+),u_L(0_+)$ 和 $u_{R2}(0_+)$。换路前各元件均未储能。

解　(1) 用换路前的电路计算,并根据换路定则有

$$u_C(0_+) = u_C(0_-) = \frac{R_2}{R_1+R_2} \times E = \frac{6 \times 10}{4+6}\text{V} = 6\text{V}$$

$$i_L(0_+) = i_L(0_-) = \frac{E}{R_1+R_2} = \frac{10}{4+6}\text{A} = 1\text{A}$$

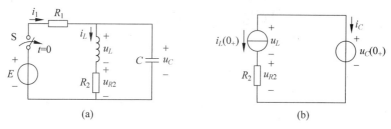

图 1-94　例 1-35 图

（a）例 1-35 电路图；（b）$t=0$ 时的等效电路

（2）画出 $t=0$ 时的等效电路，如图 1-94（b）所示。求出其他初始值。

$$i_C(0_+) = -i_L(0_+) = -1\text{A}$$

$$u_{R2}(0_+) = R_2 \times i_L(0_+) = 6 \times 1\text{V} = 6\text{V}$$

$$u_L(0_+) = -u_{R2}(0_+) + u_C(0_+) = (-6+6)\text{V} = 0\text{V}$$

1.17.3　**RC 电路的暂态分析**

对于含有一个电容 C 和若干个电阻 R 的电路，当 R 和 C 都是线性元件时，电路方程将是一阶线性常系数微分方程，相应的电路称为一阶电阻电容电路（简称 RC 电路）。如果将电容元件以外的电阻电路用戴维南定理等效为电压源，便可将原有电路变换为一个电阻和一个电容串联而成的简单 RC 电路，对于这种电路，可分三种响应对其进行暂态分析。

1. 零输入响应

所谓电路的零输入，是指电路换路后无电源激励，输入信号为零，仅由电容的初始状态 $u_C(0_+)$ 所产生的电路响应，故为零输入响应。

图 1-95（a）所示是一 RC 电路，当电容元件充电到 U_0 后，在 $t=0$ 时，将开关 S 从位置 1 合到 2，脱离电源（输入为零），电容元件开始放电，其上电压为 u_C。

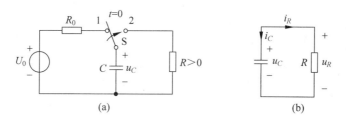

图 1-95　RC 电路的零输入响应

（a）RC 电路；（b）换路后电路

在图示电压、电流参考方向下，根据 KVL，列出 $t \geqslant 0$ 时电路的微分方程

$$-u_R + u_C = 0$$

其中 $u_R = Ri_R$，$i_R = -C\dfrac{\mathrm{d}u_C}{\mathrm{d}t}$，代入上式，得到以下方程

$$RC \frac{\mathrm{d}u_C}{\mathrm{d}t} + u_C = 0 \quad (t \geqslant 0) \tag{1-64}$$

这是一个常系数线性一阶齐次微分方程,其通解为

$$u_C(t) = Ae^{pt}$$

将上式代入式(1-64)中,得到特征方程

$$RCp + 1 = 0$$

其解为

$$p = -\frac{1}{RC} = -\frac{1}{\tau} \tag{1-65}$$

式中 $\tau = RC$,在国际单位制中,τ 的单位是 s,它具有时间的量纲,所以称为 RC 电路的时间常数。

于是,电容电压变为

$$u_C(t) = Ae^{-\frac{t}{RC}} = Ae^{-\frac{t}{\tau}}$$

式中 A 是一个常量,可由初始条件 $u_C(0_+)$ 确定。当 $t=0_+$ 时上式变为

$$u_C(0_+) = Ae^{-\frac{t}{RC}} = A$$

根据初始条件

$$u_C(0_+) = u_C(0_-) = U_0$$

求得

$$A = U_0$$

最后得到图 1-95(b)所示电路的零输入响应为

$$u_C(t) = U_0 e^{-\frac{t}{RC}} = U_0 e^{-\frac{t}{\tau}} \quad (t \geqslant 0) \tag{1-66}$$

电路中的电流为

$$i_C(t) = C \frac{\mathrm{d}u_C}{\mathrm{d}t} = -\frac{U_0}{R} e^{-\frac{t}{RC}} = -\frac{U_0}{R} e^{-\frac{t}{\tau}} \quad (t \geqslant 0) \tag{1-67}$$

式(1-67)中的负号表明放电电流的实际方向与图 1-95(b)中的参考方向相反。$u_C(t)$ 和 $i_C(t)$ 的变化曲线如图 1-96 所示。

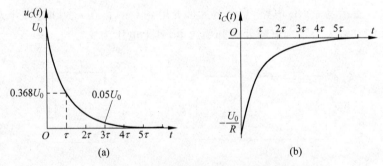

图 1-96 RC 电路的零输入响应变化曲线

(a) 电容电压 $u_C(t)$ 衰减曲线;(b) 电容电流 $i_C(t)$ 随时间变化曲线

时间常数 τ 是表征一阶电路暂态过程进展速度的一个重要参数,时间常数 τ 越大,响应衰减速度越慢,过渡过程进行时间越长。式(1-66)中的 $u_C(t)$ 经计算得到,$t=\tau$ 时

$$u_C(\tau) = U_0 e^{-\frac{\tau}{\tau}} = U_0 e^{-1} = 0.368U_0$$

即经过一个时间常数 τ 后,电容电压 $u_C(t)$ 衰减到初始值 U_0 的 36.8%,如图 1-96(a)所示。表 1-1 给出了在 τ 的整数倍时刻上的 $u_C(t)$ 值,以表示 $u_C(t)$ 的衰减程度。

表 **1-1**

t	0	τ	2τ	3τ	4τ	5τ	⋯	∞
$u_C(t)$	U_0	$0.368U_0$	$0.135U_0$	$0.05U_0$	$0.018U_0$	$0.007U_0$	⋯	0

从表 1-1 中可以看到,从理论上,$t\to\infty$ 时,$u_C=0$,这一过程时间太长,一般工程上规定:当 $t=(3\sim5)\tau$ 时,即可认为暂态过程结束,电路进入新的稳定状态。

2. 零状态响应

所谓零状态是指电路储能元件的初始状态为零,即 $u_C(0_+)=0$,由电源激励所产生的电路响应,称为电路的零状态响应,电路如图 1-97 所示。

开关闭合前,电容未充电,$u_C(0_-)=0$,故电路为零状态。$t=0$ 时开关闭合,电路即与恒定电压为 U_S 的电压源接通,开始对电容充电。

根据 KVL,在图 1-97 所示参考方向下,有

$$u_R + u_C = U_S$$

将 $u_R=Ri_C$ 和 $i_C=C\dfrac{\mathrm{d}u_C}{\mathrm{d}t}$ 代入上式得

$$RC\frac{\mathrm{d}u_C}{\mathrm{d}t} + u_C = U_S \tag{1-68}$$

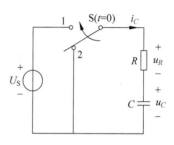

图 1-97 RC 电路的零状态响应

该方程为常系数线性非齐次一阶微分方程。其解的形式由两部分组成,即

$$u_C = u_C' + u_C''$$

其中,u_C' 为式(1-68)的一个特解,u_C'' 为与式(1-68)对应的齐次方程的通解。

令 $t=\infty$ 代入式(1-68),得

$$u_C' = U_S \tag{1-69}$$

对应齐次方程的通解为

$$u_C'' = Ae^{-\frac{t}{\tau}} \tag{1-70}$$

式中,$\tau=RC$,将式(1-69)和式(1-70)代入式(1-68),得

$$u_C = U_S + Ae^{-\frac{t}{\tau}}$$

代入初始值 $u_C(0_+)=0$,可求得 $A=-U_S$,故电容电压和电流的通解为

$$u_C(t) = U_S - U_S e^{-\frac{t}{\tau}} = U_S(1-e^{-\frac{t}{\tau}}) \tag{1-71}$$

$$i_C(t) = C\frac{\mathrm{d}u_C}{\mathrm{d}t} = \frac{U_S}{R}e^{-\frac{t}{\tau}} \tag{1-72}$$

3. 全响应

在储能元件的初始储能不为零的同时,又外加电源激励,这种情况下电路产生的响应称为全响应。实际上全响应是零输入响应与零状态响应两者的叠加,即

全响应 = 零输入响应 + 零状态响应

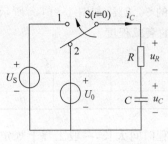

图 1-98　电路的全响应

因此,如图 1-98 所示电路电容电压的全响应为

$$u_C(t) = U_S(1 - \mathrm{e}^{-\frac{t}{\tau}}) + U_0 \mathrm{e}^{-\frac{t}{\tau}}$$
$$= U_S + (U_0 - U_S)\mathrm{e}^{-\frac{t}{\tau}} \qquad (1\text{-}73)$$

由式(1-73)表示的全响应的解可看出

全响应 = 稳态解 + 暂态解

由式(1-73)可写出分析一阶线性电路暂态过程中任意变量的一般公式,即

$$f(t) = f(\infty) + [f(0_+) - f(\infty)]\mathrm{e}^{-\frac{t}{\tau}} \qquad (1\text{-}74)$$

只要求得初始值 $f(0_+)$、稳态值 $f(\infty)$ 和电路时间常数 τ 这三个"要素",就能直接写出电路的全响应(电压或电流)。这就是一阶线性电路暂态分析的三要素法。

例 1-36　电路如图 1-99 所示,已知 $R_1 = 2\mathrm{k}\Omega$, $R_2 = 3\mathrm{k}\Omega$, $C = 3\mu\mathrm{F}$, $U_0 = 15\mathrm{V}$, $U = 10\mathrm{V}$。换路前电路处于稳态,$t = 0$ 时将开关合到"2",求换路后的电容电压 $u_C(t)$。

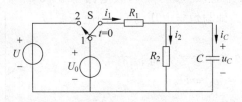

图 1-99　例 1-36 图

解　根据一阶电路三要素法的解题思想,分别求出电容电压的初始值、稳态值及换路后的时间常数。

(1) 初始值

$$u_C(0_+) = u_C(0_-) = \frac{R_2}{R_1 + R_2}U_0 = \frac{3}{2+3} \times 15\mathrm{V} = 9\mathrm{V}$$

(2) 稳态值

$$u_C(\infty) = \frac{R_2}{R_1 + R_2}U = \frac{3}{2+3} \times 10\mathrm{V} = 6\mathrm{V}$$

(3) 换路后的时间常数

$$\tau = \frac{R_1 \times R_2}{R_1 + R_2} \times C = \frac{2 \times 3 \times 10^6}{(2+3) \times 10^3} \times 3 \times 10^{-6}\mathrm{s} = 3.6 \times 10^{-3}\mathrm{s}$$

得

$$u_C(t) = \left[6 + (9-6)\mathrm{e}^{-\frac{10^3}{3.6}t}\right]\mathrm{V} = (6 + 3\mathrm{e}^{-\frac{10^3}{3.6}t})\mathrm{V}$$

1.17.4　*RL* 电路的暂态分析

图 1-100 所示是一 RL 电路,也可分三种响应对其进行暂态分析。

在图 1-100 中,如果在 $t = 0$ 时将开关 S 合到位置 1 上,电路即与恒定电压源 U_S 接通,其中电流为 i。

根据 KVL，列出 $t \geqslant 0$ 时电路的微分方程

$$U_S = Ri + L\frac{\mathrm{d}i}{\mathrm{d}t}$$

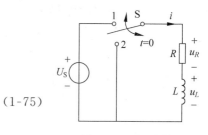

图 1-100　RL 电路

当初始值 $i(0_+) = 0$ 时，经求解可得

$$i = \frac{U_S}{R} - \frac{U_S}{R}\mathrm{e}^{-\frac{t}{\tau}} = \frac{U_S}{R}(1 - \mathrm{e}^{-\frac{t}{\tau}}) \qquad (1\text{-}75)$$

这是 RL 电路的零状态响应。

式(1-75)中

$$\tau = \frac{L}{R}$$

它也具有时间的量纲，是 RL 电路的时间常数。

如果在图 1-100 中，当电流 $i = I_0$（即初始值 $i(0_+) = I_0$）时，即将开关 S 从位置 1 合到位置 2 上，脱离电源，电流开始衰减，稳态值 $i(\infty) = 0$，则

$$i = I_0 \mathrm{e}^{-\frac{t}{\tau}} \qquad (1\text{-}76)$$

这是 RL 电路的零输入响应。

式(1-75)和式(1-76)中的 i 随时间的变化曲线分别如图 1-101 和图 1-102 所示。

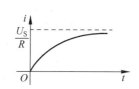

图 1-101　RL 电路零状态响应

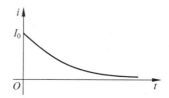

图 1-102　RL 电路零输入响应

零状态响应与零输入响应两者叠加，即得 RL 电路的全响应

$$i = \frac{U_S}{R}(1 - \mathrm{e}^{-\frac{t}{\tau}}) + I_0 \mathrm{e}^{-\frac{t}{\tau}} = \frac{U_S}{R} + \left(I_0 - \frac{U_S}{R}\right)\mathrm{e}^{-\frac{t}{\tau}} \qquad (1\text{-}77)$$

式中：稳态值 $i(\infty) = \dfrac{U}{R}$，初始值 $i(0_+) = I_0$，时间常数 $\tau = \dfrac{L}{R}$。这些与三要素法的一般式(1-74)也是相当的。

在一阶电路暂态过程的求解过程中，无论要求哪个待求量，都可以先求出电容电压 $u_C(t)$ 或电感电流 $i_L(t)$。这样一来，首先根据换路定则求出初始值 $u_C(0_+) = u_C(0_-)$、$i_L(0_+) = i_L(0_-)$，然后求出三个要素，根据三要素公式求得电容电压 $u_C(t)$ 或电感电流 $i_L(t)$ 后，再根据 KCL、KVL 及元件的电压电流关系求出其他待求量。

例 1-37　在图 1-103(a)所示电路中，$t = 0$ 时开关 S 闭合，开关闭合前电路已经稳定。试求 $t \geqslant 0$ 时的电容电压 $u_C(t)$ 和电阻 R_2 中的电流 $i_2(t)$。

解　(1) 求 $u_C(0_+)$ 和 $i_2(0_+)$

开关闭合前电路已处于稳态，电容相当于开路，$u_C(0_-) = 25\text{V}$。因此初始值 $u_C(0_+)$ 为

$$u_C(0_+) = u_C(0_-) = 25\text{V}$$

$i_2(0_+)$ 为相关初始值，不能由 $i_2(0_-)$ 来确定，而需要作出如图 1-103(b)所示 t_{0_+} 等效电

路求解，在 t_{0_+} 等效电路中电容相当于一个 25V 的电压源，根据欧姆定律有

$$i_2(0_+) = \frac{u_C(0_+)}{R_2} = \frac{25}{5}\text{A} = 5\text{A}$$

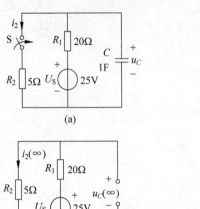 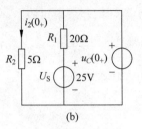

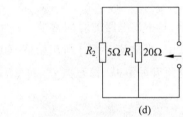

图 1-103 例 1-37 图

（2）求 $u_C(\infty)$ 和 $i_2(\infty)$

换路后 $t \to \infty$ 时的直流稳态电路如图 1-103(c)所示，此时电容又相当于开路，其两端的电压就是电阻 R_2 的端电压，即

$$u_C(\infty) = \frac{R_2 U_s}{R_1 + R_2} = \frac{5 \times 25}{20 + 5}\text{V} = 5\text{V}$$

电流 i_2 的稳态值为

$$i_2(\infty) = \frac{U_s}{R_1 + R_2} = \frac{25}{20 + 5}\text{A} = 1\text{A}$$

（3）求 τ

换路后从 C 看过去的戴维南等效电阻如图 1-103(d)所示，即

$$R_0 = \frac{R_1 R_2}{R_1 + R_2} = \frac{5 \times 20}{20 + 5}\Omega = 4\Omega$$

故时间常数为

$$\tau = R_0 C = 4 \times 1\text{s} = 4\text{s}$$

（4）根据三要素公式求 $u_C(t)$ 和 $i_2(t)$

$$u_C(t) = u_C(\infty) + [u_C(0_+) - u_C(\infty)]\text{e}^{-\frac{t}{\tau}} = [5 + (25 - 5)\text{e}^{-\frac{t}{4}}]\text{V}$$

$$= (5 + 20\text{e}^{-\frac{t}{4}})\text{V} \quad (t \geqslant 0)$$

$$i_2(t) = i_2(\infty) + [i_2(0_+) - i_2(\infty)]\text{e}^{-\frac{t}{\tau}} = [1 + (5 - 1)\text{e}^{-\frac{t}{4}}]\text{A}$$

$$= (1 + 4\text{e}^{-\frac{t}{4}})\text{A} \quad (t \geqslant 0)$$

例 1-38 在图 1-104(a)所示电路中，$U_s = 6\text{V}$，$R_1 = 6\Omega$，$L = 0.5\text{H}$，$I_s = 2\text{A}$，$R_2 = 3\Omega$。开关 S 闭合前，电路已达稳态，$t = 0$ 时开关闭合。试求换路后 $i(t)$ 和 $u(t)$。

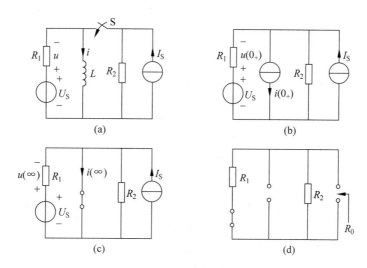

图 1-104 例 1-38 图

解 (1) 求换路后的独立初始值

开关 S 闭合前,即 0_- 时刻,电路已达稳态,电感元件相当于短路,故

$$i(0_+) = i(0_-) = \frac{U_s}{R_1} = \frac{6}{6}A = 1A$$

由此可作出 0_+ 时刻等效电路如图 1-104(b)所示,并可以求出 $u(0_+)$。

(2) 求换路后 $t \to \infty$ 时的 $i(t)$ 稳态值 $i(\infty)$

换路后电路达到新稳态时,电感 L 相当于短路,$t \to \infty$ 时的等效电路如图 1-104(c)所示,此时

$$i(\infty) = \frac{U_s}{R_1} + I_s = \left(\frac{6}{6} + 2\right)A = 3A$$

(3) 求换路后的时间常数 τ

换路后从 L 看过去的等效电阻如图 1-104(d)所示

$$R_0 = \frac{R_1 R_2}{R_1 + R_2} = \frac{6 \times 3}{6 + 3}\Omega = 2\Omega$$

故时间常数

$$\tau = \frac{L}{R_0} = \frac{0.5}{2}s = 0.25s$$

(4) 由三要素公式求全响应

$$i(t) = i(\infty) + [i(0_+) - i(\infty)]e^{-\frac{t}{\tau}} = 3 + (1-3)e^{-\frac{t}{0.25}}A$$
$$= 3 - 2e^{-4t} A \quad (t \geqslant 0)$$

由电感元件的电压电流关系求得电感电压 $u_L(t)$(设 u_L 与 i 取关联参考方向),

$$u_L(t) = L\frac{di}{dt} = 0.5 \times 8e^{-4t}V = 4e^{-4t}V \quad (t \geqslant 0)$$

取 KVL 求得电阻 R_1 上的电压 $u(t)$

$$u(t) = U_s - u_L(t) = 6 - 4e^{-4t}V \quad (t \geqslant 0)$$

【练习与思考】

1.17.1　什么是零输入响应、零状态响应、全响应？三种响应的主要特点各是什么？

1.17.2　什么叫电路的时间常数？具体如何计算？

1.17.3　时间常数的大小对暂态过程有什么影响？

1.17.4　一阶线性电路暂态分析的三要素指的是什么？如何计算？

本 章 小 结

1. 当实际电路的几何尺寸远小于电路工作信号的波长时,可用电路元件连接而成的集总参数电路(模型)来模拟。基尔霍夫定律适用于任何集总参数电路。

2. 若计算出的电流 $i>0$(或电压 $u>0$),表明电流(或电压)的实际方向与电流(或电压)的参考方向相同;若计算出的电流 $i<0$(或电压 $u<0$),表明电流(或电压)的实际方向与电流(或电压)的参考方向相反。

3. 基尔霍夫电流定律(KCL)表述为:对于任一集总电路中的任一节点,在任一时刻,流出该节点的所有支路电流的代数和恒等于零。其数学表达式为

$$\sum i = 0$$

4. 基尔霍夫电压定律(KVL)表述为:对于任一集总电路中的任一回路,在任一时刻,沿该回路全部支路电压的代数和等于零。其数学表达式为

$$\sum u = 0$$

5. 一般来说,二端电阻元件由代数方程 $f(u,i)=0$ 来表示。线性电阻满足欧姆定律($u=Ri$),其特性曲线是 u-i 平面上通过坐标原点的直线。

6. 恒压源的伏安特性曲线是 u-i 平面上平行于 i 轴且 u 轴坐标为 U_S 的曲线。电压源的电压按给定时间函数 $u_S(t)$ 变化,其电流由 $u_S(t)$ 和外电路共同决定。

7. 恒流源的伏安特性曲线是 u-i 平面上平行于 u 轴且 i 轴坐标为 I_S 的曲线。电流源的电流按给定时间函数 $i_S(t)$ 变化,其电压由 $i_S(t)$ 和外电路共同决定。

8. 电路中某一点的电位等于该点到参考点的电压。电路中各点的电位值因所取参考点的不同而不同,是相对的。但电路中两点之间的电压值不会随参考点选择不同而改变。

9. 电路等效变换是指:(1)两个结构参数不同的电路在端子上有相同的电压、电流关系,因而可以互相代换;(2)代换的结果是不改变外电路(或电路中未被代换的部分)中的电压、电流和功率。

10. 电路等效变换的条件是:相互代换的两部分电路具有相同的伏安特性。等效的对

象是外接电路(或电路未变化部分)中的电压、电流和功率。

11. 串联电阻的等效电阻为

$$R_{\text{eq}} = \sum_{k=1}^{n} R_k$$

并联电阻的等效电阻为

$$\frac{1}{R_{\text{eq}}} = \sum_{k=1}^{n} \frac{1}{R_k}$$

12. 电阻的丫连接等效变换为△连接的公式为

$$R_{mn} = \frac{\text{丫电阻两两乘积之和}}{\text{不与 } mn \text{ 端相连的电阻}}$$

电阻的△连接等效变换为丫连接的公式

$$R_i = \frac{\text{接于 } i \text{ 端两电阻之乘积}}{\triangle \text{ 三个电阻之和}}$$

13. 实际电压源与实际电流源的等效变换的公式

$$\begin{cases} E = R_0 I_{\text{S}} \\ I_{\text{S}} = \dfrac{E}{R_0} \end{cases}$$

14. 由电阻和电压源构成的电路,可以用 m 个支路电流作为变量,列出 m 个支路电流方程,它通常由 $(n-1)$ 个节点的 KCL 方程和 $(m-n+1)$ 个网孔的 KVL 方程构成。

15. 节点电压法适用于连通电路,其方法是:

(1) 以节点电压为变量,列出节点 KCL 方程(节点方程)。

(2) 求解节点方程得到节点电压,再用 KVL 方程和 VCR 方程求各支路电压和支路电流。

16. 叠加定理适用于有唯一解的任何线性电阻电路。它允许用分别计算每个独立电源产生的电压或电流,然后相加的方法,求得含多个独立电源线性电阻电路的电压或电流。

17. 戴维南定理指出:任何含源线性电阻二端网络,都可以等效为一个电动势为 E 的理想电压源和电阻 R_0 的串联。等效电源的电动势 E 等于含源二端网络在负载开路时的端口电压;R_0 是二端网络内全部独立电源置零时的等效电阻。

18. 用观察法列含受控源电路网孔方程和节点方程的方法是:

(1) 先将受控源当作独立电源处理。

(2) 再将受控源的控制量用网孔电流或节点电压表示,最后再移项整理。

19. 分析非线性电阻电路的基本依据是电路的基尔霍夫定律和非线性电阻的伏安特性曲线,最常用的方法为图解法。

20. 电容的电压电流关系由以下微分方程描述

$$i_C = C \frac{\mathrm{d}u_C}{\mathrm{d}t}$$

电容是一种动态元件,它是一种有记忆的元件,又是一种储能元件。电容的储能为

$$W_C(t) = \frac{1}{2} C u_C^2(t)$$

21. 电感的电压电流关系由以下微分方程描述

$$u_L = L \frac{\mathrm{d}i}{\mathrm{d}t}$$

电感是一种动态元件,它是一种有记忆的元件,又是一种储能元件。电感的储能为

$$W_L(t) = \frac{1}{2}Li_L^2(t)$$

22. 换路定则可表示为

$$u_C(0_+) = u_C(0_-)$$
$$i_L(0_+) = i_L(0_-)$$

23. 一阶线性电路暂态过程中任意变量的一般公式

$$f(t) = f(\infty) + [f(0_+) - f(\infty)]e^{-\frac{t}{\tau}}$$

式中 $f(\infty)$,$f(0_+)$ 和 τ 称为三要素。

24. τ 是一阶线性电路暂态过程的时间常数。

对于 RC 电路,$\tau = RC$

对于 RL 电路,$\tau = \dfrac{L}{R}$

习　题　1

1-1　如图所示,试求:(1)U,I 的参考方向是否关联?(2)如果在图(a)中 $U>0$,$I<0$;图(b)中 $U<0$,$I>0$,试确定 U,I 的实际方向,并说明各元件实际上是吸收还是发出功率?

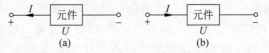

题 1-1 图

1-2　如图所示电路中,各方框均代表某一电路元件,在图示参考方向条件下求得各元件电流、电压分别为 $I_1=5\text{A}$,$I_2=3\text{A}$,$I_3=-2\text{A}$,$U_1=6\text{V}$,$U_2=1\text{V}$,$U_3=5\text{V}$,$U_4=-8\text{V}$,$U_5=-3\text{V}$,试计算各元件吸收的功率,并判断是否满足功率平衡。

1-3　电路如图所示,已知 $I_1=4\text{A}$,$I_3=-6\text{A}$,$U_1=20\text{V}$,$U_4=10\text{V}$。试求各二端元件吸收的功率。

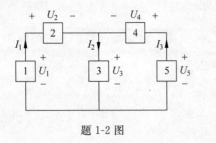

题 1-2 图　　　　　　　　题 1-3 图

1-4 有一灯泡,额定功率为25W,额定电压110V。若工作电压为220V,问:需要串联多大的电阻? 此时电阻的额定功率是多少?

1-5 电路如图所示。求:各含源支路中的未知量。

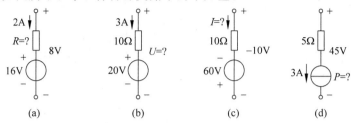

题 1-5 图

1-6 求图中所示电路含有的未知量。

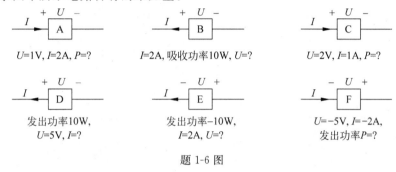

题 1-6 图

1-7 试求如图所示电路中各元件的功率,并判断是吸收还是发出功率。

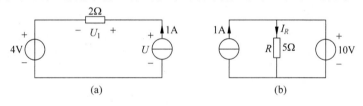

题 1-7 图

1-8 电路如图所示。求:(1)开关S闭合前后电路中的电流 I_1,I_2,I_3;当 S 闭合时是否会使 I_1 发生变化?(2)如果电源的等效内阻 R_0 不能忽略,开关 S 闭合时,这时的 I_1 是否会发生变化?(3)分别计算 60W 和 100W 电灯在 220V 电压下工作时的电阻,并比较其大小。(4)设电源的额定功率为 125W,端电压为 220V,只接一个 60W 的电灯时,电灯是否会被烧毁? 为什么?(5)若接线不慎将 100W 的电灯两端碰触(短路),当开关 S 闭合后,情况如何? 100W 电灯的灯丝是否会被烧断?

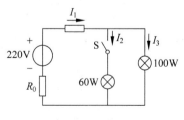

题 1-8 图

1-9 电路如图所示。已知 $R_1=2\Omega,R_2=5\Omega$,当开关 S_1 闭合时,电流表的读数为 2A,断开 S_1 闭合 S_2 后,电流表读数为 1A。求:E 和 R_0。

1-10 如图所示电路中,$I_1=1A,I_3=-2A,I_5=-1A$,求 I_2、I_4 和 I_6。

1-11 如图所示电路,求电流 I_1 和 I_2。

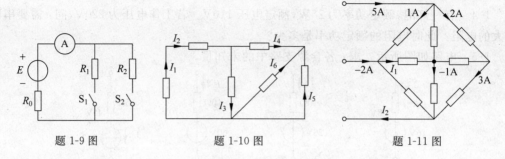

题 1-9 图   题 1-10 图   题 1-11 图

1-12 如图所示电路,求电压 U_1 和 U_2。

1-13 如图所示电路中,$U_1=1\text{V}$,$U_2=3\text{V}$,$U_3=-2\text{V}$,$U_7=5\text{V}$,求各未知电压。

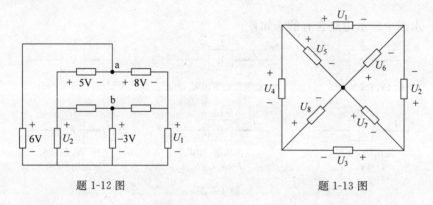

题 1-12 图   题 1-13 图

1-14 电路如图所示,各参数由图中给出,求:a,b 两点的开路电压 U_{ab}。

1-15 电路如图所示,求:I_3 和 U_3。

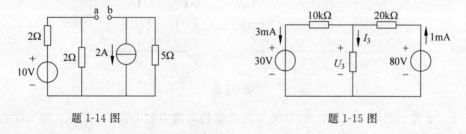

题 1-14 图   题 1-15 图

1-16 利用 KCL 和 KVL 求解图示电路中的电压 U。

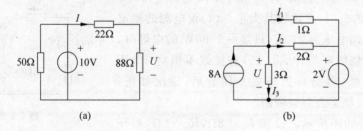

(a)   (b)

题 1-16 图

1-17 求图示电路中电压 U_1,U_2 和电流 I。

1-18 电路如图所示,求各电压、电流。

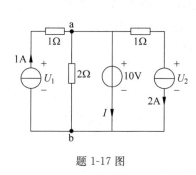
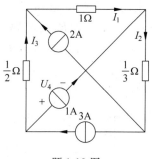

题 1-17 图　　　　　　　　　题 1-18 图

1-19　电路如图所示。各参数由图中给出,求:a,b 两点电位及 U_{ab}。

1-20　电路如图所示。求:电路中 A,B,C 各点的电位及电阻 R 的值。

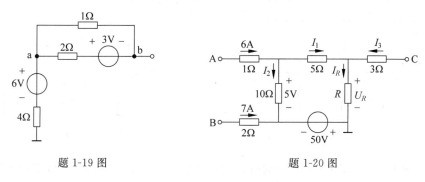

题 1-19 图　　　　　　　　　　　题 1-20 图

1-21　电路如图所示。求:开关 S 断开与闭合时 A 点的电位。

1-22　电路如图所示。若 1.5Ω 电阻上的压降为 30V,极性如图所示。求:电阻 R 及 B 点的电位。

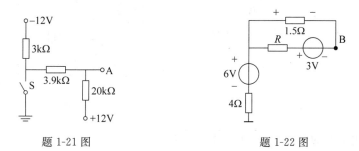

题 1-21 图　　　　　　　　　　题 1-22 图

1-23　求图示各电路中 a,b 端的等效电阻。

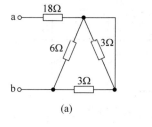
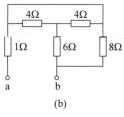
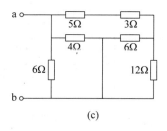

(a)　　　　　　　　　(b)　　　　　　　　　(c)

题 1-23 图

1-24 电路如图所示,已知 $E=100V$, $R_1=2k\Omega$, $R_2=2k\Omega$。若:(1)$R_3=8k\Omega$;(2)$R_3=\infty$(R_3 处开路);(3)$R_3=0$(R_3 处短路)。试求以上 3 种情况下电压 U_2 和电流 I_2, I_3。

1-25 电路如图所示,试求开关断开和闭合时的电流 I。

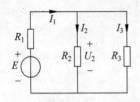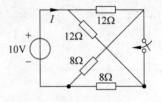

题 1-24 图   题 1-25 图

1-26 求图示电路中的电流。

1-27 应用丫-△等效变换的方法,求图示电路中的电流。

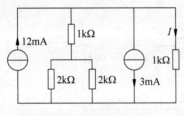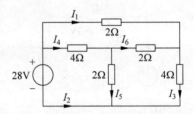

题 1-26 图   题 1-27 图

1-28 将图中各电路在 a,b 两端简化为最简形式的等效电压源或等效电流源。

1-29 电路如图所示,已知:$E_1=45V$, $E_2=20V$, $E_4=20V$, $E_5=50V$, $R_1=R_3=15\Omega$, $R_2=20\Omega$, $R_4=50\Omega$, $R_5=8\Omega$。试利用电源的等效变换求图中电压 U_{ab}。

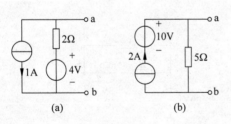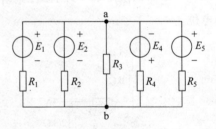

(a)   (b)

题 1-28 图   题 1-29 图

1-30 利用电源的等效变换,求图中电压 U。

1-31 用支路电流法求解图示电路的各支路电流。

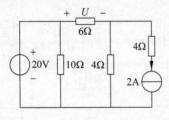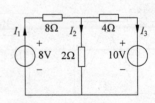

题 1-30 图   题 1-31 图

1-32 用支路电流法求解图示电路的各支路电流。

1-33 用节点电压法求解图示电路中节点 1 和 2 之间的电压 U。

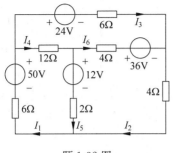

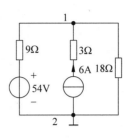

题 1-32 图　　　　　　　　　　题 1-33 图

1-34 用节点电压法求解图示电路的电压 U。

1-35 电路如图所示,用叠加定理计算电流 I。

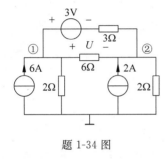

题 1-34 图　　　　　　　　　　题 1-35 图

1-36 电路如图所示,用叠加定理计算电压 U。

1-37 电路如图所示,用叠加定理计算电压 U。

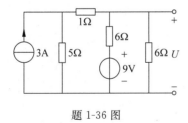

题 1-36 图　　　　　　　　　　题 1-37 图

1-38 电路如图所示,用叠加定理计算电流 I。

1-39 求图示二端网络的戴维南等效电路。

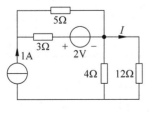

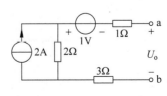

题 1-38 图　　　　　　　　　　题 1-39 图

1-40 利用戴维南定理求图示电路中 a,b 两点之间 2Ω 电阻上的电流 I。

1-41 利用戴维南定理求图示电路中 1Ω 电阻上的电流 I。

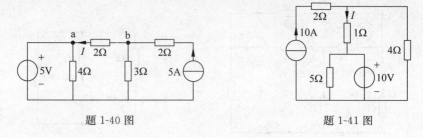

题 1-40 图　　　　　题 1-41 图

1-42 利用戴维南定理求图示电路中 2Ω 电阻上的电流 I。

1-43 电路如图所示,已知 $U=100$V,$R_1=20\Omega$,$R_2=50\Omega$,$C=10\mu$F。当 $t=0$ 时将开关闭合,设开关闭合前电路处于稳态。求开关闭合瞬时各支路电流和各元件电压的初始值。

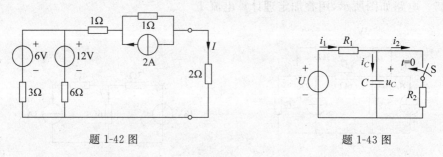

题 1-42 图　　　　　题 1-43 图

1-44 如图所示电路中的开关已经闭合很久,$t=0$ 时断开开关,试求:$u_C(0_+)$ 和 $i_L(0_+)$。

1-45 电路如图所示。用三要素法求 $t\geq0$ 时 $u_C(t)$ 和 $i_C(t)$。已知:$R_1=1\Omega$,$R_2=2\Omega$,$C=5\mu$F,$U=6$V。

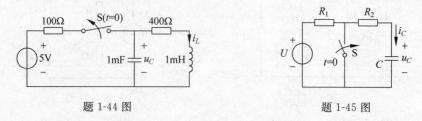

题 1-44 图　　　　　题 1-45 图

1-46 电路如图所示。已知 $U=12$V,$R_1=20$kΩ,$R_2=20$kΩ,$C=1000$pF。求 $t\geq0$ 时,$u_C(t)$。

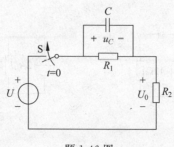

题 1-46 图

1-47 在图示电路中,开关 S 已闭合于 1 端达稳态,$t=0$ 时接至 2 端。求 $t \geqslant 0$ 的电容电压 $u_C(t)$ 和电流 $i(t)$。

1-48 在图示电路中,$t=0$ 时开关由 1 投向 2(开关是瞬时切换),设换路前电路已处于稳态,试求电流 $i(t)$ 和 $i_L(t)$。

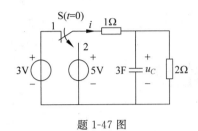

题 1-47 图

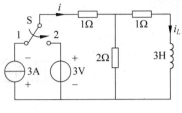

题 1-48 图

第2章

正弦交流电路

教学提示

  本章主要讨论正弦交流电路的基本概念、基本理论和基本分析方法，主要内容包括正弦量的三要素，正弦量的相量表示法，交流电路中的电阻、电感和电容上电压、电流关系及功率关系，功率因数的提高，三相正弦交流电源、负载的连接，三相电路的分析以及三相电路的功率，非正弦交流电路的电压、电流。

学习目标

  ➢ 了解正弦交流电的三要素；
  ➢ 掌握电阻、电感和电容元件上的电压电流关系；
  ➢ 理解并掌握有功功率、无功功率、视在功率的含义及计算；
  ➢ 理解功率因数提高的意义；
  ➢ 了解谐振现象；
  ➢ 掌握三相电路的分析、计算；
  ➢ 了解非正弦交流电路的电压电流关系。

知识结构

  本章知识结构如图 2-1 所示。

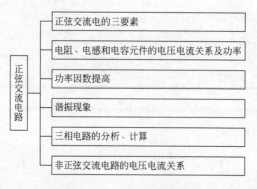

图 2-1 本章知识结构图

正弦交流电路是指电路中的电源(激励)和电路中各部分产生的电压、电流(响应)均按正弦规律变化的电路。在生产和日常生活中,正弦交流电得到了广泛的应用。因此,研究正弦交流电路具有重要的现实意义。

另外,正弦交流电路的分析方法也是非正弦周期信号电路分析的基础。

2.1　正弦交流电的基本概念

随时间按正弦规律变化的电压、电流称为正弦量,以正弦电流为例(图 2-2),其数学表达式为

$$i = I_{\mathrm{m}}\sin(\omega t + \psi_i) \tag{2-1}$$

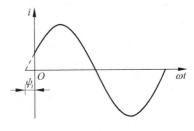

图 2-2　正弦电流波形

式(2-1)中,I_{m} 为正弦电流的幅值(又称最大值),ω 为正弦电流的角频率,ψ_i 为正弦电流的初相角。一个正弦量可以由幅值、频率和初相角来确定,这三个物理量称为正弦量的三要素。

2.1.1　周期与频率

正弦量变化一次所需时间称为周期,用 T 表示,单位为 s。每秒内正弦量变化的次数称为频率,用 f 表示,单位为 Hz。频率是周期的倒数,即

$$f = \frac{1}{T} \tag{2-2}$$

我国采用 50Hz 作为电力标准频率,这种频率在工业上应用广泛,通常称为工业频率,简称工频。

周期和频率用来表示正弦量变化快慢,除此之外,还可以用角频率 ω 来表示。因为正弦量在一个周期 T 内经历了 2π 弧度,所以角频率为

$$\omega = \frac{2\pi}{T} = 2\pi f \tag{2-3}$$

角频率的单位是 rad/s。

例 2-1　在我国,为工农业生产和照明负载提供动力的电力系统标准频率(工频)为 50Hz。求其周期和角频率。

解 因为 $f=50\text{Hz}$,根据式(2-2)和式(2-3),得

周期

$$T = \frac{1}{f} = \frac{1}{50}\text{s} = 0.02\text{s} = 20\text{ms}$$

角频率

$$\omega = 2\pi f = 2 \times 3.14 \times 50\text{rad/s} = 314\text{rad/s}$$

2.1.2 幅值与有效值

正弦交流电在任一瞬间的值称为瞬时值,用小写字母来表示,如 i,u 及 e 分别表示电流,电压及电动势的瞬时值。瞬时值中最大的值称为幅值或最大值,用带下标 m 的大写字母来表示,如 I_m,U_m 及 E_m 分别表示电流,电压及电动势的幅值。

工程上常将周期电压或电流在一个周期内产生的平均值,换算为在效应上与之相等的直流量,以衡量和比较周期电压或电流的效应,这一直流量称为有效值,用大写字母来表示,如 I,U 及 E 分别表示电流,电压及电动势的有效值。

有效值是这样定义的:设交流电流 i 和直流电流 I 分别通过阻值相同的电阻 R,在一个周期的时间内产生的热量相等,则这一直流电流的数值 I 就称为交流电流 i 的有效值。

根据上述,可得

$$\int_0^T Ri^2 \,dt = RI^2 T$$

由此可得出周期电流的有效值

$$I = \sqrt{\frac{1}{T}\int_0^T i^2 \,dt} \tag{2-4}$$

式(2-4)适用于所有周期性变化的量。

当周期电流为正弦量时,即 $i = I_m \sin(\omega t + \psi_i)$,则

$$I = \sqrt{\frac{1}{T}\int_0^T I_m^2 \sin^2(\omega t + \psi_i)\,dt} = \frac{I_m}{\sqrt{2}} \tag{2-5}$$

同理,正弦电压的有效值为

$$U = \frac{U_m}{\sqrt{2}} \tag{2-6}$$

引入有效值概念后,正弦电流和电压的数学表达式也可写成

$$i = \sqrt{2}I\sin(\omega t + \psi_i)$$

$$u = \sqrt{2}U\sin(\omega t + \psi_u)$$

例 2-2 已知正弦电压的有效值为 220V,频率为 50Hz,试求幅值 U_m 和 $t = \frac{1}{10}$s 时的瞬时值。

解

$$U_m = \sqrt{2}U = \sqrt{2} \times 220\text{V} = 311\text{V}$$

$$u = U_\mathrm{m}\sin 2\pi ft = 311\sin\frac{100\pi}{10}\mathrm{V} = 0\mathrm{V}$$

2.1.3　初相位与相位差

在正弦电流 $i = I_\mathrm{m}\sin(\omega t + \psi_i)$ 的表达式中，$(\omega t + \psi_i)$ 是随着时间变化的电角度，称为正弦量的相位角，简称相位，单位是弧度（rad），也可以是度（°）。交流电在不同的时刻 t 具有不同的 $(\omega t + \psi_i)$ 值，交流电也就变化到不同的数值，所以 $(\omega t + \psi_i)$ 代表了交流电的变化进程。

$t = 0$ 时的相位角 ψ_i 称为初相位角或初相位。初相位与计数起点有关，所取的起点不同，正弦量的初相位就不同。原则上，计数起点可以任意选择，但在同一个电路中所有的正弦量只能有一个共同的计数起点。

电路中常采用相位差的概念描述两个同频率正弦量之间的相位关系。图 2-3 中 u 和 i 的波形可用下式表示

$$\begin{cases} u = U_\mathrm{m}\sin(\omega t + \psi_1) \\ i = I_\mathrm{m}\sin(\omega t + \psi_2) \end{cases}$$

它们的相位分别为 ψ_1 和 ψ_2。

两个同频率正弦量之间的相位角之差，称为相位差，用 φ 表示。上式中 u 和 i 的相位差为

$$\varphi = (\omega t + \psi_1) - (\omega t + \psi_2) = \psi_1 - \psi_2 \tag{2-7}$$

图形如图 2-3 所示。

当两个同频率正弦量的计时起点（$t = 0$）改变时，它们的相位即跟着改变，但两者之间的相位差仍保持不变。

若 $\varphi > 0$，则称电压 u 超前电流 i（或称电流 i 滞后电压 u）φ 角，即 u 较 i 先到达正的幅值；若 $\varphi < 0$，则称电压 u 滞后电流 i（或称电流 i 超前电压 u）φ 角。

当 $\varphi = 0$ 时，u 和 i 具有相同的初相位，则称两者同相位或同相，如图 2-4 中波形 i_1 与 i_2 所示；当 $\varphi = 180°$ 时，u 和 i 具有相反的初相位，则称两者反相位或反相，如图 2-4 中波形 i_1 与 i_3 所示。

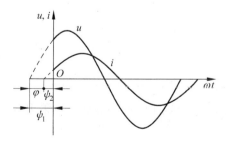

图 2-3　正弦量的相位差

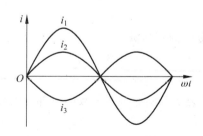

图 2-4　正弦量的同相和反相

例 2-3 已知正弦电压 $u = 311\sin(314t + 30°)\text{V}$，正弦电流 $i = 2.42\sin(314t - 30°)\text{A}$。试求：$u$ 和 i 的幅值、有效值、角频率、频率、初相位及两者之间的相位差。

解

$$U_m = 311\text{V}, \quad U = U_m / \sqrt{2} = 220\text{V}$$

$$I_m = 2.42\text{A}, \quad I = I_m / \sqrt{2} = 1.7\text{A}$$

$$\omega = 314\text{rad/s}, \quad f = \omega / 2\pi = 314/(2 \times 3.14)\text{Hz} = 50\text{Hz}$$

$$\psi_1 = 30°, \quad \psi_2 = -30°, \quad \varphi = \psi_1 - \psi_2 = 30° - (-30°) = 60°$$

显然，由于 $\varphi > 0$，电压超前电流 $60°$。

【练习与思考】

2.1.1 若电流 $i = 20\sin(314t + 45°)\text{A}$，指出其三要素，并求出电流的周期 T、频率 f、有效值 I 及初相位 ψ。

2.1.2 已知正弦电压 $U = 220\text{V}$，$\psi_u = -30°$，正弦电流 $I = 3\text{A}$，$\psi_i = 45°$，频率均为 $f = 50\text{Hz}$，试求 u 和 i 的三角函数表达式及两者的相位差。

2.2 正弦量的相量表示法

如前所述，正弦交流电可以用三角函数表达式和波形图来表示。由于在交流电路的分析和计算时，经常需要进行几个频率相同的正弦量的加、减、乘、除运算，如果采用三角函数运算和作波形图法都不太方便。因此正弦交流电常用相量来表示，这样就可以把三角函数运算简化为复数运算。

2.2.1 复数简介

1. 复数的基本概念

复数 A 的代数形式为

$$A = a + jb \tag{2-8}$$

其中，a 为复数的实部，b 为复数的虚部，j 为虚数单位（电工学中的虚数单位采用 j，而不用 i），且 $j^2 = -1$。

复数 A 的三角函数形式为

$$A = r\cos\psi + jr\sin\psi = r(\cos\psi + j\sin\psi) \tag{2-9}$$

复数 A 的指数形式为

$$A = re^{j\psi} \tag{2-10}$$

复数 A 的极坐标形式为

$$A = r\angle\psi \tag{2-11}$$

其中，r 为复数的模，ψ 为复数的辐角。

复数 A 还可以用复平面上的有向线段 $\overrightarrow{OA}$ 表示，如图 2-5 所示。$\overrightarrow{OA}$ 在实轴上的投影就是复数 A 的实部 a，在虚轴上的投影就是复数 A 的虚部 b；$\overrightarrow{OA}$ 线段的长度就是复数 A 的模 r，OA 与实轴正方向之间的夹角就是复数 A 的辐角 ψ。

由图 2-5 可得复数 A 的实部、虚部、模和辐角之间的关系为

$$\begin{cases} a = r\cos\psi \\ b = r\sin\psi \\ r = \sqrt{a^2 + b^2} \\ \psi = \arctan\dfrac{b}{a} \end{cases} \tag{2-12}$$

图 2-5　复数

2. 复数的运算

两个复数的加法和减法，通常采用代数形式进行运算，实部与实部相加减，虚部与虚部相加减，得到一个新的复数。例如，两复数

$$A_1 = a_1 + jb_1, \quad A_2 = a_2 + jb_2$$

则

$$A = A_1 \pm A_2 = (a_1 \pm a_2) + j(b_1 \pm b_2) = a + jb \tag{2-13}$$

两个复数的乘法和除法，通常采用极坐标形式进行运算。两个复数相乘时，产生的新复数的模是两个复数模的乘积，新复数的辐角是两个复数辐角的和，即

$$A_1 = r_1\angle\psi_1, \quad A_2 = r_2\angle\psi_2$$

则

$$A = A_1A_2 = r_1\angle\psi_1 \cdot r_2\angle\psi_2 = r_1 \cdot r_2\angle(\psi_1 + \psi_2) \tag{2-14}$$

两个复数相除时，产生的新复数的模是两个复数模的商，新复数的辐角是两个复数辐角的差，即

$$A = \frac{A_1}{A_2} = \frac{r_1\angle\psi_1}{r_2\angle\psi_2} = \frac{r_1}{r_2}\angle(\psi_1 - \psi_2) \tag{2-15}$$

3. 旋转因子

设两个复数分别为 $A = 1\angle\psi_A$，$B = r\angle\psi_B$，当复数 A 与 B 相乘时，根据式(2-14)可得

$$AB = 1\angle\psi_A \cdot r\angle\psi_B = r\angle(\psi_A + \psi_B)$$

由上式可知，复数 $A = 1\angle\psi_A$ 与其他复数 $B = r\angle\psi_B$ 相乘，其结果 $AB = r\angle(\psi_A + \psi_B)$，相当于 B 的模不变，角度增加 ψ_A。因此复数 $A = 1\angle\psi_A$ 称为旋转因子。

当 $\psi_A = 90°$ 时，$A = 1\angle90° = 0 + j1 = j$，$AB = 1\angle90° \cdot r\angle\psi_B = jB$，相当于使复数 B 在复平面上逆时针旋转 90°。

当 $\psi_A = -90°$ 时，$A = 1\angle-90° = 0 - j1 = -j$，$AB = 1\angle-90° \cdot r\angle\psi_B = -jB$，相当于使复

数 B 在复平面上顺时针旋转 $90°$。

当 $\psi_A=180°$ 时，$A=1\angle180°=-1+\mathrm{j}0=-1$，$AB=1\angle180°\cdot r\angle\psi_B=-B$，相当于使复数 B 在复平面上逆时针旋转 $180°$。

2.2.2　正弦量的相量表示法

由以上可知，一个复数由模和辐角（或实部和虚部）两个特性来确定。而正弦量由幅值、初相位和频率三个特性来确定。在分析线性电路时，正弦激励和响应均为同频率的正弦量，频率是已知的，因此，一个正弦量由幅值（或有效值）和初相位即可确定。

对照式(2-9)和式(2-11)可以发现，复数的虚部是正弦函数，反过来说，正弦函数是复数的虚部。一个复数与一个正弦函数有着一一对应的关系，因此正弦量可用复数来表示，复数的模就是正弦量的幅值或有效值，复数的辐角就是正弦量的初相位。为了与一般的复数相区别，把表示正弦量的复数称为相量，并在大写字母上方加"·"。于是表示正弦电流 $i=I_m\sin(\omega t+\psi_i)$ 的相量式为

$$\dot{I}=I(\cos\psi_i+\mathrm{j}\sin\psi_i)=I\angle\psi_i$$

把正弦量的有效值和初相位用有向线段画在复平面上的图形，称为相量图。在相量图上能直观地看出各个正弦量的大小和相互间的相位关系。

需注意，只有正弦周期量才能用相量表示。只有同频率的正弦量才能画在同一相量图上。

例 2-4　电路如图 2-6 所示。已知 $u_1=100\sin(\omega t+45°)\mathrm{V}$，$u_2=60\sin(\omega t-30°)\mathrm{V}$。求：$u=u_1+u_2$，并画出相量图。

解　将 $u=u_1+u_2$ 化为基尔霍夫定律的相量表达式，求 u 的相量 $\dot{U}_m$。

$$\begin{aligned}\dot{U}_m&=\dot{U}_{m1}+\dot{U}_{m2}=(100\angle45°+60\angle-30°)\mathrm{V}\\&=[(100\cos45°+\mathrm{j}100\sin45°)+(60\cos30°-\mathrm{j}60\sin30°)]\mathrm{V}\\&=[(70.7+\mathrm{j}70.7)+(52-\mathrm{j}30)]\mathrm{V}=[(70.7+52)+\mathrm{j}(70.7-30)]\mathrm{V}\\&=(122.7+\mathrm{j}40.7)\mathrm{V}=129\angle18°20'\mathrm{V}\end{aligned}$$

则

$$u=U_m\sin(\omega t+\psi)=129\sin(\omega t+18°20')\mathrm{V}$$

相量图如图 2-7 所示。

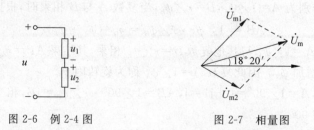

图 2-6　例 2-4 图　　　　　图 2-7　相量图

【练习与思考】

2.2.1　已知 $u=30\sqrt{2}\sin(314t+30°)$，分别用复数的代数、三角函数及极坐标三种表示形式，写出电压的三种相量形式。

2.2.2　已知复数 $A=-8+\text{j}6$ 和 $B=3+\text{j}4$。求 $A+B,A-B,AB,A/B$。

2.2.3　写出表示下列正弦量的相量的代数表达式和极坐标表达式。

(1) $u=30\sqrt{2}\sin\omega t\ \text{V}$；

(2) $u=30\sqrt{2}\sin\left(\omega t+\dfrac{\pi}{2}\right)\text{V}$；

(3) $u=30\sqrt{2}\sin\left(\omega t-\dfrac{\pi}{2}\right)\text{V}$；

(4) $u=30\sqrt{2}\sin\left(\omega t-\dfrac{3\pi}{4}\right)\text{V}$。

2.3　单一参数的正弦交流电路

所谓交流电路的分析计算，就是确定电路中电压和电流之间的关系(大小和相位)，并讨论电路中能量的转换和功率问题。

分析交流电路时，必须掌握单一参数(电阻、电感、电容)元件的电压和电流关系，以及功率和能量问题。

2.3.1　电阻元件的交流电路

图 2-8(a)所示是一个线性电阻元件的交流电路。

1. 电压和电流的关系

电压 u 和电流 i 的参考方向如图 2-8(a)所示，若选择电流经过零值向正值增加的瞬间作为计时起点($t=0$)，则电流 i 为参考正弦量，

$$i=\sqrt{2}\,I\sin\omega t$$

根据欧姆定律，有

$$u=Ri=R\sqrt{2}\,I\sin\omega t=\sqrt{2}\,U\sin\omega t \tag{2-16}$$

由以上两式可知，在交流电路中，电阻元件上的电压与电流均为同频率的正弦量，且两

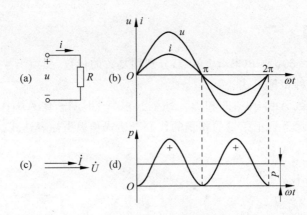

图 2-8　电阻元件的交流电路

(a) 电路图；(b) 电压与电流的正弦波形；(c) 电压与电流的相量图；(d) 功率波形

者同相(相位差 $\varphi = 0$)。表示电压与电流的正弦波形如图 2-8(b)所示。

由式(2-16)可见,电阻元件上的电压与电流的幅值(或有效值)之间遵循欧姆定律。即

$$U = RI$$

或

$$\frac{U}{I} = \frac{U_{\mathrm{m}}}{I_{\mathrm{m}}} = R \tag{2-17}$$

如将电压与电流之间的关系用相量表示,则

$$\dot{U} = U\angle 0°, \quad \dot{I} = I\angle 0°$$

$$\frac{\dot{U}}{\dot{I}} = \frac{U}{I}\angle 0° = R$$

或

$$\dot{U} = R\dot{I} \tag{2-18}$$

式(2-18)是欧姆定律的相量形式。电压和电流的相量图如图 2-8(c)所示。

2. 电阻的功率

电路中任一瞬时吸收或发出的功率称为瞬时功率,用小写字母 p 表示。它是瞬时电压 u 与瞬时电流 i 的乘积,即

$$p = p_R = ui = \sqrt{2}U\sin\omega t \cdot \sqrt{2}I\sin\omega t = UI(1 - \cos2\omega t) \tag{2-19}$$

由图 2-8(d)可见,瞬时功率总是正值,即 $p \geqslant 0$,这表明电阻元件总是吸收功率,即从电源取用电能而转换为热能。

瞬时功率在一个周期内的平均值称为平均功率,用大写字母 P 表示。电阻元件的平均功率为

$$P = \frac{1}{T}\int_0^T p\mathrm{d}t = \frac{1}{T}\int_0^T UI(1 - \cos2\omega t)\mathrm{d}t$$

$$= UI = RI^2 = \frac{U^2}{R} \tag{2-20}$$

平均功率表示实际消耗的功率,故又称为有功功率,单位用 W 表示。

例 2-5　一只白炽灯上标明220V、40W,将它接入 $u=220\sqrt{2}\sin\omega t$ V 的电源上,试求:流过灯泡的电流 I 和灯泡的电阻值 R。若保持电压值不变,而电源频率改变为 500Hz,这时电流将为多少?

解　因为电阻与频率无关,所以电压有效值保持不变时,电流有效值不变,即

$$I=\frac{P}{U}=\frac{40}{220}\text{A}=0.182\text{A}$$

$$R=\frac{U^2}{P}=\frac{220^2}{40}\Omega=1210\Omega$$

2.3.2　电感元件的交流电路

图 2-9(a)所示是一个线性电感元件的交流电路。

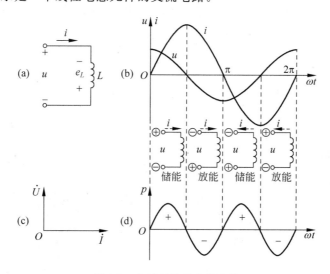

图 2-9　电感元件的交流电路

(a) 电路图;(b) 电压与电流的正弦波形;(c) 电压与电流的相量图;(d) 功率波形

1. 电压和电流的关系

设流过电感的电流为 $i=\sqrt{2}I\sin\omega t$(其初相位为零),电流、电动势和电压的参考方向如图 2-9(a)所示。根据基尔霍夫电压定律,可得

$$u=-e=L\frac{\mathrm{d}i}{\mathrm{d}t}=L\frac{\mathrm{d}(\sqrt{2}I\sin\omega t)}{\mathrm{d}t}=\omega LI\sqrt{2}\sin(\omega t+90°)$$

$$=\sqrt{2}U\sin(\omega t+90°) \tag{2-21}$$

可见,电压 u 和电流 i 是同频率的正弦量,但 u 比 i 超前 90°(相位差 $\varphi=90°$)。表示电压与电流的正弦波形如图 2-9(b)所示。

在式(2-21)中,

$$U=\omega LI$$

或

$$\frac{U}{I} = \frac{U_m}{I_m} = \omega L \tag{2-22}$$

当电压 U 一定时，ωL 越大，电流 I 越小。可见它具有对交流电流起阻碍作用的物理性质，所以称其为感抗，用 X_L 代表，即

$$X_L = \omega L = 2\pi f L \tag{2-23}$$

它的单位为 Ω。

与电阻元件不同，电感元件对交流电流阻碍作用 X_L 的大小与电源频率 f 有关，流过电感电流的频率越高，电感对电流的阻碍作用越大，电感线圈对高频电流的阻碍作用很大；对于直流电流而言，由于频率 $f=0$，$X_L=0$，故电感线圈对直流可视为短路。

如将电压与电流之间的关系用相量表示，则

$$\dot{U} = U\angle 90°, \quad \dot{I} = I\angle 0°$$

$$\frac{\dot{U}}{\dot{I}} = \frac{U\angle 90°}{I\angle 0°} = \frac{U}{I}\angle 90° = jX_L$$

或

$$\dot{U} = jX_L \dot{I} = j\omega L \dot{I} \tag{2-24}$$

式(2-24)是欧姆定律的相量形式，它表示电压的有效值等于电流的有效值与感抗的乘积，在相位上电压比电流超前 $90°$。电压和电流的相量图如图 2-9(c)所示。

2. 电感的功率

电感元件在交流电路中的瞬时功率为

$$p = p_L = ui = \sqrt{2}U\sin(\omega t + 90°) \times \sqrt{2}I\sin\omega t$$
$$= UI\sin 2\omega t$$

由上式可见，瞬时功率 p 是以两倍电流角频率 2ω 随时间而变化的正弦量，其变化的波形如图 2-9(d)所示。

在第一个和第三个 $\frac{1}{4}$ 周期内，$p>0$（u 和 i 正负相同），这意味着电感元件从电源取用电能；在第二个和第四个 $\frac{1}{4}$ 周期内，$p<0$（u 和 i 一正一负），这意味着电感元件把电能归还电源。

电感元件在交流电路中的平均功率为

$$P = \frac{1}{T}\int_0^T p\,dt = \frac{1}{T}\int_0^T UI\sin 2\omega t\,dt = 0$$

上式表明，电感元件的平均功率为零，说明电感不消耗有功功率，只与电源之间进行能量互换，这一点与前面介绍的电感是电路中的储能元件相吻合。这种能量互换的规模，用无功功率 Q 表示，并规定无功功率等于瞬时功率的幅值，即

$$Q = UI = X_L I^2 \tag{2-25}$$

无功功率的单位是 var(乏)或 kvar(千乏)。

例 2-6 某电感线圈的电感 $L=0.01H$，接于 $u=220\sqrt{2}\sin(\omega t+60°)V$ 的电源上，试求：(1)当电源频率为 10kHz 时，通过线圈的电流值，并写出电流的三角函数式；(2)有功功率 P

和无功功率 Q。

解 (1) 当 $f=10\text{kHz}$ 时，

$$\omega = 2\pi f = 2 \times 3.14 \times 10^4 \, \text{rad/s} = 628 \times 10^2 \, \text{rad/s}$$

$$\dot{I} = \frac{\dot{U}}{j\omega L} = \frac{220\angle 60°}{628 \times 10^2 \times 0.01\angle 90°}\text{A} = 0.35\angle -30°\text{A}$$

三角函数式

$$i = 0.35\sqrt{2}\sin(628 \times 10^2 t - 30°)\text{A}$$

(2)

$$P = 0$$

$$Q = UI = 220 \times 0.35\text{var} = 77\text{var}$$

2.3.3　电容元件的交流电路

图 2-10(a)所示是一个线性电容元件的交流电路。

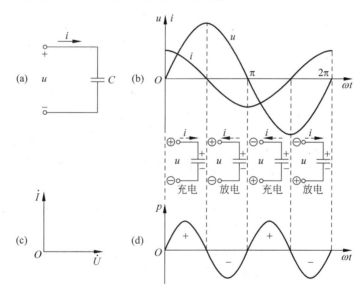

图 2-10　电容元件的交流电路

(a) 电路图；(b) 电压与电流的正弦波形；(c) 电压与电流的相量图；(d) 功率波形

1. 电压和电流的关系

设电容两端的电压为 $u=\sqrt{2}U\sin\omega t$（其初相位为零），电流和电压的参考方向如图 2-10(a) 所示，则流过电容的电流为

$$i = C\frac{\mathrm{d}u}{\mathrm{d}t} = C\frac{\mathrm{d}(\sqrt{2}U\sin\omega t)}{\mathrm{d}t} = \omega CU\sqrt{2}\sin(\omega t + 90°)$$

$$= \sqrt{2}I\sin(\omega t + 90°) \tag{2-26}$$

可见，电压 u 和电流 i 是同频率的正弦量，但 u 比 i 滞后 90°（相位差 $\varphi = -90°$）。表示电压与电流的正弦波形如图 2-10(b)所示。

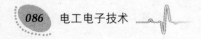

在式(2-26)中，

$$I = \omega C U$$

或

$$\frac{U}{I} = \frac{U_m}{I_m} = \frac{1}{\omega C} \qquad (2\text{-}27)$$

当电压 U 一定时，$\frac{1}{\omega C}$ 越大，电流 I 越小。可见它具有对交流电流起阻碍作用的物理性质，所以称其为容抗，用 X_C 代表，即

$$X_C = \frac{1}{\omega C} = \frac{1}{2\pi f C} \qquad (2\text{-}28)$$

它的单位为 Ω。

与电阻元件不同，电容元件对交流电流阻碍作用的 X_C 的大小与电源频率 f 有关，电容两端电压的频率越高，电容对电流的阻碍作用越小，电容器对高频电流的阻碍作用很小；而对于直流电压而言，由于频率 $f=0$，$X_C \to \infty$，故电容器对直流可视为开路。

如将电压与电流之间的关系用相量表示，则

$$\dot{U} = U\angle 0°, \quad \dot{I} = I\angle 90°$$

$$\frac{\dot{U}}{\dot{I}} = \frac{U\angle 0°}{I\angle 90°} = \frac{U}{I}\angle -90° = -jX_C$$

或

$$\dot{U} = -jX_C\dot{I} = -j\frac{\dot{I}}{\omega C} = \frac{\dot{I}}{j\omega C} \qquad (2\text{-}29)$$

式(2-29)是欧姆定律的相量形式，它表示电压的有效值等于电流的有效值与容抗的乘积，在相位上电压比电流滞后 90°。电压和电流的相量图如图 2-10(c)所示。

2. 电容的功率

电容元件在交流电路中的瞬时功率为

$$p = p_C = ui = \sqrt{2}U\sin\omega t \times \sqrt{2}I\sin(\omega t + 90°) = UI\sin 2\omega t$$

由上式可见，瞬时功率 p 是以两倍电流角频率 2ω 随时间而变化的正弦量，其变化的波形如图 2-10(d)所示。

在第一个和第三个 $\frac{1}{4}$ 周期内，$p>0$（u 和 i 正负相同），电压值在增高，电容在充电，这意味着电容元件从电源取用电能；在第二个和第四个 $\frac{1}{4}$ 周期内，$p<0$（u 和 i 一正一负），电压值在降低，电容在放电，这意味着电容元件把电能归还电源。

电容元件在交流电路中的平均功率为

$$P = \frac{1}{T}\int_0^T p\,\mathrm{d}t = \frac{1}{T}\int_0^T UI\sin 2\omega t\,\mathrm{d}t = 0$$

上式表明，电容元件的平均功率为零，电容不消耗有功功率，只与电源之间进行能量互换，这一点与前面介绍的电容是储能元件相吻合。与电感元件类似，电容元件的这种能量互换的规模，也用无功功率 Q 表示，即

$$Q = -UI = -X_C I^2 \tag{2-30}$$

即电容性无功功率取负值,而电感性无功功率取正值,以资区别。

例 2-7 一电容器 $C=40\mu F$,接入 220V、初相为 $30°$ 的正弦交流电源上。试求:(1)当电源频率为 50Hz 时的容抗及电流值,并写出电流的三角函数式;(2)有功功率和无功功率。

解 (1)根据已知条件,电压相量为

$$\dot{U}_C = 220\angle 30°V$$

容抗

$$X_C = \frac{1}{\omega C} = \frac{1}{2\pi \times 50 \times 40 \times 10^{-6}}\Omega = 79.6\Omega$$

电容电流

$$\dot{I} = j\frac{\dot{U}_C}{X_C} = j\frac{220\angle 30°}{79.6}A = 2.76\angle(30°+90°)A = 2.76\angle 120°A$$

三角函数式

$$i = 2.76\sqrt{2}\sin(314t+120°)A$$

(2)

$$P = 0$$

$$Q = -UI = -220 \times 2.76var = -607.2var$$

【练习与思考】

2.3.1 为什么 X_L 与频率成正比,X_C 与频率成反比?

2.3.2 在正弦交流电路中,当电阻端电压经过零值时,电阻电流是否也等于零?

2.3.3 在正弦交流电路中,当电感端电压经过零值时,电感电流是否也等于零?

2.3.4 在正弦交流电路中,当电容端电压经过零值时,电容电流是否也等于零?

2.3.5 在单一参数交流电路中,下列各式是否正确,若有错误,请改正。

$$\frac{u}{i} = R, \quad \frac{u}{i} = X_L, \quad \frac{u}{i} = X_C, \quad \frac{U}{I} = R, \quad \frac{U}{I} = jX_L, \quad \frac{U}{I} = -jX_C$$

$$\frac{\dot{U}}{\dot{I}} = R, \quad \frac{\dot{U}}{\dot{I}} = X_L, \quad \frac{\dot{U}}{\dot{I}} = -X_C$$

2.4 电阻、电感、电容元件串联的交流电路

电阻、电感、电容这三个元件在正弦交流电路中的作用,已在 2.3 节分别讨论过了,现在把它们串联起来,组成如图 2-11(a)所示的电路,接入正弦交流电源。电流与各个电压的参考方向如图所示。分析这种电路可以应用 2.3 节所得的结果。

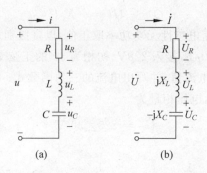

图 2-11 电阻、电感、电容串联的交流电路

(a) 电阻、电感、电容串联电路图；(b) 相量形式电路图

2.4.1 电压和电流的关系

根据基尔霍夫电压定律可列出

$$u = u_R + u_L + u_C$$

由于电流与各元件上的电压均为同频率的正弦量，故可用相量表示电压和电流的关系，即

$$\dot{U} = \dot{U}_R + \dot{U}_L + \dot{U}_C = R\dot{I} + jX_L\dot{I} - jX_C\dot{I}$$

$$= [R + j(X_L - X_C)]\dot{I} \tag{2-31}$$

与图 2-11(a)所对应的相量形式的电路图，如图 2-11(b)所示。

2.4.2 阻抗

将式(2-31)写成

$$\frac{\dot{U}}{\dot{I}} = R + j(X_L - X_C) \tag{2-32}$$

式(2-32)中的 $R + j(X_L - X_C)$ 称为电路的阻抗，单位是 Ω，用大写字母 Z 表示，即

$$Z = R + j(X_L - X_C) = \sqrt{R^2 + (X_L - X_C)^2} \angle \arctan \frac{X_L - X_C}{R} = |Z| \angle \varphi \tag{2-33}$$

式(2-33)中

$$|Z| = \frac{U}{I} = \sqrt{R^2 + (X_L - X_C)^2} = \sqrt{R^2 + \left(\omega L - \frac{1}{\omega C}\right)^2} \tag{2-34}$$

$|Z|$是阻抗 Z 的模，单位也是 Ω，具有对交流电流起阻碍作用的性质；

$$\varphi = \arctan \frac{U_L - U_C}{U_R} = \arctan \frac{X_L - X_C}{R} = \arctan \frac{\omega L - \dfrac{1}{\omega C}}{R} \tag{2-35}$$

φ 是阻抗 Z 的辐角。

由式(2-33)可见,电阻、电感和电容串联的交流电路可等效为一个阻抗 Z,Z 的实部为"电阻",以 R 代表,虚部为"电抗",以 $X = (X_L - X_C)$ 代表,X 的单位也是 Ω。阻抗 Z 表示了电路的电压与电流之间的关系,既表示了大小关系(反映在阻抗模 $|Z|$ 上),又表示了相位关系(反映在阻抗辐角 φ 上)。

根据式(2-32)可得

$$\frac{\dot{U}}{\dot{I}} = \frac{U\angle\psi_u}{I\angle\psi_i} = \frac{U}{I}\angle(\psi_u - \psi_i) = |Z|\angle\varphi$$

式中

$$\varphi = \psi_u - \psi_i \tag{2-36}$$

即辐角 φ 又表示电压与电流之间的相位差。

根据 $(X_L - X_C)$ 或 φ 的大小可以判断电路的性质。

当 $X = X_L - X_C > 0$ 时,$\varphi > 0$,在相位上电压超前电流 φ 角,电路呈现出电感性质,这时,称电路为电感性电路。

当 $X = X_L - X_C = 0$ 时,$\varphi = 0$,在相位上电压与电流同相,电路呈现出电阻性质,这时,称电路为电阻性电路。

当 $X = X_L - X_C < 0$ 时,$\varphi < 0$,在相位上电压滞后电流 φ 角,电路呈现出电容性质,这时,称电路为电容性电路。

设电路中的电流为参考正弦量

$$i = \sqrt{2}I\sin\omega t$$

则电路端口电压为

$$u = \sqrt{2}U\sin(\omega t + \varphi)$$

图 2-12 所示是电流与各个电压的相量图。

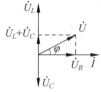

图 2-12　电压与电流的相量图

2.4.3　功率关系

1. 瞬时功率

$$\begin{aligned}p = ui &= \sqrt{2}U\sin(\omega t + \varphi) \times \sqrt{2}I\sin\omega t\\ &= UI\cos\varphi - UI\cos(2\omega t + \varphi)\end{aligned}$$

2. 平均功率

由于电路中的电阻元件要消耗电能,相应的平均功率为

$$P = \frac{1}{T}\int_0^T p\,dt = \frac{1}{T}\int_0^T [UI\cos\varphi - UI\cos(2\omega t + \varphi)]dt = UI\cos\varphi \tag{2-37}$$

从图 2-12 的相量图可得出

$$U\cos\varphi = U_R = RI$$

于是
$$P = U_R I = RI^2 = UI\cos\varphi \tag{2-38}$$
式(2-38)中，$\cos\varphi$ 称为功率因数。

3. 无功功率

电路中的电感和电容元件要储放能量，即它们与电源之间要进行能量互换，电路的无功功率就是电感和电容元件无功功率之和，它也可以从图2-12的相量图中得出，即
$$Q = Q_L + Q_C = U_L I - U_C I = (U_L - U_C) I$$
$$= (X_L - X_C) I^2 = UI\sin\varphi \tag{2-39}$$

4. 视在功率

在交流电路中，电压和电流有效值的乘积称为视在功率，记作 S，即
$$S = UI = |Z| I^2 \tag{2-40}$$
其单位是 $V \cdot A$ 或 $kV \cdot A$。通常交流电气设备的容量用视在功率表示。

由式(2-38)、式(2-39)和式(2-40)可见，平均功率、无功功率和视在功率之间有如下关系：
$$S = \sqrt{P^2 + Q^2} \tag{2-41}$$

例 2-8　电路如图2-11(a)所示，已知 $R = 60\,\Omega$，$L = 254.8\,\text{mH}$，$C = 20\,\mu\text{F}$，电源电压 $u = 220\sqrt{2}\sin314t\,\text{V}$。求：(1)电路的等效阻抗及电流的瞬时值，电压与电流的夹角。(2)画出相量图。(3)计算电路的有功功率、无功功率和视在功率。

解　(1) 计算电路阻抗的模

感抗
$$X_L = \omega L = 314 \times 254.8 \times 10^{-3}\,\Omega = 80\,\Omega$$

容抗
$$X_C = \frac{1}{\omega C} = \frac{1}{314 \times 20 \times 10^{-6}}\,\Omega = 160\,\Omega$$

电抗
$$X = X_L - X_C = (80 - 160)\,\Omega = -80\,\Omega$$

阻抗
$$Z = R + \mathrm{j}(X_L - X_C) = [60 + \mathrm{j}(80 - 160)]\,\Omega$$
$$= (60 - \mathrm{j}80)\,\Omega = 100\angle -53°\,\Omega$$

电源电压
$$\dot{U} = 220\angle 0°\,\text{V}$$

电路电流
$$\dot{I} = \frac{\dot{U}}{Z} = \frac{220\angle 0°}{100\angle -53°}\,\text{A} = 2.2\angle 53°\,\text{A}$$

瞬时电流
$$i = 2.2\sqrt{2}\sin(314t + 53°)\,\text{A}$$

电压与电流夹角

$$\varphi = 53°$$

（2）相量图　如图 2-13 所示。

（3）有功功率 $P = UI\cos\varphi = 220 \times 2.2 \times \cos(-53°)\text{W}$
$$= 290.4\text{W}$$

无功功率 $Q = UI\sin\varphi = 220 \times 2.2 \times \sin(-53°)\text{var}$
$$= -387.2\text{var}$$

视在功率 $S = UI = 220 \times 2.2\text{V} \cdot \text{A} = 484\text{V} \cdot \text{A}$

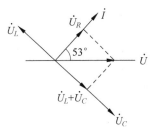

图 2-13　例 2-8 相量图

【练习与思考】

2.4.1　在 RLC 串联电路中,下列各式哪些是对的? 哪些是错的?

$$|Z| = \frac{u}{i}, \quad I = \frac{U}{Z}, \quad \dot{I} = \frac{\dot{U}}{|Z|}, \quad I = \frac{U}{|Z|}, \quad Z = \frac{u}{i}, \quad \dot{I} = \frac{\dot{U}}{Z}$$

$$u = u_R + u_L + u_C, \quad U = U_R + U_L + U_C, \quad |Z| = R + X_L - X_C$$

2.4.2　阻抗 Z 字母上方为何不加"·"? Z 与 $|Z|$ 有何区别?

2.4.3　RC 串联电路的阻抗 $Z = 80 - j60\Omega$,试问该电路的电阻和容抗各为多少? 并求电压和电流的相位差。

2.4.4　有一 RLC 串联的交流电路,已知 $R = X_L = X_C = 100\Omega$,$I = 1\text{A}$,试求其两端的电压 U。

2.4.5　交流电路中关于功率的概念有哪几个? 它们的含义和单位各是什么?

2.4.6　RLC 串联电路中,若电压与电流的相位差分别为 $\varphi = 0$,$\varphi < 0$,$\varphi > 0$ 时,说明电路的性质。

2.5　阻抗的串联与并联

在交流电路中,一般负载的参数包含电阻、电感和电容,因此要用阻抗来表示。所以交流电路中所谓负载的串联和并联,就是指阻抗的串联和并联。

2.5.1　阻抗的串联

图 2-14(a)所示电路是由多个阻抗 $Z_1, Z_2, \cdots, Z_n$ 串联的电路。根据基尔霍夫电压定律可写出它的相量表示式

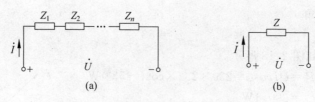

图 2-14 阻抗的串联及等效阻抗

(a) 串联电路；(b) 等效电路

$$\dot{U} = \dot{U}_1 + \dot{U}_2 + \cdots + \dot{U}_n = Z_1\dot{I} + Z_2\dot{I} + \cdots + Z_n\dot{I}$$

$$= (Z_1 + Z_2 + \cdots + Z_n)\dot{I} \tag{2-42}$$

多个串联的阻抗可用一个阻抗 Z 来等效代替，在相同电压的作用下，电路中电流的大小和相位保持不变。由图 2-14(b) 所示的等效电路可得

$$\dot{U} = Z\dot{I} \tag{2-43}$$

比较式(2-42)和式(2-43)，则得

$$Z = Z_1 + Z_2 + \cdots + Z_n \tag{2-44}$$

注意：因为一般

$$U \neq U_1 + U_2 + \cdots + U_n$$

即

$$|Z| I \neq |Z_1| I + |Z_2| I + \cdots + |Z_n| I$$

所以

$$|Z| \neq |Z_1| + |Z_2| + \cdots + |Z_n|$$

多个阻抗串联电路的分压公式为

$$\dot{U}_k = \frac{Z_k}{Z} \dot{U} \tag{2-45}$$

式中，$\dot{U}$ 为串联阻抗电路的总电压，Z 为串联阻抗电路的总阻抗，Z_k，$\dot{U}_k$ 分别为串联阻抗电路中第 k 个阻抗及其电压，$k=1,2,\cdots,n$。

例 2-9 电路如图 2-15(a) 所示。两个阻抗串联，$Z_1 = (6.66 + j3)\Omega$，$Z_2 = (2 + j2)\Omega$，电源电压 $\dot{U} = 220\angle 30°\text{V}$。求：(1)电路中的电流 $\dot{I}$ 及各阻抗上的电压 $\dot{U}_1$ 和 $\dot{U}_2$。(2)画出相量图。

解 (1) 此电路为两个阻抗串联，首先计算出电路的等效阻抗，即

$$Z = Z_1 + Z_2 = [(6.66 + 2) + j(3 + 2)]\Omega = (8.66 + j5)\Omega = 10\angle 30°\Omega$$

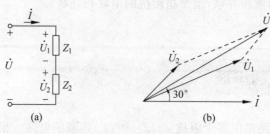

图 2-15 例 2-9 图

(a) 电路图；(b) 相量图

根据给定电压,由欧姆定律计算出电路的电流,即

$$\dot{I} = \frac{\dot{U}}{Z} = \frac{220\angle 30°}{10\angle 30°}A = 22\angle 0°A$$

各元件上电压为

$$\dot{U}_1 = Z_1\dot{I} = (6.66+j3)\times 22V = 7.3\angle 24°\times 22V = 160.6\angle 24°V$$

$$\dot{U}_2 = Z_2\dot{I} = (2+j2)\times 22V = 2.8\angle 45°\times 22V = 61.6\angle 45°V$$

(2) 相量图如图 2-15(b)所示。

2.5.2 阻抗的并联

图 2-16(a)所示电路是多个阻抗 $Z_1, Z_2, \cdots, Z_n$ 并联的电路。根据基尔霍夫电流定律可写出它的相量表示式

$$\dot{I} = \dot{I}_1 + \dot{I}_2 + \cdots + \dot{I}_n = \frac{\dot{U}}{Z_1} + \frac{\dot{U}}{Z_2} + \cdots + \frac{\dot{U}}{Z_n}$$

$$= \left(\frac{1}{Z_1} + \frac{1}{Z_2} + \cdots + \frac{1}{Z_n}\right)\dot{U} \tag{2-46}$$

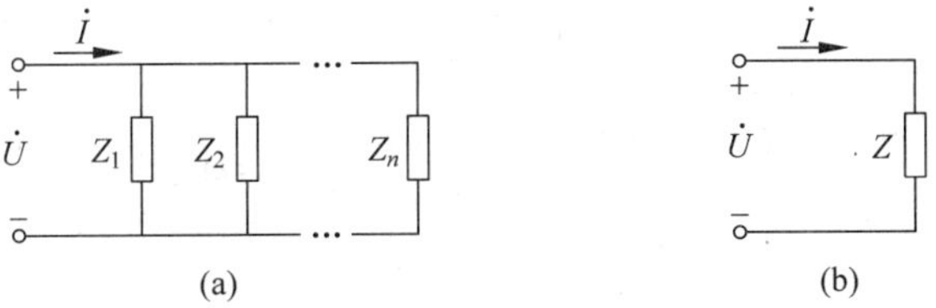

图 2-16 阻抗的并联及等效阻抗
(a) 并联电路；(b) 等效电路

多个并联的阻抗可用一个阻抗 Z 来等效代替,在相同电压的作用下,电路中电流的大小和相位保持不变。由图 2-16(b)所示的等效电路可得

$$\dot{I} = \frac{\dot{U}}{Z} \tag{2-47}$$

比较式(2-46)和式(2-47),则得

$$\frac{1}{Z} = \frac{1}{Z_1} + \frac{1}{Z_2} + \cdots + \frac{1}{Z_n} \tag{2-48}$$

注意:因为一般

$$I \neq I_1 + I_2 + \cdots + I_n$$

即

$$\frac{U}{|Z|} \neq \frac{U}{|Z_1|} + \frac{U}{|Z_2|} + \cdots + \frac{U}{|Z_n|}$$

所以

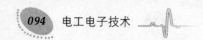

$$\frac{1}{|Z|} \neq \frac{1}{|Z_1|} + \frac{1}{|Z_2|} + \cdots + \frac{1}{|Z_n|}$$

多个阻抗并联电路的分流公式为

$$\dot{I}_k = \frac{\dfrac{1}{Z_k}}{\dfrac{1}{Z}} \dot{I} \tag{2-49}$$

式中,$\dot{I}$ 为并联阻抗电路的总电流,Z 为并联阻抗电路的总阻抗,Z_k,$\dot{I}_k$ 分别为并联阻抗电路中第 k 个阻抗及其电流,$k=1,2,\cdots,n$。

特别地,两个阻抗并联电路的等效阻抗可用下式简便求出:

$$Z = \frac{Z_1 Z_2}{Z_1 + Z_2} \tag{2-50}$$

两个阻抗并联电路的分流公式为

$$\begin{cases} \dot{I}_1 = \dfrac{Z_2}{Z_1 + Z_2} \dot{I} \\[4mm] \dot{I}_2 = \dfrac{Z_1}{Z_1 + Z_2} \dot{I} \end{cases} \tag{2-51}$$

例 2-10　电路如图 2-17(a)所示,两个阻抗并联。已知 $Z_1 = (4+j3)\Omega$,$Z_2 = (6-j8)\Omega$。电源电压 $\dot{U} = 220\angle 0°\text{V}$。求：(1)电路中的电流 $\dot{I}_1$,$\dot{I}_2$ 和总电流 $\dot{I}$。(2)画出相量图。

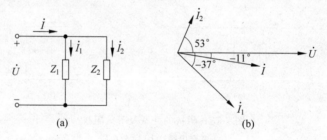

图 2-17　例 2-10 图

(a) 电路图；(b) 相量图

解　(1) 由于电路的结构为并联,各支路电压均为电源电压,所以有

$$\dot{I}_1 = \frac{\dot{U}}{Z_1} = \frac{220\angle 0°}{4+j3}\text{A} = \frac{220\angle 0°}{5\angle 37°}\text{A} = 44\angle -37°\text{A}$$

$$\dot{I}_2 = \frac{\dot{U}}{Z_2} = \frac{220\angle 0°}{6-j8}\text{A} = \frac{220\angle 0°}{10\angle -53°}\text{A} = 22\angle 53°\text{A}$$

各阻抗为

$$Z_1 = (4+j3)\Omega = 5\angle 37°\Omega$$

$$Z_2 = (6-j8)\Omega = 10\angle -53°\Omega$$

$$Z = \frac{Z_1 Z_2}{Z_1 + Z_2} = \frac{5\angle 37° \times 10\angle -53°}{(4+j3)+(6-j8)}\Omega = \frac{50\angle -16°}{10-j5}\Omega = 4.46\angle 11°\Omega$$

所以

$$\dot{I} = \frac{\dot{U}}{Z} = \frac{220\angle 0°}{4.46\angle 11°}A = 49.3\angle -11°A$$

（2）相量图如图 2-17(b)所示。

直流电路中介绍的所有定理、公式,在交流电路中都可以应用,只是在应用时要注意:直流电路中,电路元件只有电阻,而交流电路中的电路元件还包括电感和电容,所以交流电路中的电路元件通常用阻抗 Z 表示,交流电路中的电压和电流要用相量表示,计算过程要遵循复数的运算法则。

例 2-11　电路如图 2-18 所示。已知:$\dot{U}_1 = 220\angle 0°\text{V}$,$\dot{U}_2 = 227\angle 0°\text{V}$,$Z_1 = (0.1+j0.5)\Omega$,$Z_2 = (0.1+j0.5)\Omega$,$Z_3 = (5+j5)\Omega$。用节点电压法求 $\dot{I}_3$。

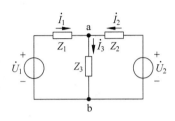

图 2-18　例 2-11 图

解　根据节点电压的解题思想,首先求出电路中 a,b 两点间电压,然后计算电流 $\dot{I}_3$。因为电路中只有两个节点,所以

$$\dot{U}_{ab} = \frac{\dfrac{\dot{U}_1}{Z_1}+\dfrac{\dot{U}_2}{Z_2}}{\dfrac{1}{Z_1}+\dfrac{1}{Z_2}+\dfrac{1}{Z_3}} = \frac{\dfrac{220\angle 0°}{0.1+j0.5}+\dfrac{227\angle 0°}{0.1+j0.5}}{\dfrac{1}{0.1+j0.5}+\dfrac{1}{0.1+j0.5}+\dfrac{1}{5+j5}}V = 217\angle -1.1°\text{V}$$

$$\dot{I}_3 = \frac{\dot{U}_{ab}}{Z_3} = \frac{217\angle -1.1°}{5+j5}A = 30.7\angle -46.1°A$$

例 2-12　用戴维南定理求图 2-18 中的电流 $\dot{I}_3$。电路中元件参数如例 2-11。

解　（1）将被求支路断开,计算出断点的开路电压 $\dot{U}_{abo}$,如图 2-19(a)所示。

$$\dot{U}_{abo} = \frac{\dot{U}_1-\dot{U}_2}{Z_1+Z_2}\times Z_2+\dot{U}_2 = \left[\frac{220\angle 0°-227\angle 0°}{2(0.1+j0.5)}\times(0.1+j0.5)+227\angle 0°\right]V$$
$$= 223.5\angle 0°\text{V}$$

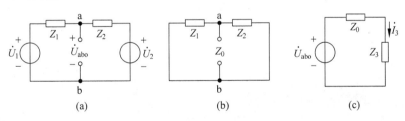

图 2-19　例 2-12 题解图

（2）计算出电压源模型中的等效阻抗 Z_0。

将网络中所有独立电源除去(理想电压源短路;理想电流源开路),计算断点的端口阻抗即为 Z_0,如图 2-19(b)所示。

$$Z_0 = \frac{Z_1 Z_2}{Z_1+Z_2} = \frac{Z_1}{2} = \frac{0.1+j0.5}{2}\Omega = (0.05+j0.25)\Omega$$

则目标电路如图 2-19(c)所示。

$$\dot{I}_3 = \frac{\dot{U}_{\text{abo}}}{Z_0 + Z_3} = \frac{223.5\angle 0°}{(0.05+\text{j}0.25)+(5+\text{j}5)}\text{A} = 30.7\angle -46.1°\text{A}$$

【练习与思考】

2.5.1 写出下列电路的阻抗表达式、电路中电压与电流的计算表达式。

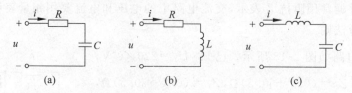

图 2-20　【练习与思考】2.5.1 图

2.5.2 串联电路中下列写法是否正确？

$$Z = Z_1 + Z_2;\quad |Z| = |Z_1| + |Z_2|;\quad U = U_1 + U_2;\quad \dot{U} = \dot{U}_1 + \dot{U}_2$$

2.5.3 并联电路中下列写法是否正确？

$$I = I_1 + I_2;\quad \dot{I} = \dot{I}_1 + \dot{I}_2;\quad \frac{1}{Z} = \frac{1}{Z_1} + \frac{1}{Z_2};\quad \frac{1}{|Z|} = \frac{1}{|Z_1|} + \frac{1}{|Z_2|}$$

2.6　交流电路中的谐振

在含有电感和电容的交流电路中,如果调节电路参数或电源频率,使电路两端的电压与其中流过的电流同相位,这一现象称为谐振。根据谐振电路的不同,谐振可分为串联谐振和并联谐振。

2.6.1　串联谐振

1. 串联谐振的条件

在如图 2-11(a)所示的 R, L, C 串联电路中,当

$$X_L = X_C \quad 或 \quad 2\pi f L = \frac{1}{2\pi f C} \tag{2-52}$$

时,则

$$\varphi = \arctan\frac{X_L - X_C}{R} = 0$$

即电源电压 u 与电路中电流 i 同相,这时电路发生谐振。式(2-52)就是电路发生串联谐振的条件。

根据式(2-52)可以得出谐振时的角频率和频率

$$\begin{cases} \omega_0 = \dfrac{1}{\sqrt{LC}} \\[3mm] f_0 = \dfrac{1}{2\pi\sqrt{LC}} \end{cases} \tag{2-53}$$

可见只要调节电路参数 L,C 或电源频率 f 电路就可以发生谐振。

2. 串联谐振电路的特性

(1) 电路谐振时,电路阻抗的模 $|Z| = \sqrt{R^2+(X_L-X_C)^2}=R$,其值最小,电路呈电阻性。

(2) 电路谐振时,在电源电压 U 不变的情况下,电路中的电流达到最大值,即 $I = I_0 = \dfrac{U}{R}$。

(3) 电路谐振时的感抗和容抗称为特性阻抗,用 ρ 表示,即

$$\rho = \omega_0 L = \frac{1}{\omega_0 C} = \sqrt{\frac{L}{C}} \tag{2-54}$$

电路谐振时,特性阻抗与电阻的比值称为电路的品质因数,用 Q 表示,即

$$Q = \frac{\rho}{R} = \frac{\omega_0 L}{R} = \frac{1}{\omega_0 RC} \tag{2-55}$$

(4) 电路谐振时,由于 $X_L = X_C$,于是 $U_L = U_C$。而 $\dot{U}_L$ 与 $\dot{U}_C$ 相位相反,互相抵消,因此电源电压 $\dot{U} = \dot{U}_R$,见图 2-21。

但 U_L 或 U_C 却是电源电压 U 的 Q 倍,即

$$\begin{cases} U_L = X_L I = X_L \dfrac{U}{R} = QU \\[3mm] U_C = X_C I = X_C \dfrac{U}{R} = QU \end{cases} \tag{2-56}$$

图 2-21 串联谐振相量图

由上式可知,当 $X_L = X_C > R$ 时,U_L 和 U_C 都大大高于电源电压 U,因此串联谐振又称为电压谐振。

在电力工程中,当电路发生电压谐振时产生的高电压会击穿电感线圈和电容器的绝缘而损坏设备,因此要避免电压谐振的发生。但在无线电传输过程中则常利用电压谐振以获得较高的电压。

例 2-13 某收音机接收电路如图 2-22 所示。已知 $L=0.5\text{mH},R=18\Omega$,若收听频率为 820kHz 的某电台节目,计算此时电容器的容量。

解 由图 2-22 可知该电路为串联结构,则有

$$f_0 = \frac{1}{2\pi\sqrt{LC}}$$

所以

$$C = \frac{1}{(2\pi f_0)^2 L} = \frac{1}{(2\pi \times 820 \times 10^3)^2 \times 0.5 \times 10^{-3}}\text{F} = 75\text{pF}$$

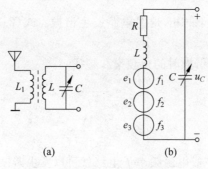

图 2-22 例 2-13 图

2.6.2 并联谐振

1. 并联谐振的条件

图 2-23(a)所示电路是线圈 RL 与电容器 C 并联的电路。当发生谐振时,电压 u 与电路中电流 i 同相,相量图如图 2-23(c)所示。

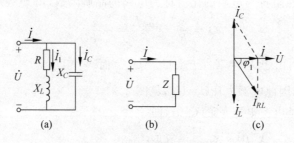

图 2-23 并联谐振电路

(a) 电路图;(b) 等效电路;(c) 相量图

由图 2-23(a)所示电路可得线圈 RL 支路和电容器 C 支路的阻抗,分别为 $Z_{RL} = R + \mathrm{j}\omega L$,$Z_C = -\mathrm{j}\dfrac{1}{\omega C}$。根据式(2-48),可得图 2-23(b)所示等效电路及其等效阻抗

$$\frac{1}{Z} = \frac{1}{Z_{RL}} + \frac{1}{Z_C} = \frac{1}{R + \mathrm{j}\omega L} + \frac{1}{-\mathrm{j}\dfrac{1}{\omega C}}$$

整理后,得

$$\frac{1}{Z} = \frac{R}{R^2 + (\omega L)^2} + \mathrm{j}\left(\omega C - \frac{\omega L}{R^2 + (\omega L)^2}\right)$$

根据欧姆定律

$$\frac{1}{Z} = \frac{\dot{I}}{\dot{U}}$$

当电路发生谐振时,电源电压 u 与电路中电流 i 同相,则上式的虚部应为零,即

$$\omega C - \frac{\omega L}{R^2 + (\omega L)^2} = 0$$

式中 ω 为并联谐振的角频率,解之,得

$$\omega_0 = \sqrt{\frac{1}{LC} - \frac{R^2}{L^2}} \qquad (2\text{-}57)$$

实际电路中,通常线圈的电阻 R 很小,一般在谐振时,$\omega_0 L \gg R$,所以式(2-57)可简化为

$$\begin{cases} \omega_0 \approx \dfrac{1}{\sqrt{LC}} \\[2mm] f_0 \approx \dfrac{1}{2\pi\sqrt{LC}} \end{cases} \qquad (2\text{-}58)$$

2. 并联谐振的特性

(1) 由于电源电压与电路中的电流同相位,因此电路呈电阻性。谐振时电路的等效阻抗模 $|Z_0|$ 相当于一个电阻,且其值最大。

(2) 由于谐振时电路的等效阻抗模 $|Z_0|$ 最大,当电源电压保持不变的情况下,流过电路端口的总电流最小。

(3) 两并联支路的电流,相位近于相反,大小近于相等,且比总电流大得多。

例 2-14 某线圈参数为 $R = 5\Omega$, $L = 0.5\text{mH}$,与一只 80pF 的电容器并联。求:谐振频率和谐振时的阻抗。

解 并联谐振时,忽略线圈电阻时:

$$f_0 \approx \frac{1}{2\pi\sqrt{LC}} = \frac{1}{2\pi\sqrt{0.5 \times 10^{-3} \times 80 \times 10^{-12}}}\text{Hz} = 796\text{kHz}$$

谐振阻抗为

$$Z_0 = R + \frac{L}{RC} = \left(5 + \frac{0.5 \times 10^{-3}}{5 \times 80 \times 10^{-12}}\right)\Omega \approx 1250\text{k}\Omega$$

【练习与思考】

2.6.1 什么叫电路的谐振?

2.6.2 有几种谐振电路?其谐振电路的特性分别是什么?

2.6.3 当频率分别高于和低于谐振频率时,RLC 串联电路是电感性的还是电容性的?

2.7 功率因数的提高

2.7.1 提高功率因数的意义

在一定的电源额定容量(即视在功率 S)下,对于直流电路,电源的功率为 $P = UI$。对于交流电路,电源的平均功率为

$$P = UI\cos\varphi$$

可见，电源输出的平均功率与 $\cos\varphi$ 有关，这个 $\cos\varphi$ 就是电路的功率因数。功率因数 $\cos\varphi$ 表示了交流电源从其额定容量 S 中能够输出的有功功率 P 的比值。

电路的功率因数取决于电路（负载）的参数。在电阻性负载（如白炽灯等）情况下，电压与电流同相，$\varphi = \psi_u - \psi_i = 0$，功率因数为 1。对电感性或电容性负载，电压与电流不同相，$\varphi = \psi_u - \psi_i \neq 0$，功率因数均介于 0 与 1 之间。这说明电路中发生了电源与负载之间的能量互换，出现无功功率 $Q = UI\sin\varphi$。这将引起以下两个问题。

（1）电源设备的容量不能充分利用。

在电源设备额定容量一定时，负载的 $\cos\varphi$ 越大，则电源输出的有功功率也越大；$\cos\varphi$ 越小，则电源输出的有功功率也越小。例如容量为 1000kV·A 的电源，如果负载的 $\cos\varphi = 1$，电源可以发出 1000kW 的有功功率，而在负载的 $\cos\varphi = 0.6$ 时，电源只能发出 600kW 的有功功率。这说明供电给 $\cos\varphi$ 低的负载时，交流电源的利用率将降低。

（2）增加供电线路和电源设备的功率损耗。

当电源电压 U 和输出功率 P 一定时，线路中的电流 I 为

$$I = \frac{P}{U\cos\varphi}$$

显然，功率因数愈低，线路电流愈大，线路和电源绕组上的功率损耗 $\Delta P = rI^2$ 也增大。

综上所述，提高供电系统的功率因数，不仅可以提高电源设备的利用率，还可以减少电能在传输中的损耗。

2.7.2 提高功率因数的措施

由于工农业生产中用电负载多为电感性负载，常用的方法就是与电感性负载并联电容器，其电路图和相量图如图 2-24 所示。

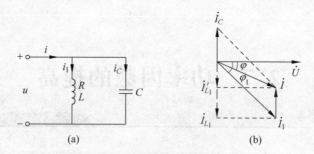

图 2-24 电路图及相量图
(a) 电路图；(b) 相量图

并联电容器前后，电路电压和电感性负载参数并没有变化，电感性负载的电流 $I_1 = \dfrac{U}{\sqrt{R^2 + X_L^2}}$ 和功率因数 $\cos\varphi = \dfrac{R}{\sqrt{R^2 + X_L^2}}$ 也都保持不变。但因为电容电流 $\dot{I}_C$ 与电感性负载

电流的无功分量$\dot{I}_{L1}$反相,如图 2-24(b)所示,即电容的无功功率与电感的无功功率相互补偿,使原来由电源提供的无功电流 I_{L1} 减少为 $I'_{L1}=I_{L1}-I_C$。这样一来,电源的总电流$\dot{I}$就减少了,电路电压 u 与电源电流 i 之间的相位差 φ 变小了,即 $\cos\varphi$ 变大了。

通过上述分析知,所谓功率因数的提高,并不是使电感性负载的功率因数提高,而是使电感性负载与电容并联的电路的功率因数,比原来单独的电感性负载的功率因数提高了。并联电容提高功率因数,不仅使电路的总电流减少,使线路上的损耗减小,而且会提高电源设备容量的利用率。这一点,可以通过下面的例题来说明。

例 2-15 某电感性负载,已知 $Z=(3+\mathrm{j}4)\,\Omega$,电源电压 $U=220\mathrm{V}$,电源的频率 $f=50\mathrm{Hz}$,电源的容量 $S=9.7\mathrm{kV\cdot A}$。求:(1)电路中的电流、有功功率、无功功率和功率因数。(2)用并联电容器的方法将功率因数提高至 0.9,计算应并联电容器的容量。(3)若将功率因数从 0.9 提高至 1,问还需再增加多少电容?

解 (1) 根据已知条件得

$$|Z|=\sqrt{3^2+4^2}\,\Omega=5\Omega,\quad \cos\varphi=\frac{R}{|Z|}=\frac{3}{5}=0.6$$

电路中电流

$$I=\frac{U}{|Z|}=\frac{220}{5}\mathrm{A}=44\mathrm{A}$$

有功功率

$$P=S\cos\varphi=9.7\times0.6\mathrm{kW}=5.82\mathrm{kW}$$

因为 $\cos\varphi=0.6$,所以 $\varphi=53°$,$\sin53°=0.8$,无功功率

$$Q=S\sin\varphi=9.7\times0.8\mathrm{kvar}=7.76\mathrm{kvar}$$

(2) 并联电容后,将功率因数提高至 0.9,即 $\cos\varphi_1=0.9$,得功率因数角 $\varphi_1=25.8°$。由相量图 2-24(b)可得

$$I_C=\frac{P}{U}(\tan\varphi-\tan\varphi_1)$$

又因为

$$I_C=\frac{U}{X_C}=U\omega C$$

所以

$$C=\frac{P}{U^2\omega}(\tan\varphi-\tan\varphi_1)=\frac{5820}{220^2\times2\pi\times50}\times(\tan53°-\tan25.8°)\mathrm{F}=324\mu\mathrm{F}$$

此时电路的电流为

$$I=\frac{P}{U\cos\varphi}=\frac{5820}{220\times0.9}\mathrm{A}=29.4\mathrm{A}$$

表明比提高功率因数前的线路电流小了很多。

(3) 若将功率因数从 0.9 提高至 1,再增加的电容值为

$$C=\frac{5820}{220^2\times2\pi\times50}(\tan25.8°-\tan0°)\mathrm{F}=184\mu\mathrm{F}$$

【练习与思考】

2.7.1 提高功率因数有什么意义?

2.7.2 电容与电感性负载并联后,提高了哪部分电路的功率因数?

2.7.3 电感性负载并联电容后,电路的功率因数提高了,有功功率有无变化?电感性负载的无功功率有无变化?

2.8 三相电路

因为三相交流电在生产、传输和配电等方面既方便又经济,因此目前在工农业生产中获得了广泛的应用。由三相交流电源供电的电路称为三相交流电路。

本节着重讨论负载在三相电路中的连接问题,三相电路中电压、电流及功率的关系。

2.8.1 三相电源

图 2-25 所示是三相交流发电机的原理图,它的主要组成部分是定子和转子。

发电机的定子上有三个一样的绕组,它们的始端(头)标以 A,B,C,终端(尾)标以 X,Y,Z,每相电枢绕组如图 2-26 所示。每个绕组的始端(或终端)之间都彼此相差 120°。

图 2-25 三相交流发电机原理示意图

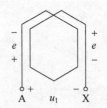

图 2-26 每相电枢绕组

发电机的转子铁芯上安装有励磁绕组,通入直流电励磁。精心设计制造磁极面的形状,使空气隙中的磁感应强度 B 按正弦规律分布。

当转子由原动机拖动,以匀速按顺时针方向转动时,则每相绕组依次切割磁通,产生正弦电动势,因而在 AX,BY,CZ 三相绕组上得出频率相同、幅值相等、相位互差 120°的三相对称正弦电动势,它们分别为 e_A,e_B,e_C,并以 e_A 为参考正弦量,则

$$\begin{cases} e_A = E_m \sin\omega t \\ e_B = E_m \sin(\omega t - 120°) \\ e_C = E_m \sin(\omega t + 120°) \end{cases}$$

用相量表示为

$$\begin{cases} \dot{E}_A = E\angle 0° \\ \dot{E}_B = E\angle -120° \\ \dot{E}_C = E\angle 120° \end{cases}$$

e_A, e_B, e_C 的波形图及相量图如图 2-27 所示。

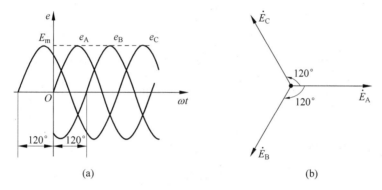

图 2-27　三相对称正弦电动势的波形图及相量图

（a）波形图；（b）相量图

三相对称正弦电压也可用相量表示为

$$\begin{cases} \dot{U}_A = U\angle 0° \\ \dot{U}_B = U\angle -120° \\ \dot{U}_C = U\angle 120° \end{cases} \tag{2-59}$$

由图 2-27(b)可见,任何瞬间三个电动势之和等于零,即

$$\dot{E}_A + \dot{E}_B + \dot{E}_C = 0$$

2.8.2　三相电源的连接

三相电源有星形(Y)和三角形(△)两种连接方式。

1. 星形连接

将发电机或变压器三个绕组的末端连在一起,通常将这一连接点称为中性点或零点,用 N 表示,从中性点引出的导线称为中性线或零线;绕组的首端分别引出的三条导线称为相线或端线,用 A、B、C 表示,如图 2-28 所示。这就是对称三相电源的星形连接,简称Y连接。

每根相线与中性线之间的电压称为相电压,分别记作$\dot{U}_A$,$\dot{U}_B$,$\dot{U}_C$,它们的参考方向设为自始端指向终端,其有效值一般用U_P表示。而任意两根相线之间的电压称为线电压,分别记作$\dot{U}_{AB}$,$\dot{U}_{BC}$,$\dot{U}_{CA}$,其有效值一般用U_L表示。相电压与线电压的参考方向如图2-29所示。

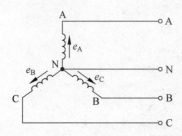
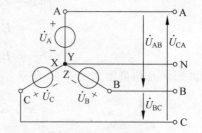

图 2-28　三相电源的星形连接　　图 2-29　星形连接的线电压与相电压

由图 2-29 可见,在三相星形电路中,线电流等于相电流,即

$$\dot{I}_L = \dot{I}_P \tag{2-60}$$

而相电压与线电压是不相等的,在图 2-29 所示的参考方向下,它们的关系为

$$\begin{cases} \dot{U}_{AB} = \dot{U}_A - \dot{U}_B \\ \dot{U}_{BC} = \dot{U}_B - \dot{U}_C \\ \dot{U}_{CA} = \dot{U}_C - \dot{U}_A \end{cases} \tag{2-61}$$

将式(2-59)代入式(2-61),得对称三相星形电路中线电压与相电压的关系

$$\begin{cases} \dot{U}_{AB} = \sqrt{3} \angle 30° \cdot \dot{U}_A \\ \dot{U}_{BC} = \sqrt{3} \angle 30° \cdot \dot{U}_B \\ \dot{U}_{CA} = \sqrt{3} \angle 30° \cdot \dot{U}_C \end{cases} \tag{2-62}$$

由此可见,当对称三相电源星形连接时,三个线电压也是对称的。线电压的值是相电压的$\sqrt{3}$倍,即$U_L = \sqrt{3} U_P$,线电压的相位超前相应的相电压相位30°(如$\dot{U}_{AB}$超前$\dot{U}_A$30°)。这一结论也可由图 2-30 得出。

发电机(变压器)的三个绕组连成星形时,可引出四根导线,构成所谓三相四线制配电系统,它可以给负载提供两种电压。在我国,通常低压配电系统大都采用三相四线制,相电压为 220V,线电压为 380V(380 = $\sqrt{3} \times 220$)。

当发电机(变压器)的三个绕组连成星形时,不引出中性线,则构成三相三线制系统。

2. 三角形连接

将发电机(变压器)的三个绕组首尾相连,形成封闭的三角形,在每个连接点上可引出一根导线,并以绕组的首端命名,就构成对称三相电源的三角形连接,简称△连接,如图2-31所示。三角形连接只能提供三相三线制供电方式,且线电压就是相电压,即

$$\dot{U}_L = \dot{U}_P \tag{2-63}$$

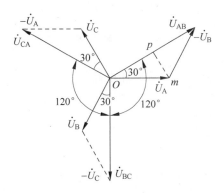

图 2-30 线电压和相电压的相量图

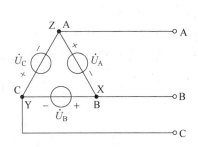

图 2-31 三相电源的三角形连接

2.8.3 三相负载的连接

三相负载的连接也有三角形连接和星形连接两种形式。

1. 三角形连接

将三相负载依次首尾相连,形成封闭的三角形,再将每个连接点上各引出一根导线,分别接到电源的三条端线上,便构成负载的三角形连接,如图 2-32 所示。这种连接形式也只能采用三相三线制供电方式。

每相负载的阻抗分别为 Z_{AB}, Z_{BC}, Z_{CA}。因为三角形连接中线电压就是相电压,即 $\dot{U}_L = \dot{U}_P$,所以,在图 2-32 所示电压、电流参考方向下,各相的相电流为

$$\begin{cases} \dot{I}_{AB} = \dfrac{\dot{U}_{AB}}{Z_{AB}} \\[2mm] \dot{I}_{BC} = \dfrac{\dot{U}_{BC}}{Z_{BC}} \\[2mm] \dot{I}_{CA} = \dfrac{\dot{U}_{CA}}{Z_{CA}} \end{cases} \qquad (2\text{-}64)$$

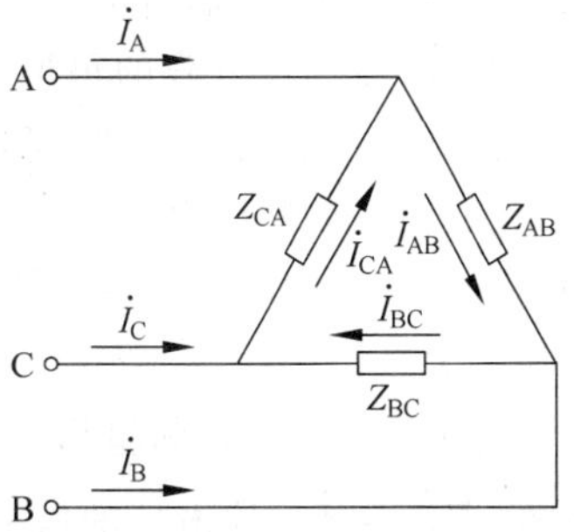

图 2-32 三相负载的三角形连接

根据 KCL,可以写出三角形连接电路中线电流与相电流的关系式

$$\begin{cases} \dot{I}_A = \dot{I}_{AB} - \dot{I}_{CA} \\ \dot{I}_B = \dot{I}_{BC} - \dot{I}_{AB} \\ \dot{I}_C = \dot{I}_{CA} - \dot{I}_{BC} \end{cases} \qquad (2\text{-}65)$$

如果各相负载的阻抗相等,即

$$Z_{AB} = Z_{BC} = Z_{CA} = Z \qquad (2\text{-}66)$$

或

$$|Z_{AB}| = |Z_{BC}| = |Z_{CA}| = |Z| \quad \text{和} \quad \varphi_{AB} = \varphi_{BC} = \varphi_{CA} = \varphi$$

则称其为对称三相负载。

由对称三相电源和对称三相负载组成的电路称为对称三相电路。

在对称三角形连接的电路中,各相电流为

$$\begin{cases} \dot{I}_{AB} = \dfrac{\dot{U}_{AB}}{Z} = \dfrac{U_P \angle 0°}{|Z| \angle \varphi} = I_P \angle -\varphi \\[2mm] \dot{I}_{BC} = \dfrac{\dot{U}_{BC}}{Z} = \dfrac{U_P \angle -120°}{|Z| \angle \varphi} = I_P \angle (-\varphi - 120°) = \dot{I}_{AB} \angle -120° \\[2mm] \dot{I}_{CA} = \dfrac{\dot{U}_{CA}}{Z} = \dfrac{U_P \angle 120°}{|Z| \angle \varphi} = I_P \angle (-\varphi + 120°) = \dot{I}_{AB} \angle 120° \end{cases} \quad (2\text{-}67)$$

将式(2-67)代入式(2-65),得对称三角形三相电路中线电流和相电流的关系

$$\begin{cases} \dot{I}_A = \sqrt{3} \angle -30° \cdot \dot{I}_{AB} \\[2mm] \dot{I}_B = \sqrt{3} \angle -30° \cdot \dot{I}_{BC} \\[2mm] \dot{I}_C = \sqrt{3} \angle -30° \cdot \dot{I}_{CA} \end{cases} \quad (2\text{-}68)$$

可见,当对称三相负载三角形连接时,三个线电流也是对称的。线电流的值是相电流的 $\sqrt{3}$ 倍,即 $I_L = \sqrt{3} I_P$,线电流的相位滞后相应的相电流相位 $30°$(如 $\dot{I}_A$ 滞后 $\dot{I}_{AB} 30°$)。这一结论也可由图 2-33 得出。

2. 星形连接

将三个负载的一端连在一起,形成中性点或零点。从三个负载的另一端引出三条导线,分别接到电源的三条端线上,便构成负载的星形连接。这种连接形式根据从中性点是否引出中性线,可以构成三相四线制供电方式,或三相三线制供电方式。在对称三相星形负载电路中,线电流与相电流的关系符合式(2-60),线电压与相电压的关系符合式(2-62)。

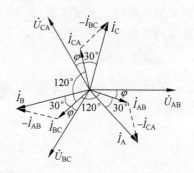

图 2-33 线电流和相电流的相量图

综上所述,在对称星形三相电路中,线电流等于相电流,即 $\dot{I}_L = \dot{I}_P$,线电压的值是相电压的 $\sqrt{3}$ 倍,即 $U_L = \sqrt{3} U_P$,线电压的相位超前相应的相电压相位 $30°$(如 $\dot{U}_{AB}$ 超前 $\dot{U}_A 30°$);在对称三角形三相电路中,线电压等于相电压,即 $\dot{U}_L = \dot{U}_P$。线电流的值是相电流的 $\sqrt{3}$ 倍,即 $I_L = \sqrt{3} I_P$,线电流的相位滞后相应的相电流相位 $30°$(如 $\dot{I}_A$ 滞后 $\dot{I}_{AB} 30°$)。

例 2-16 有一星形连接的三相对称负载,每相阻抗 $Z = 8 + j6\Omega$,接于线电压为 380V 的三相电源上。分别计算出有中线、无中线两种情况下的各相电流和中线电流。

解 (1)有中线时,由于负载对称、电源对称,所以电流一定对称。即每相阻抗均承受着电源的相电压。其相电压为

$$U_P = \frac{U_L}{\sqrt{3}} = \frac{380}{\sqrt{3}}\text{V} = 220\text{V}$$

并设 $\dot{U}_\text{A} = 220\angle 0°\text{V}$,

$$\dot{I}_\text{A} = \frac{\dot{U}_\text{A}}{Z} = \frac{220\angle 0°}{8+\text{j}6}\text{A} = \frac{220\angle 0°}{10\angle 37°}\text{A} = 22\angle -37°\text{A}$$

根据对称电路的计算规律有

$$\dot{I}_\text{B} = \dot{I}_\text{A}\angle -120° = 22\angle -157°\text{A}$$

$$\dot{I}_\text{C} = \dot{I}_\text{A}\angle +120° = 22\angle 83°\text{A}$$

由于三相电流是对称的,所以

$$\dot{I}_\text{N} = \dot{I}_\text{A} + \dot{I}_\text{B} + \dot{I}_\text{C} = 0$$

(2)无中线时,由于三相负载是对称的,在三相对称电源作用下三相电流也是对称的,即中线电流为零,在这种情况下可将电路连接成三相三线制,去掉中线,也就是三相对称负载时的无中线情况,计算时仍按照(1)的方法进行。

例 2-17　在如图 2-34 所示三相供电系统中,各相负载分别为 $R_\text{A} = 5\Omega$,$R_\text{B} = 10\Omega$,$R_\text{C} = 20\Omega$,电源线电压为 380V。求:负载的相电压、相电流及中线电流。

解　该题为三相不对称负载,由于中线的存在,为保证每相负载获得电源相电压,计算时可按各相负载的具体情况独立完成计算。

(1)负载的相电压

$$\dot{U}_\text{A} = 220\angle 0°\text{V}$$

$$\dot{U}_\text{B} = 220\angle -120°\text{V}$$

$$\dot{U}_\text{C} = 220\angle 120°\text{V}$$

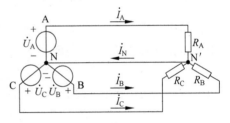

图 2-34　例 2-17 图

(2)每相负载的电流

$$\dot{I}_\text{A} = \frac{\dot{U}_\text{A}}{R_\text{A}} = \frac{220\angle 0°}{5}\text{A} = 44\angle 0°\text{A}$$

$$\dot{I}_\text{B} = \frac{\dot{U}_\text{B}}{R_\text{B}} = \frac{220\angle -120°}{10}\text{A} = 22\angle -120°\text{A}$$

$$\dot{I}_\text{C} = \frac{\dot{U}_\text{C}}{R_\text{C}} = \frac{220\angle 120°}{20}\text{A} = 11\angle 120°\text{A}$$

(3)中线电流

$$\dot{I}_\text{N} = \dot{I}_\text{A} + \dot{I}_\text{B} + \dot{I}_\text{C} = (44 + 22\angle -120° + 11\angle 120°)\text{A}$$

$$= \left[44 + 22\left(-\frac{1}{2} - \text{j}\frac{\sqrt{3}}{2}\right) + 11\left(-\frac{1}{2} + \text{j}\frac{\sqrt{3}}{2}\right)\right]\text{A}$$

$$= (27.5 - \text{j}9.52)\text{A} = 29.1\angle -19.3°\text{A}$$

例 2-18　有一三相对称负载三角形连接电路,每相阻抗 $Z = 8 + \text{j}6\Omega$,接入三相对称电源,设电压 $u_\text{AB} = 380\sqrt{2}\sin(314t + 30°)\text{V}$。求各相的相电流、线电流。

解 （1）负载三角形连接，每相负载承受电源的线电压，所以

$$\dot{I}_{AB} = \frac{\dot{U}_{AB}}{Z} = \frac{380\angle 30°}{8+j6}A = \frac{380\angle 30°}{10\angle 37°}A = 38\angle -7°A$$

根据对称电路计算规律有

$$\dot{I}_{BC} = \dot{I}_{AB}\angle -120° = 38\angle -127°A$$

$$\dot{I}_{CA} = \dot{I}_{AB}\angle +120° = 38\angle 113°A$$

（2）负载三角形连接时，其线电流是相电流的$\sqrt{3}$倍，且在相位上滞后于对应相电流30°。即

$$\dot{I}_A = \sqrt{3}\,\dot{I}_{AB}\angle -30° = \sqrt{3}\times 38\angle -37°A = 65.82\angle -37°A$$

$$\dot{I}_B = \sqrt{3}\,\dot{I}_{BC}\angle -30° = \sqrt{3}\times 38\angle -157°A = 65.82\angle -157°A$$

$$\dot{I}_C = \sqrt{3}\,\dot{I}_{CA}\angle -30° = \sqrt{3}\times 38\angle 83°A = 65.82\angle 83°A$$

2.8.4 三相功率

在三相电路中，无论负载是否对称、是星形连接还是三角形连接，三相电路总有功功率等于各相负载有功功率之和，即

$$P = P_A + P_B + P_C \tag{2-69}$$

三相电路总无功功率等于各相负载无功功率之和，即

$$Q = Q_A + Q_B + Q_C \tag{2-70}$$

三相电路总视在功率

$$S = \sqrt{P^2 + Q^2} \tag{2-71}$$

如果负载对称，则各相的有功功率均相等，即

$$P_A = P_B = P_C = U_P I_P \cos\varphi$$

从而得到总有功功率与相电压、相电流的关系为

$$P = 3P_A = 3U_P I_P \cos\varphi \tag{2-72}$$

因为星形连接时，$U_L=\sqrt{3}U_P$，$I_L=I_P$；三角形连接时，$U_L=U_P$，$I_L=\sqrt{3}I_P$，将这些关系代入式（2-72），得到总有功功率与线电压、线电流的关系为

$$P = \sqrt{3}U_L I_L \cos\varphi \tag{2-73}$$

将式（2-72）和式（2-73）合并，得对称三相电路有功功率公式

$$P = 3U_P I_P \cos\varphi = \sqrt{3}U_L I_L \cos\varphi \tag{2-74}$$

式中，φ为相电压U_P与相电流I_P之间的相位差。

同理，可得对称三相电路无功功率、视在功率公式

$$Q = 3U_P I_P \sin\varphi = \sqrt{3}U_L I_L \sin\varphi \tag{2-75}$$

$$S = \sqrt{P^2 + Q^2} = 3U_P I_P = \sqrt{3}U_L I_L \tag{2-76}$$

例 2-19　有一三相异步电动机,每相绕组的等效电阻 $R=29\Omega$,等效感抗 $X_L=21.8\Omega$,试求下列两种情况下的相电流、线电流以及从电源输入的功率:(1)电动机 Y 连接,接于线电压 $U_L=380\mathrm{V}$ 的三相电源上;(2)电动机 △ 连接,接于线电压 $U_L=220\mathrm{V}$ 的三相电源上。

解　(1) Y 连接

$$I_P = \frac{U_P}{|Z|} = \frac{220}{\sqrt{29^2+21.8^2}}\mathrm{A} = 6.1\mathrm{A}$$

$$I_L = I_P = 6.1\mathrm{A}$$

$$P = \sqrt{3}\,U_L I_L \cos\varphi = \sqrt{3}\times 380 \times 6.1 \times \frac{29}{\sqrt{29^2+21.8^2}}\mathrm{W} = 3205\mathrm{W} \approx 3.2\mathrm{kW}$$

(2) △ 连接

$$I_P = \frac{U_P}{|Z|} = \frac{220}{\sqrt{29^2+21.8^2}}\mathrm{A} = 6.1\mathrm{A}$$

$$I_L = \sqrt{3}\,I_P = \sqrt{3}\times 6.1\mathrm{A} = 10.6\mathrm{A}$$

$$P = \sqrt{3}\,U_L I_L \cos\varphi = \sqrt{3}\times 220 \times 10.6 \times \frac{29}{\sqrt{29^2+21.8^2}}\mathrm{W} = 3205\mathrm{W} \approx 3.2\mathrm{kW}$$

【练习与思考】

2.8.1　三相负载有几种连接方式?结构特点是什么?

2.8.2　什么是三相对称负载?

2.8.3　在三相电路中,什么情况下 $U_L=\sqrt{3}\,U_P$?什么情况下 $I_L=\sqrt{3}\,I_P$?

2.8.4　对称三相电路的功率计算式 $P=3U_P I_P \cos\varphi=\sqrt{3}\,U_L I_L \cos\varphi$ 中的 φ,是相电压与相电流之间的相位差,还是线电压与线电流之间的相位差?

*2.9　非正弦周期信号电路

除了正弦电压、电流外,在实际应用中还会遇到大量的非正弦周期电压、电流,统称为非正弦周期信号。例如图 2-35 中所示的各种非正弦周期信号。

一个非正弦周期函数,只要满足狄利赫里条件,都可以展开为傅里叶三角级数。

设周期函数为 $f(\omega t)$,其角频率为 ω,可分解为下列傅里叶级数:

$$f(\omega t) = A_0 + A_{1\mathrm{m}}\sin(\omega t + \psi_1) + A_{2\mathrm{m}}\sin(2\omega t + \psi_2) + \cdots$$

$$= A_0 + \sum_{k=1}^{\infty} A_{k\mathrm{m}}\sin(k\omega t + \psi_k) \tag{2-77}$$

式中: A_0 为常数,称直流分量,是一个周期内的平均值; $A_{1\mathrm{m}}\sin(\omega t + \psi_1)$ 的频率与非正弦周期函数的频率相同,称基波或一次谐波;其余各项的频率为周期函数的频率的整数倍,称高

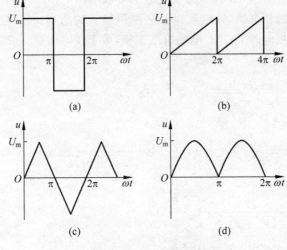

图 2-35　非正弦周期量
(a) 矩形波；(b) 锯齿波；(c) 三角波；(d) 全波整流波形

次谐波，如 $k=2,3,\cdots$ 的各项可分别称为二次谐波、三次谐波等。

如图 2-35 所示的几种非正弦周期电压的傅里叶级数的展开式分别为：

矩形波电压

$$u = \frac{4U_m}{\pi}\left(\sin\omega t + \frac{1}{3}\sin3\omega t + \frac{1}{5}\sin5\omega t + \cdots\right)$$

锯齿波电压

$$u = U_m\left(\frac{1}{2} - \frac{1}{\pi}\sin\omega t - \frac{1}{2\pi}\sin2\omega t - \frac{1}{3\pi}\sin3\omega t - \cdots\right)$$

三角波电压

$$u = \frac{8U_m}{\pi^2}\left(\sin\omega t - \frac{1}{9}\sin3\omega t + \frac{1}{25}\sin5\omega t - \cdots\right)$$

全波整流波形电压

$$u = \frac{2U_m}{\pi}\left(1 - \frac{2}{3}\cos2\omega t - \frac{2}{15}\cos4\omega t - \cdots\right)$$

从上述 4 例可以看出，各次谐波的幅值是不等的，频率越高，其幅值越小，傅里叶级数具有收敛性。直流分量（若存在）、基波分量及接近基波的高次谐波分量是非正弦周期函数的主要组成部分。

非正弦周期电压 u 可用

$$U = \sqrt{\frac{1}{T}\int_0^T u^2\,dt}$$

计算。经计算后得出

$$U = \sqrt{U_0^2 + U_1^2 + U_2^2 + \cdots} \tag{2-78}$$

式中

$$U_1 = \frac{U_{1m}}{\sqrt{2}}, \quad U_2 = \frac{U_{2m}}{\sqrt{2}}, \quad \cdots \tag{2-79}$$

各为基波、二次谐波等的有效值。

同理,非正弦周期电流 i 的有效值为

$$I = \sqrt{I_0^2 + I_1^2 + I_2^2 + \cdots} \tag{2-80}$$

以上结果表明:任意非正弦周期函数(非正弦电压、非正弦电流)等于它的直流分量与各次谐波分量有效值的平方和的平方根值。需要指出:正弦量的最大值和有效值之间存在 $\sqrt{2}$ 倍关系,而非正弦周期性函数(非正弦电压和非正弦的电流)则不存在这种关系。

若无源二端网络端口处的电压 u 和电流 i 为同基波频率的非正弦周期性函数,则其相应的傅里叶级数的展开式为

$$u = U_0 + \sum_{n=1}^{\infty} U_{mn} \sin(n\omega_1 t + \varphi_{mn})$$

$$i = I_0 + \sum_{n=1}^{\infty} I_{mn} \sin(n\omega_1 t + \varphi'_{mn})$$

该二端无源网络瞬时功率表达式为

$$p = ui = \left[U_0 + \sum_{n=1}^{\infty} U_{mn} \sin(n\omega_1 t + \varphi_{mn}) \right] \times \left[I_0 + \sum_{n=1}^{\infty} I_{mn} \sin(n\omega_1 t + \varphi'_{mn}) \right]$$

根据平均功率的定义

$$P = \frac{1}{T}\int_0^T p\,\mathrm{d}t = \frac{1}{T}\int_0^T ui\,\mathrm{d}t = P_0 + \sum_{n=1}^{\infty} P_n = U_0 I_0 + \sum_{n=1}^{\infty} U_n I_n \cos\varphi_n \tag{2-81}$$

式中 $\varphi_n = \varphi_{nu} - \varphi_{ni}$ 为 n 次谐波电压和电流的相位差。

例 2-20 已知一非正弦交流电路的端电压和电路电流分别为

$$u_{ab} = (100 + 100\sin100\pi t + 50\sin200\pi t + 30\sin300\pi t)\,\mathrm{V}$$

$$i_{ab} = [10\sin(100\pi t + 60°) + 2\sin(300\pi t - 135°)]\,\mathrm{A}$$

试求:(1)电压和电流的有效值。(2)此电路吸收的平均功率。

解 根据式(2-78)和式(2-80)可计算电压和电流的有效值。

(1) 有效值

$$U = \sqrt{U_0^2 + U_1^2 + U_2^2 + U_3^2} = \sqrt{100^2 + \left(\frac{100}{\sqrt{2}}\right)^2 + \left(\frac{50}{\sqrt{2}}\right)^2 + \left(\frac{30}{\sqrt{2}}\right)^2}\,\mathrm{V} = 129.23\mathrm{V}$$

$$I = \sqrt{I_1^2 + I_3^2} = \sqrt{\left(\frac{10}{\sqrt{2}}\right)^2 + \left(\frac{2}{\sqrt{2}}\right)^2}\,\mathrm{A} = 7.21\mathrm{A}$$

(2) 平均功率

直流分量的平均功率为零(因为电流的直流分量为零),基波平均功率为

$$P_1 = U_1 I_1 \cos\varphi_1 = \frac{100}{\sqrt{2}} \times \frac{10}{\sqrt{2}} \times \cos(0° - 60°)\,\mathrm{W} = 250\mathrm{W}$$

二次谐波的平均功率为零(电流的二次谐波分量为零),三次谐波分量的平均功率为

$$P_3 = U_3 I_3 \cos\varphi_3 = \frac{30}{\sqrt{2}} \times \frac{2}{\sqrt{2}} \times \cos[0° - (-135°)]\,\mathrm{W} = -21.2\mathrm{W}$$

所以,电路吸收的平均功率为

$$P = P_0 + P_1 + P_2 + P_3 = (250 - 21.2)\,\mathrm{W} = 228.8\mathrm{W}$$

本 章 小 结

1. 正弦量的三要素是表示正弦量的基本参数,若已知一个正弦量,意味着三要素为已知量。

2. 正弦量的相量表示法,既能表示正弦量,又使计算过程简单明了。需要指出的是:相量只是表示正弦量而相量不是正弦量。

3. 相量根据计算需要可表示为复数的三种表达形式:代数式、三角式、指数式。

4. 直流电路中所介绍的定理、定律、方法在交流电路中都适用,区别在于计算量为复数。

5. 交流电路中的功率包括:有功功率 $P(\text{W})$、无功功率 $Q(\text{var})$ 和视在功率 $S(\text{V} \cdot \text{A})$。

6. 交流电路中的电路元件有电阻 R、电感 L、电容 C;其中电阻与频率无关,电感、电容对电流的阻碍作用则与频率有关,称频率敏感元件。

7. 电路中频率敏感元件的存在,使电路具有频率特性。

8. 功率因数 $\cos\varphi$ 是交流供电系统中的重要参数,涉及电源供电时有功功率的转化率。

9. 非正弦周期信号电路的一般性介绍。

习 题 2

2-1 已知 $i_1 = 8\sqrt{2}\sin(\omega t + 60°)\text{A}$, $i_2 = 6\sqrt{2}\sin(\omega t - 30°)\text{A}$。求: $i = i_1 + i_2$。

2-2 把一个 100Ω 的电阻元件接到频率为 50Hz、电压有效值为 10V 的正弦电源上,试求电流是多少? 如保持电压值不变,而电源频率改变为 5000Hz,这时电流将为多少?

2-3 把一个 0.1H 的电感元件接到频率为 50Hz、电压有效值为 10V 的正弦电源上,试求电流是多少? 如保持电压值不变,而电源频率改变为 5000Hz,这时电流将为多少?

2-4 把一个 $25\mu\text{F}$ 的电容元件接到频率为 50Hz、电压有效值为 10V 的正弦电源上,试求电流是多少? 如保持电压值不变,而电源频率改变为 5000Hz,这时电流将为多少?

2-5 在电阻、电感和电容元件串联的交流电路中,已知 $U = 10\text{V}$, $R = 3\Omega$, $X_L = 4\Omega$, $X_C = 8\Omega$。试求:(1)电流有效值 I;(2)功率 P, Q 及 S。

2-6 在电阻、电感和电容元件串联的交流电路中,已知 $R = 30\Omega$, $L = 127\text{mH}$, $C = 40\mu\text{F}$,电源电压 $u = 220\sqrt{2}\sin(314t + 20°)\text{V}$。求:(1)电流的瞬时值 i;(2)电路的有功功率

P、无功功率 Q 和视在功率 S。

2-7 已知某无源二端网络端口电压为 $u=80\sin(10t+45°)$V，电流为 $i=400\sin(10t+30°)$A。问：(1)该二端网络是电感性的还是电容性的？(2)画出该二端网络等效的元件电路，并求出其参数。

2-8 电路如图所示，已知 $R=30\Omega$, $C=40\mu F$。输入端接正弦电压 $U_1=1$V，$f=500$Hz。求：(1)输出电压 $\dot{U}_2$ 与输入电压 $\dot{U}_1$ 之间的大小和相位关系。(2)将电源频率改为 $f=4000$Hz 时，重复上面所求内容。

2-9 无源二端网络(如图所示)输入端的电压和电流为

$$u=220\sqrt{2}\sin(314t+20°)\text{V}$$

$$i=4.4\sqrt{2}\sin(314t-33°)\text{A}$$

试求此二端网络由两个元件串联的等效电路和元件的参数值，并求输入二端网络的有功功率 P、无功功率 Q。

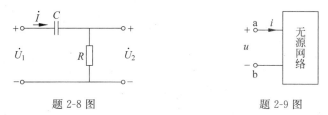

题 2-8 图   题 2-9 图

2-10 频率为 50Hz 的正弦交流电压施加于 RC 并联电路，如图所示。当 $R=30\Omega$，欲使电容支路电流 i_C 的相位比总电流 i 的相位超前 $60°$，电容 C 应为多少？

2-11 RLC 并联电路如图所示。已知 $R=25\Omega$, $L=2$mH, $C=5\mu F$，电流源电流 $i_S=0.34\sqrt{2}\sin5000t$A。求：流过各元件的电流 i_R、i_C、i_L 及电流源的电压 u。

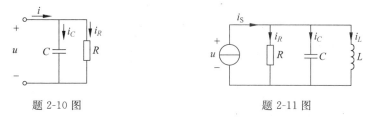

题 2-10 图   题 2-11 图

2-12 如图所示电路中，已知 $Z_3=(4+j10)\Omega$, $Z_2=(8-j6)\Omega$, $Z_1=j8.33\Omega$，电源电压相量 $\dot{U}=60\angle0°$V。求各支路电流相量。

2-13 如图所示电路中，已知 $I_1=10$A, $I_2=10\sqrt{2}$A, $U=200$V, $R=5\Omega$, $R_2=X_L$。试求：I, X_C, X_L 及 R_2。

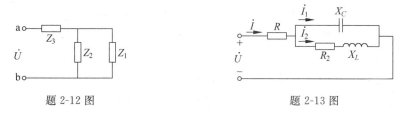

题 2-12 图   题 2-13 图

2-14 电路如图所示。已知 $I_1 = I_2 = 10\text{A}, U = 100\text{V}, u$ 与 i 同相位。求电路中的 I，R_2, X_L 及 X_C。

2-15 电路如图所示。已知 $R_1 = 3\Omega, X_L = 4\Omega, R_2 = 8\Omega, X_C = 6\Omega$，电源电压 $\dot{U} = 1\angle 0°\text{V}$。求：(1)电路的等效阻抗 Z；(2)电路中的电流 $\dot{I}_1, \dot{I}_2$ 和总电流 $\dot{I}$。

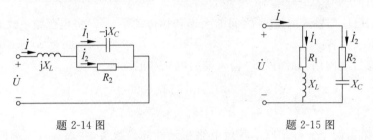

题 2-14 图   题 2-15 图

2-16 在如图所示电路中，R_1 和 X_1 是日光灯的等效电路，R_2 是白炽灯电阻，两者并联接在 220V、50Hz 的电源上。日光灯是 220V、40W 的，功率因数为 0.5；白炽灯是 220V、100W 的，功率因数为 1。求电路中的电流 $\dot{I}_1, \dot{I}_2$ 和总电流 $\dot{I}$。

2-17 如图所示电路中，$u = 100\sqrt{2}\sin 314t\text{V}$，电流有效值 $I = I_C = I_L$，电路消耗功率 $P = 866\text{W}$，求：电路中的电流 i_1, i_2 和总电流 i。

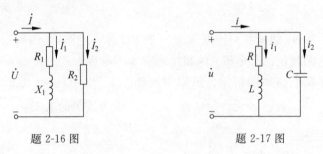

题 2-16 图   题 2-17 图

2-18 某线圈参数为 $L = 4\text{mH}, R = 50\Omega$，与电容器串联，电容器的容量 $C = 160\text{pF}$，接到 25V 的交流电源上。求：(1)电路发生谐振时，电源的频率是多少？流过电容的电流和电容两端的电压是多少？(2)当频率增加 10% 时，电容中的电流和两端的电压是多少？

2-19 某收音机的输入电路是一 RLC 串联电路，其线圈电感 $L = 0.3\text{mH}$，电阻 $R = 16\Omega$。今欲收听 640Hz 某电台的广播，应将可变电容 C 调到多少皮法(pF)？如在调谐回路中感应出电压 $U = 2\mu\text{V}$，试求这时回路中该信号的电流多大？并在线圈(或电容)两端得出多大电压？

2-20 一个线圈的电感 $L = 2\text{mH}$，电阻 $R_L = 10\Omega$，与一理想电容 $C = 0.65\mu\text{F}$ 串联。求：(1)谐振角频率 ω_0；(2)品质因数 Q。

2-21 某电感性负载，已知 $Z = (2.9 + \text{j}3.87)\Omega$，电源电压 $U = 220\text{V}$，电源频率 $f = 50\text{Hz}$，电源容量 $S = 10\text{kV} \cdot \text{A}$。求：(1)电路中的电流、有功功率、无功功率和功率因数。(2)用并联电容器的方法将功率因数提高至 0.9，计算应并联电容器的容量。(3)若将功率因数从 0.9 提高至 1，问还需再增加多少电容？

2-22 有一电感性负载，其功率 $P = 10\text{kW}$，功率因数 $\cos\varphi = 0.6$，接在电压 $U = 220\text{V}$ 的

电源上,电源频率 $f=50\mathrm{Hz}$。(1)如将功率因数提高到 $\cos\varphi_1=0.95$,试求与负载并联的电容器的电容值和电容器并联前后的线路电流。(2)若将功率因数从 0.95 提高至 1,问还需再增加多少电容?

2-23 三相对称电源的线电压 $u_{\mathrm{AB}}=380\sqrt{2}\sin\omega t\,\mathrm{V}$,现有一组三相对称负载,每相负载的电阻 $R=4\Omega$,感抗 $X_L=3\Omega$,试求各相负载的电流。

2-24 在三相电路中,已知电源电压对称,且相电压 $U_P=220\mathrm{V}$,负载为星形连接,各相负载分别为 $R_{\mathrm{A}}=5\Omega$,$R_{\mathrm{B}}=22\Omega$,$R_{\mathrm{C}}=10\Omega$,电源线电压为 380V。求:负载的相电压、相电流及中线电流。

2-25 有一电源为星形连接、而负载为三角形连接的对称三相电路,已知电源相电压 $U_P=220\mathrm{V}$,每相负载的阻抗模 $|Z|=10\Omega$。试求负载的相电流和线电流以及电源的相电流和线电流的有效值。

2-26 在三相对称负载电路中,每相的电阻和感抗分别为 $R=80\Omega$,$X_L=60\Omega$。设接入三相三线制电源,电源电压 $U_L=380\mathrm{V}$。试求在星形连接和三角形连接时的有功功率。

2-27 某三相对称负载,等效阻抗的模 $|Z|=10\Omega$,电路的功率因数 $\cos\varphi=0.6$,电源电压 $U_L=380\mathrm{V}$。分别计算星形连接和三角形连接时的有功功率。

2-28 已知一非正弦交流电路的端电压和电路电流分别为

$$u=\left[141\sin\left(\omega t-\frac{\pi}{4}\right)+88.6\sin2\omega t+56.4\sin\left(3\omega t+\frac{\pi}{4}\right)\right]\mathrm{V}$$

$$i=\left[10+56.4\sin\left(\omega t+\frac{\pi}{4}\right)+30.5\sin\left(3\omega t+\frac{\pi}{4}\right)\right]\mathrm{A}$$

试求:(1)电压和电流的有效值。(2)此电路吸收的平均功率。

第 3 章

磁路和变压器

教学提示

　　许多电工设备和装置都是利用电磁现象来实现能量转换的,因而在电气设备中既有电路的问题又有磁路的问题,或者说,凡是具有铁芯的电气设备都具有电路与磁路并存的问题。只有同时掌握了电路和磁路的基本理论,才能对电动机和变压器等电气设备进行分析。

　　本章主要介绍磁路的有关概念,磁路的特点,磁性材料的性能,非线性电感的概念,交流铁芯线圈的电路分析方法,变压器的组成原理、分析方法和主要功能。

学习目标

➢ 了解磁路的有关概念;

➢ 理解磁性材料的性能;

➢ 了解交流铁芯线圈电路的特点;

➢ 掌握变压器的组成、工作原理;

➢ 掌握变压器的性能。

知识结构

　　本章知识结构见图 3-1。

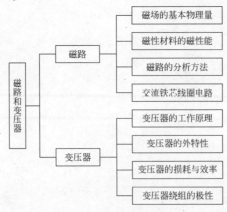

图 3-1　本章知识结构图

3.1 磁路及其分析方法

在变压器、电机等电气设备中，为把磁场聚集在一定的空间范围内加以利用，而采用高导磁率的铁磁材料做成一定形状的铁芯，使铁芯线圈中电流产生的磁通绝大部分经过铁芯而闭合。这种人为造成的磁通闭合路径，称为磁路。磁路通常由铁芯（磁路的主要部分）和空气隙（有的磁路没有空气隙）构成。

3.1.1 磁场的基本物理量

1. 磁感应强度 B

用来表示磁场中某点磁场强弱和方向的物理量，用 B 表示，它是一个矢量。磁感应强度的方向与产生它的电流（称励磁电流）的方向之间符合右手螺旋定则。在国际单位制中，磁感应强度 B 的单位是特斯拉，简称特（T）。若磁场内各点的磁感应强度大小相等，方向相同，则该磁场称均匀磁场。

2. 磁通 Φ

磁感应强度 B 与垂直于磁场方向的面积 S 的乘积，称为通过该面积的磁通 Φ，即

$$\Phi = BS \quad 或 \quad B = \frac{\Phi}{S}$$

由上式可知，磁感应强度在数值上可看成与磁场方向相垂直的单位面积所通过的磁通，故又称为磁通密度。在国际单位制中，磁通的单位是：韦伯（Wb）。

3. 磁导率 μ

磁导率 μ 是用来表示磁场媒质磁性能的物理量，即用来衡量物质导磁能力的物理量。磁感应强度与磁场强度的比值，就是磁导率 μ，即

$$\mu = \frac{B}{H}$$

磁导率的单位是 H/m。实验测定出，真空的磁导率

$$\mu_0 = 4\pi \times 10^{-7} \text{H/m}$$

说明任何物质都能导磁，不同的是其导磁能力上的区别。且任何物质的磁导率与真空的磁导率之比称为相对磁导率，即

$$\mu_r = \frac{\mu}{\mu_0}$$

4. 磁场强度 H

由磁导率的概念可知,不同的物质导磁性能不同,对磁场的影响也不同,这使得磁场的计算变得比较复杂。为了方便计算,引入一个物理量——磁场强度 H,它也是矢量。它与磁感应强度的关系为

$$H = \frac{B}{\mu}$$

磁场强度 H 也可以表示磁场强弱和方向,与磁感应强度的区别在于,磁场强度建立了磁场与电流之间的计算关系,而磁感应强度更多地表现为磁场与材料的依赖关系。

磁场强度的单位是 A/m,或 A/cm。

3.1.2 磁性材料的磁性能

磁性材料主要是指铁、钴、镍及其合金,常用的几种磁性材料列在表 3-1 中。它们具有如下磁性能。

表 3-1 常用磁性材料的最大磁导率、剩磁、矫顽磁力

材料名称	μ_{max}	B_r/T	H_c/(A/m)
铸铁	200	0.475~0.500	880~1040
硅钢片	8000~10000	0.800~1.200	32~64
坡莫合金	20000~200000	1.100~1.400	4~24
碳钢		0.800~1.100	2400~3200
铁镍铝钴合金		1.100~1.350	40000~52000
稀土钴		0.600~1.000	320000~690000
稀土钕铁硼		1.100~1.300	600000~900000

1. 高导磁性

磁性材料的导磁能力远大于非磁性材料,其相对磁导率 $\mu_r \gg 1$,可达数百、数千,乃至数万之值。由于它们具有极易磁化的特性,因而被广泛用于制造电气设备。

2. 磁饱和性

将磁性材料放入磁场强度为 H 的磁场中,磁化初期,随着 H 的增强,磁感应强度 B 近于成正比例增加。而后,H 再增加,B 却不再增加,这种现象称为磁饱和现象。磁感应强度与磁场强度的关系曲线,即 $B = f(H)$,称为磁化曲线,如图 3-2 所示。

由图 3-2 可见,$B = f(H)$ 不是直线,所以 $\mu = \dfrac{B}{H}$ 不是常数。这种非线性的关系告诉我们讨论 B 与 H 的关系只能通过查磁化曲线完成。

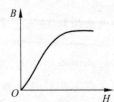

图 3-2 磁性材料的磁化曲线

由于磁通 Φ 与磁感应强度 B 成正比,产生磁通的励磁电流 I 与磁场强度 H 成正比,因此在存在磁性物质的情况下,Φ 与 I 也不成正比。

3. 磁滞性

观察磁化曲线,发现磁感应强度 B 的变化与磁场强度的变化并不同步,其表现为滞后性。当线圈中电流减到零值时,即磁场强度 $H=0$ 时,磁性材料在磁化时所获得的磁性还未完全消失,这时其磁感应强度 B 不为零,剩余部分称为剩磁(B_r)。若要使磁感应强度 B 为零,则需改变磁场强度的方向,即反方向增加磁场强度,若 B 等于零,则 $H=H_c$,用于克服剩磁的磁场强度,称为矫顽磁力。往复磁化得磁滞回线,如图 3-3 所示。正是由于磁滞,才有剩磁和矫顽磁力的概念。克服剩磁所需能量则被认为是磁化过程中有功功率的损耗,称磁滞损耗,其大小与回线的面积成正比。

材料的磁性能不同,则材料的磁化曲线和磁滞回线也不同。

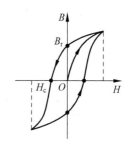

图 3-3 磁性材料的磁滞回线

B_r—剩磁;H_c—矫顽磁力

<table>
<tr><td>**3.1.3**</td><td>**磁路的分析方法**</td></tr>
</table>

以图 3-4 所示磁路为例,根据安培环路定律

$$\oint H\mathrm{d}L = \sum I$$

若磁路中各点的磁场强度相等,即均匀磁场中,则有

$$HL = NI \tag{3-1}$$

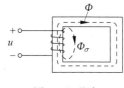

图 3-4 磁路

式中 N 为线圈匝数,L 为磁路的平均路径长度,H 是磁路铁芯的磁场强度。式(3-1)中线圈匝数与电流的乘积 NI 称为磁通势,用字母 F 表示,即

$$F = NI \tag{3-2}$$

磁通就是由它产生的。它的单位是 A。

将 $H=B/\mu$ 和 $B=\Phi/S$ 代入式(3-1),得

$$\Phi = \frac{NI}{\dfrac{L}{\mu S}} = \frac{F}{R_m} \tag{3-3}$$

式中 R_m 称为磁路的磁阻,S 为磁通的截面积。式(3-3)与欧姆定律在形式上相似,所以被称为磁路欧姆定律。使用该式的条件是该磁路为线性磁路,否则不能用该式计算磁路,但对分析磁路具有指导意义。

若磁路上的磁场强度不相同,比如路径上有一空气隙,因空气与铁芯的磁导率不同,空气与铁芯的磁感应强度也不同,导致路径上的磁场强度不同;或者在该磁路上的线圈不止一个,则可以将式(3-1)写成

$$NI = H_1L_1 + H_2L_2 + \cdots + H_nL_n = \sum HL \tag{3-4}$$

【练习与思考】

3.1.1 磁场中的基本物理量有哪些？

3.1.2 磁感应强度与磁场强度的主要区别是什么？

3.2 交流铁芯线圈电路

铁芯线圈分为两种：直流铁芯线圈通直流电流励磁，交流铁芯线圈通交流电流励磁。直流铁芯线圈的分析比较简单，而交流铁芯线圈在电磁关系、电压电流关系及功率损耗等方面比直流铁芯线圈要复杂得多。

3.2.1 电磁关系

如图 3-5 所示是交流铁芯线圈电路。磁通势 Ni 产生的磁通绝大部分通过铁芯而闭合，称这部分磁通为主磁通 Φ。还有很少一部分磁通主要经过空气或其他非导磁媒质而闭合，这部分磁通称为漏磁通 Φ_σ。这两个磁通在线圈中产生两个感应电动势：主磁电动势 e 和漏磁电动势 e_σ，则线圈中的电磁关系如下：

$$u \to i(Ni) \to \Phi \to e = -N\frac{\mathrm{d}\Phi}{\mathrm{d}t}$$
$$\longrightarrow \Phi_\sigma \to e_\sigma = -N\frac{\mathrm{d}\Phi_\sigma}{\mathrm{d}t} = -L_\sigma\frac{\mathrm{d}i}{\mathrm{d}t}$$
$$\longrightarrow Ri$$

由于漏磁通主要通过空气隙，所以励磁电流 i 及 Φ_σ 之间可以认为是线性关系，铁芯线圈的漏电感为

$$L_\sigma = \frac{N\Phi_\sigma}{i}$$

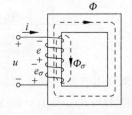

图 3-5 交流铁芯线圈的电路

而主磁通经过铁芯，所以励磁电流 i 及 Φ 之间不是线性关系。因此，铁芯线圈是一个非线性电感元件。

设电流的参考方向与磁通的参考方向之间、磁通的参考方向与感应电动势的参考方向之间，都符合右手螺旋定则，则它们的参考方向如图 3-5 所示。由基尔霍夫电压定律可列出

$$u + e + e_\sigma = Ri \quad \text{或} \quad u = Ri + (-e_\sigma) + (-e)$$

由于线圈电阻 R 和漏磁通 Φ_σ 较小，因此电阻压降和漏磁电动势也较小，与主磁通相

比,可以忽略不计。于是

$$u \approx -e, \quad \dot{U} \approx -\dot{E}$$

电路所加电压为正弦交流电压,所以线圈中的电流为正弦交流电流,导致磁路中磁通也将按正弦规律变化。设主磁通 $\Phi = \Phi_m \sin\omega t$,则

$$e = -N\frac{d\Phi}{dt} = -N\frac{d(\Phi_m \sin\omega t)}{dt} = -N\omega\Phi_m \cos\omega t$$

$$= 2\pi f N\Phi_m \sin(\omega t - 90°) = E_m \sin(\omega t - 90°)$$

上式中 $E_m = 2\pi f N\Phi_m$,是主磁电动势 e 的幅值,其有效值为

$$E = \frac{E_m}{\sqrt{2}} = \frac{2\pi f N\Phi_m}{\sqrt{2}} = 4.44 f N\Phi_m \tag{3-5}$$

电源电压为

$$U \approx E = 4.44 f N\Phi_m = 4.44 f N B_m S \tag{3-6}$$

式中,B_m 是铁芯中磁感应强度的最大值,单位是 T;S 是铁芯的截面积,单位是 m^2。

3.2.2 电压电流关系

通过铁芯线圈电路的电压方程,可以揭示铁芯线圈中电压与电流的基本关系,即根据电路可得电压电流关系:

$$u = -e - e_\sigma + Ri$$

因为 u 为正弦电压,所以式中各量均为正弦量,可用相量表示如下:

$$\dot{U} = R\dot{I} + (-\dot{E}) + (-\dot{E}_\sigma) \tag{3-7}$$

式中:$\dot{E}_\sigma$ 称为漏磁通产生的感应电动势,由于磁通与空气闭合,可视为线性电感,即

$$\dot{E}_\sigma = -jX_\sigma \dot{I}$$

其中,$X_\sigma = \omega L_\sigma$,称漏磁感抗。

$\dot{E}$ 为主磁通产生的感应电动势,由于磁路的非线性,不能用线性电感表示其电压或电动势,只能根据电磁感应定律来列出其表达式。其有效值可通过以下关系式计算:

$$E = 4.44 f N\Phi_m$$

式(3-7)称为交流铁芯线圈的电压方程。也可写成

$$\dot{U} = -\dot{E} + R\dot{I} + jX_\sigma \dot{I} = -\dot{E} + \dot{I}(R + jX_\sigma) \tag{3-8}$$

该电压方程对变压器和电动机电路的分析都具有指导意义。

3.2.3 功率损耗

所谓功率损耗是指交流铁芯线圈电路工作时,有功功率的损耗。其中包括,线圈中导线

电阻的有功功率损耗 ΔP_{Cu}（通常称铜损），铁芯在往复磁化过程中电源所消耗的有功功率 ΔP_{Fe}（通常称铁损）。下面主要讨论有关铁损方面的问题。

1. 磁滞损耗

在讨论磁化曲线时，曾介绍了关于磁滞损耗的基本知识，并且知道磁滞回线的面积越大，其损耗也越大。由此得出，电气设备所选的铁芯材料通常为回线面积较小的软磁材料，由于损耗小，所以电气设备就不会在短时间内很快发热。

2. 涡流损耗

线圈中的铁芯作为磁路的主体，若将其断开，观察其截面如图 3-6 所示，想象截面的外沿为一闭合的线圈，当变化的磁通穿过线圈，就要产生感应电动势，由于线圈是闭合的，就会有感应电流，若磁通是交变的，则电流的方向也是交变的。这样的电流称为涡流。由于涡流的存在，含铁芯的电气设备工作时，不断产生热量，消耗电源的有功功率，这种功率损耗称涡流损耗。

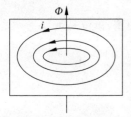

涡流的另一特点是：趋肤效应，即电源的频率越高，所产生的涡流越集中于铁芯的表面。根据这一点，涡流广泛应用于高频感应加热设备和中频感应加热设备中。

图 3-6　铁芯中的涡流　　在电气设备中的铁芯则应使涡流的大小能受到抑制。办法就是选择不同性质的材料和材料的不同形状。硅钢片是典型的变压器和电动机中的铁芯材料。

综上所述，铁芯线圈的功率损耗为

$$P = UI\cos\varphi = \Delta P_{\mathrm{Cu}} + \Delta P_{\mathrm{Fe}} = RI^2 + \Delta P_{\mathrm{Fe}} \tag{3-9}$$

例 3-1　将一铁芯线圈接于电压 $U=100\mathrm{V}$，频率 $f=50\mathrm{Hz}$ 的正弦电源上，测得电流 $I_1=5\mathrm{A}$，$\cos\varphi_1=0.7$。若将此线圈中的铁芯抽出，再接于上述电源上，则测得线圈中的电流 $I_2=10\mathrm{A}$，$\cos\varphi_2=0.05$。计算此线圈在有铁芯时的铜损和铁损。

解　（1）求铜损先计算线圈的电阻 R。空心时线圈的电压 $U=100\mathrm{V}$，$I_2=10\mathrm{A}$。所以有

$$|Z| = \frac{U}{I_2} = \frac{100}{10}\Omega = 10\Omega$$

又因为此时 $\cos\varphi_2=0.05$，所以有

$$R = |Z|\cos\varphi_2 = 10 \times 0.05\Omega = 0.5\Omega$$

所以铜损

$$\Delta P_{\mathrm{Cu}} = RI_1^2 = 0.5 \times 5^2 \mathrm{W} = 12.5\mathrm{W}$$

（2）计算线圈的铁损。首先计算出线圈总的功率损耗。即

$$P = UI_1\cos\varphi_1 = 100 \times 5 \times 0.7\mathrm{W} = 350\mathrm{W}$$

则线圈的铁损为

$$\Delta P_{\mathrm{Fe}} = P - \Delta P_{\mathrm{Cu}} = (350 - 12.5)\mathrm{W} = 337.5\mathrm{W}$$

【练习与思考】

3.2.1　铁芯线圈与空芯线圈的主要区别是什么？能否把铁芯线圈也等效为线性阻抗？

3.2.2 什么是磁滞损耗？什么是涡流损耗？

3.2.3 交流铁芯线圈的功率损耗包括什么？

3.2.4 为什么电动机或变压器中的铁芯一定要使用硅钢片？

3.3 变 压 器

变压器是一种常见的电气设备,它利用电磁感应作用传递电能和信号,在电力系统和电子线路中应用广泛。

本节在说明变压器基本构造的基础上,着重分析其变换电压、变换电流和变换阻抗的原理,并介绍外特性、效率、额定值及绕组极性等知识。

3.3.1　变压器的工作原理

变压器的基本结构如图 3-7 所示。从结构上看,它由闭合铁芯和一次、二次绕组等几个主要部分构成。

变压器的原理图如图 3-8 所示。与电源相连的一侧称变压器的一次侧,或称原边,其线圈又称一次绕组或原边绕组;与负载相连的一侧称变压器的二次侧,或称副边,其线圈被称为二次绕组或副边绕组。一次、二次绕组的匝数分别为 N_1,N_2。

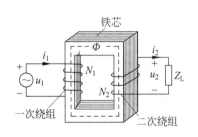

图 3-7　变压器的基本结构

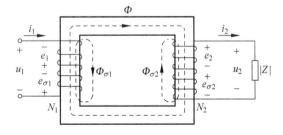

图 3-8　变压器的原理图

一次绕组接上交流电压 u_1,一次绕组中便有电流 i_1 通过。一次绕组的磁通势 $N_1 i_1$ 产生的磁通绝大多数都会通过铁芯而闭合,根据电磁感应定律,从而在二次绕组中感应出电动势。如果二次绕组接有负载 Z,那么二次绕组和负载组成的回路中就有电流 i_2 通过。二次绕组的磁通势 $N_2 i_2$ 产生的磁通绝大多数也会通过铁芯而闭合。因此,铁芯中的磁通是一个由一次、二次绕组的磁通势叠加产生的合成磁通,称为主磁通,用 Φ 表示。主磁通穿过一次绕组和二次绕组,而在这两个绕组中感应出的电动势分别为 e_1 和 e_2。此外,一次、二次绕组的磁通势还会分别产生仅与本绕组相连的漏磁通 $\Phi_{\sigma1}$ 和 $\Phi_{\sigma2}$。

上述电磁关系可表示如下：

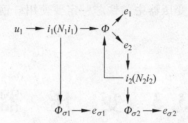

1. 电压变换

由图 3-8 可见，一次绕组电路与 3.2 节交流铁芯线圈电路相同，因而得出的电压方程也相同。又由于电阻压降和漏磁电动势较小，与主磁电动势相比，可以忽略不计，于是

$$u_1 \approx -e_1, \quad \dot{U}_1 \approx -\dot{E}_1$$

根据式(3-5)，可得感应电动势 e_1 的有效值

$$E_1 = 4.44 f N_1 \Phi_{\mathrm{m}} \approx U_1 \tag{3-10}$$

由图 3-8 可列出二次绕组电路的 KVL 方程

$$e_2 = R_2 i_2 + (-e_{\sigma2}) + u_2$$

进而得出感应电动势 e_2 的有效值

$$E_2 = 4.44 f N_2 \Phi_{\mathrm{m}} \tag{3-11}$$

在变压器空载(二次绕组开路)时，

$$I_2 = 0, \quad E_2 = U_{20}$$

式中 U_{20} 是变压器空载时二次绕组的端电压。

于是，一次、二次绕组的电压之比为

$$\frac{U_1}{U_{20}} \approx \frac{E_1}{E_2} = \frac{N_1}{N_2} = K \tag{3-12}$$

式中，K 是一次、二次绕组的匝数比，称为变压器的变比。

由式(3-12)得

$$U_1 = K U_{20} \tag{3-13}$$

由上式知，若 $K \neq 1$，则 $U_1 \neq U_{20}$；$K > 1$ 时，$U_1 > U_{20}$，则变压器为降压变压器；$K < 1$ 时，$U_1 < U_{20}$，则变压器为升压变压器。

可见，当电源电压 U_1 一定时，只要改变变压器的变比 K，就能实现改变输出电压 U_{20} 的功能。

在变压器铭牌上标注的变比，是一次、二次绕组的额定电压之比。例如，"6000/400V"($K=15$)，表示一次绕组的额定电压(即一次绕组上应加的电源电压)是 $U_{1N}=6000\text{V}$，二次绕组的额定电压是 $U_{2N}=400\text{V}$。这里的二次绕组的额定电压，是指一次绕组加上额定电压时二次绕组的空载电压。由于变压器有内阻抗压降，所以二次绕组的空载电压一般应较满载时的电压高 5%～10%。

2. 电流变换

在图 3-8 中，一次、二次绕组的磁通势 $N_1 i_1$ 和 $N_2 i_2$ 的参考方向是一致的，故铁芯中的

主磁通为 $N_1 i_1 + N_2 i_2$。由 $E_1 = 4.44 f N_1 \Phi_m \approx U_1$ 可知,从空载到有载,当电源电压 U_1 和频率 f 不变时,E_1 和 Φ_m 都基本上保持不变。所以空载时的磁通势 $N_1 i_0$ 和有载时的磁通势 $N_1 i_1 + N_2 i_2$ 应相等,即

$$N_1 i_1 + N_2 i_2 \approx N_1 i_0$$

如用相量表示,则为

$$N_1 \dot{I}_1 + N_2 \dot{I}_2 \approx N_1 \dot{I}_0 \tag{3-14}$$

式中的 i_0 是变压器励磁用的空载电流。由于铁芯的磁导率很高,空载电流 i_0 是很小的,它的有效值 I_0 在一次绕组额定电流 I_{1N} 的 10% 以内。因此,$N_1 I_0$ 与 $N_1 I_1$ 相比可以忽略。于是,式(3-14)可写成

$$N_1 \dot{I}_1 \approx - N_2 \dot{I}_2 \tag{3-15}$$

由式(3-15)可得,一次、二次绕组的电流关系

$$\frac{I_1}{I_2} \approx \frac{N_2}{N_1} = \frac{1}{K} \tag{3-16}$$

上式表明,变压器一次、二次绕组的电流之比近似等于它们的匝数比的倒数。

变压器的额定电流 I_{1N} 和 I_{2N} 是指按规定工作方式(长时连续工作或短时工作或间歇工作)运行时,一次、二次绕组允许通过的最大电流。

二次绕组的额定电压与额定电流的乘积,称为变压器的额定容量,即

$$S_N = U_{2N} I_{2N} \approx U_{1N} I_{1N} (单相)$$

单位是 V·A 或 kV·A。

3. 阻抗变换

如图 3-9(a)所示,当变压器有载时,从变压器一次侧看进去的电路(图中虚线框部分),可以用一个阻抗模 $|Z'|$ 来等效代替,如图 3-9(b)所示。这里所说的等效,就是输入电路的电压、电流和功率不变。两者的关系可由下面的计算得出。

根据式(3-12)和式(3-16)可得出

$$\frac{U_1}{I_1} = \frac{K U_2}{\frac{1}{K} I_2} = \left(\frac{N_1}{N_2}\right)^2 \frac{U_2}{I_2}$$

由图 3-9 可知

$$\frac{U_1}{I_1} = |Z'|, \qquad \frac{U_2}{I_2} = |Z|$$

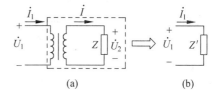

图 3-9 负载阻抗的等效变换

则得

$$|Z'| = \left(\frac{N_1}{N_2}\right)^2 |Z| = K^2 |Z| \tag{3-17}$$

式(3-17)表明,采用不同的匝数比就可以把负载阻抗模 $|Z|$ 变换为所需要的、比较合适的一次侧等效阻抗模 $|Z'|$。这种做法通常称为阻抗匹配。

例 3-2 一正弦信号源的电压 $U_S = 5\text{V}$,内阻 $R_S = 1000\Omega$,负载电阻 $R_L = 40\Omega$。用一变压器将负载与信号源接通,如图 3-10 所示,使电路达到阻抗匹配,$R'_L = R_S$,信号源输出的功率最大。试求:(1)变压器的匝数比;(2)变压器一次侧和二次侧的电流;(3)负载获得的功

率；(4)如果不用变压器耦合，直接将负载与电源接通时负载获得的功率。

解 (1)将二次侧电阻 R_L 换算为 R_L' 所需要的匝数比。

因为

$$R_L' = \left(\frac{N_1}{N_2}\right)^2 R_L$$

所以

$$\frac{N_1}{N_2} = \sqrt{\frac{R_L'}{R_L}} = \sqrt{\frac{R_S}{R_L}} = \sqrt{\frac{1000}{40}} = 5$$

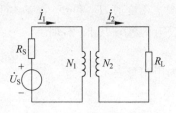

图 3-10　例 3-2 的图

(2)一次侧电流：

$$I_1 = \frac{U_S}{R_S + R_L'} = \frac{5}{1000 + 1000}A = 2.5mA$$

二次侧电流：$I_2 = \frac{N_1}{N_2}I_1 = 5 \times 2.5mA = 12.5mA$

(3)负载获得的功率：

$$P_L = I_2^2 R_L = (12.5 \times 10^{-3})^2 \times 40W = 6.25mW$$

(4)直接将电源接通时负载获得的功率：

$$P_L' = \left(\frac{U_S}{R_S + R_L}\right)^2 R_L = \left(\frac{5}{1000 + 40}\right)^2 \times 40W = 0.925mW$$

3.3.2　变压器的运行特性

1. 外特性和电压变化率

在前面分析变压器特性时，曾略去了变压器绕组的电阻、铁损和漏磁通，所以在电源电压 U_1 不变的前提下，主磁通 Φ_m，一次和二次侧的感应电动势 E_1、E_2，二次侧端电压 U_2 都不受负载的影响而保持不变。但在实际变压器中由于漏磁通和绕组电阻的存在，Φ_m，E_1，E_2 和 U_2 都与负载有关，不能维持不变。

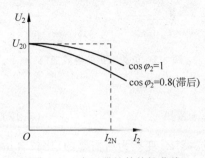

图 3-11　变压器的外特性曲线

变压器的外特性是指当一次侧所接的电源电压 U_1 和负载功率因数 $\cos\varphi$ 不变时，二次侧端电压 U_2 与负载电流 I_2 的变化关系。表示外特性的 $U_2 = f(I_2)$ 曲线，称为变压器的外特性曲线，如图 3-11 所示。

对电阻性负载($\cos\varphi = 1$)和感性负载($\cos\varphi < 1$)而言，电压 U_2 随电流 I_2 的增加而降低。通常希望电压 U_2 的变动越小越好。

变压器空载时(或 $I_2 = 0$)，二次电压 U_{20} 与 E_2 相等。变压器带负载后，二次电压 U_2 随电流 I_2 变化的程度，用电压变化率 ΔU 表示，即

$$\Delta U = \frac{U_{20} - U_2}{U_{20}} \times 100\% \tag{3-18}$$

在一般变压器中,由于其电阻压降及漏磁电动势均很小,电压变化率不大,为5%左右。

2. 损耗与效率

和交流铁芯线圈一样,实际变压器在运行中也要消耗一部分电功率。变压器的功率损耗包括铁芯中的铁损 ΔP_{Fe} 和绕组上的铜损 ΔP_{Cu} 两部分,即

$$\Delta P = \Delta P_{Fe} + \Delta P_{Cu} \tag{3-19}$$

变压器的铁芯损耗 ΔP_{Fe} 是磁滞损耗和涡流损耗之和,它的大小与铁芯内磁感应强度的最大值 B_m 有关,与负载的大小无关,因此又称为"不变损耗"。

变压器的铜损 ΔP_{Cu} 是由绕组上的电阻产生的,其值与负载的大小(正比于电流平方)有关,即

$$\Delta P_{Cu} = R_1 I_1^2 + R_2 I_2^2 \tag{3-20}$$

式中,R_1、R_2 分别为一次绕组、二次绕组的电阻。铜损耗又称为"可变损耗"。

变压器的效率常用下式确定:

$$\eta = \frac{P_2}{P_1} = \frac{P_2}{P_2 + \Delta P_{Fe} + \Delta P_{Cu}} \tag{3-21}$$

式中,P_1 为变压器的输入功率,P_2 为变压器的输出功率。

变压器的功率损耗很小,所以效率很高,通常在95%以上。在一般变压器中,当负载为额定负载的50%~75%时,效率达到最大值。

3.3.3 变压器的额定值

为了正确使用变压器,必须了解和掌握其额定值。额定值通常标在变压器的铭牌上,故也称为铭牌数据。

1. 额定电压

一次侧额定电压 U_{1N} 是指根据变压器的绝缘强度和容许温升而规定的应加在一次绕组上的电压有效值。二次侧额定电压 U_{2N} 是指变压器一次绕组加上额定电压 U_{1N} 时,二次绕组的空载电压有效值。

变压器的额定电压以分数的形式标在铭牌上,分子为一次侧电压的额定值,分母为二次侧电压的额定值。在三相变压器中,额定电压指的是相应连接法的线电压,因此连接法与额定电压一并给出。例如 10000V/400V、Y/Y。变压器二次侧的额定电压是一次侧接额定电压时二次侧的空载电压。

2. 额定电流

变压器的额定电流是一次侧接额定电压时一、二次侧允许长期通过的最大电流,以分数的形式标在铭牌上,即 I_{1N}/I_{2N}。三相变压器的额定电流是相应连接法的线电流。

3. 额定容量

单相变压器的额定容量为变压器二次侧的额定电压与额定电流的乘积,用视在功率 S_N 表示,单位为 V·A 或 kV·A,即

$$S_N = U_{2N}I_{2N} \approx U_{1N}I_{1N} \tag{3-22}$$

三相变压器的额定容量为

$$S_N = \sqrt{3}U_{2N}I_{2N} \approx \sqrt{3}U_{1N}I_{1N} \tag{3-23}$$

4. 额定频率

额定频率是指变压器一次侧绕组应接入的电源频率。我国电力系统的标准频率为 50Hz。

5. 温升

变压器的额定温升是指在额定运行状态下,指定部位允许超出标准环境温度的数值。我国以 40℃ 作为标准环境温度。

额定运行状态通常是指变压器一次侧接额定电压,一、二次侧电流均为额定值,在指定冷却方式下,环境温度为 40℃ 时的运行状态。

例 3-3 有一台单相变压器,额定容量为 2kV·A,额定电压为 380/110V,空载时一次绕组输入功率为 $P_0 = 20$W,$I_1 = 0.5$A。设二次绕组接额定负载,且 $\cos\varphi_2 = 1$,$U_2 = 105$V,一次绕组电阻 $R_1 = 0.6\Omega$,二次绕组电阻 $R_2 = 0.05\Omega$。试求:(1)一次、二次绕组的额定电流;(2)电压变化率;(3)铁损、铜损和效率。

解 (1)二次绕组的额定电流

$$I_{2N} = \frac{S_N}{U_{2N}} = \frac{2 \times 10^3}{110}A = 18.18A$$

一次绕组额定电流

$$I_{1N} = \frac{I_{2N}}{K} = \frac{18.18}{\frac{380}{110}}A = \frac{18.18}{3.45}A = 5.27A$$

(2)电压变化率

$$\Delta U = \frac{U_{20} - U_2}{U_{20}} \times 100\% = \frac{110 - 105}{110} \times 100\% = 4.55\%$$

(3)由于空载电流很小,因此空载时的铜损也很小,可以认为空载损耗近似等于铁损,即

$$\Delta P_{Fe} \approx P_0 = 20W$$

二次绕组接额定负载时,设一次、二次绕组接的电流均为额定电流,则铜损为

$$\Delta P_{Cu} = R_1 I_{1N}^2 + R_2 I_{2N}^2 = (0.6 \times 5.27^2 + 0.05 \times 18.18^2)W = 33.19W$$

所以,变压器的效率为

$$\eta = \frac{U_2 I_2 \cos\varphi_2}{U_2 I_2 \cos\varphi_2 + \Delta P_{\text{Cu}} + \Delta P_{\text{Fe}}} \times 100\%$$

$$= \frac{105 \times 18.18 \times 1}{105 \times 18.18 \times 1 + 33.19 + 20} \times 100\%$$

$$= 97.29\%$$

例 3-4　有一 $50\text{kV} \cdot \text{A}$，$10000/230\text{V}$ 的单相变压器，空载电流为额定电流的 5%，实验测得铁损为 500W，铜损为 1500W。试求：(1)变压器一次、二次绕组的额定电流；(2)空载电流 I_0 和空载时的功率因数 $\cos\varphi_0$；(3)电压变化率；(4)满载时的效率(设负载的功率因数等于 1，满载时二次侧电压为 224V)。

解　(1) 二次绕组的额定电流

$$I_{2\text{N}} = \frac{S_\text{N}}{U_{2\text{N}}} = \frac{5 \times 10^4}{230}\text{A} = 217\text{A}$$

一次绕组额定电流

$$I_{1\text{N}} = \frac{I_{2\text{N}}}{K} = \frac{217}{\dfrac{10000}{230}}\text{A} = 4.99\text{A}$$

(2) 空载电流

$$I_0 = I_{1\text{N}} \times 5\% = 0.25\text{A}$$

空载时的功率因数

$$\cos\varphi_0 = \frac{\Delta P_{\text{Fe}}}{U_1 I_0} = \frac{500}{10000 \times 0.25} = 0.2$$

(3) 电压变化率

$$\Delta U = \frac{U_{20} - U_2}{U_{20}} \times 100\% = \frac{230 - 224}{230} \times 100\% = 2.6\%$$

(4) 满载时的效率

$$\eta = \frac{U_2 I_2 \cos\varphi_2}{U_2 I_2 \cos\varphi_2 + \Delta P_{\text{Cu}} + \Delta P_{\text{Fe}}} \times 100\%$$

$$= \frac{224 \times 217 \times 1}{224 \times 217 \times 1 + 500 + 1500} \times 100\%$$

$$= 96\%$$

3.3.4　变压器绕组的极性

为了适应电源电压或供给负载几个不同的电压，某些变压器具有几个一次绕组和二次绕组。要正确使用这些变压器，就必须了解绕组同极性端(或称同名端)的概念，以保证正确的连接。

在如图 3-12(a)所示的电路中，当电流从 1 端和 3 端流入(或流出)两个绕组时，在两个绕组中产生的磁通的方向相同，两个绕组中的感应电动势的极性也相同，1 端和 3 端就称为同极性端(同名端)，并标以"·"。同理，2 端和 4 端也是同极性端。

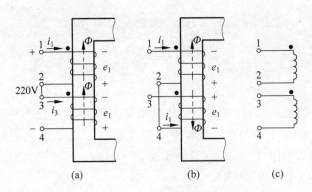

图 3-12　变压器绕组的同极性端

(a) 变压器绕组串联接法；(b) 变压器绕组串联错误接法；(c) 绕组的同极性端表示方法

　　有了同极性端，就可以很方便地进行绕组的连接。设某变压器有两个一次绕组 1-2 和 3-4，它们的额定电压均为 110V，今欲接到 220V 的电源上，显然两者应串联，2 和 3 两端连在一起，如图 3-12(a) 所示。

　　如果连接错误，譬如串联时将 2 和 4 两端连在一起，将 1 和 3 两端接电源，如图 3-12(b) 所示，这样，铁芯中的两个磁通就互相抵消，两个感应电动势也互相抵消，接通电源后，绕组中将流过很大的电流，把变压器烧毁。

　　绕组的同极性端一般可用图 3-12(c) 所示的图形表示。

3.3.5　三相变压器

　　由于现代交流电能的产生和输送几乎都采用三相制，因此电力系统在输电、配电过程中变换三相电压时，通常采用三相变压器。图 3-13 为目前广泛应用的三相芯式变压器的原理图。图中三相一次绕组的首末端分别用 A，B，C 和 X，Y，Z 表示，二次绕组的首末端分别用 a，b，c 和 x，y，z 表示。

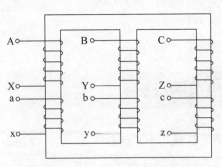

图 3-13　三相变压器

　　三相变压器的一次、二次绕组均可接为星形或三角形。目前广泛应用的是 Y/Y$_0$ 和 Y/△连接法。其中，分子表示一次绕组的接法，分母表示二次绕组的接法，下角"0"表示有中点引出，可接中线或将中线接地。

图 3-14 所举的是三相变压器连接法两例,并表示出了电压的变换关系。

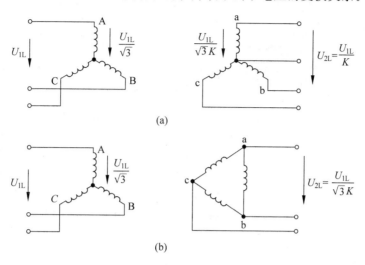

(a)

(b)

图 3-14 三相变压器连接法举例

(a) Y/Y₀连接; (b) Y/△连接

Y/Y₀ 连接的三相变压器是供动力负载和照明负载共用的,高压不超过 35kV,低压一般为 400V。当一次侧的线电压为 U_{1L} 时,相电压为 $U_{1L}/\sqrt{3}$,可以降低每相绕组的绝缘要求;设变压器的变比为 K,则二次侧的线电压为 U_{1L}/K,相电压为 $U_{1L}/\sqrt{3}K$。一般工厂企业的三相配电变压器多采用Y/Y₀连接方式,用于 400V 和 230V 低压系统,供动力负载(线电压 400V)、照明负载和其他单相负载(相电压 230V)用电。

Y/△连接的三相变压器,高压不超过 60kV,低压一般为 10kV。二次侧连接成△,相电流只有线电流的 $1/\sqrt{3}$,可以减少每相绕组的导线截面。

3.3.6 其他类型的变压器

1. 自耦变压器

前面介绍的变压器,其一次、二次绕组是相互绝缘且分别绕在同一个铁芯上,称为双绕组变压器。自耦变压器是单绕组变压器,其结构特点是二次绕组是一次绕组的一部分,原理图如图 3-15 所示。

自耦变压器的工作原理与双绕组变压器相同,不再重复。

实验室中常用的调压器就是一种可改变二次绕组匝数的自耦变压器,输出电压在 0～250V 之间可调,其外形和电路如图 3-16 所示。

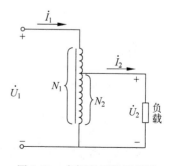

图 3-15 自耦变压器原理图

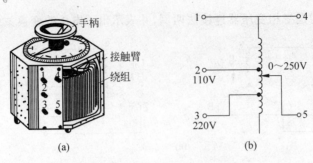

图 3-16　调压器的外形和电路

（a）调压器外形；（b）调压器电路

由于副边绕组可通过滑动触点取其任意匝数，即 $N_2 = 0 \sim N$，而 N_1 的值则可以小于 N，这样 u_2 可通过滑动触点实现连续可调，以至于 u_2 可以大于 u_1 的值。

2. 仪用互感器

互感器是测量监控系统中广泛使用的一种特殊变压器。测量并指示电流时使用的称为电流互感器；测量并指示电压时使用的称为电压互感器。其目的在于用允许承受较小电流、电压数值的指示仪表，测量比较大的电流或电压的数值。测量原理就是利用变压器变换电压和变换电流的功能，如图 3-17 所示。

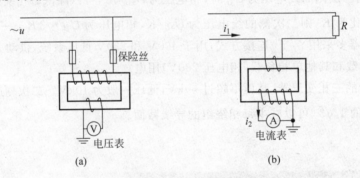

图 3-17　互感器

（a）电压互感器；（b）电流互感器

（1）电压互感器

电压互感器实际上就是一个将高电压 U_1 变换为低电压 U_2 的降压变压器，其接线图如图 3-17（a）所示。一次侧与被测电路并联，二次侧接电压表。通常二次侧额定电压设计为 100V。

根据变压器的变换电压原理

$$\frac{U_1}{U_2} \approx \frac{N_1}{N_2} = K$$

得

$$U_1 = KU_2$$

由上式可知，图 3-17（a）中电压表的表盘可按 KU_2 刻度。

为安全起见，使用电压互感器时，二次绕组不允许短路。

（2）电流互感器

电流互感器实际上是一个升压变压器，它是根据变压器的变换电流原理，将大电流 I_1 变为小电流 I_2，用来扩大测量交流电流的量程，其接线图如图 3-17(b) 所示。一次侧串联在被测电路中，二次侧接电流表。通常二次绕组的额定电流设计为 5A 或 1A。

根据变压器的变换电流原理

$$\frac{I_1}{I_2} \approx \frac{N_2}{N_1} = \frac{1}{K}$$

得

$$I_1 = \frac{1}{K}I_2$$

由上式可知，在电流表的刻度上，可直接标出被测电流值 I_1。

为安全起见，使用电流互感器时，二次绕组不允许开路。

另外，在使用电压互感器和电流互感器时，电压互感器和电流互感器的铁芯即二次绕组的一端应该接地，防止二次绕组绝缘损坏时出现高压，危及人员和设备的安全。

【练习与思考】

3.3.1 变压器的主要功能有哪些？

3.3.2 变压器的主要参数是变压器的变比 K，若 $K>1$，变压器是升压变压器还是降压变压器？若 $K<1$ 呢？

3.3.3 变压器如何实现阻抗的变换？

3.3.4 什么是变压器的同名端？有何意义？

3.3.5 三相电力变压器绕组有哪几种接法？Y/Y。接法主要用在什么场合？

3.3.6 自耦变压器有哪些特点？

3.3.7 为什么电压互感器二次绕组不允许短路？电流互感器二次绕组不允许开路？

本 章 小 结

1．系统介绍了磁场中的基本物理量及表示方法。

2．通过磁化曲线、磁滞回线，介绍了磁性材料的磁性能，磁性材料一般不具有线性磁路的特点。

3．基本计算可使用类似于电路中的所谓第二定律完成，即 $\sum HL = \sum NI$。

4．交流铁芯线圈的电路及分析方法，有铁芯线圈与无铁芯线圈的区别；铁芯线圈的电压方程。

5. 铁芯线圈的功率损耗。

6. 非线性磁路中的电动势有效值的计算公式,即 $E=4.44fN\Phi_{\mathrm{m}}$。

7. 变压器组成原理及主要功能,即变电压功能、变电流功能、变阻抗功能。

8. 变压器的同极性端即同名端的概念。

习　题　3

3-1　一台小型单相变压器,额定容量 $S_{\mathrm{N}}=100\mathrm{V}\cdot\mathrm{A}$,电源电压 $U_1=220\mathrm{V}$,频率 $f=50\mathrm{Hz}$,铁芯中的最大主磁通 $\Phi_{\mathrm{m}}=11.72\times10^{-4}\mathrm{Wb}$。试求:(1)当空载电压 $U_{20}=12\mathrm{V}$ 时,一次、二次绕组各为多少匝? (2)当空载电压 $U_{20}=24\mathrm{V}$ 时,一次、二次绕组各为多少匝?

3-2　一额定容量为 $S_{\mathrm{N}}=5\mathrm{kV}\cdot\mathrm{A}$ 的单相变压器,一次绕组电压 $U_{1\mathrm{N}}=220\mathrm{V}$,二次绕组电压 $U_{2\mathrm{N}}=24\mathrm{V}$。试求:一次、二次绕组的额定电流 $I_{1\mathrm{N}}$ 和 $I_{2\mathrm{N}}$。

3-3　有一单相照明变压器,其容量 $S=10\mathrm{kV}\cdot\mathrm{A}$,电压为 3300/220V。若变压器二次绕组接额定电压为 220V、额定功率为 60W 的白炽灯,若变压器额定运行,可接多少个这样的灯? 并求一次、二次绕组的额定电流 $I_{1\mathrm{N}}$ 和 $I_{2\mathrm{N}}$。

3-4　在图示变压器中,$|Z|=0.966\Omega$ 时,变压器正好满载,求该变压器的电流。

3-5　在图中,交流信号源的电动势 $E=120\mathrm{V}$,内阻 $R_0=800\Omega$,负载电阻 $R_{\mathrm{L}}=8\Omega$。(1)当 R_{L} 折算到一次侧的等效电阻 $R_{\mathrm{L}}'=R_0$ 时,试求:变压器的匝数比和信号源输出的功率;(2)当将负载直接与电源接通时,信号源输出多大功率?

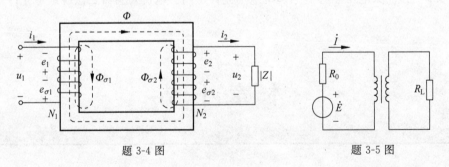

题 3-4 图　　　　　　　　题 3-5 图

3-6　有一热处理用的单相变压器,容量 $S_{\mathrm{N}}=25\mathrm{kV}\cdot\mathrm{A}$,一次侧额定电压 $U_{1\mathrm{N}}=380\mathrm{V}$,二次侧额定电压 $U_{2\mathrm{N}}=16.7\mathrm{V}$,二次侧额定电流 $I_{2\mathrm{N}}=1497\mathrm{A}$。求:变压器的变比 K 和一次侧额定电流 $I_{1\mathrm{N}}$。

3-7　一变压器容量 $S_{\mathrm{N}}=10\mathrm{kV}\cdot\mathrm{A}$,铁损为 300W,满载时铜损为 400W。求:该变压器在满载情况下向功率因数为 0.8 的负载供电时,输入和输出的有功功率及效率。

3-8　某三相变压器 $S_{\mathrm{N}}=10\mathrm{kV}\cdot\mathrm{A}$,$U_{1\mathrm{N}}/U_{2\mathrm{N}}=1000/400\mathrm{V}$,$\curlyvee/\triangle$ 连接方式,向功率因

数为 0.9 的感性负载供电,满载时二次绕组的线电压为 380V。试求:(1)满载时一次、二次绕组的线电流和相电流;(2)输出的有功功率。

3-9 有一单相变压器,$U_1 = 220V$,$f = 50Hz$。空载时 $U_{20} = 110V$,$I_0 = 1A$,一次输入功率 $P_0 = 55W$。二次侧接电阻额定负载时,$I_1 = 9.2A$,$I_2 = 18A$,$U_2 = 106V$,一次输入功率 $P_1 = 2120W$。试求:(1)变压器的变比;(2)电压变化率;(3)效率和铁损、铜损。

3-10 一单相变压器,$S_N = 180kV \cdot A$,$U_{1N}/U_{2N} = 6000/230V$,变压器满载时铜损为 2.1kW,铁损为 0.6kW。在满载情况下向功率因数为 0.85 的负载供电时,二次绕组的端电压为 220V。试求:(1)变压器的效率;(2)一次绕组的功率因数;(3)该变压器是否允许接入 140kW、功率因数为 0.75 的负载。

第4章

交流异步电动机

教学提示

电动机是实现电能转换为机械能的机电设备。电动机分为交流电动机和直流电动机两大类。交流电动机又分为异步电动机和同步电动机。本章重点介绍三相异步电动机。三相异步电动机具有结构简单、价格低廉、运行可靠、维修方便、效率较高等优点,因而在生产中被广泛使用。

学习目标

➢ 了解三相异步电动机的基本构造;

➢ 理解三相异步电动机的工作原理;

➢ 掌握转速与转矩之间关系的机械特性;

➢ 理解三相异步电动机起动、反转、调速及制动的原理和基本方法;

➢ 了解三相异步电动机的应用场合;

➢ 掌握三相异步电动机的选择;

➢ 了解单相异步电动机。

知识结构

本章知识结构如图 4-1 所示。

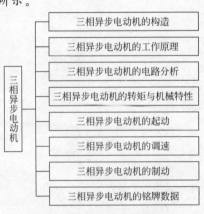

图 4-1　本章知识结构图

4.1 三相异步电动机的构造

三相异步电动机的构造基本上分为两大部分：能转的部分称为转子，不能转的部分称为定子。两者之间有空气隙隔开，如图 4-2 所示。

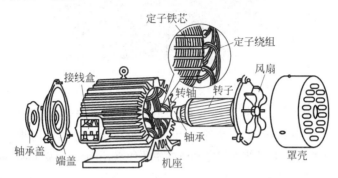

图 4-2 三相异步电动机的构造

三相异步电动机的定子由机座和装在机座内的圆形铁芯（磁路）以及镶嵌在铁芯中的三相绕组（线圈）组成，如图 4-2 所示。机座是用铸铁或铸钢制成，且表面有散热器。铁芯是由互相绝缘的硅钢片叠成的。铁芯的内圆周表面冲有槽（见图 4-3），用以放置对称三相定子绕组 AX、BY、CZ，这些绕组可以接成星形，也可以接成三角形。三相定子绕组是电动机的工作绕组。

三相异步电动机的转子根据结构又分为鼠笼式和绕线式两种。转子铁芯是圆柱形，也用硅钢片叠成，表面冲有槽（见图 4-3）。铁芯安装在转轴上，轴上加机械负载。

笼式电动机的转子绕组做成鼠笼状，就是在转子铁芯的槽中放入铜条，其两端与端环连接。若去掉铁芯，则绕组部分就像一个鼠笼，构成了"笼式"电动机的构造特点，如图 4-4 所示。这种笼式绕组也可以用铝浇铸而成。

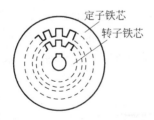

图 4-3 铁芯硅钢片外形图

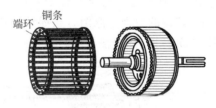

图 4-4 鼠笼式电动机转子

鼠笼式电动机具有结构简单、造价低廉、维护方便的特点，成为生产上应用最广泛的一种电动机。其主要缺点是调速不方便。随着电子技术的发展，笼式电动机的辅助调速办法日趋成熟，因而其地位得到了巩固和加强。

绕线式异步电动机的构造如图 4-5 所示,它的转子绕组和定子绕组一样,也是三相的,并接成星形。每相的始端分别连接到三个铜制滑环上,滑环固定在转轴上。环与环,环与转轴都互相绝缘,依靠滑环与电刷的滑动接触与外电路相连接。具有三个滑环是绕线式电动机最显著的构造特点。

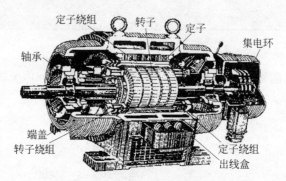

图 4-5　绕线式电动机的构造

绕线式电动机的主要特点:转子绕组为电动机的工作绕组,直观表现是机壳表面无散热片。转子通过滑环与电源相连,也正是这一点,电动机在运转过程中可根据需要改变转子参数。调速性能和起动性能较好是绕线式电动机的主要优点,由于结构复杂,电动机的造价较贵。

笼式电动机与绕线式电动机只是在转子的构造上不同,它们的工作原理是一样的。

【练习与思考】

如何从构造特点来区别一台三相异步电动机是笼式还是绕线式?

4.2　三相异步电动机的工作原理

异步电动机是利用通有电流的转子导体在旋转磁场中受力而产生转矩进行工作的。图 4-6 为电动机转动的原理示意图。当摇动手柄而使磁极转动起来,便产生了能够旋转的磁场,即旋转磁场,这时,随着磁极的转动,磁极中间的部分便会随之也转动起来。这个能够

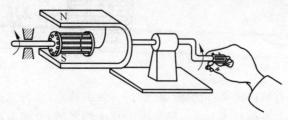

图 4-6　电动机转动演示

转动的磁极可视为电动机的定子；而磁极中间能够转动的部分可视为电动机的转子。

因此首先讨论三相异步电动机中的旋转磁场，再来讨论其转动原理。

4.2.1 旋转磁场

1. 旋转磁场的产生

三相异步电动机的定子铁芯中放有结构完全相同的三个绕组，它们对称地嵌放在定子铁芯线槽中，三个绕组的首端与首端、末端与末端都互相间隔120°，如图4-7所示。三相对称绕组可以接成星形，也可以接成三角形。

为简便起见，设每相定子绕组只用一匝线圈，且三相对称绕组接成星形，如图4-8(a)所示。

当三相绕组的首端接通三相交流电源时，绕组中便通入三相对称电流

$$i_A = I_m \sin\omega t$$
$$i_B = I_m \sin(\omega t - 120°)$$
$$i_C = I_m \sin(\omega t + 120°)$$

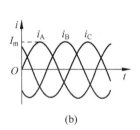

图4-7 三相绕组

其波形如图4-8(b)所示。每相电流都要产生对应的磁场，三相电流所产生的三个磁场叠加，便生成为一个合成磁场。接下来分析合成磁场的工作情况，设绕组首端到末端的方向作为电流的参考方向。

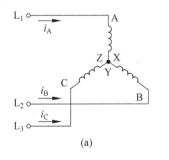

(a)   (b)

图4-8 三相对称电流

在$\omega t = 0$的瞬时，定子绕组中的电流方向如图4-9(a)所示。这时，$i_A = 0$；i_B是负值，其方向与参考方向相反；i_C是正值，其方向与参考方向相同；合成磁场的方向是自上而下。

图4-9(b)所示的是$\omega t = 60°$时定子绕组中电流的方向和三相电流的合成磁场的方向。这时的合成磁场已在空间转过了60°。

同理可得在$\omega t = 90°$时三相电流的合成磁场，它比$\omega t = 60°$时的合成磁场在空间转过了30°，如图4-9(c)所示。

由上可知，当定子绕组中通入三相对称电流后，它们共同产生的合成磁场将随着三相对称电流的交变而在空间不断地旋转着，这就是旋转磁场。这个旋转磁场同磁极在空间旋转（如图4-6所示）所起的作用是一样的。

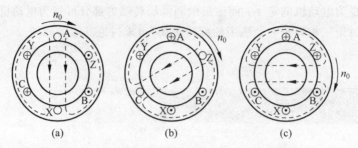

图 4-9　三相电流产生的旋转磁场

(a) $\omega t=0°$时；(b) $\omega t=60°$时；(c) $\omega t=90°$时

2. 旋转磁场的转向

由上面的分析可知，电动机的转向与旋转磁场转动方向相同，所以改变旋转磁场的转动方向，就会使电动机的转向随之改变。

只要将三相定子绕组同三相交流电源连接的三根导线中的任意两根的一端对调位置，例如将电动机三相定子绕组 B 端与电源 L_3 相连，C 端与电源 L_2 相连，就会使旋转磁场反转了，如图 4-10 所示。

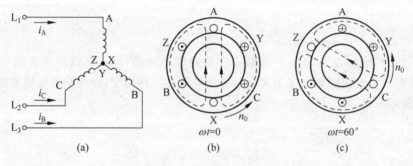

图 4-10　旋转磁场的反转

3. 旋转磁场的极数

旋转磁场的极数就是三相异步电动机的极数。上面讨论的定子绕组产生的磁场只有一个 N 极和一个 S 极，俗称一对磁极，用 p 表示磁极的对数，即 $p=1$。这是因为之前我们假设每相定子绕组只用一匝线圈所致，如图 4-11(a)所示。若每相定子绕组由两匝线圈串联

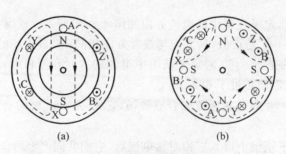

图 4-11　多极磁场的形成

(a) 只有一匝线圈时；(b) 有两匝线圈时

组成,在定子铁芯中仍以对称形式分布,如图 4-11(b)所示,则空间上产生了两个 N 极和两个 S 极,即 $p=2$,俗称四极电机。同理,还可以将每相定子绕组串联三匝线圈,形成三个 N 极和三个 S 极,即 $p=3$ 的六极电机。

4. 旋转磁场的转速

三相异步电动机的转速与旋转磁场的转速有关,而旋转磁场的转速又取决于旋转磁场的极数。由上述分析可知,在一对磁极,即 $p=1$ 的情况下,当三相正弦电流从 $\omega t=0°$ 到 $\omega t=60°$ 时,磁场在空间旋转了 $60°$;再到 $\omega t=90°$ 时,磁场在空间旋转的角度为 $90°$。当三相正弦电流交变了一周时,磁场恰好在空间也旋转了一圈。若用 n_0 表示旋转磁场的转速(又称同步转速),则当定子绕组电流频率为 f_1 时,则同步转速为 $n_0=60f_1$,转速单位为 r/min。例如电流频率为 $f=50\text{Hz}$ 时,同步转速为 $n_0=3000\text{r/min}$。

在旋转磁场有两对磁极的情况下,三相正弦电流交变一周时,磁场在空间仅旋转了半圈,比 $p=1$ 的情况下的转速慢了一半,即 $n_0=\dfrac{60f_1}{2}$。

同理,当旋转磁场有 p 对磁极时,旋转磁场的转速为

$$n_0=\frac{60f_1}{p} \tag{4-1}$$

对某一异步电动机而言,定子绕组电流频率 f_1 和旋转磁场的磁极对数 p 通常是一定的,所以,旋转磁场的同步转速 n_0 是个常数。

在我国,工频 $f_1=50\text{Hz}$,根据式(4-1)可得出不同磁极对数 p 的磁场同步转速 $n_0(\text{r/min})$,如表 4-1 所示。

表 4-1　工频下不同磁极对数与旋转磁场同步转速的对应关系

p	1	2	3	4	5	6
$n_0/(\text{r/min})$	3000	1500	1000	750	600	500

4.2.2　电动机的转动原理

图 4-12 是三相异步电动机转动的原理图,图中 N,S 分别表示旋转磁场的两个磁极,转子上只画出具有代表性的两根导体。

当在电动机的定子绕组中通入三相正弦电流时,电动机内部会产生一个转速为 n_0 的顺时针方向旋转的磁场。由于转子导体与磁场之间有相对运动,旋转磁场的磁通切割转子导体,根据电磁感应定律,转子导条中就感应出电动势,其方向由右手定则确定:手心迎接磁力线,拇指表示导体运动的方向,四指则表示导体中感应电流的方向。

由于转子导体两端连接有短路环,转子绕组便有了闭合路径,在感应电动势的作用下,闭合的转子绕组中就会产生与感应电动势同方向的感应电流,其方向如图 4-12 所示,由转子导条上半部流出("⊙"表示流出),下半部流入("⊕"表示流入)。

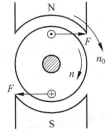

图 4-12　转子转动原理图

通电导体在磁场中要受到电场力的作用,所以通有感应电流的转子导体与旋转磁场相互作用而产生电场力 F,其方向由左手定则确定:手心迎接磁力线,四指为电流的方向,拇指为导体受力的方向。电场力乘以转子的半径就形成一个与旋转磁场同向的电磁转矩。由于转子绕组上下两根导条受到的电磁力方向相反,便形成力偶,使得电动机的转子以速度 n 转动起来。

4.2.3　转差率

如图 4-12 所示,电动机转子转动的方向与旋转磁场的方向相同,但转子的转速 n 不可能达到旋转磁场的转速 n_0,即 $n < n_0$。因为若两者相等,则转子导体与旋转磁场之间就没有了相对运动,转子导条就不切割磁通,其上就不可能产生感应电动势、感应电流,转子导体也就不会受到电磁力矩的作用,电动机也就不可能继续运转下去。可见,电动机转子的转速 n 永远低于旋转磁场的同步转速 n_0,这就是异步电动机名称的由来。而旋转磁场的转速 n_0 常称为同步转速。

通常用转差率表示转子转速 n 与旋转磁场转速 n_0 相差的程度,即

$$s = \frac{n_0 - n}{n_0} \tag{4-2}$$

需要指出的是,转差率是异步电动机的一个重要参数。转子的转速越接近于旋转磁场的转速,其转差率越小,说明两者实际上越接近。由于三相异步电动机的额定转速与同步转速相近,所以它的转差率是很小的。通常三相异步电动机在额定负载下运行时,其转差率在 $1\% \sim 9\%$ 之间。

当 $n = 0$ 时(起动初始瞬间),$s = 1$,这时转差率最大。

式(4-2)也可写成

$$n = (1 - s)n_0 \tag{4-3}$$

例 4-1　有一台三相异步电动机,其额定转速 $n = 730 \text{r/min}$,频率 $f = 50 \text{Hz}$。问:该电动机的极数、同步转速及额定负载时的转差率。

解　由于三相异步电动机的额定转速接近同步转速,所以

$$n_0 = 750 \text{r/min}$$

因为

$$n_0 = 60 f_1 / p$$

所以电动机的极对数

$$p = \frac{60 f_1}{n_0} = \frac{60 \times 50}{750} = 4$$

该电动机为八极电动机,其额定转差率为

$$s = \frac{n_0 - n}{n_0} = \frac{750 - 730}{750} = 0.0267 = 2.67\%$$

【练习与思考】

4.2.1　三相异步电动机按绕组结构可分为几种类型?

4.2.2　什么是电动机的同步转速？它是怎么产生的？

4.2.3　电动机的转速与哪些因素有关？

4.2.4　电动机的转差率是否可以等于1？若 $s=1$ 电动机处于何种状态？什么时候等于零？

4.3　三相异步电动机的电路分析

三相异步电动机的电路与变压器十分相似，可将电动机定子绕组视为变压器一次绕组，将转子绕组视为变压器二次绕组。三相异步电动机每相定子绕组与转子绕组电路如图 4-13 所示。定子和转子绕组的匝数分别为 N_1 和 N_2。

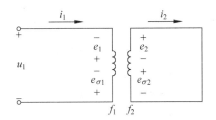

图 4-13　三相异步电动机的每相电路图

4.3.1　定子电路

和变压器一次绕组电路一样，三相异步电动机定子绕组电阻压降和漏磁电动势可忽略不计，旋转磁场切割定子绕组产生的感应电动势为

$$E_1 = 4.44 f_1 N_1 \Phi \approx U_1 \tag{4-4}$$

式中，Φ 为旋转磁场的每极磁通，f_1 为电源或定子电流频率，由式(4-1)可得

$$f_1 = \frac{p n_0}{60} \tag{4-5}$$

4.3.2　转子电路

转子电路的各个物理量对电动机的运行性能都有影响；由于转子是转动的，所以它们都与转速有关。

1. 转子频率 f_2

因为旋转磁场和转子间的转速差为 $n_0 - n$,所以转子频率

$$f_2 = \frac{p(n_0 - n)}{60} = \frac{n_0 - n}{n_0} \times \frac{pn_0}{60} = sf_1 \tag{4-6}$$

可见转子频率 f_2 与转差率 s 有关,也就是与转速 n 有关。

在 $n=0$,即 $s=1$ 时(电动机起动初始瞬间),转子与旋转磁场之间的转速差最大,转子导条被旋转磁通切割得最快,这时 f_2 最高,即 $f_2 = f_1$。因为异步电动机在额定负载时, $s=1\% \sim 9\%$,所以 $f_2 = 0.5 \sim 4.5\text{Hz}(f_1 = 50\text{Hz})$。

2. 转子电动势 E_2

旋转磁场通过转子绕组产生的感应电动势 E_2 为

$$E_2 = 4.44 f_2 N_2 \Phi = 4.44 sf_1 N_2 \Phi \tag{4-7}$$

在 $n=0$,即 $s=1$ 时,转子电动势为最大值,即

$$E_{20} = 4.44 f_1 N_2 \Phi \tag{4-8}$$

由式(4-7)和式(4-8),可得

$$E_2 = sE_{20} \tag{4-9}$$

由于 s 的值很小,所以电动机额定运行时 E_2 的值很小,这就是电动机转子绕组短接而不损坏的根本原因。若电动机静止,则 $s=1$,转子电动势 E_2 的值则很大,出现了真正意义上的短路现象,这也是电动机接电源不转会被烧毁的真正原因。

3. 转子感抗 X_2

转子感抗 X_2 与转子频率 f_2 有关,即

$$X_2 = 2\pi f_2 L_2 = 2\pi sf_1 L_2 \tag{4-10}$$

在 $n=0$,即 $s=1$ 时,转子感抗为

$$X_{20} = 2\pi f_1 L_2 \tag{4-11}$$

这时转子的感抗具有最大值。由式(4-10)和式(4-11)可得

$$X_2 = sX_{20} \tag{4-12}$$

由此可见,转子感抗 X_2 也与转差率 s 有关。

4. 转子电流 I_2

转子每相电流的计算与交流电路的计算方法相同,即

$$I_2 = \frac{E_2}{\sqrt{R_2^2 + X_2^2}} = \frac{sE_{20}}{\sqrt{R_2^2 + (sX_{20})^2}} \tag{4-13}$$

可见转子电流 I_2 也与转差率 s 有关(R_2 是转子每相电阻)。当 s 增大,即转速 n 降低时,转子与旋转磁场之间的转速差增加,转子导体切割磁通的速度提高,于是 E_2 增加, I_2 也增加。 I_2 随 s 变化的关系可用图 4-14 的曲线表示。

若 $n=0$,电动机静止, $s=1$,这时 $E_2 = E_{20}$,电流具有最大值,持续这种状态将烧毁电动机;若电动机处于额定运行状态, $s \neq 1$,且很小,则 $E_2 = sE_{20}$,使 E_2 的值大幅减小,转子电流

I_2 将同步减小。

5. 转子电路的功率因数 $\cos\varphi_2$

由于转子有感抗 X_2，所以 $\dot{I}_2$ 比 $\dot{E}_2$ 滞后 φ_2 角。因而转子电路的功率因数为

$$\cos\varphi_2 = \frac{R_2}{\sqrt{R_2^2 + X_2^2}} = \frac{R_2}{\sqrt{R_2^2 + (sX_{20})^2}} \qquad (4\text{-}14)$$

它也与转差率 s 有关。当 s 增大时，X_2 也增大，于是 φ_2 增大，即 $\cos\varphi_2$ 减小。$\cos\varphi_2$ 随 s 变化的关系也表示在图 4-14 中。

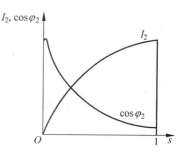

图 4-14　I_2 和 $\cos\varphi_2$ 与转差率 s 的关系

【练习与思考】

4.3.1　转子电动势、转子电流、转子电路的功率因数是否与转速有关，为什么？

4.3.2　在三相异步电动机起动初始瞬间，即 $s=1$ 时，为什么转子电流大，而转子电路的功率因数小？

4.4　三相异步电动机的转矩与机械特性

三相异步电动机的电磁转矩 T（又称转矩）是指其带动机械负载的能力，是三相异步电动机重要的物理量之一。而机械特性是讨论三相异步电动机的转矩、转速、转差率之间的关系。

4.4.1　转矩公式

三相异步电动机的电磁转矩是由旋转磁场的每极磁通 Φ 与转子电流 I_2 相互作用而产生的。由于转子为电感性负载，所以还与转子的功率因数有关，可以证明，转矩 T 与磁通 Φ 及转子电流 I_2 的关系为

$$T = K_T \Phi I_2 \cos\varphi_2 \qquad (4\text{-}15)$$

式中 K_T 是一常数，与电动机结构有关。

将式(4-4)、式(4-13)及式(4-14)代入式(4-15)，可得转矩的另一个公式

$$T = K \frac{sR_2 U_1^2}{R_2^2 + (sX_{20})^2} \qquad (4\text{-}16)$$

式中 K 为与电动机自然情况有关的常数。公式中对转矩影响比较大的是电源电压 U_1,若电源电压变化时,则对转矩的影响很大。此外,转矩 T 还受转子电阻 R_2 的影响。

4.4.2 机械特性曲线

在电源电压 U_1 和转子电阻 R_2 一定时,电动机转速 n 与电磁转矩 T 之间的关系或电磁转矩 T 与转差率 s 之间的关系,称为电动机的机械特性曲线 $T=f(s)$。它可根据式(4-15)并参照图 4-14 得出,如图 4-15 所示。将图 4-15 顺时针方向旋转 $90°$,再将表示 T 的横轴移下即可得到 $n=f(T)$ 曲线,如图 4-16 所示。

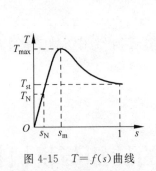

图 4-15　$T=f(s)$ 曲线

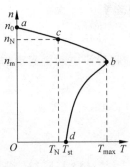

图 4-16　$n=f(T)$ 曲线

机械特性曲线是分析三相异步电动机运行特性的重要依据。下面讨论机械特性曲线上的三个转矩。

1. 额定转矩 T_N

额定转矩 T_N 是指三相异步电动机在额定负载时,电动机转轴上输出的转矩。当机械负载转矩(阻转矩)T_C 与电动机的额定转矩 T_N 相等,即 $T_N=T_C$ 时,电动机便以额定转速 n_N 等速转动。也可以说,当电动机以额定转速 n_N 稳定运行时,电动机的输出转矩称为额定转矩 T_N,其计算公式为

$$T_N = 9550\frac{P_{2N}}{n_N} \tag{4-17}$$

式中,T_N 的单位是 N·m;P_{2N} 为电动机的额定输出功率,单位是 kW;n_N 为电动机的额定转速,单位是 r/min。

2. 硬的机械特性

通常三相异步电动机都工作在图 4-16 所示 $n=f(T)$ 机械特性曲线的 ab 段。当异步电动机的负载从空载增加到额定转矩 T_N 时,它的转速也要相应地从 n_0 下降到 n_N,这时相应的额定转差率为 $s_N=0.01\sim0.07$。从图 4-16 所示 $n=f(T)$ 曲线上也可以看出,由于曲线 ab 段较为平坦,当负载在空载与额定值之间变化时,电动机的转速变化不大。这种电动机转速 n 随转矩 T 的增加而稍微下降的特性,称为硬的机械特性。三相异步电动机的这种硬

的机械特性非常适宜于一般金属切削机床。

3. 最大转矩 T_{max}

从图 4-15 所示的 $T = f(s)$ 机械特性曲线上看,转矩有一个最大值,称为最大转矩或临界转矩。对应于最大转矩的转差率为 s_{m},可由 $\dfrac{\mathrm{d}T}{\mathrm{d}s}$ 求得,即

$$s_{\text{m}} = \frac{R_2}{X_{20}} \tag{4-18}$$

再将 s_{m} 代入式(4-16),则得

$$T_{\text{max}} = K \frac{U_1^2}{2X_{20}} \tag{4-19}$$

由式(4-18)和式(4-19)可见,T_{max} 与 U_1^2 成正比,而与转子电阻 R_2 无关;s_{m} 与 R_2 有关,R_2 越大,s_{m} 也越大。

上述关系表示在图 4-17 和图 4-18 中。

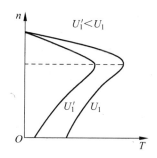

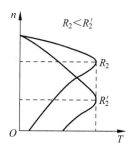

图 4-17　对应于不同电源电压 U_1 的 $n = f(T)$ 曲线(R_2＝常数)　　图 4-18　对应于不同转子电阻 R_2 的 $n = f(T)$ 曲线(U_1＝常数)

最大转矩之所以又称为临界转矩,是因为一旦负载转矩超过最大转矩,即 $T > T_{\text{max}}$,电动机就带不动负载,会发生堵转(或闷车)现象。此时堵转电流等于电动机的起动电流,定子绕组铜耗大大增加,如果电动机长时间堵转,会造成电动机严重过热,以致烧毁定子绕组。可是,反过来说,电动机也具有一定的过载能力,其最大过载转矩可以接近最大转矩,只要过载时间较短,电动机的发热不超过允许值,这样的过载还是允许的。因此,最大转矩也反映了电动机短时容许过载极限。

表示电动机短时过载能力的参数,称为过载系数 λ,它是电动机额定转矩 T_{N} 与最大转矩 T_{max} 的比值,即

$$\lambda = \frac{T_{\text{max}}}{T_{\text{N}}} \tag{4-20}$$

一般三相异步电动机的过载系数 λ 为 $1.8 \sim 2.2$。

4. 起动转矩 T_{st}

起动转矩是指电动机刚起动($n = 0, s = 1$)瞬间的转矩。一般电动机的起动转矩 T_{st} 大于额定转矩 T_{N},小于最大转矩 T_{max}。将 $s = 1$ 代入式(4-16),得出

$$T_{st} = K \frac{R_2 U_1^2}{R_2^2 + X_{20}^2} \qquad (4\text{-}21)$$

由上式可知，T_{st} 与 U_1^2 及 R_2 有关。当电源电压 U_1 降低时，起动转矩 T_{st} 会减小，见图 4-17。当转子电阻 R_2 适当增大时，起动转矩 T_{st} 会增大，见图 4-18。由式（4-18）、式（4-19）、式（4-21）可推出：$R_2 = X_{20}$ 时，$T_{st} = T_{max}$，$s_m = 1$。但继续增大 R_2 时，T_{st} 就要随着减小，这时，$s_m > 1$。

例 4-2　有两台三相异步电动机，其额定功率都是 10kW。其中一台转速为 2900r/min，另一台为 1440r/min。分别计算电动机的转差率和额定转矩。

解　（1）转差率的计算涉及电动机的同步转速，即第一台 $n_0 = 3000$r/min，另一台 $n_0 = 1500$r/min，所以有

$$s_1 = \frac{n_{01} - n_1}{n_{01}} = \frac{3000 - 2900}{3000} \approx 0.033$$

$$s_2 = \frac{n_{02} - n_2}{n_{02}} = \frac{1500 - 1440}{1500} = 0.04$$

（2）根据额定转矩计算公式得

$$T_{N1} = 9550 \frac{P_{N1}}{n_1} = 9550 \frac{10}{2900} \text{N} \cdot \text{m} = 32.9 \text{N} \cdot \text{m}$$

$$T_{N2} = 9550 \frac{P_{N2}}{n_2} = 9550 \frac{10}{1440} \text{N} \cdot \text{m} = 66.3 \text{N} \cdot \text{m}$$

【练习与思考】

4.4.1　三相异步电动机在一定负载转矩下运行时，如电源电压降低，电动机的转速、转矩及电流有无变化？

4.4.2　三相异步电动机正常运行时，如果转子突然被卡住而不能转动，试问这时电动机的电流有何改变？对电动机有何影响？

4.4.3　什么是电动机的过载能力？

4.4.4　什么是电动机的起动能力？

4.5　三相异步电动机的起动

电动机从接通电源开始转动，转速逐渐上升，直到稳定运行状态，这一过程称为起动。电动机能够起动的条件是起动转矩 T_{st} 必须大于负载转矩 T。

4.5.1　起动性能

下面从起动时的电流和转矩两个方面来分析电动机的起动性能。

1. 起动电流 I_{st}

电动机在刚接通电源的瞬间，$n=0$，$s=1$，旋转磁场切割转子导体的相对速度最大，在转子绕组中感应出的电动势和产生的转子电流也最大，和变压器的原理一样，此时定子电流也必然最大。此瞬间定绕组的线电流称为起动电流，用 I_{st} 表示。一般中小型笼式电动机的起动电流 I_{st} 为额定电流 I_N 的 5～7 倍。

这一特点告诉我们，电动机不宜频繁起动。若频繁起动，会使电动机有热量的积累，从而导致电动机过热。同时由于起动电流过大，会在供电线路上造成较大的电压降落，使负载端的电压降低，影响邻近负载的正常工作。

2. 起动转矩 T_{st}

电动机起动时，尽管起动电流很大，但转子的功率因数 $\cos\varphi_2$ 很低，因此起动转矩并不大。它与额定转矩之比值为 1.0～2.2。

如果起动转矩过小，就不能在满载下起动，应设法提高。但起动转矩过大，会使传动机构受到冲击而损坏，所以又应设法减小起动转矩。

综上所述，三相异步电动机起动时的主要问题是起动电流较大。需要采取必要的措施使起动电流减小，避免对电动机和电网供电产生影响。

4.5.2　起动方法

笼式电动机的起动有直接起动和降压起动两种。

1. 直接起动

直接起动就是用闸刀开关或交流接触器，把电动机与额定电压的电源直接相连。这种起动方式虽然简单，但起动电流较大，会使供电线路电压降落，影响负载正常工作。

满足下述情况的可以采用直接起动。如果电动机和照明负载共用一台变压器，起动时所产生的电压降不超过 5%；若电动机由独立的变压器供电，则在电动机频繁起动时，电动机容量不能超过变压器容量的 20%，如果电动机不经常起动，则其容量只要不超过变压器容量的 30% 即可。

能否直接起动，一般按经验公式 $\dfrac{I_{st}}{I_N} \leqslant \dfrac{3}{4} + \dfrac{电源总容量(kV \cdot A)}{4 \times 起动电动机功率(kW)}$ 判定。

2. 降压起动

当电动机直接起动时,由于起动电流太大,对电网造成的影响不能忽视,则通常采用降压起动的方式以限制起动电流。

(1) 星形-三角形(丫-△)换接起动

丫-△起动方式只适用于正常工作时定子绕组是三角形接法的笼式异步电动机,起动电路如图 4-19 所示。

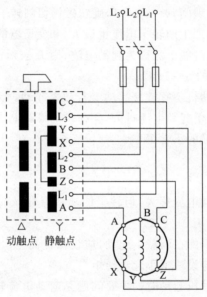

图 4-19 丫-△起动电路简图

起动时,先将定子绕组接成丫,这时定子绕组上的电压可以降到正常工作电压的 $1/\sqrt{3}$,等到电动机转速接近额定值时,再将定子绕组换接成△,使电动机在额定电压下运行。

图 4-20 所示是定子绕组的两种接法,$|Z|$ 为起动时每相绕组的等效阻抗模。

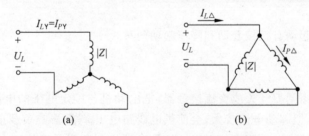

图 4-20 星形和三角形连接电流的比较

当定子绕组连成丫,即降压起动时,

$$I_{L丫} = I_{P丫} = \frac{U_L/\sqrt{3}}{|Z|}$$

当定子绕组连成△,即直接起动时,

$$I_{L△} = \sqrt{3}\,I_{P△} = \sqrt{3}\,\frac{U_L}{|Z|}$$

比较以上两式,可得

$$\frac{I_{LY}}{I_{L\triangle}} = \frac{1}{3}$$

即降压起动的电流为直接起动时的$\frac{1}{3}$。

由于转矩和电压的平方成正比,所以起动转矩也减小到直接起动时的$\frac{1}{3}$。因此,Y-△起动只适合于空载或轻载时起动。

（2）自耦降压起动

自耦降压起动是利用三相自耦变压器将电动机在起动过程中的端电压降低的。自耦变压器上备有几组抽头,输出不同的电压,根据对起动转矩的要求选用。自耦降压起动电路简图如图 4-21 所示。

起动时,先把开关 Q_1 合上,接通三相电源。再把 Q_2 扳到"起动"位置,使电动机降低电压起动,待电动机转速接近额定值时,再将 Q_2 扳向"工作"位置,使自耦变压器与电源脱离,进入全压运行。

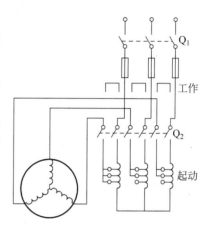

需注意,采用自耦降压起动,也能使起动电流和起动转矩减小。

这种起动方式的优点是使用灵活,不受定子绕组接线方式的限制,缺点是设备笨重、投资较大。

图 4-21 自耦降压起动电路简图

自耦降压起动适用于容量较大的或正常运行时要连成星形而不能采用 Y-△ 起动方式的笼式异步电动机。

（3）绕线式异步电动机的起动

对于绕线式异步电动机,只要在转子电路中接入大小适当的起动电阻 R_{st},如图 4-22 所示,即可达到减小起动电流的目的;同时,起动转矩也提高了。所以这种起动方式常用于要求起动转矩较大的生产机械上,如卷扬机、锻压机、起重机及转炉等。

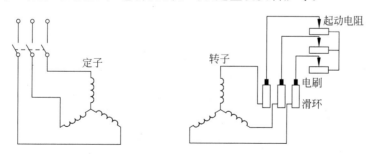

图 4-22 绕线式电动机起动时接线简图

例 4-3 某三相异步电动机的数据如下:

功率	转速	电压	效率	功率因数	I_{st}/I_N	T_{st}/T_N	T_{max}/T_N
4.5kW	1430r/min	220/380V (△/Y)	84%	0.8	6.5	1.4	1.8

若电源的频率 $f=50\text{Hz}$,试求:(1)磁极对数 p;(2)额定转差率 s_N;(3)定子绕组分别为丫和△连接时的额定电流 I_N 和起动电流 I_st;(4)额定转矩 T_N、起动转矩 T_st 和最大转矩 T_max。

解 (1)因 $n_\text{N}=1430\text{r/min}$,所以其同步转速 $n_0=1500\text{r/min}$,磁极对数

$$p=\frac{60f_1}{n_0}=\frac{60\times50}{1500}=2$$

(2)额定转差率

$$s_\text{N}=\frac{n_0-n}{n_0}=\frac{1500-1430}{1500}\approx0.05$$

(3)求 I_N 和 I_st

丫连接:电源线电压应为 380V。

$$I_\text{NY}=\frac{P_\text{N}}{\sqrt{3}U_\text{NY}\cos\varphi_\text{N}\eta_\text{N}}=\frac{4.5\times10^3}{\sqrt{3}\times380\times0.8\times0.84}\text{A}=10.2\text{A}$$

$$I_\text{stY}=6.5I_\text{NY}=6.5\times10.2\text{A}=66.3\text{A}$$

△连接:电源线电压应为 220V。

$$I_\text{N△}=\frac{P_\text{N}}{\sqrt{3}U_\text{N△}\cos\varphi_\text{N}\eta_\text{N}}=\frac{4.5\times10^3}{\sqrt{3}\times220\times0.8\times0.84}\text{A}=17.6\text{A}$$

$$I_\text{stY}=6.5I_\text{N△}=6.5\times17.6\text{A}=114.4\text{A}$$

(4)求 T_N、T_st 和 T_max

$$T_\text{N}=9550\frac{P_\text{N}}{n_\text{N}}=9550\times\frac{4.5}{1430}\text{N}\cdot\text{m}=30.05\text{N}\cdot\text{m}$$

$$T_\text{st}=1.4T_\text{N}=1.4\times30.05\text{N}\cdot\text{m}=42.07\text{N}\cdot\text{m}$$

$$T_\text{max}=1.8T_\text{N}=1.8\times30.05\text{N}\cdot\text{m}=54.09\text{N}\cdot\text{m}$$

例 4-4 一台 40kW 的三相异步电动机,其额定相电压 $U_\text{NP}=380\text{V}$,额定功率因数 $\cos\varphi_\text{N}=0.88$,效率 $\eta_\text{N}=0.9$,$T_\text{st}/T_\text{N}=1.8$,$I_\text{st}/I_\text{N}=7$,$n_\text{N}=1450\text{r/min}$,现接到电压为 380V 的三相电源上。试求:(1)该电动机应做何种接法?(2)直接起动时,起动电流和起动转矩是多少?(3)采用丫/△转换法起动时,起动电流和起动转矩是多少?当负载转矩分别是额定转矩 T_N 的 80% 和 50% 时,电动机能否起动?

解 (1)该电动机应做三角形接法。

(2)
$$I_\text{N}=\frac{P}{\sqrt{3}U_2\cos\varphi_\text{N}\eta_\text{N}}=\frac{40\times10^3}{\sqrt{3}\times380\times0.88\times0.9}\text{A}=76.7\text{A}$$

$$I_\text{st}=7I_\text{N}=7\times76.7\text{A}=536.9\text{A}$$

$$T_\text{N}=9550\frac{P}{n_\text{N}}=9550\times\frac{40}{1450}\text{N}\cdot\text{m}=263.4\text{N}\cdot\text{m}$$

$$T_\text{st}=1.8T_\text{N}=1.8\times263.4\text{N}\cdot\text{m}=474.12\text{N}\cdot\text{m}$$

(3)
$$I_\text{stY}=\frac{1}{3}I_\text{st}=\frac{536.9}{3}\text{A}=179.0\text{A}$$

$$T_\text{stY}=\frac{1}{3}T_\text{st}=\frac{474.12}{3}\text{N}\cdot\text{m}=158.0\text{N}\cdot\text{m}$$

负载转矩 T 为额定转矩的 80% 时,可得

$$T = 0.8T_N = 0.8 \times 263.4\text{N} \cdot \text{m} = 210.7\text{N} \cdot \text{m} > 158.0\text{N} \cdot \text{m}$$

即 $T > T_{stY}$,故电动机不能起动。

负载转矩 T 为额定转矩的 50% 时,可得

$$T = 0.5T_N = 0.5 \times 263.4\text{N} \cdot \text{m} = 131.7\text{N} \cdot \text{m} < 158.0\text{N} \cdot \text{m}$$

即 $T < T_{stY}$,故电动机可以起动。

【练习与思考】

4.5.1 三相异步电动机空载起动和满载起动,其起动电流和起动转矩是否相同?

4.5.2 电动机有几种降压起动方法?为什么要采用降压起动?

4.5.3 三相异步电动机起动时,对电网电压有何影响?

4.6 三相异步电动机的调速

在同一负载下,人为地调节电动机的电路参数,从而改变电动机的转速,这一过程称为电动机的调速。从异步电动机的转速公式

$$n = (1-s)n_0 = (1-s)\frac{60f_1}{p}$$

可以看出,改变异步电动机的转速有三种方法:改变电源频率 f_1、磁极对数 p 及转差率 s。前两者是笼式电动机的调速方法,后者是绕线式电动机的调速方法。

4.6.1 变极调速

由上式可知,改变旋转磁场的磁极对数 p,异步电动机的转速 n 就会随之改变。而磁极对数与电动机定子绕组的接法有关,因此,这种调速方法是利用改变电动机定子绕组的接法,来改变旋转磁场的磁极对数,达到改变异步电动机的转速的目的。

如图 4-23 所示,假设每相绕组由两个线圈组成,图中只画出了 A 相绕组的两个线圈。当两个线圈串联时,它所产生的磁极对数 $p=2$,其同步转速为 1500r/min;而当两个线圈并联时,它所产生的磁极对数 $p=1$,其同步转速为 3000r/min。

笼式多速电动机的定子绕组是特殊设计和制造的,常见的多速电动机有双速、三速、四速等几种类型。但这种调速方式只能是有级调速。

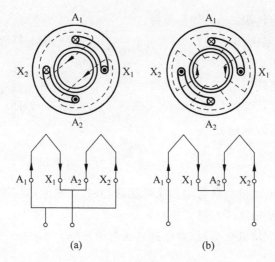

图 4-23 改变磁极对数 p 的调速方法

(a) 两线圈并联；(b) 两线圈串联

4.6.2 变频调速

为了实现无级调速，可以采用变频调速的方法。变频调速是通过改变笼式异步电动机定子绕组的供电频率 f_1，来改变同步转速 n_1 而实现调速的。如果能均匀地改变供电频率 f_1，则电动机的同步转速 n_1 及电动机的转速 n 就可以平滑地改变。在交流异步电动机的各种调速方法中，变频调速的性能最好，其特点是调速范围大、稳定性好、运行效率高。

目前主要采用如图 4-24 所示的变频调速装置，它主要由整流器和逆变器两部分组成。整流器先将供电频率 $f=50\text{Hz}$ 的三相交流电变换为直流电，再由逆变器变换为频率 f_1 可调、电压有效值 U_1 也可调的三相交流电，供给三相笼式异步电动机。

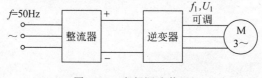

图 4-24 变频调速装置

通常有下列两种变频调速方式。

1. 恒转矩调速

在供电频率 f_1 低于额定频率 $f_{1N}(f_1 < f_{1N})$ 时，要成比例地同时调节 U_1 和 f_1，以保证 $\dfrac{U_1}{f_1}$ 的值近于不变。这时磁通 Φ 和转矩 T 也都近似不变。

2. 恒功率调速

在供电频率 f_1 高于额定频率 $f_{1N}(f_1 > f_{1N})$ 时，应保持 $U_1 \approx U_{1N}$。这时磁通 Φ 和转矩 T

都将减小。转速增大,转矩减小,将使功率近于不变。

4.6.3　变转差率调速

这种方法只适用于绕线式异步电动机的调速。在绕线式异步电动机的转子电路中串入可调电阻,改变转子绕组电阻 R_2 的大小,使同一转矩下的转差率发生变化,就可以得到平滑的调速,达到调节转速的目的。

这种调速方法广泛应用于起重设备中,其优点是设备简单,投资少;缺点是能量损耗大,运行效率低。

4.7　三相异步电动机的制动

电动机断开电源后,由于惯性的原因,不能立即停下来。当要求电动机迅速、准确地停止时,就需要用强制的方法迫使电动机迅速停止转动,为此而采取的措施就是制动。

电动机的制动方法有电磁抱闸的机械制动和电气制动。这里只讨论电气制动。所谓电气制动,就是在电动机停车时,产生一个与转子转动方向相反的制动转矩,来抵消转子电磁转矩,从而实现快速停车。

异步电动机通常采用下列两种电气制动形式。

4.7.1　能耗制动

这种制动方法就是在电动机切断三相电源的同时,接通直流电源,如图 4-25 所示,使直流电源通入定子绕组。直流电流产生的磁场是恒定不变的,而转子由于惯性继续在原方向转动。根据右手和左手定则可知,转子绕组中的电流与直流电流产生的恒定磁场之间相互作用所产生的制动转矩与电动机转动的方向相反,因而起到了制动的作用,使得电动机受到制动而迅速停车。制动转矩的大小与直流电流的大小有关,一般直流电流的大小控制在电动机额定电流的 0.5~1.0 倍。

能耗制动是用消耗转子的动能(转换为电能)来进行制动的,所以称为能耗制动。

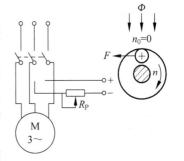

图 4-25　能耗制动

　　这种制动方法能量消耗少,制动平稳准确,但需要直流电源,且电动机停转后,要立即切断直流电源。有些机床采用这种制动方法。

4.7.2　反接制动

　　反接制动是当电动机要求停止时,将三相电动机定子绕组连接到电源的三根电源线中的任意两根的一端对调位置,使旋转磁场的方向发生逆转,从而产生与原来方向相反的电磁转矩,如图 4-26 所示。这时由于转子因惯性仍在沿原方向继续旋转,此时的转矩方向与电动机转动的方向相反,因而起到制动的作用。需要注意的是,当转速接近于零时,利用测速装置及时切断电源,否则电动机将会反方向转动。

　　由于反接制动时旋转磁场与转子的相对转速 (n_0+n) 很大,因而电流较大。为了限制电流,对功率较大的电动机进行制动时,必须在定子绕组(笼式)和转子绕组(绕线式)中串入电阻。

　　这种制动比较简单,效果显著,但能量消耗较大。

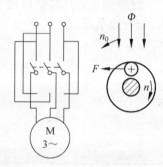

图 4-26　反接制动

4.8　三相异步电动机的铭牌数据

　　电动机的外壳上都附有电动机的铭牌,上面标有电动机的主要技术数据。要正确使用电动机,必须正确理解铭牌上的各项数据的意义。现以 Y132M-4 型电动机为例,来说明铭牌上的各项数据的意义(表 4-2)。

表 4-2　三相异步电动机 Y132M-4

型号	Y132M-4	功率	7.5W	频率	50Hz
电压	380V	电流	15.4A	接法	△
转速	1440r/min	绝缘等级	B	工作方式	连续
效率	87%	功率因数	0.85		

年　　月　　　　　编号　　　　　××电机厂

1.　型号

电动机有各种不同的系列,以满足不同用途和工作环境的需要,每种系列用各种型号表示。例如

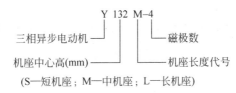

异步电动机的产品名称代号及其汉字意义见表 4-3。

表 4-3　异步电动机的产品名称代号

产　品　名　称	新代号	汉字意义	旧代号
异步电动机	Y	异	J,JO
绕线式异步电动机	YR	异绕	JR,JRO
防爆型异步电动机	YB	异爆	JB,JBS
高起动转矩异步电动机	YQ	异起	JQ,JQO

2.　接法

这里是指定子三相绕组的接法。一般三相笼式异步电动机有六根出线端,分别为:A,X 是第一相绕组的首、末两端;B,Y 是第二相绕组的首、末两端;C,Z 是第三相绕组的首、末两端。

这六根出线端在接电源之前,相互间必须正确连接。连接方法有星形(Y)和三角形(△)连接,如图 4-27 所示。通常三相笼式异步电动机功率为 3kW 以下者,连接成星形;功率为 4kW 以上者,连接成三角形。

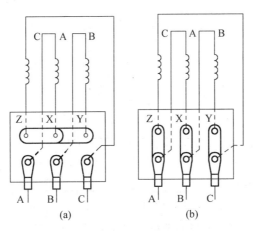

图 4-27　三相异步电动机接线柱的连接

(a) Y连接;(b) △连接

3. 额定电压 U_N

指电动机在额定状态下运行时,三相定子绕组上应加的线电压。一般规定电动机的电压不应超过额定值的 $\pm 5\%$,过高或过低都会对电动机造成危害。通常只有在额定电压下运行,电动机才会输出额定功率。

三相异步电动机的额定电压有 380V、3000V 及 6000V 等多种。目前 $4\sim100kW$ 的三相异步电动机都已设计为 380V 三角形接法。只有大功率异步电动机才采用 3000V 和 6000V。

4. 额定电流 I_N

指电动机在额定状态下运行时,三相定子绕组中的线电流值,这也是电动机长期运行时所允许的三相定子绕组的线电流。若三相定子绕组有两种连接方式,则铭牌上标出两种额定电流,如:380/660V,$\triangle/Y$,2/1.15A。

5. 额定功率 P_N

指电动机在额定状态下运行时,轴上输出的机械功率值,它是转轴上允许输出的最大机械功率,为有功功率。电动机的额定功率为

$$P_N = \sqrt{3}U_N I_N \cos\varphi_N \eta \tag{4-22}$$

当电动机的实际工作电压、电流和功率都等于额定值时,这种运行状态称为额定状态。当电动机的实际工作电流等于额定电流时,电动机的工作状态称为满载。

6. 额定效率 η_N

电动机的输出功率 P_2 与输入功率 P_1 不等,其差值就是电动机运行时本身损耗的功率 ΔP,包括:铜损、铁损及机械损耗等。所谓额定效率 η_N 就是额定输出功率 P_{2N} 与额定输入功率 P_{1N} 的比值,即

$$\eta_N = \frac{P_{2N}}{P_{1N}} \times 100\% = \frac{P_{1N} - \Delta P}{P_{1N}} \times 100\% \tag{4-23}$$

额定输入功率 P_{1N} 是电动机接通三相对称交流电源后,从电源吸收的功率,即

$$P_{1N} = \sqrt{3}U_N I_N \cos\varphi_N \tag{4-24}$$

一般笼式电动机在额定运行时的效率为 $72\%\sim93\%$,在额定功率的 75% 左右时效率最高。

对连续运行的电动机而言,其额定功率应选等于或稍大于生产机械的功率。

7. 额定功率因数 $\cos\varphi_N$

因为电动机是电感性负载,定子电流比相电压滞后一个 φ 角,$\cos\varphi$ 就是电动机的功率因数。而额定功率因数 $\cos\varphi_N$ 是指电动机在额定状态下运行时的功率因数。

三相异步电动机的功率因数较低,在额定负载时为 $0.7\sim0.9$,在空载和轻载时更低,空载时只有 $0.2\sim0.3$。

额定功率因数 $\cos\varphi_N$ 和额定效率 η_N 是三相异步电动机的重要技术经济指标。电动机

在额定状态或接近额定状态运行时,$\cos\varphi_N$ 和 η_N 比较高,而在空载和轻载下运行时,$\cos\varphi_N$ 和 η_N 都很低,这是不经济的。所以,在选用电动机时,应使其额定功率 P_N 等于或略大于负载功率 P_2,尽量避免用大容量的电动机带小的负载运行,即要防止"大马拉小车"的现象,并力求缩短空载的时间。

8. 额定频率 f_N

指使电动机在额定状态下运行时,定子三相绕组所应接的交流电源的频率。我国电网标准频率为 50 Hz。频率的变化对电动机的转速和输出功率都有影响,频率降低,转速降低,定子电流增大。

9. 额定转速 n_N

额定转速是指电动机在额定电压、额定功率和额定负载这些额定状态下运行时转子的转速,其值非常接近又略低于同步转速 n_0,$s_N = 0.01 \sim 0.09$。

由于生产机械对转速的要求不同,需要生产不同磁极数的异步电动机,因此有不同的转速等级。只要知道了额定转速 n_N,再参考表 4-1,就能确定同步转速 n_0 和磁极对数 p。

10. 绝缘等级

绝缘等级是按电动机绕组所用的绝缘材料在使用时容许的极限温度来分级的。所谓极限温度,是指电动机绝缘结构中最热点的最高容许温度,电动机绝缘等级与极限温度的对应关系见表 4-4。

表 4-4　电动机绝缘等级与极限温度的对应关系

绝缘等级	A	E	B	F	H
极限温度/℃	105	120	130	155	180

11. 工作方式

电动机的工作方式分为 8 级,用字母 $S_1 \sim S_8$ 表示。例如:

S_1 为连续工作方式;

S_2 为短时工作方式,分为 10,30,60,90 min 四种;

S_3 为断续周期性工作方式,其周期由一个额定负载时间和一个停止时间组成,额定负载时间与整个周期之比为负载持续率。标准持续率有 15%,25%,40%,60%,每个周期为 10 min。

【练习与思考】

4.8.1 三相异步电动机额定功率指的是输出的机械功率还是输入的电功率?

4.8.2 三相异步电动机的额定电压是线电压还是相电压? 其电流是线电流还是相电流?

4.8.3 在电源电压不变的情况下,如果将电动机的△连接误接成丫连接,或者丫连接误接成△连接,其后果如何?

4.9 三相异步电动机的选择

因为在工农业生产中,三相异步电动机应用最为广泛,所以如何正确地选择三相异步电动机是非常重要的。三相异步电动机的选择,主要是确定其类型、电压、转速和功率。这要根据应用、经济、安全等方面来加以选择。

4.9.1 额定功率的选择

电动机的功率是由生产机械的需要而定的,合理地选择电动机的额定功率具有重大的经济意义。如果把电动机的功率选大了,虽然能保证正常运行,但电动机的效能未被充分利用,是不经济的。因为这不仅会使设备投资费用增大,而且由于异步电动机经常在低于额定负载情况下运行,其功率因数和效率都较低,使运行费用增加;如果电动机的功率选小了,就不能保证电动机和生产机械的正常运行,不能充分发挥生产机械的效能,并且由于电动机在运行时电流较长时间超过额定值,致使电动机过热而寿命降低甚至损坏。所以应根据生产机械的需要和电动机的工作方式,来选择电动机的额定功率。

1. 连续工作方式电动机的功率选择

对于连续工作的电动机,只要选择电动机的功率等于或略大于生产机械所需功率即可。例如,车床的切削功率为

$$P_{\mathrm{L}} = \frac{Fv}{1000 \times 60} \ (\mathrm{kW})$$

式中,F 为切削力,单位为 N,它与切削速度、走刀量、吃刀量、工件及刀具的材料有关,可从切削用量手册中查取或经计算得出;v 为切削速度,单位为 m/min。

电动机的功率则为

$$P = \frac{P_{\mathrm{L}}}{\eta_1} = \frac{Fv}{1000 \times 60 \times \eta_1} \ (\mathrm{kW}) \tag{4-25}$$

式中,P_{L} 是生产机械的负载功率,单位为 kW;η_1 为传动机构的效率。

根据式(4-25)计算出的功率 P,在产品目录上选择一台合适的电动机,其额定功率应为

$$P_{\mathrm{N}} \geqslant P$$

又如,拖动水泵的功率为

$$P_{\mathrm{L}} = \frac{\rho Q H}{102} \ (\mathrm{kW})$$

式中,Q 为流量,单位为 m³/s;H 为扬程,即液体被压送的高度,单位为 m;ρ 为液体的密

度,单位为 kg/m³。

拖动水泵的电动机的功率为

$$P_N \geqslant \frac{P_L}{\eta_1 \eta_2} = \frac{\rho QH}{102\eta_1\eta_2} \text{ (kW)} \tag{4-26}$$

式中,η_1 为传动机构的效率;η_2 为泵的效率。

例 4-5 今有一离心水泵,其流量 $Q=0.1\text{m}^3/\text{s}$,扬程 $H=10\text{m}$,电动机与水泵直接连接,即 $\eta_1=1$,水泵效率 $\eta_2=0.6$,水泵转速为 1470r/min。若用一笼型电动机拖动,做长时间连续运行,试选择电动机的功率。

解 对于水泵,其负载功率

$$P_L = \frac{\rho QH}{102} = \frac{1000 \times 0.1 \times 10}{102}\text{kW} = 9.8\text{kW}$$

其中,ρ 是水的密度,为 1000kg/m³。

所选电动机的功率

$$P_N \geqslant \frac{P_L}{\eta_1 \eta_2} = \frac{9.8}{1 \times 0.6}\text{kW} = 16.3\text{kW}$$

可选 Y180M-4 型的普通笼型电动机,其额定功率为 18.5kW,转速为 1470r/min。

2. 短时工作方式电动机的功率选择

电动机厂专门设计和制造了适用于短时工作的电动机,其标准持续时间分为 10min、30min、60min 和 90min 四个等级,其铭牌上的功率是和一定的标准持续时间对应的。当电动机实际工作时间和上述标准时间比较接近时,可按生产机械的实际功率选用额定功率与之相接近的电动机。

实际上,生产机械的实际工作时间 t_W 不一定等于标准持续时间 t_S,此时应按下式将实际工作时间 t_W 下的实际功率 P_W 换算成标准持续时间 t_S 下的功率 P_S:

$$P_S = P_W \sqrt{\frac{t_W}{t_S}} \tag{4-27}$$

式中,t_S 应最接近实际工作时间,然后再根据 t_S 和 P_S 选用电动机。

如果没有合适的专为短时运行设计的电动机,也可选用连续工作方式的电动机。由于在短时运行时,电动机发热一般不成问题,因此容许过载。工作时间越短,则过载可以越大,可按电动机过载能力来选择。但电动机的过载是受到限制的。通常是根据过载系数 λ 来选择短时运行电动机的功率。电动机的额定功率可以是生产机械所要求功率的 $1/\lambda$,即

$$P_N \geqslant \frac{P_L}{\lambda\eta_1\eta_2} \text{ (kW)} \tag{4-28}$$

式中,P_L 为生产机械的负载功率;λ 为电动机的过载系数;η_1 为传动机构的效率;η_2 为生产机械本身的效率。

闸门电动机、机床中的夹紧电动机、尾座和横梁移动电动机以及刀架快速移动电动机等都可按式(4-28)选择短时运行电动机的功率。

另外,刀架快速移动所需电动机(即辅助传动电机)的功率计算如下:

$$P = \frac{G\mu v}{102 \times 60 \times \eta_1\lambda} \text{ (kW)}$$

式中,G 为被移动元件的质量(kg);v 为移动速度(m/min);μ 为摩擦因数,通常为 0.1~0.2;

η_1 为传动机构的效率,通常为 $0.1\sim0.2$;λ 为电动机的过载系数,可由产品目录查得。

例 4-6 已知刀架质量 $G=500\mathrm{kg}$,移动速度 $v=15\mathrm{m/min}$,导轨摩擦因数 $\mu=0.1$,传动机构的效率 $\eta_1=0.2$,要求电动机的转速约为 $1400\mathrm{r/min}$。求刀架快速移动电动机的功率。

解 Y 系列四极定型电动机的过载系数 $\lambda=2.2$,于是

$$P=\frac{G\mu v}{102\times60\times\eta_1\lambda}=\frac{500\times0.1\times15}{102\times60\times0.2\times2.2}\mathrm{kW}=0.28\mathrm{kW}$$

选用 Y3-80M1-4 型电动机,$P_\mathrm{N}=0.55\mathrm{kW}$,$n_\mathrm{N}=1390\mathrm{r/min}$。

3. 断续工作方式电动机的功率选择

这类电动机的工作时间 t 和停止时间 t_0 是交替的,称工作时间 t 和一个工作周期($t+t_0$)之比值为负荷持续率,通常用百分数表示,即

$$\varepsilon=\frac{t}{t+t_0}\times100\% \tag{4-29}$$

电动机厂设计和制造的断续工作方式的电动机,其标准负荷持续率有 15%、25%、40% 和 60% 四种,铬牌上的功率一般是指标准负荷持续率(25%)下的额定功率,在产品目录上还给出了上述其他三种负荷持续率下的额定功率。

如果生产机械的实际负荷持续率与上述标准负荷持续率相接近,可以查阅电动机产品目录,使所选电动机在某一负荷持续率下的额定功率略大于生产机械所需功率。

如果生产机械负荷持续率与标准负荷持续率不同,应先将实际负荷持续率 ε_w 下的实际负载功率 P_w 换算成最接近的标准负荷持续率 ε_S 下的功率 P_S,其换算公式为

$$P_\mathrm{S}=P_\mathrm{w}\sqrt{\frac{\varepsilon_\mathrm{w}}{\varepsilon_\mathrm{S}}} \tag{4-30}$$

最后还需指出,在选择电动机时,还应从节能方面考虑,优先选用高效率和高功率因数的电动机。

4.9.2 种类的选择

在工农业生产中所用的电源通常都是三相交流电源,如无特殊要求,一般应选用三相交流电动机。在三相交流电动机中,有三相笼式异步电动机和绕线转子电动机。

三相笼式异步电动机具有结构简单、坚固耐用、维护方便和价格低廉等优点,但其主要缺点是起动性能较差、调速困难、功率因数较低,因此适用于对调速无特殊要求的一般生产机械的拖动以及空载或轻载起动的场合,例如运输机、搅拌机和功率不大的水泵、风机等大都用笼型异步电动机。

绕线转子电动机的基本性能与笼型相同。其特点是起动性能较好,并可在不太大的范围内平滑调速。但其结构复杂,维护不便,并且它的价格较笼型电动机为贵,故适用于要求起动转矩较大和能在一定范围内调速的地方,如起重机、卷扬机、锻压机及重型机床的横梁移动等不能采用笼型电动机的场合,多采用绕线转子异步电动机拖动。

4.9.3 结构形式的选择

异步电动机具有不同的结构形式和防护等级,应根据电动机的工作环境来选用。电动机通常具有以下几种结构形式。

(1)开启式

在构造上无特殊防护装置,通风非常好。常用于干燥无灰尘的场所。

(2)防护式

在机壳或端盖下面有通风罩,以防止铁屑等杂物掉入。也有的电动机将外壳做成挡板状,以防止在一定角度内有雨水滴溅入其中。

(3)封闭式

这种电动机的外壳严密封闭,电动机靠自身风扇或外部风扇冷却,并在外壳带有散热片。通常用于灰尘多、潮湿或含有酸性气体的场所。

(4)防爆式

整个电机严密封闭,用于有爆炸性气体的场所,例如在矿井中。

4.9.4 电压和转速的选择

电动机电压等级的选择,要根据电动机类型、功率以及使用地点的电源电压来决定。Y系列笼型电动机的额定电压只有 380V 一个等级。大功率异步电动机可选用 3000V 和 6000V。

电动机的额定转速应视生产机械的要求而定。但是,通常异步电动机的同步转速不低于 500r/min。在相同功率下,电动机的转速越低,它的体积就越大,价格也越贵,而且效率也较低。因此要求转速低的生产机械,常选用一台高速电动机,再另配减速装置。异步电动机通常采用四个极的,即 $p=2$ 的异步电动机,其同步转速 $n_0=1500\text{r/min}$。

4.10 单相异步电动机

异步电动机中还有一类单相异步电动机,它常用于功率不大的小型动力机械(如电钻、搅拌器等)和众多的家用电器(如洗衣机、电冰箱、电风扇、抽排油烟机等)中。以下介绍两种常用的单相异步电动机,它们都采用笼型转子,但定子结构有所不同。

4. 10. 1 电容分相式异步电动机

如图 4-28 所示的是电容分相式异步电动机。在它的定子中放置了两个在空间相隔 90°的绕组,一个是工作绕组 A,一个是起动绕组 B。绕组 B 与电容器串联,因而使两个绕组中的电流在相位上相差了近 90°,这就是分相的意义。

在空间相差 90°的两个绕组中,分别通有在相位上相差 90°(或接近 90°)的两相电流

$$i_A = I_{Am}\sin\omega t$$
$$i_B = I_{Bm}\sin(\omega t + 90°)$$

它们的正弦曲线如图 4-29 所示。与三相正弦电流产生旋转磁场的原理类似,这样在相位上相差 90°(或接近 90°)的两相正弦电流也能产生旋转磁场。从图 4-30 中可以看出这样的两相正弦电流所产生的合成磁场也是在空间旋转的。在这个旋转磁场的作用下,电动机的转子就能够转动起来。

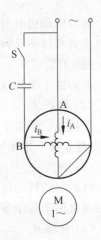

图 4-28 电容分相式
异步电动机

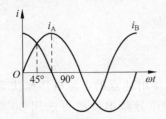

图 4-29 两相正弦电流

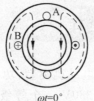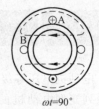

图 4-30 两相旋转磁场

在接近额定转速时,有的电动机借助离心力的作用把开关 S 断开(在起动时是靠弹簧使其闭合的),以切断起动绕组。有的电动机采用起动继电器把它的吸引线圈串接在工作绕组的电路中,在起动时由于电流较大,继电器动作,其动合触点闭合,将起动绕组与电源接通。随着转速的升高,工作绕组中电流减小,当减小到一定值时,继电器复位,切断起动绕组。也有电动机在运行时不断开起动绕组(或仅切除部分电容)以提高功率因数和增大转矩。

除用电容来分相外,也可用电感和电阻来分相。工作绕组的电阻小,匝数多(电感大);起动绕组的电阻大,匝数少,以达到分相的目的。

若要改变单相异步电动机的旋转方向,只需改变电容器 C 的串联位置即可。在图 4-31 中,将开关 S 合在位置 1,电容器 C 与 B 绕组串联,电流 i_B 较 i_A 超前近 90°,旋转磁场将按某一方向旋转;当将 S 切换到位置 2,电容器 C 与 A 绕组串联,i_A 较 i_B 超前近 90°,旋转磁场将按与此前旋转方向相反的方向旋转,这样就改变了旋转磁场的

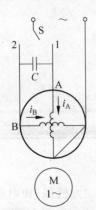

图 4-31 正反转电路

转向,从而实现电动机的反转。洗衣机中的电动机就是由定时器的转换开关来实现这种自动切换的。

4.10.2　罩极式异步电动机

罩极式单相异步电动机的结构如图 4-32 所示。单相绕组绕在磁极上,在磁极的约 1/3 部分套有一个短路铜环。

图 4-33 所示的磁极上有两个磁通在流通,一个是励磁电流 i 产生的磁通 Φ_1,一个是 i 产生的另一部分磁通(穿过短路铜环)和短路铜环中的感应电流所产生的磁通的合成磁通 Φ_2。由于短路铜环中的感应电流会阻碍穿过短路铜环磁通的变化,使 Φ_1 和 Φ_2 之间产生相位差,且 Φ_2 滞后于 Φ_1。当 Φ_1 达到最大值时,Φ_2 还很小;而当 Φ_1 减小时,Φ_2 才增大到最大值。这相当于在电动机内形成一个向被罩部分移动的磁场,就是它使得笼型转子产生转矩而转动。

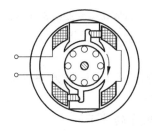
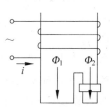

图 4-32　罩极式单相异步电动机的结构图　　　　图 4-33　罩极式异步电动机的移动磁场

罩极式单相异步电动机结构简单,工作可靠,但起动转矩较小,常用于对起动转矩要求不高的设备中,如风扇、吹风机等。

本 章 小 结

1. 三相异步电动机按转子的结构不同分为鼠笼式和绕线式两种。

2. 给三相异步电动机定子绕组通以三相正弦交流电将产生旋转磁场,由电磁感应作用,驱使转子沿旋转磁场方向转动。

3. 旋转磁场转速 $n_0 = \dfrac{60f}{P}$,转差率 $s = \dfrac{n_0 - n}{n_0}$。

4. 三相异步电动机额定转矩 $T_N = 9550 \dfrac{P_N}{n_N}$。

5. 三相异步电动机的起动方式有直接起动和降压起动两种。

6. 三相异步电动机的调速方式有调转差率、调频率和调磁极数三种。

7. 三相异步电动机的制动方式有能耗制动和反接制动两种。

习　题　4

4-1　已知三相异步电动机的额定转速为 1470r/min，频率为 50Hz。求同步转速及磁极对数。

4-2　有一台磁极对数为 6 的三相异步电动机，电源频率 $f_1=50$Hz，额定转差率 $s_N=0.04$。试求：额定转速 n_N 及转子电动势的频率 f_2。

4-3　已知一台异步电动机的技术数据如下：$P_N=2.8$kW，$U_N=220/380$V，$I_N=10/5.8$A，$n_N=2890$r/min，$\cos\varphi_N=0.89$，$f_1=50$Hz。试求：(1)电动机的磁极对数 p；(2)额定转矩 T_N 和额定效率 η_N。

4-4　一台异步电动机，$p=3$，当负载由空载增加到满载时，转差率由 0.005 增大到 0.04，电源频率 $f_1=50$Hz。试问电动机的转速如何变化？

4-5　有两台异步电动机，额定功率都是 7kW，而额定转速不同：一个是 2900r/min，另一个是 730r/min。试求它们的额定转矩。

4-6　有一台异步电动机的 $P_N=10$kW，$U_N=220/380$V，$\eta_N=0.86$，$\cos\varphi_N=0.85$。试求：在额定运行时定子绕组两种接法(△/丫)的电动机线电流和相电流。

4-7　一台异步电动机的铭牌数据如下：额定功率 2.8kW，额定电压 220/380V，额定电流 10.2/5.9A，连接方式丫/△，电源频率 50Hz，额定转速 1370r/min，功率因数 0.84，转子：84V，丫连接，22.5A。试说明上面数据的意义，并求：(1)额定转矩；(2)额定转差率。

4-8　已知一台异步电动机的技术数据如下：$P_N=7$kW，$U_N=220/380$V，$I_N=24.3/14.1$A，连接方式丫/△，$n_N=1440$r/min，$T_{st}=1.5T_N$，$T_m=2T_N$，$I_{st}=6.5I_N$。试求：(1)额定转矩；(2)起动转矩和最大转矩；(3)定子绕组△连接时的起动电流。

4-9　一台异步电动机的起动转矩 $T_{st}=1.4T_N$，现采用丫-△降压起动。试问：(1)当负载转矩 $T_2=0.5T_N$ 时，能否带负载起动？(2)如果负载转矩 $T_2=0.25T_N$ 时，是否可以带负载起动？

4-10　已知一台异步电动机的技术数据如下：额定功率为 2.2kW，额定电压为 380V，连接方式为丫，额定转速为 1430r/min，功率因数为 0.88，额定效率为 0.85。试求：(1)电动机的线电流和相电流；(2)电动机的输入功率。

4-11　三相四极异步电动机的额定功率为 4kW，额定电压为 220/380V，额定转速为 1450r/min，额定功率因数为 0.86。当电动机在额定情况下运行时，试求：(1)输入功率；(2)定子绕组接成丫和△时的线电流；(3)转矩；(4)转差率。

4-12　某三相异步电动机的数据如下：额定功率为 40kW，额定电压为 380V，额定电流为 77.2A，额定转速为 980r/min，$T_{st} = 1.2T_N$，$I_{st} = 6.5I_N$，$T_m = 1.8T_N$，额定功率因数为 0.87，电源频率为 50Hz，磁极数是 6。试求：(1)电动机的效率 η_N；(2)磁极对数 p；(3)转差率 s_N；(4)转矩 T_N；(5)起动转矩 T_{st}；(6)最大转矩 T_m；(7)起动电流 I_{st}。

4-13　有一离心式水泵，其数据如下：流量 $Q = 0.03\text{m}^3/\text{s}$，扬程 $H = 20\text{m}$，转速 $n = 1460\text{r/min}$，效率 $\eta_2 = 0.55$。今用一笼型电动机拖动作长期运行，电动机与水泵直接连接（$\eta_1 \approx 1$）。试选择电动机的功率。

半导体器件基础

半导体器件是构成各种电子电路——包括模拟电路和数字电路、集成电路和分立元件电路的基础。

半导体二极管和晶体管是最常用的半导体器件,它们的基本结构、工作原理、特性、参数等是学习电子技术和分析电子电路必不可少的基础,而 PN 结又是构成各种半导体器件的共同基础。

本章从讨论半导体的导电特性和 PN 结的基本原理入手,首先介绍半导体的特性、半导体中载流子的运动,阐明 PN 结的单向导电特性,然后分别介绍半导体二极管、稳压管、晶体管、场效应晶体管以及半导体光电器件等基本结构、工作原理、特性曲线和主要参数。

➤ 理解 PN 结及其单向导电特性。
➤ 了解二极管结构和类型。
➤ 理解二极管主要参数的物理意义、稳压管的工作原理。
➤ 掌握二极管、稳压管的伏安特性,会对其电路进行分析计算。
➤ 了解晶体管结构及内部载流子的运动。
➤ 理解晶体管的电流放大原理及主要参数的物理意义。
➤ 掌握晶体管的输入和输出特性及三个工作区域。
➤ 理解场效应晶体管的工作原理和主要参数的物理含义。
➤ 了解场效应晶体管的结构及与晶体管的区别。
➤ 了解半导体光电器件的发光原理。

本章知识结构如图 5-1 所示。

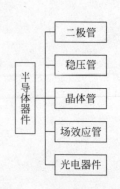

图 5-1　本章知识结构图

5.1 半导体的基础知识

5.1.1 半导体的导电特性

自然界的物质按其导电性能分类,大体上可分为导体、绝缘体和半导体。容易传导电流的物质称为导体,如铜、铝等金属。几乎不传导电流的物质称为绝缘体,如陶瓷、塑料、玻璃等物质。导电能力介于导体和绝缘体之间的物质称为半导体。用来制作半导体器件的常用半导体材料有:元素半导体,如硅(Si)、锗(Ge)等;化合物半导体,如砷化镓(GaAs)等。半导体除了导电能力与导体和绝缘体不同之外,还有其他一些重要的物理特性。比如,当温度升高(或降低)时,半导体的导电能力将迅速增强(或减弱)。再如,在纯净的半导体中掺入微量其他元素(称为杂质),半导体的导电能力将显著增强。又如,在外界太阳光和热的刺激下,半导体的导电能力也将明显变化。

为什么半导体材料的导电性能会有上述一些特点呢? 这是由它们的原子结构和原子间的结合方式所决定的。

目前,制造半导体器件的主要材料是硅和锗,它们在化学元素周期表上同属于第四周期,就是说,它们都是最外层只有四个价电子。最外层价电子影响硅和锗的化学性质,也影响它们的导电性能。如果把原子核和结构较稳定的内层电子看成一个整体,称为惯性核。那么,惯性核带四个正电荷,最外层价电子带四个负电荷。

制作半导体器件的硅和锗都是单晶材料。硅和锗的单晶体具有金刚石结构,每一个原子与相邻四个原子结合,它们正好处于正四面体的中心与顶点的位置。这些原子彼此间通过共价键联系起来。所谓共价键,即每两个相邻原子各拿出一个价电子组成共有的价电子对,环绕两个原子核运动。每个原子的最外层四个价电子分别与相邻的四个原子的价电子组成共价键,从而形成稳定的共价键结构。硅原子共价键结构的空间排列和平面示意图如图 5-2 所示。

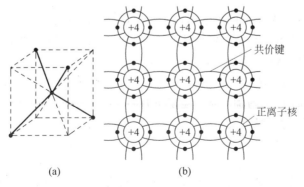

图 5-2 硅原子空间排列及共价键结构平面示意图

(a)硅原子空间排列图;(b)共价键结构平面图

1. 本征半导体

纯净的结构完整的半导体称为本征半导体。

例如高纯度的单晶硅就称为本征硅。在热力学温度零度（$T=0\text{K}$，相当于 $T=-273.15\,℃$）且无外界激发的条件下，价电子所具有的能量无法冲破共价键的束缚。这时，在本征半导体中没有自由电子，半导体不能导电。当温度升高时，价电子因受热而获得能量，如果它的能量足够大，便可挣脱共价键的束缚成为自由电子，同时在它原来所在的共价键位置上留下了一个空位，称为空穴。自由电子和空穴总是成对地出现，通常称为电子空穴对。每个带有一个负电荷的自由电子能在原子间运动，故自由电子被称为半导体里的一种载流子。带有空穴的原子因为少了一个电子而带一个正电荷，我们把这个正电荷看成是空穴所带的正电荷。由于空穴附近的其他共价键上的价电子很容易填补空穴，就造成了空穴的移动，如图 5-3 所示。价电子由 B 到 A 的运动，就相当于空穴从 A 移动到 B。价电子填补空穴的运动，就相当于空穴在作与价电子运动方向相反的运动。由于空穴带有一个正电荷，并且能在原子之间移动，因此空穴也被看成是半导体中的一种载流子。

半导体中共价键分裂产生电子空穴对的过程叫作本征激发。除了加热以外，用光或其他射线照射也能引起本征激发。另一方面，自由电子在运动的过程中释放能量，又可能去填补空穴恢复共价键，这个过程称为载流子的复合。在一定的外界环境条件下，激发与复合的过程达到动态平衡，本征半导体中的自由电子和空穴的数目将保持平衡，如图 5-4 所示。

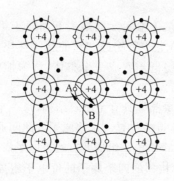

图 5-3 空穴的移动

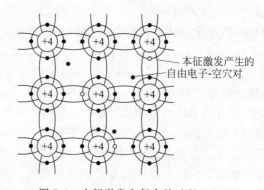

图 5-4 本征激发和复合的过程

半导体中载流子的多少是用单位体积中载流子的个数来表示的。n 表示单位体积中电子的个数，叫作电子浓度。p 表示单位体积中空穴的个数，叫作空穴浓度。通常用 n_i 和 p_i 分别表示本征半导体中电子的浓度和空穴的浓度，显然有 $n_i=p_i$。

本征半导体中载流子浓度受温度的影响很大，理论分析和实验结果表明：在室温附近，温度每升高 8℃，硅的 n_i 约增加一倍；温度每升高 12℃，锗的 n_i 约增加一倍。可见，温度是影响半导体导电性能的重要因素。

2. 杂质半导体

本征半导体中载流子浓度较小，导电能力较弱，且对温度变化敏感，不利于实际应用。实际上用来制造半导体器件的都是"杂质"半导体。杂质半导体是人为地在纯净的半导体单晶中有选择地掺入微量其他元素(称为杂质),并且控制掺入的杂质元素的种类和数量,这样做可以显著地改变(主要是为了提高)和控制半导体的导电特性。杂质半导体可分为 N 型半导体和 P 型半导体两类。

1) N 型半导体

在本征半导体中掺入微量的五价元素,如砷(As)或磷(P),可使半导体中自由电子的浓度大大增加,形成 N(Negative)型半导体,或称为电子型半导体。

掺进本征硅(或锗)中的五价杂质原子占据了晶格中某些硅原子(或锗原子)的位置。由于五价杂质原子的最外层有五个价电子,和周围四个硅原子(或锗原子)组成共价键结构后,多余了一个价电子,这个多余的价电子仅受到杂质原子核的束缚,只要获得很少的能量就能脱离杂质原子而成为自由电子,如图 5-5 所示。实际上在室温的条件下,就可以使全部杂质原子的多余价电子变成自由电子,而且在数量上远远超过了在本征激发下出现的电子空穴对。杂质原子因为失去了电子而变成了带正电荷的正离子,但不产生空穴。这些正离子不能自由移动,不能参与导电,所以不是载流子。五价杂质原子能够释放出电子而被称为施主原子。

在 N 型半导体中,电子浓度远远大于空穴浓度,即 $n > p$。我们把电子叫作多数载流子(简称多子),空穴叫作少数载流子(简称少子)。

2) P 型半导体

在本征半导体中掺入微量的三价元素,如硼(B)或铟(In),可使半导体中空穴的浓度大大增加,形成 P(Positive)型半导体,或称为空穴型半导体。

掺入的三价杂质原子取代晶格中某些位置上的硅(或锗)原子。由于三价杂质原子只有三个价电子,在和周围的四个硅(或锗)原子组成共价键时缺少一个电子,存在空位。而邻近原子的价电子很容易填补这个空位,这样邻近原子就可能在原来位置上留下了一个空穴,如图 5-6 所示。实际上在室温条件下,价电子便能将所有杂质原子上的空位填满,这样就产生了与杂质原子数目相当的空穴。这一数目远超过本征激发产生的电子空穴对的数目。每个杂质原子因得到一个电子而变成负离子。由于这个负离子不能移动,不能参加导电,所以不是载流子。三价杂质原子能够接受一个电子,故称为受主原子。

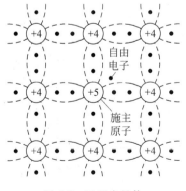

图 5-5　N 型半导体

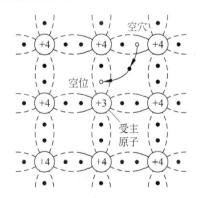

图 5-6　P 型半导体

在 P 型半导体中,空穴浓度远远大于电子浓度,即 $p > n$。把空穴叫作多数载流子(简称多子),电子叫作少数载流子(简称少子)。

由以上分析可知,杂质半导体中多子浓度主要取决于掺入的杂质浓度,因此多子浓度受温度的影响较小。而少子浓度主要与本征激发有关,因此少子浓度与温度、光照等外界因素有密切关系,将直接影响半导体器件的性能。由于在杂质半导体中,多子所带的电荷总量与少子及离子所带的相反极性的电荷总量相等,因此,从整体上看,杂质半导体保持电中性。

3. 载流子的漂移运动和扩散运动

1) 漂移运动

无电场力作用时,半导体中载流子的运动是无规则的热运动,因而不形成电流。当有电场力作用时,半导体中的载流子将产生定向运动,称为漂移运动。载流子的漂移运动形成的电流称为漂移电流。这个电流由电子逆电场方向运动所形成的电流与空穴顺电场方向运动所形成的电流合成。显然电场越强,载流子漂移速度越快,漂移电流就越大;载流子浓度越大,则参与漂移运动的载流子数目越多,漂移电流也越大。

2) 扩散运动

当半导体受到光照或有载流子从外界注入时,半导体内载流子浓度会分布不均匀,这时载流子便会从浓度高的区域向浓度低的区域运动。这种由于浓度差而引起的定向运动称为扩散运动。载流子扩散运动所形成的电流称为扩散电流。显然,扩散电流的大小与载流子的浓度成正比。

5.1.2　PN 结

如果在 N 型(或 P 型)半导体基片上,掺入浓度高于原掺入杂质浓度的三价(或五价)元素作为补偿杂质,形成一个 P 型区(或 N 型区),那么在 P 型区和 N 型区的交界处便形成一个 PN 结。PN 结是构成多种半导体器件的基础。

当 P 型和 N 型半导体结合到一起时,在交界面两边存在着很大的载流子浓度差。P 区中空穴浓度高,N 区中电子浓度高。因此 P 区中的空穴要向 N 区扩散,N 区中的电子要向 P 区扩散,如图 5-7(a)所示。扩散的结果使交界面附近的 P 区一侧因失去空穴而留下不能移动的负离子,在 N 区一侧因失去电子而留下不能移动的正离子。由这些带有电荷的离子形成了很薄的空间电荷区,这就是 PN 结。在原交界面两边的空间电荷区中,所带的正负电荷总数显然是相等的。由于正负电荷的互相作用,在空间电荷区中就形成了一个电场,称为自建电场。电场的方向是由 N 区指向 P区的,如图 5-7(b)所示。

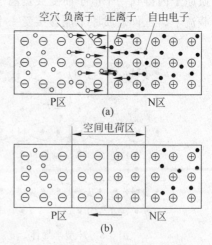

图 5-7　PN 结的形成
(a) 多子扩散运动;(b) 动态平衡时的 PN 结

自建电场的建立与增强,一方面将阻碍 P 区和 N 区的多子扩散运动;另一方面,当 P 区与 N 区少子一旦靠近 PN 结,便将在电场力的作用下作漂移运动,P 区中少子电子向 N 区漂移,N 区中少子空穴向 P 区漂移。漂移运动的方向正好与扩散运动的方向相反。开始时,自建电场较弱,多子的扩散运动占优势,随着扩散的进行,空间电荷区变宽,空间电荷数目增多,使自建电场加强,从而使少子的漂移运动增强。一旦漂移运动增强到与扩散运动相等时,通过交界面的净载流子数为零。这时空间电荷数目不再增多,空间电荷区的宽度不再变化,PN 结达到平衡状态。空间电荷区是载流子缺少的地区,所以电阻率很高,是高阻区。为了强调 PN 结的某种特性,有时也称它为耗尽层、势垒层或阻挡层等。

如果 P 区和 N 区的掺杂浓度相同,则两个区域里空间电荷区的厚度相同,称为对称 PN 结。如果两个区域掺杂浓度不同,掺杂浓度高的一侧,离子密度大,空间电荷区薄;掺杂浓度低的一侧,离子密度小,空间电荷区厚,形成不对称 PN 结。

1. PN 结的单向导电特性

1) PN 结加正向电压

如图 5-8 所示,电源 E 的正极接 P 区,负极接 N 区,这种接法叫 PN 结加正向电压或正向偏置。此时外加电场与 PN 结自建电场的方向相反。在外加电场作用下,P 区的多子空穴向右移动,与空间电荷区内的负离子中和。同时 N 区的多子电子向左移动与空间电荷区的正离子中和。这样,使空间电荷减少,空间电荷区变窄,自建电场被削弱。这就有利于多子的扩散而不利于少子的漂移。于是,当外加正向电压增大到一定数值以后,扩散电流大大增加,形成较大的 PN 结正向电流。

由于自建电场的电动势一般只有零点几伏,因此不大的正向电压就可以产生相当大的正向电流。而且外加正向电压的微小变化能使扩散电流发生显著的变化。

2) PN 结加反向电压

如图 5-9 所示,电源 E 的正极接 N 区,负极接 P 区。这种接法叫 PN 结加反向电压或反向偏置。此时外加电场与 PN 结的自建电场方向相同。在外加电场作用下,P 区和 N 区中的多子背离 PN 结运动,使空间电荷增多,空间电荷区变宽,自建电场加强。这就使多子的

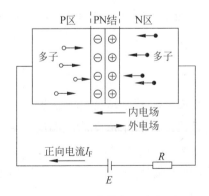

图 5-8　PN 结外加正向电压

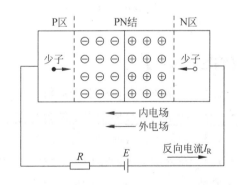

图 5-9　PN 结外加反向电压

扩散运动大为减弱,而少子的漂移运动将占优势。通过 PN 结的电流将主要由少子漂移电流决定,称为 PN 结的反向电流。在一定的温度条件下,少子的浓度基本不变,PN 结的反向电流几乎与外加反向电压的大小无关,故称为反向饱和电流。

由此可见,PN 结具有单向导电特性。外加正向电压时,空间电荷区变窄,表现为低电阻,流过一个较大的正向电流。外加反向电压时,空间电荷区变宽,表现为高电阻,通过一个很小的反向饱和电流。

2. PN 结的伏安特性

根据理论分析,PN 结的伏安特性方程为

$$I = I_s e^{qE/kT} - 1 \tag{5-1}$$

式中,E 为外加电压(V),由于 P 区和 N 区的体电阻很小,故忽略其压降,近似认为外加电压全部加在 PN 结上;I 为流过 PN 结的电流(A);$q = 1.6 \times 10^{-19}$ C,是电子电荷量;$k = 1.38 \times 10^{-23}$ J/K,是玻尔兹曼常数;T 是热力学温度(K);I_s 是反向饱和电流(A)。

令 $kT/q = E_T$,则式(5-1)可以写成

$$I = I_s e^{E/E_T} - 1 \tag{5-2}$$

E_T 称为温度的电压当量。当 $T = 300$K 时,从式(5-2)可得 $E_T \approx 26$mV。在室温条件下,则可近似取 $E_T = 26$mV 来进行分析和计算。

当外加正向电压 E 比 E_T 大数倍时,$e^{E/E_T} \gg 1$,于是 $I \approx I_s e^{E/E_T}$,即正向电流随正向电压按指数规律迅速增大。

当外加反向电压 $|E|$ 比 E_T 大数倍时,$e^{E/E_T} \ll 1$,于是 $I \approx -I_s$。即外加反向电压时,PN 结只流过很小的反向饱和电流。

通过上述分析,PN 结的伏安特性曲线如图 5-10 所示。

3. PN 结的反向击穿

当加在 PN 结的反向电压增大到某个数值时,反向电流急剧增加,这种现象称为 PN 结反向击穿。发生击穿所

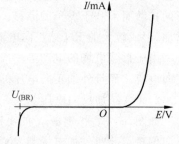

图 5-10 PN 结的伏安特性曲线

需的反向电压 U_{BR} 称为击穿电压。反向击穿的特点是:随着反向电流急剧增加,PN 结的反向电压值增加很少。

【练习与思考】

5.1.1 在杂质半导体中多子的数量与_____有关。a. 掺杂浓度;b. 温度

5.1.2 在杂质半导体中少子的数量与_____有关。a. 掺杂浓度;b. 温度

5.1.3 当温度升高时,少子的数量_____。a. 减少;b. 不变;c. 增多

5.1.4 在外加电压的作用下,P 型半导体中的电流主要是_____,N 型半导体中的电流主要是_____。a. 电子电流;b. 空穴电流

5.2 半导体二极管

5.2.1 基本结构

　　半导体二极管是由一个 PN 结加上电极引线和管壳构成的。二极管的种类很多,按材料来分类,最常用的有硅管和锗管等;按其结构的不同,可分为点接触型、面接触型和平面型三种;按用途来分类,有普通二极管、整流二极管、开关二极管和稳压二极管等。常见二极管的结构、外形和电路符号如图 5-11 所示。二极管的两极分别叫作正极或阳极(P 区),负极或阴极(N 区)。图 5-12 为半导体二极管实物图。

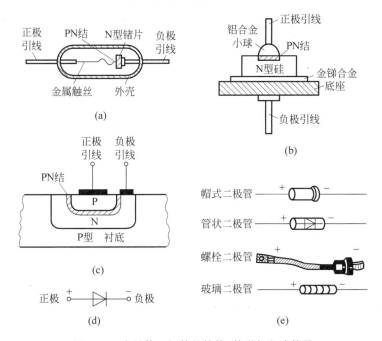

图 5-11 半导体二极管的结构、外形与电路符号
(a) 点接触型;(b) 面接触型;(c) 平面型;(d) 电路符号;(e) 常见二极管的外形

图 5-12 半导体二极管实物图

5.2.2 伏安特性

二极管的核心是一个 PN 结,它的伏安特性也就是 PN 结的伏安特性。二极管的电流随外加偏置电压的变化规律,称为二极管的伏安特性,以曲线的形式描绘出来,就是伏安特性曲线。二极管的伏安特性曲线如图 5-13 所示。下面分三部分对二极管的伏安特性曲线进行分析。

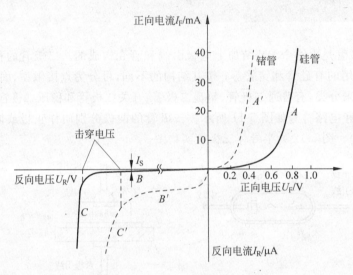

图 5-13　二极管的伏安特性曲线

1. 正向特性——外加正偏电压 U_F

当 $U_F = 0$ 时,$I_F = 0$,PN 结处于平衡状态,即图 5-13 中的坐标原点。当 U_F 开始增加时,即正向特性的起始部分,由于此时 U_F 较小,外电场还不足以克服 PN 结的内电场,正向扩散电流仍几乎为零。只有当 U_F 大于死区电压(锗管约 0.1V,硅管约 0.5V)后,外加电场才足以克服内电场,使扩散运动迅速增加,才开始产生正向电流 I_F。

2. 反向特性——外加反向偏压 U_R

当外加反向电压时,宏观电流是由少子组成的反向漂移电流。当反向电压 U_R 在一定范围内变化时,反向电流 I_R 几乎不变,所以又称为反向饱和电流 I_S。当温度升高时,少子数目增加,所以 I_S 增加。室温下一般硅管的反向饱和电流小于 $1\mu A$,锗管为几十到几百微安,如图 5-13 中 B 段和 B' 段所示。

3. 击穿特性——外加反压增大到一定程度

击穿特性属于反向特性的特殊部分。当 U_R 继续增大,并超过某一特定电压值时,反向电流将急剧增大,这种现象称为击穿。发生击穿时的 U_R 叫击穿电压 U_{BR},如图 5-13 中 C 段和 C' 段所示。如果 PN 结击穿时的反向电流过大(没有串接限流电阻等原因),使 PN 结的温度超过 PN 结的允许结温(硅 PN 结的结温为 $150\sim200℃$,锗 PN 结的结温为 $75\sim100℃$)时,PN 结将因过热而损坏。

5.2.3 主要参数

为了正确选用及判断二极管的好坏,必须对其主要参数有所了解。

(1) 最大整流电流 I_{OM}:指二极管在一定温度下,长期允许通过的最大正向平均电流,否则会使二极管因过热而损坏。另外,对于大功率二极管,必须加装散热装置。

(2) 反向击穿电压 U_{BR}:管子反向击穿时的电压值称为反向击穿电压 U_{BR}。一般手册上给出的最高反向工作电压 U_{RM} 约为反向击穿电压的一半,以保证二极管正常工作的余量。

(3) 反向电流 I_R(反向饱和电流 I_s):指在室温和规定的反向工作电压下(管子未击穿时)的反向电流。这个值越小,则管子的单向导电性就越好。它随温度的增加而按指数上升。

(4) 结电容与最高工作频率 f_M:PN 结加电压后,其空间电荷区会发生变化,这种变化造成的电容效应称为结电容。最高工作频率 f_M 是二极管工作的上限频率,当外加高频交流电压的频率超过此值时,由于结电容的作用,二极管将不能很好地体现单向导电性。

5.2.4 应用举例

二极管在电子技术中被广泛地应用于整流、限幅、钳位、开关、稳压和检波等方面,大多是利用其正偏导通、反偏截止的特点。

1. 整流应用

利用二极管的单向导电性可以把大小和方向都变化的正弦交流电变为单向脉动的直流电,如图 5-14 所示。这种方法简单、经济,在日常生活及电子电路中经常采用。根据这个原理,还可以构成整流效果更好的单相全波、单相桥式等整流电路。

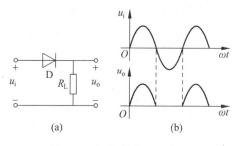

图 5-14 二极管的整流应用

(a) 二极管整流电路;(b) 输入与输出波形

2. 限幅应用

利用二极管的单向导电性,将输入电压限定在要求的范围之内,叫作限幅。在图 5-15(a) 所示的双向限幅电路中,交流输入电压 u_i 和直流电压 E_1 都对二极管 D_1 起作用;相应的 D_2 也同时受 u_i 和 E_2 的控制。在假设 D_1、D_2 为理想二极管时,有如下限幅过程发生:当输入电压 $u_i > 3V$ 时,D_1 导通,D_2 截止,$u_o = 3V$;当 $u_i < -3V$ 时,D_2 导通,D_1 截止,$u_o = -3V$;当 u_i 在 $-3V$ 与 $+3V$ 之间时,D_1 和 D_2 均截止,因此 $u_o = u_i$,输出波形如图 5-15(b)所示。

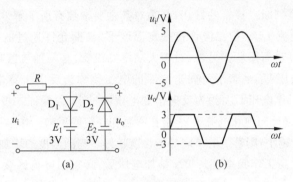

图 5-15 二极管的限幅应用

(a) 双向限幅电路;(b) 输入与输出波形

3. 开关应用

在数字电路中经常将半导体二极管作为开关元件来使用,因为二极管具有单向导电性,可以相当于一个受外加偏置电压控制的无触点开关。如图 5-16 所示为二极管作为开关用来监测发电机组工作的某种仪表的部分电路,其中 u_s 是需要定期通过二极管 D 加入记忆电路的信号,u_i 为控制信号。

当控制信号 $u_i = 10V$ 时,D 的负极电位被抬高,二极管截止,相当于"开关断开",u_s 不能通过 D;当 $u_i = 0V$ 时,D 正偏导通,u_s 可以通过 D 加入记忆电路,此时二极管相当于"开关闭合"情况。这样,二极管 D 就在信号 u_i 的控制下,实现了接通或断开 u_s 信号的作用。

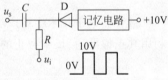

图 5-16 二极管的开关应用

4. 稳压应用

在要求不高的稳定电压输出时,可以利用几个二极管的正向压降串联来实现。有一种稳压二极管,可以专门用来实现稳定电压输出。稳压二极管有不同的系列,用以实现不同的稳定电压输出。

【练习与思考】

5.2.1 欲使二极管具有良好的单向导电性,管子的正向电阻和反向电阻分别为大一些好,还是小一些好?

5.2.2 当温度升高时,二极管的反向饱和电流将_____。a. 增大;b. 不变;c. 减小

5.2.3 假设一个二极管在 50℃ 时的反向电流为 $10\mu A$,试问它在 20℃ 和 80℃ 时的反

向电流大约分别是多少？已知温度每升高 10℃，反向电流大致增加一倍。

5.3　稳　压　管

5.3.1　伏安特性

稳压二极管亦称齐纳二极管，为突出它的稳压特点，常简称为稳压管。它是一种用特殊工艺制造的面接触型硅半导体二极管，可以稳定地工作于击穿区而不损坏。稳压二极管的外形、内部结构均与普通二极管相似，稳压管的伏安特性曲线和符号及其等效电路如图 5-17 所示。由图可见，当稳压管反向击穿后，反向电流可以在相当大的范围内变化，即有较大的电流增量，而相应的管子两端的反向击穿电压（即稳压管的稳定电压）只有很小的变化。因此，它具有稳压作用。

在实际使用时，常规定稳压管电压和电流的参考方向，当阴极高、阳极低时电压为正，从阳极流出电流为正。使用稳压管时必须在电路中采取措施来限制稳压管的电流，以免电流过大使 PN 结过热损坏。

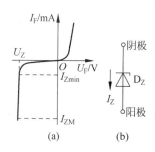

图 5-17　稳压管的伏安特性曲线和符号
(a) 伏安特性曲线；(b) 符号

5.3.2　主要参数

（1）稳定电压 U_Z：U_Z 是当稳压管中的电流为规定的测试电流时，稳压管两端的电压。它就是稳压管的反向击穿电压，它的大小取决于制造时的掺杂浓度。实际上，即使同一型号的管子，U_Z 的值也会不同。因此，产品手册上常给出的是 U_Z 的范围。

（2）最小稳定电流 I_{Zmin}：稳压管正常工作时的最小电流值定义为最小稳定电流，记为 I_{Zmin}，一般在几毫安以上。稳压管正常工作时的电流应大于 I_{Zmin}，以保证稳压效果。通常产品手册上给出的稳定电流值就是 I_{Zmin}。

（3）最大稳定电流 I_{ZM} 和最大耗散功率 P_{ZM}。

稳压管允许流过的最大电流和最大功耗分别叫作最大稳定电流 I_{ZM} 和最大耗散功率 P_{ZM}。通过管子的电流太大，会使管子内部的功耗增大，结温上升而烧坏管子，所以稳压管正常工作时的电流和功耗不应超过这两个极限参数。一般有

$$P_{ZM} = U_Z I_{ZM} \tag{5-3}$$

（4）动态电阻 r_z。

动态电阻 r_z 是指稳压管端电压的变化量与相应的电流变化量的比值，我们定义 r_z 为电流变化量 ΔI_z 引起的稳定电压变化量 ΔU_z，即

$$r_z = \frac{\Delta U_z}{\Delta I_z} \tag{5-4}$$

r_z 越小，反向击穿区曲线越陡，稳压效果就越好。通常 r_z 的数值在几欧到几十欧之间。r_z 的大小随工作电流而变化，电流越大，r_z 越小。动态电阻是反映稳压二极管稳压性能好坏的重要参数。

（5）稳定电压 U_z 的温度系数 K。

稳定电压 U_z 的温度系数 K 定义为温度变化 1℃ 引起的稳定电压 U_z 的相对变化量，即

$$K = \frac{\Delta U_z/U_z}{\Delta T} \, (\%/\text{℃}) \tag{5-5}$$

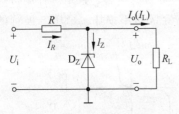

图 5-18　稳压管稳压电路

稳压二极管在工作时应反接，并串联一只电阻。电阻的作用首先是起限流作用，以保护稳压管；其次是当输入电压或负载电流变化时，通过该电阻上电压降的变化，取出误差信号以调节稳压管的工作电流，从而起到稳压作用。图 5-18 所示为稳压管稳压电路，其中 D_z 为稳压管，电阻 R_L 为负载电阻，电阻 R 为限流电阻。当电网电压波动或者负载电阻变化时，都能够引起输出电压变化。

【练习与思考】

5.3.1　稳压管实质上也是一种二极管，它通常工作在＿＿＿＿区。

5.3.2　欲使稳压管具有良好的稳压特性，它的工作电流、动态内阻以及温度系数等各项参数，是大一些好还是小一些好？

5.3.3　参照图 5-18，使用稳压管组成稳压电路时，需要注意几个问题？

5.4　晶　体　管

5.4.1　基本结构

利用不同的掺杂方式在同一块硅片上，制造出能够形成两个 PN 结的三个掺杂区，就构成了半导体三极管。半导体三极管又叫晶体三极管，简称晶体管。由于它在工作时半导体

中的电子和空穴两种载流子都起作用,因此属于双极型器件,也叫作 BJT(bipolar junction transistor,双极结型晶体管)。

晶体管的种类很多,按照半导体材料的不同可分为硅管、锗管;按功率分有小功率管、中功率管和大功率管;按照频率分有高频管和低频管;按照制造工艺分有合金管和平面管等。通常,按照结构的不同分为两种类型:NPN 型管和 PNP 型管,图 5-19 给出了 NPN 和 PNP 管的结构示意图和电路符号,符号中的箭头方向是晶体管的实际电流方向。从外表上看两个 N 区(或两个 P 区)是对称的,实际上发射区的掺杂浓度大,集电区掺杂浓度低,且集电结面积大。基区要制造得很薄,其厚度一般在几微米至几十微米。图 5-20 所示为几种常见晶体管的外形图。

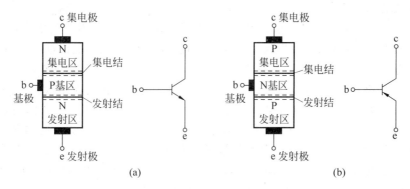

图 5-19　晶体管的结构与电路符号
(a) NPN 型晶体管;(b) PNP 型晶体管

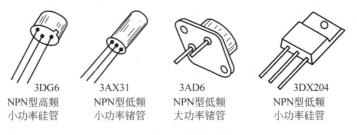

图 5-20　常见晶体管的外形

无论是哪种类型的晶体管,它们都有三个区:中间的区称为基区,两侧的区分别称为发射区和集电区。NPN 型管的基区为 P 型半导体,发射区和集电区为 N 型半导体;PNP 型管的基区为 N 型半导体,发射区和集电区为 P 型半导体。晶体管有三个电极,分别从三个区引出,称为基极 b、发射极 e 和集电极 c。晶体管有两个 PN 结,发射区和基区交界处的 PN 结称为发射结,基区和集电区交界处的 PN 结称为集电结。PNP 型晶体管和 NPN 型晶体管具有几乎等同的特性,只不过是各电极间的电压极性和各电极电流的方向不同而已。接下来,我们以 NPN 型晶体管为例来讨论其工作原理、特性曲线和主要参数等。

作为一个具有放大作用的元件,晶体管在结构上必须有如下特点:发射区的掺杂浓度远大于集电区的掺杂浓度;集电区的掺杂浓度大于基区的掺杂浓度;基区很薄,一般只有几微米至几十微米;集电结的面积大于发射结的面积,这种结构上的特点是晶体管具有放大作用的基础。

5.4.2 工作原理

放大电路应用十分广泛，无论是日常使用的收音机、扩音器，或者是精密测量仪器和复杂的自动控制系统，其中都有各种各样的放大电路。在这些电子设备中，放大电路的作用是将微弱的信号进行放大，以便于人们测量和使用。例如，从收音机天线接收到的信号或者从传感器得到的信号，有时只有微伏或毫伏的数量级，必须经过放大才能驱动喇叭或者进行观察、记录和控制。由于放大电路是电子设备中最普遍的一种基本单元，因而也是模拟电子技术课程的重要内容之一。

所谓放大，表面看来是将信号的幅度由小增大，但是，放大的本质是实现能量的控制。由于输入信号（如从天线或传感器得到的信号）的能量过于微弱，不足以推动负载（如喇叭或测量装置的执行机构），因此需要另外提供一个能源，由能量较小的输入信号控制这个能源，使之输出较大的能量，然后推动负载。这种小能量对大能量的控制作用，就是放大作用。

放大的对象是变化量，能够将微小的变化量不失真地放大输出。放大作用是通过放大电路来实现的，放大电路的核心元件是晶体管。放大时晶体管所需具备的内部条件：保证其发射区掺杂浓度高；基区很薄且掺杂浓度低；集电结面积大。放大电路中晶体管所需具备的外部条件：发射结正偏（加正向电压，即 P 接正，N 接负），集电结反偏（加反向电压，即 N 接正，P 接负）。欲达到这个目的，可以在基极与发射极之间加正向电压，集电极和发射极之间加一较大电压，以确保发射结正偏，集电结反偏。这种接法以发射极为公共端，称为共射接法，如图 5-21 所示。

要控制晶体管内载流子的传输以达到电流放大的目的，必须给晶体管加上合适的偏置电压，NPN 三极管的偏置情况及内部载流子运动情况如图 5-22 所示。

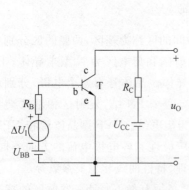

图 5-21 基本共射放大电路

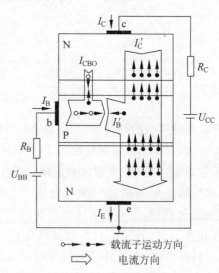

图 5-22 晶体管内的载流子运动情况

1. 发射区向基区注入电子的过程

发射结加正向电压，发射区的多子（电子）就要向基区扩散，基区的多子空穴也要向发射区扩散,但由于发射区杂质浓度远大于基区的杂质浓度,因而基区向发射区扩散的多子比起发射区向基区扩散的多子数量来说,可以略去不计,因而这里的载流子运动主要表现为发射区向基区注入电子。

2. 电子在基区的扩散过程

发射区的多子(电子)注入基区后,就在基区靠近发射结的附近积累起来,称为基区的非平衡少子,显然这些非平衡少子要向基区深部扩散。由于基区做得很薄,所以注入的电子在扩散过程中,只有极少数与基区的空穴复合而形成基极电流,绝大部分还没来得及复合就已经扩散到集电结边界了,被集电极收集起来,形成集电极电流。

3. 电子被集电极收集的过程

由于集电结反向偏置,显然发射区不断向基区注入的非平衡少子(电子)扩散到集电结边界,就会受到集电结电场吸引而迅速漂移过集电结,形成集电极电流。与此同时,集电结反向偏置必然要使集电区与基区的少子漂移,形成反向饱和电流。

4. 各极电流分配关系

发射极电流 I_E 在基区分为基区内的复合电流 I_B' 和继续向集电极扩散的电流 I_C' 两个部分,I_C' 与 I_B' 的比例,取决于制造晶体管时的结构和工艺,管子制成后,这个比例基本上是个定值。定义晶体管的直流电流放大系数 $\bar{\beta}$ 为 I_C' 与 I_B' 的比值,即

$$\bar{\beta} = \frac{I_C'}{I_B'} = \frac{I_C - I_{CBO}}{I_B + I_{CBO}} \approx \frac{I_C}{I_B} \tag{5-6}$$

因为从发射区注入基区的载流子在基区复合掉的很少,所以 $\bar{\beta}$ 一般在几十到二百之间。$\bar{\beta}$ 越大,晶体管的电流放大能力越强。从式(5-6)中可以解出

$$I_C = \bar{\beta} I_B + (1+\beta) I_{CBO} = \bar{\beta} I_B + I_{CEO} \tag{5-7}$$

式中,$I_{CEO} = (1+\bar{\beta}) I_{CBO}$ 叫作穿透电流。当 $I_{CEO} \ll I_C$ 时,近似可得

$$I_C \approx \bar{\beta} I_B \tag{5-8}$$

将晶体管看成一个节点,还可以得到发射极电流 I_E 与 I_B、I_C 的关系,

$$I_E = I_C + I_B = (1+\bar{\beta}) I_B \tag{5-9}$$

由于 $\bar{\beta}$ 较大,通常认为 $I_E \approx I_C$。一般小功率管基极电流通常是微安级别,而 I_C 和 I_E 的数量级可以达到毫安级。

5. 晶体管的放大作用

如图 5-23(a)所示称为晶体管的共发射极放大电路。因为这个电路中包含由晶体管的基极与发射极构成的输入回路和由集电极与发射极构成的输出回路,晶体管的发射极作为输入和输出回路的公共端,所以称为共发射极放大电路。电源 U_{BB} 接于输入回路,使晶体管的发射结正偏,U_{CC} 接于输出回路使集电结反偏。在这种偏置下,可以使晶体管内载流子有规律的传输,产生电流 I_B,I_C,I_E,并在集电极电阻 R_C 上产生输出电压 U_o。其中,I_C 为 I_B

的 $\bar{\beta}$ 倍，即输出电流为输入电流的 $\bar{\beta}$ 倍，这是对直流电流的放大作用。

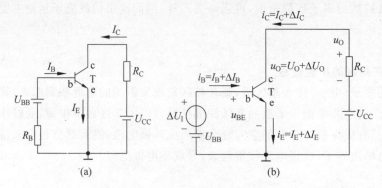

图 5-23　晶体管的电流放大作用

(a) 没加入交流信号时；(b) 加入交流信号后的电流放大作用

在电子电路中，我们更关心的是晶体管对微弱的变化信号的放大作用，在电子电路中所说的放大指的是对变化的交流信号的放大，而不是直流。在图 5-23(a)所示电路的输入回路中串入待放大的输入信号 ΔU_I，如图 5-23(b)所示，这样发射结的外加电压将等于 $U_{BB}+\Delta U_I$。外加电压的变化使发射极电流产生 ΔI_E 的变化。由于晶体管的电流分配关系是一定的，因此 ΔI_E 将引起相应的 ΔI_C 和 ΔI_B。我们定义 ΔI_C 与 ΔI_B 的比值为晶体管的交流电流放大系数 β，即

$$\beta = \frac{\Delta I_C}{\Delta I_B} \tag{5-10}$$

$$\Delta I_C = \beta \Delta I_B \tag{5-11}$$

$$\Delta I_E = (1+\beta)\Delta I_B \tag{5-12}$$

输出电流 ΔI_C 是输入电流 ΔI_B 的 β 倍，可见晶体管对变化的输入电流 ΔI_B 有放大作用，β 一般为几十到二百之间。

以上只是扼要地说明了晶体管放大作用的原理。要实现放大作用，获得良好的放大效果，还必须合理设计电路的形式和参数。这些问题将在后续章节中详细讨论。

5.4.3　特性曲线

晶体管特性曲线是表示晶体管各极间电压和电流之间的关系曲线，它们是选择使用晶体管、分析和设计晶体管电路的基本依据。

晶体管的伏安特性曲线是晶体管内载流子运动规律的外部体现，可以指导我们在电路设计中合理地选择和使用晶体管，还可以在特性曲线上作图对晶体管的放大性能进行分析。晶体管和二极管一样是非线性元件，所以其伏安特性曲线也是非线性的。晶体管伏安特性曲线有输入特性曲线和输出特性曲线。这些曲线和电路的接法有关。这里仍以最常用的 NPN 型晶体管构成的共发射极电路为例来分析晶体管的特性曲线。

1. 输入特性曲线

输入特性曲线是指当集电极与发射极之间电压 U_{CE} 为常数时,输入回路中加在晶体管基极与发射极之间的发射结电压 U_{BE} 和基极电流 I_B 之间的关系曲线,如图 5-24(a)所示。用函数关系式表示为

$$I_B = f(U_{BE})_{\,|\,U_{CE}=\text{常数}} \tag{5-13}$$

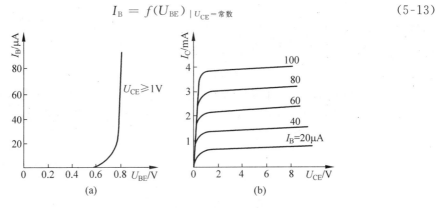

图 5-24　晶体管的输入、输出特性曲线
(a) 输入特性曲线;(b) 输出特性曲线

2. 输出特性曲线

输出特性曲线是在基极电流 I_B 一定的情况下,在晶体管集电极输出回路中,集电极与发射极之间的管压降 U_{CE} 和集电极电流 I_C 之间的关系曲线,如图 5-24(b)所示。用函数式表示为

$$I_C = f(U_{CE})_{\,|\,I_B=\text{常数}} \tag{5-14}$$

根据输出特性的特点,将其划分为三个区域,如图 5-25 所示。下面逐一进行介绍。

1) 截止区

习惯上把 $I_B \leqslant 0$ 的区域称为截止区,即 $I_B = 0$ 的输出特性曲线和横坐标轴之间的区域。若要使 $I_B \leqslant 0$,晶体管的发射结就必须在死区以内或反偏,为了使晶体管能够可靠截止,通常给晶体管的发射结加反偏电压。工作在截止区时,晶体管基本上失去了放大作用。

2) 放大区

在这个区域内,发射结正偏,集电结反偏。I_C 与 I_B 之间满足电流分配关系 $I_C = \beta I_B + I_{CEO}$,

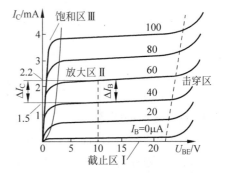

图 5-25　晶体管的三个工作区域

输出特性曲线近似为水平线。放大区的特点是:在 I_B 固定的情况下,U_{CE} 增加时,I_C 略有增加,但影响不大,如图 5-25 中曲线的平坦部分所示;U_{CE} 固定时,对应于不同的 I_B 值,I_C 变化很大,表现了 I_B 对 I_C 的控制作用。曲线之所以近似为水平线,是由于此时集电结已经反偏,使发射区注入基区的电子绝大部分都能到达集电区,基区中靠近集电结边界的非平衡电子浓度已经近乎零,故 U_{CE} 再增加时,对 I_C 的影响已不大。

3）饱和区

如果发射结正偏时，出现管压降 $U_{CE} < 0.7V$（对于硅管来说），也就是 $U_{CB} < 0$ 的情况，我们称晶体管进入饱和区。所以饱和区的发射结和集电结均处于正偏状态。饱和区中的 I_B 对 I_C 的影响较小，放大区的 β 也不再适用于饱和区。

5.4.4　主要参数

晶体管的参数是用来表示晶体管各种性能的指标，是评价晶体管优劣和选用晶体管的依据，也是设计、计算和调整晶体管电路时不可或缺的根据。晶体管的参数很多，这里只选择其中主要参数加以介绍。

1. 电流放大系数

根据工作状态的不同，在直流和交流两种情况下，分别有直流电流放大系数 $\bar{\beta}$ 和交流电流放大系数 β。

2. 共发射极直流电流放大系数 $\bar{\beta}$

在共发射极电路没有交流输入信号的情况下，$(I_C - I_{CEO})$ 与 I_B 的比值称为直流电流放大系数 $\bar{\beta}$，即

$$\bar{\beta} = \frac{I_C - I_{CEO}}{I_B} \approx \frac{I_C}{I_B} \tag{5-15}$$

3. 共发射极交流电流放大系数 β

指在共发射极电路中，输出集电极电流的变化量与输入基极电流的变化量的比值，即

$$\beta = \frac{\Delta I_C}{\Delta I_B} \tag{5-16}$$

式中，β 值是衡量晶体管放大能力的重要指标。

4. 极间反向电流

1）集电极-基极间反向饱和电流 I_{CBO}

指在发射极开路时（$I_E = 0$），集电极和基极之间加反向电压时产生的电流，也就是集电结的反向饱和电流。下标中的"O"代表发射极开路，可用图 5-26 所示的电路测出。手册上给出的 I_{CBO} 都是在规定的某个反向电压值下测出的。反向电压大小改变时，I_{CBO} 的数值可能稍有改变。另外，I_{CBO} 是少数载流子电流，随温度升高而指数上升，影响晶体管工作的温度稳定性。作为晶体管的质量指标，I_{CBO} 越小越好。硅管的 I_{CBO} 比锗管的小得多；大功率管的 I_{CBO} 值也较大，使用时应注意。在工作

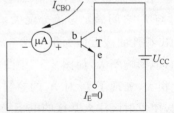

图 5-26　测量 I_{CBO} 的电路

环境温度变化较大的场所一般选择硅管。

2) 集电极-发射极间反向电流 I_{CEO}

指基极开路时,集电极与发射极之间加一定反向电压时的集电极电流。由于这个电流从集电极穿过基区流到发射极,因此又叫穿透电流,测试电路如图 5-27 所示。I_{CEO} 与反向饱和电流 I_{CBO} 的关系为

$$I_{CEO} = I_{CBO} + \beta I_{CBO} = (1 + \beta)I_{CBO} \qquad (5-17)$$

I_{CEO} 与 I_{CBO} 一样,属于少子漂移电流,受温度影响较大,是衡量晶体管质量的一个指标。

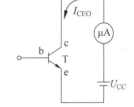

图 5-27 测量 I_{CEO} 的电路

5. 极限参数

晶体管正常工作时,管子上的电压和电流是有一定限度的,否则会使晶体管工作不正常,使特性变坏,甚至损坏。因此要规定允许的最高工作电压、流经晶体管的最大工作电流和允许的最大耗散功率等。这些电压、电流和功率值称为晶体管的极限参数。选择和使用管子时,必须保证晶体管的工作状态不能超过这些极限值。

1) 反向击穿电压

这是指极间允许加的最高反向电压,使用时如果超过这个电压将导致反向电流剧增,从而造成管子性能下降,甚至损坏。

(1) $U_{(BR)CEO}$ 是基极开路时,集电极—发射极间的反向击穿电压。电源电压 U_{CC} 使集电结反偏,并产生管压降 U_{CE}。当 U_{CE} 增大到一定程度时,会将集电结击穿,使集电极电流 I_C 迅速增加,甚至损坏晶体管。基极开路时的 $U_{(BR)CEO}$ 是各种情况下以及各电极间反向击穿电压的最小值,所以使用时只要注意晶体管各电极间的电压不要超过 $U_{(BR)CEO}$ 就可以了。

(2) $U_{(BR)CBO}$ 是发射极开路时,集电极—基极间的反向击穿电压。

(3) $U_{(BR)EBO}$ 是集电极开路时,发射极—基极间的反向击穿电压。一般晶体管的 $U_{(BR)EBO}$ 较小,只有几伏,尤其是高频管,有的甚至不到 1V,使用时应注意。

2) 集电极最大允许电流 I_{CM}

由于结面积和引出线的关系,还要限制晶体管的集电极最大电流,如果超过这个电流使用,晶体管的放大性能就要下降甚至可能损坏。

当集电极电流超过某一定值时,晶体管性能变差,甚至损坏管子,例如 β 值将随 I_C 的增加而下降。集电极最大允许电流 I_{CM},就是表示 β 下降到额定值的 $1/3 \sim 2/3$ 时的 I_C 值,一般规定在正常工作时,流过晶体管的集电极电流 $I_C < I_{CM}$。

3) 集电极最大允许耗散功率 P_{CM}

这个参数表示集电结上允许损耗功率的最大值。P_{CM} 与环境温度和散热条件有关,手册上一般给出的 P_{CM} 值是在常温(25℃)并加规定尺寸散热器(大功率管)的情况下测得的。若环境温度高,散热条件差,P_{CM} 的值就要减小,晶体管应该降低功率使用。晶体管实际耗散的功率为

$$P_C = I_C U_{CE} \qquad (5-18)$$

在使用三极管时,实际功率不允许超过最大允许耗散功率,还应有较大的余量。这些极

限参数决定了晶体管的安全工作区,如图 5-28 所示。

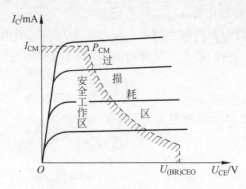

图 5-28　晶体管的安全工作区

【练习与思考】

5.4.1　晶体管按结构分为_____型和_____型两种。

5.4.2　晶体管有三个电极,它们分别是_____、_____和_____。

5.4.3　欲使晶体管具有放大作用,需要满足的条件有哪些?

5.4.4　晶体管的输出特性曲线被分为三个区,它们分别是_____、_____和_____。

5.5　场效应晶体管

5.5.1　结构与工作原理

　　晶体管的自由电子和空穴两种载流子均参与导电,是双极型晶体管。本节要介绍的场效应晶体管(field effect transistor,FET)只有一种载流子——多子(要么是自由电子,要么是空穴)参与导电,所以是一种单极型器件。

　　晶体管是利用基极电流来控制集电极电流的,是电流控制器件。在正常工作时,发射结正偏,当有电压信号输入时,一定要产生输入电流,导致晶体管的输入电阻较小,降低了晶体管获得输入信号的能力,而且在某些测量仪表中将导致较大的误差,这是我们所不希望的。而场效应管是一种电压控制器件,它只用信号源电压的电场效应,来控制晶体管的输出电流。场效应晶体管的输入电流几乎为零,因此具有高输入电阻的特点。同时场效应管受温度和辐射的影响也比较小,又便于集成化,因此场效应管已广泛地应用于各种电子电路中,也成为当今集成电路发展的重要方向。

1. 结型场效应管的结构和类型

结型场效应管是利用半导体内的电场效应进行工作的,也称体内场效应器件。N 沟道结型场效应管(简称 N 沟道 JFET)的结构示意图如图 5-29(a)所示。它是在一块掺杂浓度较低的 N 型硅片两侧,制作两个高浓度的 P 型区(用 P^+ 表示),形成两个 PN 结。两个 P^+ 区连接起来引出一个电极称为栅极 g。在中间的 N 型半导体材料两端各引出一个电极分别叫作源极 s 和漏极 d。它们分别相当于晶体三极管的基极 b、发射极 e 和集电极 c,不同的是场效应管的源极 s 和漏极 d 是对称的,可以互换使用。两个 PN 结中间的 N 型区域流过 JFET 的电流,所以称为导电沟道。把以上结构封装起来,并引出相应的电极引线,就是 N 沟道结型场效应管。图 5-29(b)为它的电路符号,其中的箭头表示由 P 区(栅极)指向 N 区(沟道)的方向。图 5-30 为 P 沟道 JFET 的结构示意图和电路符号。

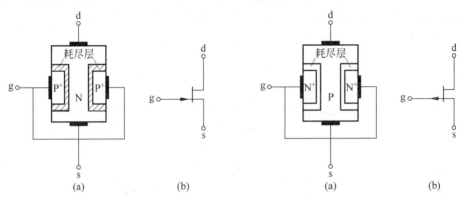

图 5-29　N 沟道 JFET

(a) 结构示意图;(b) 电路符号

图 5-30　P 沟道 JFET

(a) 结构示意图;(b) 电路符号

2. 工作原理

N 沟道 JFET 的偏置电路如图 5-31(b)所示。电源电压 U_{GG} 使栅源之间的 PN 结反偏,以产生栅源电压 U_{GS},起到电压控制作用;漏极和源极之间的电源电压 U_{DD} 用来产生漏源之间的电压 U_{DS},并由此产生沟道电流,也就是漏极电流 I_D。习惯上将 N 沟道 JFET 的漏极接电源电压正极。

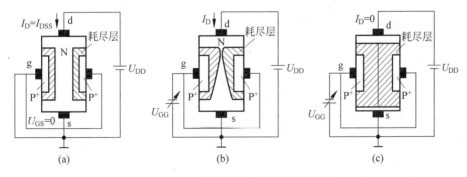

图 5-31　N 沟道 JFET 的电压控制作用

(a) 导电沟道最宽;(b) 导电沟道变窄;(c) 导电沟道夹断

从图 5-31 中可以看出,JFET 的输入 PN 结是反偏的,$I_G \approx 0$,几乎不从信号源处取电流,所以 JFET 的输入电阻相当高。因为 JFET 是用栅源电压 U_{GS} 来控制漏极电流 I_D 的,下面分别考虑不同 U_{GS} 情况下管子的工作情况。

1) $U_{GS} = 0V$

$U_{GS} = 0V$ 时的电路如图 5-31(a)所示。

N 型硅中的多子自由电子在 U_{DS} 的作用下,由源极向漏极移动,形成由漏极流入的漏极电流 I_D,并且有 $I_D = I_S$。可见,漏源电压 U_{DS} 一定的情况下,漏极电流 I_D 只与沟道的掺杂浓度、截面积、长度等制造因素有关。由于在 $U_{GS} = 0$ 时沟道最宽,所以此时的漏极电流最大,叫作漏极饱和电流 I_{DSS}。

2) $0 > U_{GS} > U_{GS(off)}$

栅源之间加上负的栅极电压 U_{GG} 后,如图 5-31(b)所示,此时的两个 PN 结均处于反向偏置,空间电荷区的变宽(因为 P^+ 区为高掺杂浓度,而耗尽层 P^+ 区和 N 区的正负离子电荷量是相等的,所以这个耗尽层在 P^+ 区很薄,而在 N 区较宽)使 N 型导电沟道变窄,漏极电流 I_D 变小。

3) $U_{GS} \leqslant U_{GS(off)}$

当 U_{GS} 为负值到一定程度时,两侧的耗尽区逐渐变宽而合拢,使导电沟道消失,漏极电流减小为 0,如图 5-31(c)所示。我们将此时的 U_{GS} 称为夹断电压 $U_{GS(off)}$。

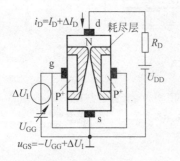

图 5-32 场效应管对交流输入电压的放大作用

对于 P 沟道的结型场效应管,为保证 PN 结反偏,其正常工作时的 U_{GS} 应该为正值,习惯上将漏极接 U_{DD} 负极。此时沟道内的载流子为多子空穴,形成的电流 I_D 与空穴的流动方向相同,由源极指向漏极,与 N 沟道 JFET 的漏极电流方向相反。

综上所述,栅源电压 U_{GS} 对 I_D 的控制作用可表示为:改变 U_{GS} 的大小→改变 PN 结电场强弱(改变空间电荷区的宽窄)→改变沟道电阻大小→控制了 I_D 大小。场效应管也就因此得名。图 5-32 显示了场效应管对交流输入电压的放大作用。

5.5.2 特性曲线

和晶体管相类似,图 5-33 所示接法的场效应管放大电路称为共栅极放大电路。下面仍以 N 沟道结型场效应管为例,介绍共栅极放大电路的常用伏安特性曲线。

1. 转移特性曲线

因为场效应管的栅极输入电流 $i_G \approx 0$,所以不必描述输入电流与输入电压的关系。转移特性曲线是指在漏极电压 u_{DS} 一定时,输出回路的漏极电流 i_D 与输入回路栅源电压 u_{GS}

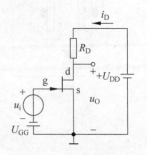

图 5-33 共栅极放大电路

之间的关系曲线。用函数式表示为

$$i_D = f(u_{GS})_{|u_{DS}=常数} \tag{5-19}$$

如图 5-34(a)所示为某 N 沟道结型场效应管的转移特性曲线。当 $u_{GS}=0$V 时,沟道电阻最小,漏极电流最大,此时 $i_D = I_{DSS}$。当栅极电压为负值,且越小,管内 PN 结反压越大时,耗尽区越宽,i_D 越小。当 $u_{GS} < U_{GS(off)}$ 时,两个耗尽区完全合拢,沟道电阻趋于无穷大,$i_D \approx 0$。

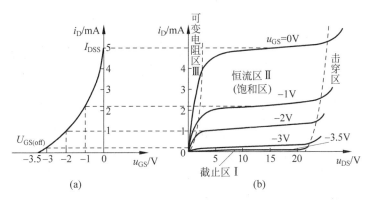

图 5-34 N 沟道 JFET 的伏安特性曲线

(a)转移特性曲线;(b)输出特性曲线

i_D,u_{GS} 的关系可用一个公式来表示:

$$i_D = I_{DSS}\left(1 - \frac{u_{GS}}{U_{GS(off)}}\right)^2 \quad (0 \geqslant u_{GS} \geqslant U_{GS(off)}) \tag{5-20}$$

2. 漏极特性曲线

漏极特性曲线又叫输出特性曲线。它是指在栅压 u_{GS} 一定时,漏极电流 i_D 与漏极电压 u_{DS} 之间的关系曲线。用函数式表示为

$$i_D = f(u_{DS})_{|u_{GS}=常数} \tag{5-21}$$

如图 5-34(b)为某 N 沟道结型场效应管的输出特性曲线。和晶体管相似,可以把整个输出特性曲线分成三个区域:截止区、恒流区(亦称饱和区)和可变电阻区。

(1)截止区:当栅极电压为负值,且很小,在 $u_{GS} < U_{GS(off)}$ 时,导电沟道被完全夹断,这时的沟道电阻几乎为无穷大,而 $i_D \approx 0$。将 $u_{GS} < U_{GS(off)}$ 的区域称为截止区,如图 5-34(b)中的Ⅰ区所示。

(2)恒流区(亦称饱和区):场效应管的恒流区又叫作饱和区,如图 5-34(b)中的Ⅱ区所示。由于此区的 u_{DS} 较大,导电沟道呈现倒楔形。当 u_{GS} 不变时,随着 u_{DS} 的继续增加,g、d 方向的反向偏压高于 g、s 方向。因此,靠近漏极的两个耗尽区率先合拢,叫作预夹断。随着 u_{DS} 的增大,合拢部分逐渐向下延伸,使沟道电阻也变大,此时漏极电流 i_D 几乎不随 u_{DS} 的增加而变化,曲线平坦。

(3)可变电阻区:当 u_{DS} 较小时,沟道宽度主要由栅源电压 u_{GS} 决定,当 u_{GS} 一定时,沟道宽度和形状几乎不变。此时 i_D 随 u_{DS} 的增加而线性增加,JFET 等效成一个线性电阻。若改变 u_{GS} 的大小,等效线性电阻的阻值也随之改变。此区内的场效应管可以看成是一个受栅极电压控制的电阻,一般有几百欧姆左右,因此称本区为可变电阻区,如图 5-34(b)中的可变电阻区Ⅲ所示。

5.5.3 主要参数

1. 直流参数

（1）夹断电压 $U_{GS(off)}$：它是指沟道完全夹断时所需的栅源电压。实际测量时，是在规定的 U_{DS} 下，逐渐增大 $|U_{GS}|$，使 I_D 减小到规定的微小值，则此反偏电压 U_{GS} 即为夹断电压 $U_{GS(off)}$。对于 N 沟道结型场效应管，$U_{GS(off)}$ 一般在负零点几伏到 -10V 之间。P 沟道结型场效应管 $U_{GS(off)}$ 值应为正值，电源电压的极性也应与 N 沟道时相反。

（2）饱和漏极电流（或称零偏漏极电流）I_{DSS}：I_{DSS} 为 U_{DS} 在恒流区范围内，且在 $U_{GS}=0$V 的条件下的 I_D 值。它反映了零栅压时原始沟道的导电能力。测量时，只要将栅、源两极短路，漏、源极间加规定的 U_{DS} 值（一般规定 $U_{DS}=10$V）测得的 I_D 即为 I_{DSS}。此值一般从零点几毫安到几十毫安。

（3）直流输入电阻 R_{GS}：R_{GS} 是在 $U_{DS}=0$V 的条件下，栅、源极间加一定直流电压时，栅、源极间的直流电阻。由于栅、源极间是反向工作的 PN 结，所以栅极电流 I_G 很小，直流输入电阻 R_{gs} 的值很大，通常在 $10^7 \sim 10^{10}\,\Omega$ 范围内。

2. 交流参数

（1）互导（或称低频跨导）g_m：定义为在 u_{DS} 为某一固定数值的条件下，漏极电流的变化量 ΔI_D 与其对应的栅源电压的变化量 ΔU_{GS} 之比，即

$$g_m = \frac{\Delta I_D}{\Delta U_{GS}}\bigg|_{u_{DS}=常数} \tag{5-22}$$

或

$$g_m = \frac{\Delta i_D}{\Delta u_{GS}}\bigg|_{u_{DS}=常数} \tag{5-23}$$

（2）极间电容：场效应管的电极间存在着极间电容，如栅、源极间电容 C_{gs} 和栅、漏极间电容 C_{gd}，它们是影响高频性能的交流参数，应越小越好。一般为几个皮法。

3. 极限参数

和晶体管极限参数的概念类似，场效应管的极限参数主要有漏极最大容许耗散功率 P_{DM}，漏、源极间击穿电压 $U_{(BR)DS}$ 和栅、源极间击穿电压 $U_{(BR)GS}$ 等。

（1）漏极最大容许耗散功率 P_{DM}：P_{DM} 是管子允许的最大耗散功率，相当于晶体管的 P_{CM}。

（2）栅、源极间击穿电压 $U_{(BR)GS}$：这是指 $u_{DS}=0$V，栅、源极间 PN 结发生反向击穿，反向电流开始急剧增大时的 u_{GS} 值。

（3）漏、源极间击穿电压 $U_{(BR)DS}$：这是指 PN 结发生击穿，i_D 开始急剧上升时 u_{DS} 的值。由于 PN 结反向击穿所需反向电压是一定的，因此栅源电压 u_{GS} 不同时，漏、源间的击穿电压值也不同，u_{GS} 为负值且值越小，出现击穿时的漏源电压就越小。

5.5.4 场效应晶体管与晶体管的比较及使用的注意事项

场效应晶体管与晶体管相比较,有如下的差别和特点:

(1)在导电方式上:在场效应管中,沟道是唯一的导电通道,导电过程中只有一种极性的多数载流子的漂移运动。在晶体管里,导电是通过多子与少子两种载流子的扩散与漂移来进行的。

(2)在控制方式上:场效应管是通过栅源电压 U_{GS} 来控制漏极电流 I_D 的,称为电压控制器件。晶体管是利用基极电流 I_B(或射极电流 I_E)来控制集电极电流 I_C 的,称为电流控制器件。

(3)在输入电阻的大小上:场效应管有很高的输入电阻,晶体管的输入电阻小。由于MOS 场效应管的输入电阻可高达 $10^{15}\,\Omega$,使得栅极感应电荷不易泄放,而且由于绝缘层很薄,容易在栅源间感应产生高压,造成管子被击穿,使用时要注意。

(4)在放大系数上:场效应管的互导 g_m 值较低,晶体管的 β 值较大。在同样条件下,场效应管的放大能力不如晶体管高。

(5)在其他方面:场效应管是依靠多子导电,因此具有较好的温度稳定性、抗辐射性和较低的噪声。晶体管的温度稳定性差、抗辐射及噪声能力也低。

场效应管使用注意事项:

场效应管具有输入电阻高、噪声系数小、便于集成等优点,但它的不足之处是使用、保管不当容易造成损坏。使用时应注意以下几点:

(1)在使用场效应管时应注意漏源电压、漏源电流、栅源电压、耗散功率等参数不应超过最大允许值。

(2)场效应管在使用中要特别注意对栅极的保护。尤其是绝缘栅场效应管,这种管子的输入电阻很高,如果栅极感应有电荷,就很难泄放掉,感应电荷的积累会使栅极击穿。为了避免这种情况,不要使栅极悬空,即使不用时,也要用金属导线将三个电极短接起来。焊接时电烙铁应接地良好,最好将电烙铁电源断开后再行焊接,以免感应击穿栅极。

(3)结型场效应管的栅压不能接反,如对 PN 结正偏,将造成栅流过大,使场效应管损坏。

(4)可以用万用表测量结型场效应管的 PN 结正、反电阻,但绝缘栅管不能用万用表直接去测三个电极。

(5)场效应管的漏极和源极互换时,其伏安特性没有明显的变化,但有些产品出厂时已经将源极和衬底连在一起,其漏极和源极就不能互换。

【练习与思考】

5.5.1 场效应管的输出特性曲线也被分为三个区,它们分别是_____、_____和_____。

5.5.2 欲使结型场效应管工作在恒流区,为什么其栅-源之间必须加反向电压?

5.5.3 场效应管与晶体管在导电方式和控制方式上有何区别？

5.5.4 在使用场效应管时，应注意哪些问题？

5.6 半导体光电器件

5.6.1 发光二极管

发光二极管是一种能把电能直接转换成光能的特殊半导体器件。这种二极管除了具有普通二极管的正反特性外，还具有发光能力，一般以英文大写字母 LED（light emitting diode）来表示。其外形和电路符号如图 5-35 所示。

LED 发光的原理是当用特殊半导体材料制成的 PN 结正偏时，注入大量的载流子，使得电子和空穴广泛复合。当电子和空穴复合时释放出能量以光能形式辐射而发光。在普通的硅和锗材料中，电子和空穴复合时，其能量以别的形式释放，故不能发光。发光二极管是用磷化镓（GaP）、砷化镓（GaAs）等特殊半导体材料制成。由于采用的材料不同，发光二极管可以发出各种颜色的可见光和不可见光。例如，纯净砷化镓制成的二极管发红外光线，如掺入一些磷，即为 GaAsP，就能发出红色光；用磷化镓制成的二极管，能发出绿色光，掺入铋能发出橙黄色光。

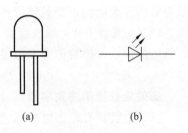

图 5-35　发光二极管的外形和电路符号

（a）外形；（b）电路符号

发光二极管的工作电流一般为几至几十毫安，正偏电压比普通二极管要高，为 1.5～3V，具有功耗小、体积小、可直接与集成电路连接使用的特点，并且稳定、可靠、长寿、光输出响应速度快（1～100MHz），应用十分方便和广泛，除应用于信号灯指示（仪器仪表、家电等）、数字和字符指示（接成七段显示数码管）等发光显示方式以外，另一种重要应用是将电信号转变为光信号，通过光缆传输，接收端配合光电转换器件再现电信号，实现光电耦合、光纤通信等应用。

5.6.2 光敏二极管

光敏二极管也是一种光电变换器件。它能将照射到 PN 结上的光能吸收并转变成电能，亦称光电二极管。光敏二极管的外形和电路符号如图 5-36 所示。当二极管上加上反向电压时,管子中的反向电流,即少数载流子的漂移电流,将随光照强度和波长的变化而改变,一般的光敏二极管就工作于这种情况。另一种情况是二极管上不加电压,利用半导体的 PN 结受光照时产生正向电压的原理,把光敏二极管用作发电器件,一般称为光电池或太阳能电池。

常用的光敏二极管用硅或锗材料制成。从图 5-37 的特性曲线中可见,光照的结果使二极管正向压降略有增加,反向电流则明显增大。在一定的反向电压范围内,反向电流的大小几乎与反向电压大小无关,而随光的照度增大而增大。在入射光一定的条件下,光敏二极管相当于一个恒流源。

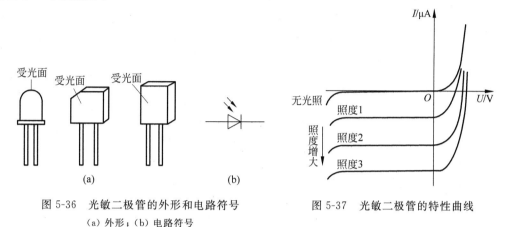

图 5-36 光敏二极管的外形和电路符号
(a) 外形;(b) 电路符号

图 5-37 光敏二极管的特性曲线

5.6.3 光敏晶体管

光敏晶体管是用硅或锗制造的 NPN 或 PNP 型晶体管。它能把入射光信号变成光电流,同时还能把光电流放大后输出。光敏晶体管亦称光电晶体管,常常只引出集电极和发射极。其符号和外形如图 5-38 所示。这种元件在使用时,管子的基极开路,发射极和集电极之间所加电压应使发射结正偏,集电结反偏。当入射光照射基区表面即集电结附近区域时,反偏的集电结相当于光敏二极管,产生很大的反向电流,叫光电流。这个电流的作用是使得集电极电流增加很大。

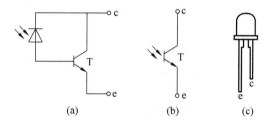

图 5-38 光敏晶体管的符号和外形
(a) 电路;(b) 符号;(c) 外形

光敏晶体管的输出特性曲线如图 5-39 所示。这一特性曲线的参变量不是基极电流,而是入射光的照度。光敏晶体管同光敏二极管一样,可以用于光检测、光开关电路,尤其常用于弱光信号检测。

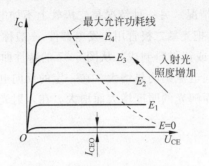

图 5-39　光敏晶体管的输出特性曲线

【练习与思考】

5.6.1　说一说发光二极管的发光原理。

5.6.2　找一找光敏二极管和光敏晶体管的异同点。

本 章 小 结

半导体中有两种载流子：电子和空穴。载流子有两种基本运动形式：扩散和漂移。PN结是由载流子的两种运动形成的，它是组成多种半导体器件的基础。

半导体二极管的核心是一个 PN 结。二极管的特性曲线与 PN 结的特性曲线相似，可分为正向特性、反向特性及反向击穿特性等几个部分。由正向特性与反向特性所体现的单向导电性是二极管的基本性能，普通二极管就是利用这一特性来完成整流等许多工作的。稳压管则是利用反向击穿特性进行稳压的一种特殊二极管。为了更好地利用二极管，我们应当正确理解二极管（包括稳压管）主要参数的意义。

二极管的各种应用电路是从不同目的出发，对二极管的不同利用。本章介绍了整流、限幅等几种典型的应用电路，应当正确理解它们的工作原理和特点。

晶体管是利用基极电流 I_B 来控制集电极电流 I_C 的电流控制器件。场效应管是利用栅源电压 U_{GS} 来控制漏极电流 I_D 的电压控制器件。它们的放大作用实质上就是上述的控制作用。晶体管和场效应管具有放大作用，除了内部结构条件外，还必须有一定的外部条件。对于晶体管，必须使发射结正向偏置，集电结反向偏置。对于场效应管，则因管子类型不同，需要不同的偏置条件。

晶体管的输入特性与二极管的正向特性相似。输出特性分为饱和区、放大区和截止区。场效应管的特性曲线主要有转移特性和输出特性。其输出特性与晶体管的输出特性类似，分为可变电阻区、恒流区和截止区。在放大电路中工作的晶体管（或场效应管）一般应工作在输出特性的放大区(或恒流区)。

晶体管与场效应管的结构和工作原理是不同的,因此各有特点。例如晶体管的 β 值一般较大,而场效应管的 g_m 值较低;场效应管的输入电阻高,而晶体管的输入电阻低等,使用时应注意。

在掌握两种管子特性的基础上,正确理解它们的主要参数的定义,从而能正确地选择和使用晶体管和场效应管。

习 题 5

5-1 什么是 P 型半导体和 N 型半导体? 这两种半导体中的多数载流子和少数载流子各是什么? 什么是电子导电和空穴导电? 能否说 P 型半导体带正电,N 型半导体带负电?

5-2 半导体和金属导体的导电机理有何不同?

5-3 什么是 PN 结及其单向导电性?

5-4 稳压管为什么具有稳压作用? 为什么在利用稳压管构成的稳压电路中要串接电阻 R?

5-5 晶体管的集电极和发射极是否可以交换使用? 为什么?

5-6 为什么晶体管在结构上要将基区做得很薄,并使发射区的载流子浓度比基区浓度大得多? 这对保证晶体管的放大作用有何影响?

5-7 如何正确理解晶体管的放大作用? 能否说因晶体管具有放大作用,故可用它去放大能量?

5-8 什么是晶体管的放大、截止和饱和状态? 试定性地绘出其输出特性,并结合此特性加以说明。

5-9 晶体管有哪些主要技术参数? 选择和使用晶体管时要注意哪些问题?

5-10 由实验测得某晶体管的 $I_B=10\mu A$ 时,$I_C=1mA$,能否根据这两个数据来确定该管的电流放大系数?

5-11 为什么场效应管的输入电阻高?

5-12 何谓场效应管的跨导? 它反映何种物理意义?

5-13 选择正确答案填入空内。

(1) PN 结加正向电压时,空间电荷区将_____。

    A. 变窄   B. 基本不变   C. 变宽

(2) 设二极管的端电压为 U,则二极管的电流方程是_____。

    A. $I_s e^U$ B. $I_s e^{U/U_T}$ C. $I_s(e^{U/U_T}-1)$

(3) 稳压管的稳压区是其工作在_____。

    A. 正向导通   B. 反向截止   C. 反向击穿

(4) 当晶体管工作在放大区时,发射结电压和集电结电压应为_____。

    A. 前者反偏、后者也反偏

    B. 前者正偏、后者反偏

    C. 前者正偏、后者也正偏

5-14 选择合适答案填入空内。

(1) 在本征半导体中加入_____元素可形成 N 型半导体,加入_____元素可形成 P 型半导体。

    A. 五价   B. 四价   C. 三价

(2) 当温度升高时,二极管的反向饱和电流将_____。

    A. 增大   B. 不变   C. 减小

(3) 工作在放大区的某三极管,如果当 I_B 从 $12\mu A$ 增大到 $22\mu A$ 时,I_C 从 1mA 变为 2mA,那么它的 β 约为_____。

    A. 83   B. 91   C. 100

(4) 当场效应管的漏极直流电流 I_D 从 2mA 变为 4mA 时,它的低频跨导 g_m 将_____。

    A. 增大   B. 不变   C. 减小

5-15 写出图示各电路的输出电压值,设二极管导通电压 $U_D=0.7V$。

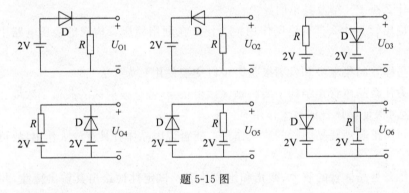

题 5-15 图

5-16 电路如图所示,已知 $u_i=10\sin\omega t\,(V)$,试画出 u_i 与 u_o 的波形。设二极管正向导通电压可忽略不计。

5-17 电路如图所示,已知 $u_i=5\sin\omega t\,(V)$,二极管导通电压 $U_D=0.7V$。试画出 u_i 与 u_o 的波形,并标出幅值。

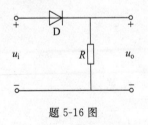

题 5-16 图

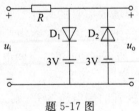

题 5-17 图

5-18 已知稳压管的稳压值 $U_Z=6V$,稳定电流的最小值 $I_{Zmin}=5mA$。求图示电路中 U_{o1} 和 U_{o2} 各为多少伏。

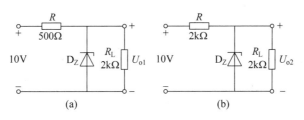

题 5-18 图

5-19 已知两只晶体管的电流放大系数 β 分别为 50 和 100,现测得放大电路中这两只晶体管两个电极的电流如图所示。分别求另一电极的电流,标出其实际方向,并在圆圈中画出晶体管。

5-20 电路如图所示,晶体管导通时 $U_{BE} = 0.7V$,$\beta = 50$。试分析 u_i 分别为 0V、1V、1.5V 三种情况下 T 的工作状态及输出电压 u_o 的值。

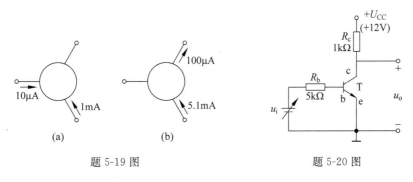

题 5-19 图　　　　　　　　　　　题 5-20 图

5-21 已知场效应管的输出特性曲线如图所示,画出它在恒流区的转移特性曲线。

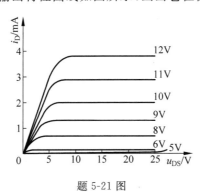

题 5-21 图

第6章

放大电路基础

教学提示

本章将介绍一些主要的基本放大电路的工作原理、特点和分析方法。这些基本概念、原理和方法是学习和分析复杂放大电路以及更好地学习和使用集成放大器的基础。

本章首先从放大电路的基本要求出发,说明放大电路中晶体管的工作特点。接下来以共射基本放大电路为例,阐明放大电路各个组成部分的作用,提出设置静态工作点的必要性。然后介绍电子电路最常用的两种分析方法——图解法和微变等效电路法,利用这两种方法分析基本放大电路的静态工作点、电压放大倍数、输入电阻和输出电阻。

多级放大电路是由基本放大电路组成的,本章介绍了组成多级放大电路最常用的三种耦合方式,然后以阻容耦合为例,在基本放大电路的基础上,分析多级放大电路的电压放大倍数和输入、输出电阻。介绍了典型差动放大电路的基本形式和工作特点,以及能给晶体管提供更稳定的静态偏置电流的带恒流源的差动放大电路的形式和工作情况。

本章还介绍了功率放大电路的任务和特点,重点介绍几种常用的功率放大电路、功率放大电路的分析方法,分析输出功率和转换效率情况。

学习目标

➤ 理解放大的本质。
➤ 了解放大电路的主要性能指标。
➤ 了解单管共发射极放大电路的组成。
➤ 掌握基本共射放大电路的静态和动态分析。
➤ 理解稳定放大电路静态工作点的重要性。
➤ 掌握分压偏置式放大电路的静态和动态分析。
➤ 了解射极输出器的电路结构和工作特点。
➤ 理解多级放大电路的耦合方式及其工作情况。
➤ 掌握多级放大电路的动态分析方法。
➤ 了解差动放大电路的结构和工作特点。
➤ 掌握典型差动放大电路的静态和动态分析。

➢ 了解功率放大电路的特点和工作状态。
➢ 掌握乙类、甲乙类功率放大电路的分析方法。

知识结构

本章知识结构如图 6-1 所示。

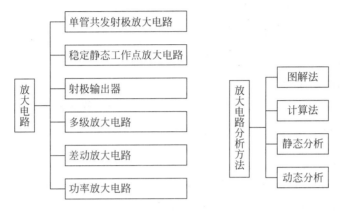

图 6-1 本章知识结构图

6.1 放大电路概述

6.1.1 放大的概念

放大现象存在于各个领域。利用放大镜放大微小物体,这是光学中的放大;利用杠杆原理用小力移动重物,这是力学中的放大;利用变压器将低电压变换为高电压,这是电学中的放大。

在电子系统中,"放大"起着十分重要的作用。我们经常需要将微弱的电信号放大,去推动后续的电路。这个微弱的电信号可能来自于前级放大器的输出,也可能来自于可以将温度、湿度、光照等非电量转变成电量的各类传感器的输出,也可能来自于我们比较熟悉的由收音机的天线接收到的广播电台发射的无线电信号等。

这些微弱的电信号经过几级放大电路,被放大到需要的数值,最后送到功率放大电路中进行功率放大以推动喇叭、继电器、电动机、显示仪表等执行元件工作。简单地说,一个我们非常熟悉的收音机电路就是一个以"放大"为核心的小型电子系统。它将微弱的无线电信号逐级放大,最后经功率放大级输出推动喇叭,还原出声音信号。

由此可见,在电子电路中放大的本质是能量的控制和转换,信号源提供的能量小,而负载获得的能量大,因而电子电路放大的基本特征是功率放大。能够控制能量的元件称为有源元件,如晶体管、场效应管,它们是放大电路中的核心元件。放大电路中放大的对象为变化量,对放大电路最基本的要求是不失真。

6.1.2 放大电路的主要性能指标

1. 放大电路功能简介

放大电路的功能是将微弱的电信号(电压、电流、功率)放大到所需要的数值,从而使电子设备的终端执行元件(如继电器、仪表、扬声器等)有所动作或显示。图 6-2 是放大电路的结构示意框图。

信号源是向放大电路提供输入电信号的装置。输入的电信号也可以由不断变化的温度信号、压力信号、声音信号等各种物理信号转换得来。如果以扩音机为例,话筒把人发出的声音变换成频率和振幅都随声音的高低、强弱而变化的电压或电流,以及二者的乘积——功率,这些就是电信号。话筒将其输入扩音机,话筒就相当于信号源。扩音机示意图如图 6-3 所示。显然,声音转换成的电信号很弱,只有经过扩音机里的放大电路进行放大之后才能推动扬声器发声。对于放大电路来说,可以把不同特性的信号源等效成电压源或电流源。

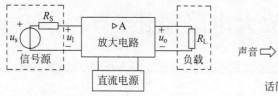

图 6-2 放大电路的结构示意框图   图 6-3 扩音机示意图

放大电路是由集成电路或晶体管、场效应管等器件构成。放大电路应能提供足够的放大能力,而且应当尽可能地减少信号的失真,比如扩音机放大后的声音要真实地反映讲话人的声音。必须指出:放大电路的放大作用是针对变化的信号量而言的。信号放大以后增加的能量是由直流电源提供的。放大电路是在输入信号的控制下把直流电源的能量转换成输出信号能量的装置。

经过放大电路放大以后的较强的信号输出到终端执行元件——通常称为负载。对于扩音机来说,扬声器就是它的负载,可以等效为一个电阻性负载。实际应用中的负载可能是电感性、电容性的。不同性质的负载对放大电路的性能是有一定影响的。

在实际应用中,经常采用正弦信号发生器做信号源来分析和调试放大电路。因此在本章中,我们用正弦电压源做信号源,用纯电阻做负载来讨论放大电路的性能。

2. 放大电路的主要性能指标

为了比较和评价放大电路性能的好坏,要制定一些标准,这就是放大电路的性能指标。这些指标描述了放大电路放大信号能力的大小和质量的好坏,是分析和设计放大电路的依据。放大电路的主要性能指标有放大倍数(或叫增益)、输入电阻、输出电阻、最大输出电压幅值、非线性失真系数、通频带、最大输出功率和效率等。

放大电路可以看成是一个有源四端双口网络,将放大电路的等效网络画于图 6-4 中,并按双口网络的一般约定画出了电流的方向和电压的极性,同时假定输入信号为正弦波,图中的电流和电压均采用相量表示。这样,我们就可以由这个网络的端口特性来描述放大电路的性能指标。

1) 放大倍数(或增益)

为衡量放大电路的放大能力,规定不失真时的输出量与输入量的比值叫作放大电路的放大倍数,又叫作增益。一般无量纲增益称为放大倍数,有量纲的或泛指时称为增益。根据输入量和输出量的不同,可以有以下几种增益的定义方法。

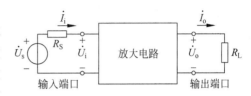

图 6-4　放大电路的等效网络电路

(1) 电压放大倍数

$$A_u = \frac{\dot{U}_o}{\dot{U}_i} \qquad (6\text{-}1)$$

(2) 电流放大倍数

$$A_i = \frac{\dot{I}_o}{\dot{I}_i} \qquad (6\text{-}2)$$

(3) 互导放大倍数

$$A_g = \frac{\dot{I}_o}{\dot{U}_o} \qquad (6\text{-}3)$$

(4) 互阻放大倍数

$$A_r = \frac{\dot{U}_o}{\dot{I}_i} \qquad (6\text{-}4)$$

(5) 功率放大倍数

$$A_p = \frac{P_o}{P_i} \qquad (6\text{-}5)$$

这些增益反映了放大电路在输入信号控制下,将直流电源能量转换为交流输出能量的能力。工程上经常用以 10 为底的对数来表示电压放大倍数和电流放大倍数的大小,单位是贝尔(B),也常用它的 1/10 单位分贝(dB)。

$$A_u = 20\lg\left|\frac{\dot{U}_o}{\dot{U}_i}\right| \qquad (6\text{-}6)$$

$$A_i = 20\lg\left|\frac{\dot{I}_o}{\dot{I}_i}\right| \qquad (6\text{-}7)$$

由于功率与电压(或电流)的平方成比例,因此功率增益的分贝表示为

$$A_p = 10\lg\frac{P_o}{P_i} \qquad (6\text{-}8)$$

2）最大输出幅度 U_{omax} 和 I_{omax}

在不失真情况下，放大电路的最大输出电压或电流的大小，用 U_{omax} 和 I_{omax} 表示。

3）输入电阻 r_i

从放大电路的输入端看进去的等效电阻称为放大电路的输入电阻，如图 6-5 所示。其定义为

$$r_i = \frac{\dot{U}_i}{\dot{I}_i} \tag{6-9}$$

$$\dot{U}_i = \frac{r_i}{r_i + R_S}\dot{U}_S \tag{6-10}$$

4）输出电阻 r_o

输出电阻是从放大电路输出端看进去的等效电阻，如图 6-6 所示。其定义为

$$r_o = \left.\frac{\dot{U}_T}{\dot{I}_T}\right|_{\dot{U}_s=0,R_L=\infty} \tag{6-11}$$

$$\dot{U}_o = \frac{R_L}{r_o + R_L}\dot{U}'_o \tag{6-12}$$

式中，$\dot{U}'_o$ 是 R_L 开路时放大器的输出电压。

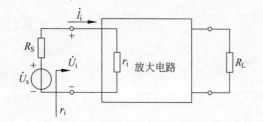

图 6-5　放大电路的输入电阻

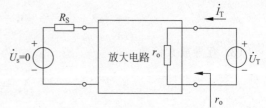

图 6-6　放大电路的输出电阻

5）非线性失真

晶体管的输入、输出特性曲线是非线性的，即使在放大区也不是完全的线性，因此，输出波形不可避免地要发生失真。这种由于晶体管的非线性造成的输出信号失真称为非线性失真。具体表现为，当输入某一频率的正弦交流信号时，输出波形中除了被放大的该频率的基波输出外，还含有一定数量的谐波。谐波的总量与基波成分的比值称为非线性失真系数。小信号放大时非线性失真很小，一般只有在大信号工作时要考虑非线性失真系数。

6）线性失真

放大电路的实际输入信号一般是包含丰富频率分量的复杂信号，而放大电路中有许多电抗参数和分布参数，所以放大电路对输入的不同频率分量具有不同的放大倍数和相移，这样会造成输出信号中各频率分量之间大小、相位等比例关系发生变化，这样，输出波形就必然发生失真。由这种原因造成的波形失真，称为放大电路的线性失真，也叫频率失真。

线性失真和非线性失真都会造成输出波形的失真，但本质不同。线性失真时输出信号会产生新的频率分量（各次谐波）；而非线性失真时，只是输出信号中各种频率分量的幅度和相移发生相对变化，没有产生新的频率分量。

7）最大输出功率 P_{omax} 和效率 η

晶体管是一个能量控制器件，它能通过晶体管的控制作用，把直流电源提供的能量转换成交流电能输出。所以，放大电路的最大输出功率，就是在输出信号不失真时，放大电路向负载提供的最大交流功率，用 P_{omax} 来表示。

【练习与思考】

6.1.1 什么是放大？放大电路放大信号与放大镜放大物体的意义相同吗？放大的特征是什么？

6.1.2 如何评价放大电路的性能？有哪些主要指标？用什么方法分析这些参数？

6.2 单管共发射极放大电路

6.2.1 电路组成

放大电路有多种形式，由于共发射极放大电路得到广泛的应用，因此我们以它为例进行分析。图 6-7 是一个单管共发射极基本放大电路。交流输入信号 u_i 通过电容 C_1 加到晶体管的基极-发射极之间，这是电路的输入部分，叫输入回路。交流输出信号电压 u_o 由晶体管的集电极-发射极输出，经电容 C_2 加到外接负载电阻上。这是电路的输出部分，叫输出回路。发射极成为输入回路和输出回路的公共端，故称为共发射极放大电路。

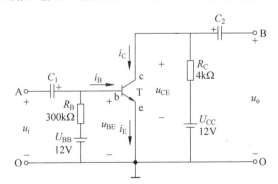

图 6-7 单管共发射极放大电路

放大电路的组成必须遵循这样两条原则：第一，保证晶体管工作在放大区，这样就可以利用基极电流 i_B（或发射极电流 i_E）来控制集电极电流 i_C，达到放大的目的。为此，放大电路中直流电源及相关电阻的配置一定要使晶体管发射结正向偏置，集电结反向偏置。第二，应使输入信号得到足够的放大和顺利的传送。图 6-7 所示的电路就是依据上述原则组成的。

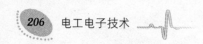

下面把电路中元件的作用分述如下：

晶体管为 NPN 型硅管，由于它具有电流放大能力，因此是放大电路中的核心元件，起着控制能量转换的作用。

基极直流电源 U_{BB} 通过电阻 R_B 为晶体管发射结提供正向偏置电压。

集电极直流电源 U_{CC} 通过电阻 R_C 为晶体管集电结提供反向偏置电压（适当调节 R_C、R_B 的阻值就可以使 $U_C > U_B$），使晶体管工作在放大区。同时 U_{CC} 也提供了放大信号所需的能量。

基极偏置电阻 R_B，当 U_{BB} 一定时，它的大小决定基极直流电流 I_B 的值（常称为基极偏置电流）。此外，R_B 的作用是保证输入交流信号 u_i 能引起基极电流 i_B 作相应的变化。因为如果 $R_B = 0$，则基极电位恒等于 U_{BB}，直流电源 U_{BB} 把交流信号 u_i 短路，i_B 也就不会发生变化，交流信号就得不到放大。

集电极负载电阻 R_C 可以把晶体管集电极电流 i_C 的变化转化成 R_C 上电压降的变化，从而使晶体管集电极—发射极间电压 u_{CE} 随之变化，并传送到负载上输出。

耦合电容 C_1 和 C_2 也叫隔直电容。对于直流，电容的容抗无穷大，相当于开路，从而隔断了信号源与放大电路以及放大电路与负载之间直流电流的相互影响。对于交流信号，由于 C_1 和 C_2 的容量选的足够大，在输入信号的频率范围内，容抗很小，近似短路，于是信号便可以几乎无衰减地通过电容传送。因此耦合电容 C_1 和 C_2 的作用可概括为"隔离直流，传送交流"。图 6-7 所示的 C_1 和 C_2 是电解电容，它有正负极，使用时正极应接在电位较高的一边。

图 6-7 中各电压和电流的参考方向是按 NPN 型晶体管设定的。如是 PNP 型管，则直流电源的极性接法同 NPN 管时相反，电流的参考方向也相反，而电压的参考方向不变。

6.2.2　工作分析

在本节中，通过定性地介绍信号放大过程来说明放大电路的工作原理。对于图 6-7 中的单管共发射极放大电路，分两步来分析输入信号 u_i 的放大过程。

1. 无输入信号（$u_i = 0$）时放大电路的工作情况

当输入信号 $u_i = 0$ 时，称放大电路处于静止状态，简称静态。此时，放大电路的输入端对地短接，电路中只有直流电源供电，所以放大电路的静态也就是它的直流状态。晶体管各极的电流和极间电压都是直流量。U_{BB}、R_B 和晶体管的输入特性确定基极直流电流 I_B 和基极—发射极直流电压 U_{BE} 的大小。U_{CC}、R_C 和晶体管的输出特性以及 I_B 共同确定晶体管集电极直流电流 I_C 和集—射极间电压 U_{CE} 的大小。电容 C_1 和 C_2 上分别充有直流电压 $U_{C_1} = U_{BE}$，$U_{C_2} = U_{CE}$。

2. 有输入信号（$u_i \neq 0$）时放大电路的工作情况

在上述静态的基础上，给放大电路加上交流信号 u_i，这时称放大电路处于放大状态，简称动态。在动态下，电路中各处的电压和电流都是由直流电源和交流信号共同作用产生的。

在以后的分析中我们会知道各电量的总瞬时值可以分解为直流分量和交流分量。我们用不同的符号来表示不同性质的电量。以基极电流为例,i_B 代表基极电流总瞬时值(符号小写,下标大写);i_b 代表基极电流交流分量瞬时值(符号、下标均小写);I_B 代表基极电流直流分量(符号、下标均大写)。现设输入信号 u_i 为正弦信号,则共发射极放大电路中各点的波形如图 6-8 所示。

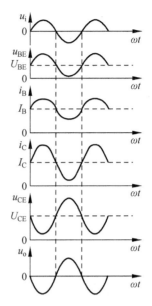

图 6-8　共发射极放大电路中各点的波形

从以上信号放大过程中可以得出:

当输入信号 $u_i = 0$ 时,放大电路处于静态,也就是直流状态。直流电源和基极偏置电阻、集电极电阻共同确定晶体管的极间直流电压和各极直流电流,确保晶体管工作在放大区。

当输入交流信号 u_i 时,放大电路处于放大状态,即动态。电路中的 i_B,i_C,u_{BE} 和 u_{CE} 都随 u_i 的变化而变化,如图 6-8 所示。由 u_i 输入到 u_o 输出,这就是放大电路的电压放大作用。

放大电路处于动态时,只要在放大信号过程中不产生失真的情况下,i_B,i_C,u_{BE} 和 u_{CE} 等量都是由静态时的直流分量叠加上一个随 u_i 变化的交流分量合成的。如能保证在动态时,各直流分量的值始终大于各交流分量的幅值,那么晶体管始终是导通的。而要实现这一点,就需要为晶体管设置合理的静态(即直流)工作条件,并需要适当限制输入信号 u_i 的幅值。

3. 图解分析法

对放大电路进行定量分析时,常用两种基本分析方法。一种方法是利用晶体管的特性曲线,用作图的方法来求解,称为图解分析法。另一种方法是将具有非线性特性的晶体管近似用线性等效电路来代替,然后利用线性电路理论来求解,称为计算分析法。下面先讨论图解法。

1) 用图解法分析静态工作情况

在图 6-7 中的共发射极放大电路要用两个直流电源 U_{BB} 和 U_{CC}。实际上常取 $U_{BB} = U_{CC}$,只用一个直流电源 U_{CC} 供电,此时把基极偏置电阻 R_B 接到 U_{CC} 的正极与晶体管基极之间,这样 U_{CC} 通过 R_B 同样也可以为晶体管提供基极偏置电流。图 6-9(a)画出了这种实用的共发射极放大电路。图中按照习惯画法,只标出 U_{CC} 的电位,省略了 U_{CC} 电源回路。

放大电路处于静态时,常用直流量 I_B,U_{BE},I_C,U_{CE} 来描述晶体管的静态工作情况。对应这 4 个数据可以在晶体管的输入特性和输出特性上各确定一个点。这一对点,就称为静态工作点,用大写字母 Q 表示。用图解法来分析放大电路的静态工作情况,就是用作图的方法在特性曲线上确定静态工作点 Q,求出 Q 点的坐标 I_{BQ},U_{BEQ},I_{CQ},U_{CEQ} 的数据。上述电量的下标添写了字母 Q,以便明确它们是静态工作点的值。用图解法确定静态工作点的步骤如下:

(1) 画出直流通路

静态时,输入信号电压 $u_i = 0$,即将放大电路输入端对地短接。各耦合电容对直流开路,就得到放大电路的直流通路,如图 6-9(b)所示。电路中只有直流电源 U_{CC} 单独作用。

(2) 利用输入回路来确定 I_{BQ},U_{BEQ}

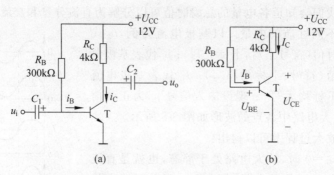

图 6-9　共发射极放大电路的习惯画法及其直流通路
(a) 共发射极放大电路的习惯画法；(b) 直流通路

从直流电源 U_{CC} 通过 R_B 及晶体管基极—发射极到公共地所组成的输入回路来看，晶体管的 U_{BE} 和 I_B 应该满足回路电压方程

$$U_{CC} = I_B R_B + U_{BE} \tag{6-13}$$

同时 U_{BE} 和 I_B 还应该符合晶体管的输入特性曲线所描述的关系。输入特性用函数式表示为

$$I_B = f(U_{BE})\big|_{U_{CE}=常数} \tag{6-14}$$

将上述两个方程联立，其解就是静态工作点 Q 所对应的 I_{BQ}，U_{BEQ}。用作图的方法在输入特性曲线所在的 U_{BE}-I_B 直角坐标系上，作出式(6-13)对应的直线，那么求得两线的交点就是静态工作点。把式(6-13)改写成以 I_B 为因变量、U_{BE} 为自变量的斜截式方程：

$$I_B = -\frac{1}{R_B}U_{BE} + \frac{U_{CC}}{R_B} \tag{6-15}$$

这条直线的斜率为 $-\dfrac{1}{R_B}$，截距为 $\dfrac{U_{CC}}{R_B}$。用解析几何中的方法，画出这条线，该线称为直流负载线，它与输入特性的交点 Q 就是静态工作点。Q 点的坐标就是静态时的基极电流 I_{BQ} 和基极—射极间电压 U_{BEQ}，如图 6-10(a)所示。

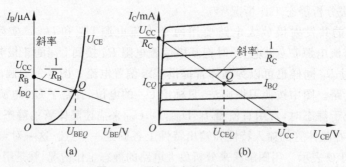

图 6-10　图解法求静态工作点

(3) 利用输出回路确定 I_{CQ}，U_{CEQ}

如图 6-9(b)所示，从 U_{CC} 通过 R_C，晶体管集电极—射极到公共地的输出回路，及晶体管的输出特性曲线可以写出下面两式

$$U_{CC} = I_C R_C + U_{CE} \tag{6-16}$$

$$I_C = f(U_{CE})\big|_{I_B=常数} \tag{6-17}$$

在输出特性曲线所在的 $U_{CE}\text{-}I_C$ 直角坐标系里作出式（6-16）对应的直线。首先将该式写成斜截式方程

$$I_C = -\frac{1}{R_C}U_{CE} + \frac{U_{CC}}{R_C} \tag{6-18}$$

用解析几何中的方法，画出这条线，如图 6-10(b)所示。因为该线的斜率 $-\dfrac{1}{R_C}$ 只取决于直流工作状态下的负载电阻 R_C，故称为直流负载线。由于已从输入特性上的静态工作点确定了 I_{BQ} 的值，因此输出特性上的直流负载线与 $I_B = I_{BQ}$ 对应的那一条输出特性的交点就是静态工作点 Q。Q 点的坐标就是静态时晶体管的集电极电流 I_{CQ} 和集电极—射极间电压 U_{CEQ}。

2）用图解法分析动态工作情况

动态工作情况分析是在静态分析的基础上进行的，因为电路必须有一个合适的静态工作点，才能对加入的交流信号进行放大。加入交流信号以后，电路中应该既有交流又有直流成分，电路中各处的电流、电压都是变化的，所以形象地称为动态，也叫交流工作状态。对交流工作状态的分析称为动态分析，一般需要分析放大电路的电压放大倍数、输入电阻和输出电阻等。

动态分析时考虑的是电路中的交流成分，因此只需考虑交流信号传递的路径，即交流通路。首先，耦合电容对交流信号相当于短路；其次，理想电压源的内阻可以看成零。因此将电压源和电容均作短路处理，就得到了对应的交流通路。按照这个原则，可以画出图 6-9(a)的交流通路如图 6-11 所示。这个交流通路中各处的电压和电流仅为交流电压、电流信号。所以，除画波形图外，交流分析时一般不考虑电路中的直流成分。动态图解分析，就是利用晶体管的特性曲线分析放大电路的动态活动范围，得出 u_o 和 u_i 之间的大小、相位、失真等关系。分析的步骤就是按照信号的流程 $u_i \rightarrow u_{BE} \rightarrow i_B \rightarrow i_C \rightarrow u_{CE} \rightarrow u_o$，用作图的方法得到输出与输入之间的关系。

下面对图 6-9(a)所示的共发射极固定偏置放大电路进行动态图解分析，动态图解的前提是，已经在图 6-12(b)的输出特性曲线上得到了该电路的静态工作点 Q。

（1）动态图解的步骤

从图 6-11 可以看出，在交流通路中，u_i 就是交流的 u_{be}。当然，总的 u_{BE} 是直流 U_{BE} 和交流输入 u_{be} 的叠加。

设放大电路的输入电压 $u_i = 0.02\sin\omega t\,(V)$，这个信号加到放大电路的输入端，相当于在晶体管的发射结直流电压 0.7V（以硅管为例）的基础上，又叠加了一个正弦输入交流信号，变化范围在 $0.68 \sim 0.72V$ 之间，如图 6-12(a)中的曲线①所示。由于发射结电压 u_{BE} 的变化，导致基极电流 i_B 发生相应的变化，如图 6-12(a)中的曲线②所示。从图中可以看出，对应于 u_i 的 i_B 的变化范围，是以静态工作点 Q 为中心，沿着特性曲线在 $Q_1 \sim Q_2$ 之间按正弦规律移动的。而且在纵轴上投影为：以静态的 $40\mu A$ 为中心，在 $20 \sim 60\mu A$ 之间变化的正弦交流电流 i_B。$Q_1 \sim Q_2$ 间的活动范围就是输入回路的动态工作范围。

在如图 6-12(b)晶体管的输出特性曲线中，i_B 的活动范围已知，由电路参数决定的直流负载线 MN 是不变的。所

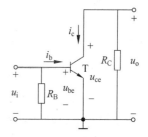

图 6-11　共发射极放大电路的交流通路

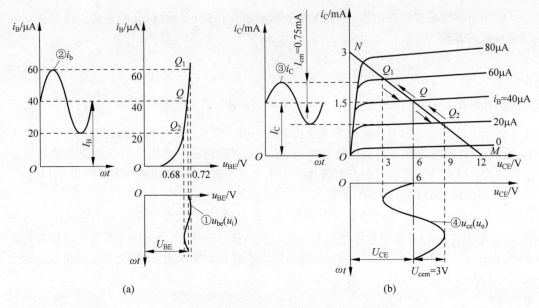

图 6-12 共发射极放大电路的动态图解

(a) 输入回路的动态图解；(b) 输出回路的动态图解

以，对应于 i_B 为 20μA 和 60μA 的输出特性曲线与直流负载线的交点 Q_1 和 Q_2 之间的范围，就是输出特性上的动态工作范围。具体地说，当 i_B 以 40μA 为中心按正弦规律变化时，对应的静态工作点以 Q 点为中心沿着直流负载线，在 $Q_1 \sim Q_2$ 之间也按正弦规律移动。工作点移动的轨迹在纵轴上的投影为集电极电流 i_C，如图 6-12(b) 中的曲线③；在横轴上的投影为三极管的管压降 u_{CE}，如图 6-12(b) 中的曲线④。

（2）放大电路带负载后的动态图解

上面讨论的放大电路，输出端并没有接负载，在实际的工作中，放大器的输出端一定带有负载，图 6-9(a) 所示的放大电路带负载电阻 R_L 后如图 6-13(a) 所示。

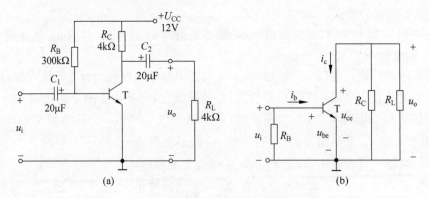

图 6-13 带负载的共发射极放大电路及交流通路

(a) 带负载的共发射极放大电路；(b) 带负载放大电路的交流通路

由于耦合电容对直流信号开路，带负载后放大电路的静态分析与不带负载时完全相同。从图 6-13(b) 的交流通路中可以看出，R_L 和 R_C 是并联的。如图 6-14 所示为带负载时共发射极放大电路的动态图解。

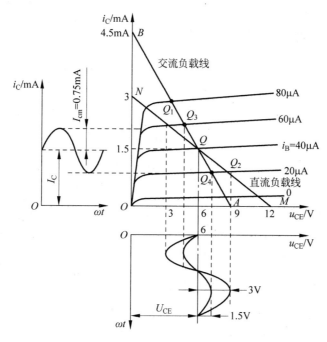

图 6-14 带负载时共发射极放大电路的动态图解

（3）非线性失真

信号经放大电路放大以后,输出波形与输入波形不完全一致称为波形失真。由于晶体管特性曲线非线性引起的波形失真称为非线性失真。在保证晶体管质量的前提下,产生非线性失真的原因,主要与静态工作点的位置和输入信号幅值大小有关。

如果静态工作点选得过低,将使工作点的动态范围进入截止区而产生失真,这种由于晶体管进入截止区而造成的失真叫作截止失真;相反,如果静态工作点选得过高,将使晶体管进入饱和区引起饱和失真。图 6-15 给出了截止失真和饱和失真的情况,由于输出与输入反相,当出现截止失真时,u_o 的顶部被削平;反之,当出现饱和失真时,u_o 的底部被削平。

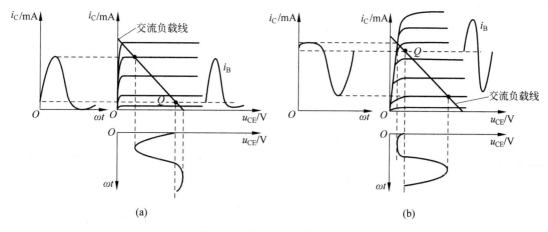

图 6-15 截止失真与饱和失真

(a) 截止失真;(b) 饱和失真

例 6-1　电路如图 6-16（a）所示，图（b）是晶体管的输出特性，已知 $\beta=100$，静态时 $U_{BEQ}=0.7V$。利用图解法分别求出 $R_L=\infty$ 和 $R_L=3k\Omega$ 时的静态工作点和最大不失真输出电压 U_{om}（有效值）。

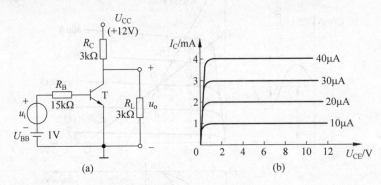

图 6-16　例 6-1 图

解　空载时：$I_{BQ}=20\mu A$，$I_{CQ}=2mA$，$U_{CEQ}=6V$；最大不失真输出电压峰值约为 5.3V，有效值约为 3.75V。

带载时：$I_{BQ}=20\mu A$，$I_{CQ}=2mA$，$U_{CEQ}=3V$；最大不失真输出电压峰值约为 2.3V，有效值约为 1.63V。

如图 6-17 所示。

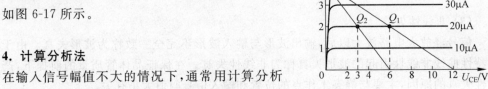

图 6-17　例 6-1 解图

4. 计算分析法

在输入信号幅值不大的情况下，通常用计算分析法来定量分析放大电路并计算有关的性能指标。其做法是：在一定的条件下，把工作在放大区的晶体管小范围的特性曲线近似地用直线来代替，从而用相应的线性等效电路来代替具有非线性特性的晶体管，然后运用电路理论进行分析计算。

1）静态工作点的计算

静态时，输入信号电压 $u_i=0$，即将放大电路输入端对地短接。各耦合电容对直流开路，就得到放大电路的直流通路，如图 6-9（b）所示。电路中只有直流电源 U_{CC} 单独作用。

根据直流通路可以写出

$$I_{BQ}=\frac{U_{CC}-U_{BEQ}}{R_B} \tag{6-19}$$

$$U_{CEQ}=U_{CC}-I_{CQ}R_C \tag{6-20}$$

晶体管的直流量还应满足它的特性曲线所描述的关系。由于常见小功率晶体管的特性曲线虽不完全相同，但在室温下，晶体管充分导通后，硅管的 U_{BE} 的大小在 $0.6\sim0.8V$ 之间（锗管的 U_{BE} 的大小在 $0.1\sim0.3V$ 之间），因此我们近似取 $U_{BE}=0.7V$（锗管取 $U_{BE}=0.2V$）。若为 PNP 型管，则加负号。从式（6-19）可以看出，如果 $U_{CC}\gg U_{BEQ}$，即使 U_{BE} 取值稍有偏差，对计算结果的影响也是很小的。

对于工作在放大区的晶体管，可有 $I_C=\bar{\beta}I_B+I_{CEQ}$ 的电流关系。如果把晶体管的输出特性曲线在放大区的一定范围内近似看成一簇平行等距线，那么可认为在此范围内的 $\bar{\beta}$ 为常数。如果还能满足 $\bar{\beta} I_B \gg I_{CEQ}$ 的条件,又可近似认为 $\bar{\beta} = \beta$。这种近似所造成的误差不大,因此在计算静态工作点时,常用下式来等效晶体管在放大区的输出特性曲线:

$$I_{CQ} = \bar{\beta} I_{BQ} + I_{CEQ} \approx \beta I_{BQ} \tag{6-21}$$

根据式(6-19)~式(6-21)就可估算静态工作点。

例 6-2　电路结构和参数如图 6-9(a)所示,晶体管的 $\beta = 50$,导通时的 $U_{BEQ} = 0.7$V,试估算静态工作点 Q。

解　画出直流通路如图 6-9(b)所示。

根据直流通路可以写出

$$I_{BQ} = \frac{U_{CC} - U_{BEQ}}{R_B} = \frac{12 - 0.7}{300 \times 10^3} A = \frac{11.3}{300 \times 10^3} A = 37.7\mu A \approx 40\mu A$$

$$I_{CQ} \approx \beta I_{BQ} \approx 50 \times 40\mu A = 2mA$$

$$U_{CEQ} = U_{CC} - I_{CQ} R_C \approx 12V - 2mA \times 4k\Omega = 4V$$

2) 晶体管的 h 参数微变等效电路

放大电路的主要性能指标,例如放大倍数、输入电阻和输出电阻等都是针对信号来讨论的,因此要计算这些指标,就要从只考虑交流分量的交流通路入手。交流通路的画法在图解法中已经介绍。

晶体管电路的动态分析也可以用估算法来进行,这种方法叫作 h 参数微变等效电路分析法,利用这种方法还可以计算放大电路的输入电阻和输出电阻。所谓 h 参数微变等效电路分析法就是在输入信号较小的情况下,将非线性元件晶体管等效成线性元件,然后对由线性元件组成的等效电路进行计算,得到需要的性能指标。

(1) 晶体管的 h 参数的微变等效模型

对于图 6-13(a)中共发射极接法晶体管的输入端口来说,当输入信号较小时,输入特性曲线上以静态工作点为中心,很小的动态工作范围可近似认为是一段直线。这段直线代表晶体管输入端口——基极 b 和发射极 e 之间的等效电阻,该电阻的大小将随着静态工作点的不同而变化,是个动态电阻,叫作晶体管的输入电阻 r_{be}。对于一般的低频小功率晶体管,r_{be} 可以由公式(6-22)来估算,其中 $I_{EQ} = I_{BQ} + I_{CQ}$,是晶体管静态时的发射极电流。因为 I_{BQ} 是微安级的,而 I_{CQ} 是毫安级的,所以可以令 $I_{EQ} \approx I_{CQ}$。

$$r_{be} \approx 300 + (1 + \beta) \frac{26mV}{I_{EQ} mA} (\Omega) \tag{6-22}$$

对于晶体管集电极和发射极间的输出端口来说,晶体管放大区的输出特性曲线可近似看成是一簇平行于 x 轴的直线,这些直线代表基极电流对集电极电流的控制能力。所以,晶体管的输出端口可以等效成一个电流控制电流源 i_c,控制变量是 i_b,受控系数是 β。

综上可得放大区晶体管的 h 参数微变等效模型如图 6-18(b)所示。因为在分析和测量放大电路时经常用正弦信号作为输入,而且电路中的直流量在静态估算时已经考虑,此时不再计算在内,所以在晶体管的 h 参数微变等效模型以及应用模型的分析中,改为用向量来表示交流电压和电流。

(2) h 参数微变等效电路分析法

h 参数微变等效电路分析法的分析步骤是:放大电路→交流通路(耦合电容和电压源

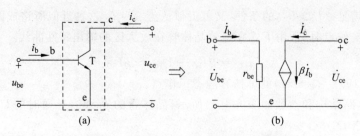

图 6-18　晶体管及其 h 参数微变等效模型

(a) 晶体管在共发射极接法时的双口四端网络；(b) 放大区的 h 参数微变等效模型

短路)→h 参数微变等效电路(将交流通路中的三极管用微变等效模型替代)→计算电压放大倍数、输入电阻和输出电阻。

下面,采用微变等效电路法分析图 6-13(a)的动态特性,将该电路重画于图 6-19(a)中,图 6-19(b)为其交流通路,本电路中加入了内阻为 R_S 的电压信号源。

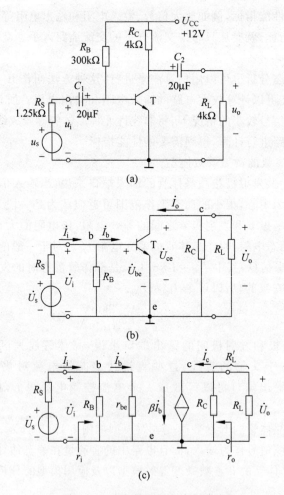

图 6-19　共发射极基本放大电路

(a) 共发射极基本放大电路；(b) 交流通路；(c) h 参数微变等效电路

在画出交流通路后,我们可以先画出晶体管的 h 参数微变等效模型,并确定它的三个电极,然后把交流通路中的其他元件按照原来在电路中的位置画出,就得到了晶体管的微变等效电路,并相应标出电路中的各电流、电压量。由于仅考虑信号中的交流成分,因此微变等效电路中的电压、电流都是交流量,如图 6-19(c)所示。

(3) 用 h 参数微变等效电路法计算主要性能指标

① 计算电压放大倍数 A_u。

由于图 6-19(c)所示的微变等效电路都是由电阻和受控源这些线性元件构成的,因此利用已有的求解线性电路的方法完全可以对这个电路进行计算。要注意的是,从图 6-19(c)的形式上看,h 参数微变等效电路的输入、输出回路并没有什么联系。

根据这个思路,我们可以利用 $\dot{I}_b$ 这个"桥梁",分别写出输入电压 $\dot{U}_i$ 和输出电压 $\dot{U}_o$ 的表达式:

$$\dot{U}_i = \dot{I}_b r_{be}$$

$$\dot{U}_o = -\beta \dot{I}_b (R_C /\!/ R_L)$$

$$A_u = \frac{\dot{U}_o}{\dot{U}_i} = \frac{-\beta \dot{I}_b (R_C /\!/ R_L)}{\dot{I}_b r_{be}} = -\beta \frac{R_C /\!/ R_L}{r_{be}} = -\beta \frac{R_L'}{r_{be}} \qquad (6\text{-}23)$$

② 计算输入电阻 r_i 和输出电阻 r_o。

a) 输入电阻 r_i

输入电阻是用来衡量放大电路对信号源的影响的一个性能指标。它定义为输入信号电压与输入信号电流之比,即

$$r_i = \frac{\dot{U}_i}{\dot{I}_i} \qquad (6\text{-}24)$$

由图 6-19(c)可知

$$\dot{I}_i = \dot{I}_{R_B} + \dot{I}_b = \frac{\dot{U}_i}{R_B} + \frac{\dot{U}_i}{r_{be}}$$

$$r_i = \frac{\dot{U}_i}{\dot{I}_i} = \frac{1}{\dfrac{1}{R_B} + \dfrac{1}{r_{be}}} = R_B /\!/ r_{be} \qquad (6\text{-}25)$$

低频小功率三极管的 r_{be} 较小,只有 $1 \sim 2\text{k}\Omega$,一般有 $R_B \gg r_{be}$,可以认为共发射极基本放大电路的输入电阻近似为 r_{be},显然,这个阻值并不太大。实际上,我们并不一定完全按照定义来计算输入电阻,采用观察和定义计算相结合的方法更简单有效。由于输出回路对输入回路不产生影响,从图 6-19(c)中可以很明显地看出:$r_i = R_B /\!/ r_{be}$。

b) 输出电阻 r_o。

输出电阻用来衡量放大电路带负载能力的强弱。当放大电路将放大了的信号输出给负载时,对于负载来说,放大电路相当于一个具有内阻的信号源,由这个信号源向负载提供输出电压和输出电流。根据输出电阻的定义,将信号源电压短路、保留信号源内阻,并把负载开路,得到图 6-20 所示的 h 参数微变等效电路。在放大电路的输出端加上一个测试电压 $\dot{U}_T$,这个测试电压和它所产生的测试电流 $\dot{I}_T$ 的比值就是放大器的输出电阻。从图 6-20 可

以看出,测试电压 U_T 不对输入回路产生影响,可以得到电路的输出电阻 r_o。为

$$r_o = \frac{\dot{U}_T}{\dot{I}_T}\bigg|_{\dot{U}_s=0,R_L=\infty} = \frac{\dot{U}_T}{\dfrac{\dot{U}_T}{R_C}} = R_C \qquad (6\text{-}26)$$

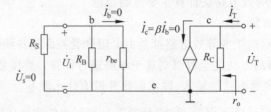

图 6-20 h 参数微变等效电路

例 6-3 共发射极基本放大电路结构及参数如图 6-19(a)所示,晶体管的 $\beta=40$,U_{BEQ} 可忽略。请估算:(1)电路的静态工作点;(2)电压放大倍数 A_u;(3)输入电阻和输出电阻。

解 (1)电路的静态工作点

画出直流通路如图 6-9(b)所示。

根据直流通路可以写出

$$I_{BQ} = \frac{U_{CC} - U_{BEQ}}{R_B} \approx \frac{12-0}{300\times10^3}\text{A} = \frac{12}{300\times10^3}\text{A} = 40\mu\text{A}$$

$$I_{CQ} \approx \beta I_{BQ} = 40\times40\mu\text{A} = 1.6\text{mA}$$

$$U_{CEQ} = U_{CC} - I_{CQ}R_C = 12\text{V} - 1.6\text{mA}\times4\text{k}\Omega = 5.6\text{V}$$

(2)电压放大倍数 A_u

画出交流通路如图 6-19(b)所示,在此基础上再画出微变等效电路如图 6-19(c)所示。

根据微变等效电路可以写出

$$I_{EQ} = I_{BQ} + I_{CQ} = 40\mu\text{A} + 1.6\text{mA} = 1.64\text{mA}$$

$$r_{be} \approx \left[300 + (1+\beta)\frac{26\text{mV}}{I_{EQ}(\text{mA})}\right]\Omega = (300 + 41\times15.9)\Omega \approx 952\Omega = 0.952\text{k}\Omega$$

$$A_u = \frac{\dot{U}_o}{\dot{U}_i} = \frac{-\beta\dot{I}_b(R_C /\!/ R_L)}{\dot{I}_b r_{be}} = -\beta\frac{R_C /\!/ R_L}{r_{be}} = -\beta\frac{R'_L}{r_{be}} = -40\times\frac{4\text{k}\Omega /\!/ 4\text{k}\Omega}{0.952\text{k}\Omega} \approx -84$$

(3)输入电阻和输出电阻

根据式(6-25)和式(6-26)可得

$$r_i = \frac{\dot{U}_i}{\dot{I}_i} = \frac{1}{\dfrac{1}{R_B} + \dfrac{1}{r_{be}}} = R_B /\!/ r_{be} \approx r_{be} = 0.952\text{k}\Omega$$

$$r_o = \left|\frac{\dot{U}_T}{\dot{I}_T}\right|_{\substack{\dot{U}_s=\infty \\ R_L=\infty}} = \frac{\dot{U}_T}{\dot{U}_T/R_C} = R_C = 4\text{k}\Omega$$

从上面的分析过程和典型例题的数据,可以得出这样的结论:共发射极基本放大电路的电压放大倍数较大,输出电压和输入电压反相,由于电压放大能力很强,因此应用十分广泛。作为一个电压放大器来说,共发射极电路的输入电阻不够大,仅约为 r_{be},使放大器得到

的输入电压比信号源电压衰减很多,导致源电压放大倍数下降。同样,这个电路的输出电阻相对较大,带负载的能力不强。

6.2.3 放大电路静态工作点的稳定

经过前面几节的讨论,我们已经明确:放大电路必须有一个合适的静态工作点。如果希望输出信号电压幅值比较大,那么静态工作点应当设置于交流负载线的中点。如果信号幅值不大,为了降低静态时的功率损耗,可以把静态工作点设置于特性曲线族的下部,这样直流电源提供的静态功率就比较小。但是,在实际应用中,环境温度的变化,晶体管的更换,电路元件的老化以及电源的波动等因素都可能使静态工作点变动,从而影响电路的放大性能,甚至使输出信号发生严重失真。在本节中将讨论静态工作点变动的主要因素以及能够稳定静态工作点的分压偏置放大电路。

1. 温度对静态工作点的影响

静态工作点不稳定的原因是多方面的,其中主要是温度变化和更换晶体管的影响。下面着重讨论温度变化对静态工作点的影响。为了说明问题的方便,假定一个参数变化时其他参数不变。

2. β 变化对 Q 点的影响

当温度每升高 1°C 时,β 值要增加 $0.5\% \sim 1\%$。β 值增大在输出特性上表现为特性曲线的间隔增大。以基本共发射极放大电路为例,在电路及晶体管其他参数不变的条件下,I_{BQ} 不变,输出特性上的直流负载线也不变。在温度升高后,I_{BQ} 对应的输出特性已变为虚线所示的特性曲线。这样静态工作点 Q 将移动到 Q' 点,详见图 6-21。即 I_{CQ} 增大,U_{CEQ} 减小,静态工作点向饱和区移动。反之,温度下降,β 值减少,I_{CQ} 减小,U_{CEQ} 增大,静态工作点向截止区移动。

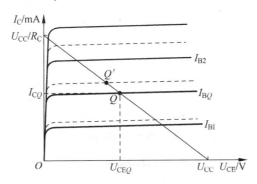

图 6-21 晶体管在不同环境温度下的输出特性曲线

3. I_{CBO} 变化对 Q 点的影响

当温度每升高 10°C 时,I_{CBO} 增大一倍左右。由于 $I_{CEO} = (1+\beta)I_{CBO}$,$I_{CEO}$ 故也要增大。

又由于 $I_C = \beta I_B + I_{CEO}$，显见 I_{CEO} 的增大将使整个输出特性曲线族向上平移，此时静态工作点将向饱和区移动。由于硅管的 I_{CEO} 很小，这种影响可以忽略不计。而锗管的 I_{CEO} 较大，这是造成 Q 点随温度变化的主要原因，因此在高温条件下工作的晶体管常选用硅管。

4. U_{BE} 变化对 Q 点的影响

当温度升高时，晶体管的 U_{BE} 将减少，对应于同样大小的 I_E，温度每升高 1℃，U_{BE} 将减少 2mV 左右，这就体现在晶体管输入特性曲线向左移动。在外电路参数不变时，输入回路所确定的直流负载线也不变，那么 Q 点将向饱和区移动。此时 I_{BQ} 要增大，显然也要使 I_{CQ} 增加。反之，温度降低将使 I_{CQ} 减小。

综上所述，温度升高，β，I_{CBO}，U_{BE} 的变化都使 I_{CQ} 增大，静态工作点向饱和区移动。如果温度降低，则将使 I_{CQ} 减小，静态工作点向截止区移动。另外，更换晶体管，相当于改变了特性曲线，也会使静态工作点发生变化。

为了稳定静态工作点，我们通过改进基本共发射极放大电路的结构来达到稳定 Q 点的目的。下面就来讨论这种分压偏置式共发射极放大电路的结构和工作原理。

5. 分压偏置式共发射极放大电路

图 6-22(a)所示的电路是一种能够自动稳定静态工作点的共发射极放大电路。从结构上看，这种电路在发射极和公共地之间接入一个发射极电阻 R_E，起到电流负反馈的作用。另外，采用两个电阻 R_{B1}，R_{B2} 构成电阻分压电路来供给晶体管静态基极电位。

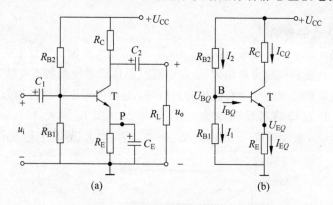

图 6-22 分压偏置式共发射极放大电路

(a) 分压偏置式共发射极放大电路；(b) 分压偏置式共发射极放大电路的直流通路

1) 工作原理

这种电路在设计时，R_{B1} 和 R_{B2} 应适当选择电阻的值，使之满足下面的条件：

$$I_2 \gg I_{BQ} \tag{6-27}$$

$$U_{BQ} \gg U_{BEQ} \tag{6-28}$$

做了上述处理后，这时晶体管基极直流电压 U_{BQ} 由

$$U_{BQ} \approx \frac{R_{B2}}{R_{B1} + R_{B2}} U_{CC} \tag{6-29}$$

来确定。由式(6-29)可知，U_{BQ} 可以近似看作恒定不变。下面以温度升高为例来说明分压偏

置式共射放大电路稳定静态工作点的过程。

当温度升高时，β，I_{CBO}，U_{BE} 的变化均将使 I_{CQ} 增加，那么 I_{EQ} 也将增大，电阻 R_E 上的压降 $I_{EQ}R_E$ 将随之增大。由于电路满足式(6-27)的条件时，基极电位 U_{BQ} 近似恒定，那么加到基极—发射极间的电压 U_{BEQ} 值将减小。U_{BEQ} 的减小使得 I_{BQ} 减小，从而使增大的 $I_{CQ}(I_{EQ})$ 减小，趋向恢复原来的值。上述过程可以表示为

$$T\uparrow \to I_{CQ}(I_{EQ})\uparrow \to (I_{EQ}R_E)\uparrow \to U_{BEQ}\downarrow \to I_{BQ}\downarrow \to I_{CQ}(I_{EQ})\downarrow$$

反之，当温度降低时，I_{CQ} 减小，分压偏置电路的作用将使 I_{CQ} 自动增大，趋于原值，从而使静态工作点得到稳定。射极电阻 R_E 把与 I_{CQ} 成正比的电压 $I_{EQ}R_E$ 引回到输入回路，来调节基极—发射极间电压 U_{BEQ}，从而稳定 I_{CQ}。

我们画出图 6-22(a)中的放大电路的直流通路如图 6-22(b)所示。根据电路可得

$$I_{EQ} = \frac{U_{BQ} - U_{BEQ}}{R_E}$$

在电路同时满足式(6-27)和式(6-28)的条件下，

$$I_{EQ} \approx \frac{U_{BQ}}{R_E} \tag{6-30}$$

再根据式(6-29)，显然由于 U_{BQ} 近似恒定，那么晶体管的静态工作电流 I_{EQ} 近似恒定。这就是说，当电路参数满足以上两个条件时，静态电流 I_{EQ} 只与外电路的参数 U_{CC}，R_{B1}，R_{B2}，R_E 有关，而与晶体管参数 β，I_{CBO}，U_{BE} 几乎无关，因而大大提高了静态工作点的稳定性。习惯上把式(6-27)和式(6-28)叫作工作点稳定条件。

2）电路的分析计算

（1）静态工作点的计算

根据图 6-22(b)中的直流通路，在电路满足稳定条件时可以近似计算，故可以列出：

$$U_{BQ} \approx \frac{R_{B2}}{R_{B1} + R_{B2}} U_{CC} \tag{6-31}$$

$$I_{EQ} \approx \frac{U_{BQ}}{R_E} \tag{6-32}$$

$$I_{BQ} = \frac{I_{EQ}}{1+\beta}, \quad I_{CQ} = \beta I_{BQ} \tag{6-33}$$

$$U_{CEQ} = U_{CC} - I_{CQ}R_C - I_{EQ}R_E \approx U_{CC} - I_{CQ}(R_C + R_E) \tag{6-34}$$

（2）主要性能指标的计算

假设图 6-22(a)中电容 C_E 未接入，我们画出图 6-22(a)中电路的 h 参数微变等效电路如图 6-23(b)所示。

① 计算 $\dot{A}_u$

从 h 参数微变等效电路可得

$$\dot{U}_i = \dot{I}_b r_{be} + \dot{I}_e R_E = \dot{I}_b[r_{be} + (1+\beta)R_E]$$

$$\dot{U}_o = -\beta \dot{I}_b(R_C /\!/ R_L) = -\beta \dot{I}_b R_L', \quad R_L' = R_C /\!/ R_L$$

所以

$$\dot{A}_u = \frac{\dot{U}_o}{\dot{U}_i} = \frac{-\beta R_L'}{r_{be} + (1+\beta)R_E} \tag{6-35}$$

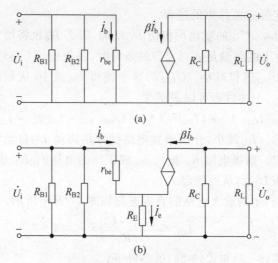

图 6-23　图 6-22(a)电路的 h 参数微变等效电路

(a) 有 C_e 的 h 参数微变等效电路；(b) 无 C_e 的 h 参数微变等效电路

把式(6-35)与式(6-23)比较可见,这种电路的电压放大倍数比基本共发射极放大电路的电压放大倍数下降了。这是由于输入信号 $\dot{U}_i$ 中有相当一部分降落到 R_E 上了,仅有一部分加在基极—发射极转换成 $\dot{I}_c$ 和 $\dot{U}_o$ 输出。发射极电阻越大,稳定工作点的作用就越强,放大倍数的下降也就越多。为了解决放大倍数下降的问题,通常在 R_E 的两端并联上一个电容 C_E(大约几十到几百微法),如图 6-22(a)所示。电容 C_E 对交流电流起了短路作用,所以电容 C_E 称为射极旁路电容,带有旁路电容的 h 参数微变等效电路如图 6-23(a)所示。从这个电路可以推导出

$$\dot{A}_u = \frac{\dot{U}_o}{\dot{U}_i} = \frac{-\beta R'_L}{r_{be}} \tag{6-36}$$

上式与式(6-23)形式相同。这种带有旁路电容 C_E 的分压偏置式共发射极放大电路,既能稳定静态工作点,又有较大的放大倍数,在阻容耦合的放大电路中应用十分广泛。

② 计算 r_i 和 r_o。

对于有旁路电容 C_E 的情况,由图 6-23(a)的等效电路可得

$$r_i = R_{B1} \; / \! / \; R_{B2} \; / \! / \; r_{be}$$

在 $R_{B1} \; / \! / \; R_{B2} \; / \! / \; \gg r_{be}$ 时

$$r_i \approx r_{be} \tag{6-37}$$

$$r_o = R_C \tag{6-38}$$

例 6-4　电路如图 6-24 所示,晶体管的 $\beta = 100$。

(1) 估算电路的 Q 点,A_u,r_i 和 r_o;

(2) 若电容 C_e 开路,则将引起电路的哪些动态参数发生变化? 如何变化?

解　(1) 估算 Q 点。

根据直流通路,可得

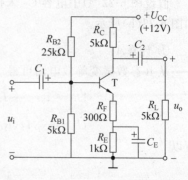

图 6-24　例 6-4 图

$$U_{BQ} \approx \frac{R_{B1}}{R_{B1} + R_{B2}} \cdot U_{CC} = 2V$$

$$I_{EQ} = \frac{U_{BQ} - U_{BEQ}}{R_F + R_E} \approx 1mA$$

$$I_{BQ} = \frac{I_{EQ}}{1 + \beta} \approx 10\mu A$$

$$U_{CEQ} \approx U_{CC} - I_{EQ}(R_C + R_F + R_E) = 5.7V$$

估算 A_u，r_i 和 r_o。

根据微变等效电路，可得

$$r_{be} = 300\Omega + (1 + \beta)\frac{26mV}{I_{EQ}mA} \approx 2.93k\Omega$$

$$A_u = -\frac{\beta(R_C /\!/ R_L)}{r_{be} + (1 + \beta)R_F} \approx -7.5$$

$$r_i = R_{B1} /\!/ R_{B2} /\!/ [r_{be} + (1 + \beta)R_F] \approx 3.7k\Omega$$

$$r_o = R_C = 5k\Omega$$

（2）若电容 C_E 开路，则

r_i 增大，$r_i \approx 4.1k\Omega$；$|A_u|$ 减小，$A_u \approx -\dfrac{\beta(R_C /\!/ R_L')}{r_{be} + (1 + \beta)(R_F + R_E)} \approx -1.86$。

【练习与思考】

6.2.1 说说基本单管共发射极放大电路中各元件的作用。

6.2.2 何谓静态？何谓动态？总结一下这两种状态下放大电路的工作情况。

6.2.3 定量分析放大电路常用的方法有哪些？各有什么特点？

6.2.4 分析一下放大电路产生非线性失真的原因。

6.2.5 归纳一下用计算法定量分析放大电路的步骤。

6.2.6 说说为什么要稳定静态工作点？哪些参数变化将影响 Q 点？

6.2.7 采取哪些措施可稳定静态工作点？

6.3 射极输出器

6.3.1 电路组成

图 6-25(a)、(b)分别为共集电极放大电路的原理电路和交流通路。从交流通路可以清楚地看出，晶体管的集电极作为输入和输出回路的公共端，输入信号从晶体管的基极和集电

极之间加入,输出信号从晶体管的发射极和集电极之间取出。因为输出信号是从晶体管的发射极输出的,所以又称为射极输出器。下面用估算法来分析这个电路的性能特点。

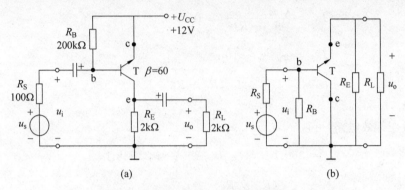

图 6-25　射极输出器放大电路及其交流通路
(a) 射极输出器放大电路；(b) 交流通路

6.3.2　工作分析

1. 静态工作点的计算

画出图 6-25(a)所示电路的直流通路,根据电路可得

$$U_{CC} = I_{BQ}R_B + U_{BEQ} + I_{EQ}R_E$$

则

$$I_{BQ} = \frac{U_{CC} - U_{BEQ}}{R_B + (1+\beta)R_E} \tag{6-39}$$

$$I_{CQ} = \beta I_{BQ} \tag{6-40}$$

$$U_{CEQ} = U_{CC} - I_{EQ}R_E \approx U_{CC} - I_{CQ}R_E \tag{6-41}$$

发射极电阻 R_E 能把温度改变所引起的 I_{EQ} 的变化转变为 $I_{EQ}R_E$ 的变化,从而影响 U_{BE} 来调节静态工作电流,因此也具有稳定工作点的作用。

2. 电压放大倍数的计算

画出图 6-25(a)所示电路的 h 参数微变等效电路如图 6-26 所示。根据电路可得

$$\dot{U}_i = \dot{I}_b[r_{be} + (1+\beta)R'_L], \quad R'_L = R_E \mathbin{/\mkern-5mu/} R_L$$

$$\dot{U}_o = (1+\beta)\dot{I}_b R'_L$$

$$\dot{A}_u = \frac{\dot{U}_o}{\dot{U}_i} = \frac{(1+\beta)R'_L}{r_{be} + (1+\beta)R'_L} \tag{6-42}$$

式(6-42)表明:射极输出器电路的电压放大倍数是小于 1 的,当 $(1+\beta)R'_L \gg r_{be}$ 时,A_u 接近 1,输出电压 $\dot{U}_o$ 与输入电压 $\dot{U}_i$ 同相。这说明输出电压和

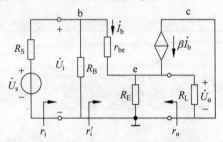

图 6-26　射极输出器的微变等效电路

输入电压相位相同、大小近似相等,所以射极输出器又被称为电压跟随器。

3. 输入电阻 r_i 和输出电阻 r_o 的计算

1) 输入电阻 r_i

由图 6-26 得

$$r_i = R_B \mathbin{/\mkern-5mu/} r_i' \tag{6-43}$$

而

$$r_i' = \frac{\dot U_i}{\dot I_b} = \frac{r_{be}\,\dot I_b + \dot I_e (R_E \mathbin{/\mkern-5mu/} R_L)}{\dot I_b} = r_{be} + (1+\beta) R_L'$$

所以

$$r_i = R_B \mathbin{/\mkern-5mu/} [r_{be} + (1+\beta) R_L'] \tag{6-44}$$

从以上两式可见,由于射极电阻的存在,射极跟随器的输入电阻要比共射极基本放大电路的输入电阻大得多,相当于把 R_L' 扩大 $(1+\beta)$ 倍后再与 r_{be} 串联。输入电阻高是射极输出器的特点之一,因此射极跟随器从信号源处获得输入电压信号的能力比较强。另外,射极输出器的负载 R_L 影响它的输入电阻 r_i,这在放大电路的分析与设计计算时要注意。

2) 输出电阻 r_o

根据定义,利用图 6-27 计算射极跟随器的输出电阻 r_o。根据输出电阻的定义有

$$r_o = \left| \frac{\dot U_T}{\dot I_T} \right|_{\substack{\dot U_s = 0 \\ R_L = \infty}} = \frac{\dot U_T}{\dot I_{R_E} + \dot I_b + \beta \dot I_b}$$

$$= \frac{\dot U_T}{\dfrac{\dot U_T}{R_E} + (1+\beta)\,\dot I_b}$$

$$\dot I_b = \frac{\dot U_T}{R_S \mathbin{/\mkern-5mu/} R_B + r_{be}} = \frac{\dot U_T}{R_S' + r_{be}}$$

所以输出电阻为

$$r_o = R_E \mathbin{/\mkern-5mu/} \frac{r_{be} + (R_B \mathbin{/\mkern-5mu/} R_S)}{1+\beta} \tag{6-45}$$

由于射极输出器的输出电阻是从发射极与公共地之间看入的,发射极电流是基极电流的 $(1+\beta)$ 倍,所以将基极回路总电阻折合到发射极回路时须除以 $(1+\beta)$。明确了上述关系,就可以直接观察 r_o 的大小。在大多数情况下都有

$$R_E \gg \frac{r_{be} + (R_B \mathbin{/\mkern-5mu/} R_S)}{1+\beta}$$

所以

$$r_o \approx \frac{r_{be} + (R_B \mathbin{/\mkern-5mu/} R_S)}{1+\beta} \tag{6-46}$$

从上式可见,射极输出器具有很小的输出电阻,一般由几欧姆到几百欧姆。

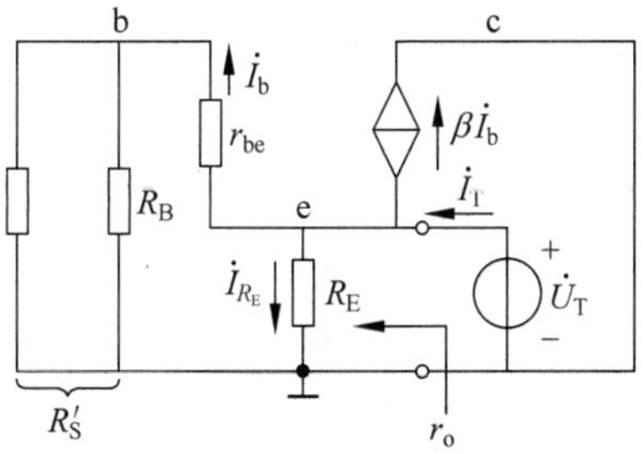

图 6-27　射极输出器的输出电阻

4. 电流放大倍数的计算

由图 6-26 可得

$$\dot{A}_i = \frac{\dot{I}_o}{\dot{I}_i} = \frac{R_E \dot{I}_e/(R_E + R_L)}{\dfrac{r_i' + R_B}{R_B}\dot{I}_b} = \frac{R_E R_B(1+\beta)}{(R_E + R_L)(r_i' + R_B)} \tag{6-47}$$

在实际电路中,如果电路参数配置能使上式大于 1,则 $A_i > 1$,即射极输出器电路可以放大电流,放大功率。

例 6-5　电路如图 6-28 所示,晶体管的 $\beta = 80$,$r_{be} = 1\text{k}\Omega$。

(1) 求出 Q 点;

(2) 分别求出当 $R_L = \infty$ 和 $R_L = 3\text{k}\Omega$ 时电路的 A_u 和 r_i;

(3) 求出 r_o。

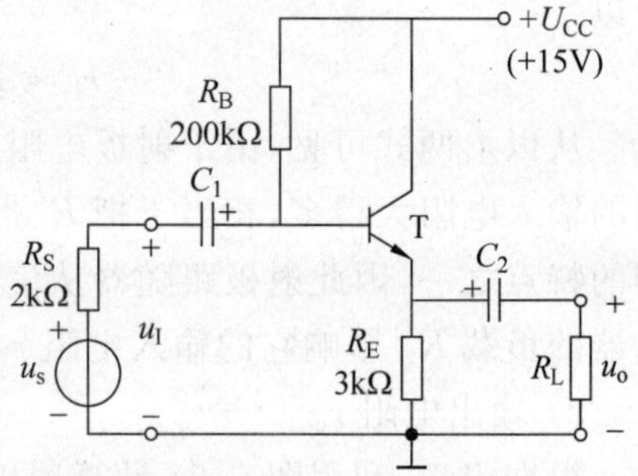

解　(1) 求解 Q 点:

$$I_{BQ} = \frac{U_{CC} - U_{BEQ}}{R_B + (1+\beta)R_E} \approx 32.3\mu\text{A}$$

$$I_{EQ} = (1+\beta)I_{BQ} \approx 2.61\text{mA}$$

$$U_{CEQ} = U_{CC} - I_{EQ}R_E \approx 7.17\text{V}$$

图 6-28　例 6-5 图

(2) 求解输入电阻和电压放大倍数:

当 $R_L = \infty$ 时

$$r_i = R_B \mathbin{/\mkern-5mu/} [r_{be} + (1+\beta)R_E] \approx 110\text{k}\Omega$$

$$A_u = \frac{(1+\beta)R_E}{r_{be} + (1+\beta)R_E} \approx 0.996$$

当 $R_L = 3\text{k}\Omega$ 时

$$r_i = R_B \mathbin{/\mkern-5mu/} [r_{be} + (1+\beta)(R_E \mathbin{/\mkern-5mu/} R_L)] \approx 76\text{k}\Omega$$

$$A_u = \frac{(1+\beta)(R_E \mathbin{/\mkern-5mu/} R_L)}{r_{be} + (1+\beta)(R_E \mathbin{/\mkern-5mu/} R_L)} \approx 0.992$$

(3) 求解输出电阻:

$$r_o = R_E \mathbin{/\mkern-5mu/} \frac{r_{be} + (R_B \mathbin{/\mkern-5mu/} R_S)}{1+\beta} \approx 37\Omega$$

从例 6-5 的计算结果可知,这个电压放大倍数是小于 1 且约等于 1 的,并且输出电压和输入电压同相。这说明输出电压和输入电压相位相同、大小近似相等,所以射极跟随器又被称为电压跟随器。

【练习与思考】

6.3.1　找一找射极输出器与共发射极放大电路在结构上的区别。

6.3.2　射极输出器的电压放大倍数小于 1,它还能称为放大电路吗? 请简述原因。

6.3.3　简述射极输出器的应用场合。

6.4 多级放大电路

在实际应用中,为了满足电子设备对放大倍数和其他性能方面的要求,常需要把若干个放大单元串接起来,组成多级放大电路。

6.4.1 耦合方式

1. 多级放大电路的组成

图 6-29 是多级放大电路方框图。它通常包括输入级、中间级和输出级几部分。

图 6-29 多级放大电路方框图

多级放大电路的第一级称为输入级,对输入级的要求往往与信号源的性质有关。例如,放大电路用于放大电压信号时,常要求输入级有很高的输入电阻。

中间级的用途是进行信号放大,提供足够大的放大倍数,常由多级放大电路组成。

输入级和中间级是对微弱信号进行电压(或电流)放大,即小信号放大。

多级放大电路的最后一级称为输出级,它与负载相接。因此对输出级的要求需考虑负载的性质。如果负载要求提供较大的信号功率,输出级就要由功率放大电路构成。关于功率放大电路将在 6.6 节讨论。

本节所讨论的多级放大电路是指多级小信号放大电路,因此仍可用计算分析法来进行分析。

2. 多级放大电路的耦合方式

组成多级放大电路时首先应考虑如何"连接"几个单级放大电路,耦合方式即连接方式。常见耦合方式有:阻容耦合、变压器耦合和直接耦合等。

1) 阻容耦合

阻容耦合方式是采用电阻和电容的连接来传送信号。本章前面各节中的单级放大电路都是采用阻容耦合方式传送信号的。"容"即为耦合电容,"阻"是指下一级的输入电阻。图 6-30 所示的两级阻容耦合放大电路的第一级的输出信号通过耦合电容 C_2 传送到第二级的输入电阻上,即级间也采用阻容耦合方式。

阻容耦合的优点:由于电容具有隔直作用,因此各级的直流通路互不相通,即每一级的

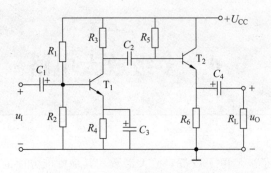

图 6-30　两级阻容耦合放大电路

静态工作点彼此独立。这样就避免了由于工作点不稳定而引起的虚假信号(它的频率极低,难以通过电容)的逐级放大和传送。此外这种耦合方式使得放大器体积小、重量轻、设计计算简便。这些优点使阻容耦合方式在多级交流放大器中得到广泛应用。但是在实际应用中,例如自动控制系统中,经常需要放大和传送缓慢变化的信号,这时耦合电容阻碍了信号的传递。另外,由于集成工艺难以制作大容量的电容器,因此阻容耦合方式还不能应用于集成放大器的内部电路。

2) 变压器耦合

因为变压器能够通过电磁感应原理将初级的交流信号传递到次级,而直流电产生的恒磁场不产生电磁感应,所以直流信号不能在初、次级线圈中传递。因此,利用变压器耦合也可以做到传递交流、隔断直流的作用。图 6-31 所示就是变压器耦合放大电路,这种级间通过变压器相连的耦合方式称为变压器耦合。

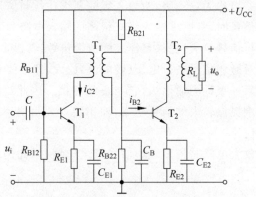

图 6-31　变压器耦合放大电路

由于变压器体积大,而且也不能放大缓慢变化的信号,因此这种耦合方式,除了功率输出级以外,在一般低频放大器中已经很少使用。

3) 直接耦合

把前一级的输出端和后一级的输入端直接相连的级间耦合方式叫作直接耦合,图 6-32所示为两级直接耦合放大电路。

直接耦合方式中信号的传输不经过电抗元件,所以频率特性较好,可以放大频率很低的信号或直流信号,并且便于集成,因此,直接耦合方式在集成运算放大器或直流放大器中应用较多。但需要注意的是,直接耦合使各级电路的静态工作点不再相互独立,而变得互相影

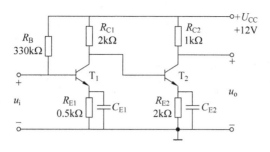

图 6-32　两级直接耦合放大电路

响,不仅使放大器的设计和调试变得相对复杂,还容易引起漂移。

由于直接耦合放大器的各级静态工作点互相牵制影响,因此在电路的静态工作点计算分析时,也比阻容耦合电路复杂得多。

在直接耦合放大器中,当输入信号为零时,输出电压会随时间忽大忽小不规则地变化,如图 6-33(b)所示。这种输入电压为零,输出电压偏离静态值的变化称为零点漂移。零点漂移现象严重时,就能淹没真正的信号。所以零点漂移的大小是衡量直接耦合放大器性能的一个重要指标。

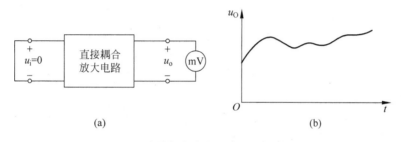

图 6-33　直接耦合放大电路零点漂移现象
(a) 直接耦合放大电路;(b) 零点漂移现象

放大器产生零点漂移的原因,除了元件参数的老化、电源电压的波动以外,最主要的是温度对晶体管参数的影响所造成的静态工作点波动。而在多级直接耦合放大器中,前级的静态工作点的微小波动都能像信号一样被后面逐级放大并且输出。因而,整个放大电路的零漂指标主要由第一级电路的零漂决定。所以,为了提高放大器放大微弱信号的能力,在提高放大倍数的同时,必须减小输入级的零点漂移。

减小零点漂移的主要措施有以下几种:采用高质量的电阻元件;采用高稳定度的稳压电源;采用高质量的硅晶体管;采用温度补偿电路;在电路中引入直流负反馈;采用差动式放大电路来进行温度补偿,这是十分有效的方法,将在 6.5 节进行讨论。

6.4.2　工作分析

多级放大电路的计算和单级放大电路一样,先进行静态分析,确定合适的静态工作点,再进行动态分析,计算放大电路的各项性能指标。由于阻容耦合电路的静态工作点是相互独立的,因此阻容耦合电路的静态分析就变成了各单级电路的静态计算。

对多级放大电路进行动态分析时,必须考虑级与级之间的影响,将前级电路作为后级电路的信号源或将后级电路作为前级电路的负载来考虑。这样,单级放大电路的很多公式和结论都可以直接应用于多级放大电路的计算中。一般,把后级电路当作前级电路的负载来计算比较方便,本节均采用这种方法。

1. 电压放大倍数

多级放大电路的级与级之间是串联关系,即前一级的输出信号就是后一级的输入信号,如图 6-34 所示。因此多级放大电路的电压放大倍数等于各级电路的电压放大倍数的乘积,也就是

$$A_u = A_{u1} A_{u2} \cdots A_{un} \tag{6-48}$$

因此,求多级放大电路的电压放大倍数,本质上是计算各单级电路的电压放大倍数,计算时要考虑级与级之间的相互影响,后级电路的输入电阻作为前级电路的负载电阻。

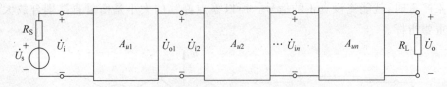

图 6-34 计算多级放大电路放大倍数的方框图

2. 输入电阻

多级放大电路的输入电阻就是从多级放大器的输入端看进去的等效电阻,也就是输入级的输入电阻,只不过在计算时要将后级的输入电阻作为前级的负载,即

$$r_i = r_{i1} \big|_{R_{L1} = r_{i2}} \tag{6-49}$$

3. 输出电阻

多级放大电路的输出电阻就是从多级放大器的输出端看进去的等效电阻,也就是输出级的输出电阻,在计算时仍然要考虑前后级之间的影响,将前级的输出电阻作为输出级的信号源内阻,即

$$r_o = r_{on} \big|_{R_{sn} = r_{o(n-1)}} \tag{6-50}$$

例 6-6 如图 6-35 所示的两级阻容耦合放大电路,已知 $\beta_1 = 80$,$\beta_2 = 60$,晶体管的输入电阻分别为 $r_{be1} = 3.7 \text{k}\Omega$,$r_{be2} = 2.2 \text{k}\Omega$,$R_{B1} = 100 \text{k}\Omega$,$R_{B2} = 24 \text{k}\Omega$,$R_{C1} = 15 \text{k}\Omega$,$R_{E1} = 5.1 \text{k}\Omega$,$R_{B3} = 33 \text{k}\Omega$,$R_{B4} = 6.8 \text{k}\Omega$,$R_{C2} = 7.5 \text{k}\Omega$,$R_{E2} = 2 \text{k}\Omega$,$C_{E1} = C_{E2} = 100 \mu\text{F}$,$C_1 = C_2 = C_3 = 47 \mu\text{F}$,$U_{CC} = 20\text{V}$,$R_L = 5 \text{k}\Omega$,信号源内阻 $R_S = 600\Omega$,设晶体管的发射结压降为 0.7V。试求:
(1)两级放大电路的电压放大倍数;(2)两级放大电路的输入电阻和输出电阻。

解:(1)电压放大倍数。

微变等效电路如图 6-36 所示。设第一、二级的电压放大倍数分别为 A_{u1} 和 A_{u2},总的电压放大倍数为 $A_u = A_{u1} A_{u2}$:

$$A_{u1} = -\beta_1 \frac{R_{C1} \mathbin{/\!/} R_{L1}}{r_{be1}}$$

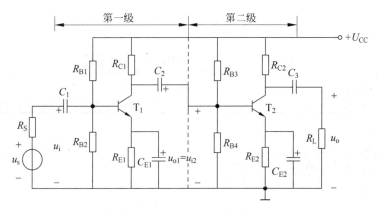

图 6-35 例 6-6 的电路图

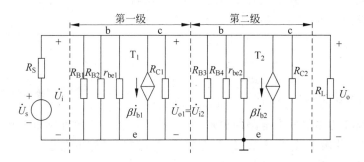

图 6-36 例 6-6 的 h 参数微变等效电路

式中 $R_{L1} = r_{i2} = R_{B3} /\!/ R_{B4} /\!/ r_{be2} = 33 /\!/ 6.8 /\!/ 2.2 \approx 1.6\text{k}\Omega$。所以

$$A_{u1} = -\beta_1 \frac{R_{C1} /\!/ R_{L1}}{r_{be1}} = -80 \times \frac{15 /\!/ 1.6}{3.7} \approx -31$$

$$A_{u2} = -\beta_2 \frac{R_{C2} /\!/ R_{L2}}{r_{be2}}$$

式中,$R_{L2} = R_L = 5\text{k}\Omega$,所以

$$A_{u2} = -\beta_2 \frac{R_{C2} /\!/ R_{L2}}{r_{be2}} = -60 \times \frac{7.5 /\!/ 5}{2.2} \approx -82$$

故两级放大电路总的电压放大倍数为

$$A_u = A_{u1} A_{u2} = (-31) \times (-82) = 2542$$

这个结果说明,经两级共发射极放大电路放大后的输出电压与输入电压相位相同。

(2) 从图 6-36 中可知放大器的输入电阻和输出电阻分别为

$$r_i = r_{i1} = R_{B1} /\!/ R_{B2} /\!/ r_{be1} = 100 /\!/ 24 /\!/ 3.7\text{k}\Omega \approx 3.1\text{k}\Omega$$

$$r_o = r_{o2} - R_{C2} = 7.5\text{k}\Omega$$

【练习与思考】

6.4.1 多级放大电路各组成部分的主要功能是什么?

6.4.2 多级放大电路常用的耦合方式有哪些?每种耦合方式的主要特点是什么?

6.4.3 简述阻容耦合放大电路的分析方法。

6.5 差动放大电路

6.5.1 电路组成

    差动放大电路是一种具有两个输入端且电路结构对称的放大电路。其基本特点是只有两个输入端的输入信号间有差值时才能进行放大,也就是说差动放大电路放大的是两个输入信号的差,所以称为差动放大电路。图 6-37 中的输出电压可以表示为

图 6-37 差动放大电路输出与输入的关系

$$u_o = A_{ud}(u_{i1} - u_{i2}) \qquad (6\text{-}51)$$

其中,A_{ud} 叫作差动放大电路的差模电压放大倍数。

    为什么选用"差动"的电路形式?选用电路结构对称的差动放大电路作为多级放大电路的输入级,主要是它能有效地抑制直接耦合电路中的零点漂移,又具有多种输入、输出方式,使用方便。而且制作对称电路也是集成电路的工艺优势。基本差动放大电路构成原理如图 6-38 所示。

    集成电路级与级之间大多采用的是直接相连的耦合方式,这种方式使得放大电路前后级之间的工作点互相联系、互相影响。直接耦合多级电路必然会产生"零点漂移"的问题。所谓零点漂移,就是放大电路在没有输入信号时,由于电源波动、温度变化等原因,使放大电路的工作点发生变化,这个变化量会被直接耦合放大电路逐级加以放大并传送到输出端,使输出电压偏离原来的起始点而上下漂动,导致"零入不零出"。放大器的级数越多,放大倍数越大,零点漂移的现象就越严重。图 6-39 所示为直接耦合放大电路的零点漂移。

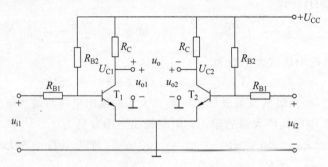

图 6-38 基本差动放大电路构成原理

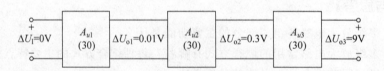

图 6-39 直接耦合放大电路的零点漂移

6.5.2   工作分析

要想实现"有差能动",我们可以构造图 6-40 所示电路,这是由两个晶体管构成的最简单的差动放大电路。从图中可以看出:差动放大电路的基本结构具有完全对称的特点,并且可以由我们非常熟悉的两个完全相同的共发射极放大电路构成,其中 T_1、T_2 两管特性相同,这种对称电路的设计,在集成电路的制造工艺中是非常容易实现的。

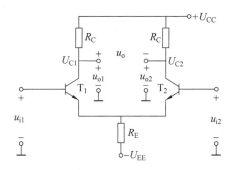

图 6-40   基本差动放大电路

6.5.3   典型的差动放大电路

我们对图 6-40 所示的典型的差动放大电路进行分析。

1. 静态分析

当 $u_{i1} = u_{i2} = 0$ 时,由于电路完全对称,因此电路对称两边的静态参数也应完全相同。以 T_1 管为例,其静态基极回路由 $-U_{EE}$、U_{BE} 和 R_E 构成,但需要注意的是,流过 R_E 的电流是 T_1、T_2 两管发射极电流之和,如图 6-41 所示。

则 T_1 管的输入回路方程为

$$U_{EE} = U_{BE} + 2I_{E1}R_E \qquad (6\text{-}52)$$

所以,静态射极电流为

$$I_{E1} = \frac{U_{EE} - U_{BE}}{2R_E} \approx I_{C1} \qquad (6\text{-}53)$$

静态基极电流为

$$I_{B1} = \frac{I_{C1}}{\beta} \qquad (6\text{-}54)$$

静态 T_1 管压降为

$$U_{CE1} = U_{CC} + U_{EE} - I_{C1}R_C - 2I_{E1}R_E \qquad (6\text{-}55)$$

因为电路参数对称,故 T_2 管的静态参数与 T_1

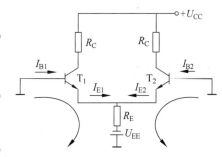

图 6-41   基本差动放大电路的直流通路

管相同。静态时,两管集电极对地电位 $U_{C1}=U_{C2}$(不为 0),而两集电极之间电位差为零,即输出电压 $u_o=U_{C1}-U_{C2}=0$。

2. 一对任意输入信号的分解——差模信号和共模信号

在实际使用中,加在差动放大电路两个输入端的输入信号 u_{i1} 和 u_{i2} 是任意的,要想分析有输入信号时差动放大电路的工作情况,必须了解差模信号和共模信号的概念。

1)差模输入

如果两个输入信号的大小相同、极性相反,即 $u_{i1}=-u_{i2}$,则这种输入方式叫作差模输入。假设加在 T_1 管的 u_{i1} 为正值,则 u_{i1} 使 T_1 管的集电极电流增大 ΔI_{C1},T_1 的集电极电位因而降低了 ΔU_{C1};和 T_1 相反,在 u_{i2} 的作用下,T_2 的集电极电位升高了 ΔU_{C2}。所以差模输入时,两管的集电极电位一增一减,变化的方向相反,变化的大小相同,就像是"跷跷板"的两端。两个集电极电位的差值就是输出电压 u_o,即

$$u_o = \Delta U_{C1} - \Delta U_{C2} \tag{6-56}$$

2)共模输入

如果两个输入信号的大小相同、极性也相同,即 $u_{i1}=u_{i2}$,这种输入方式叫作共模输入。对于完全对称的差动放大电路来说,共模输入时两管的集电极电位必然相同,因此有

$$u_o = \Delta U_{C1} - \Delta U_{C2} = 0 \tag{6-57}$$

所以在理想情况下,差动放大电路对共模信号没有放大能力。实际上,我们说差动放大电路对零点漂移有抑制作用,就是对共模信号的抑制作用。因为引起零点漂移的温度等因素的变化对差动电路来说相当于输入了一对共模信号,所以差动放大电路对零点漂移的抑制就是对共模信号抑制的一种特例。

3)任意信号输入

在实际应用中,加给差动放大电路的一对输入信号的大小和极性往往是任意的,既不是一对差模信号,也不是一对共模信号。为了分析和处理方便,通常将一对任意输入信号分解为差模信号 u_{id} 和共模信号 u_{ic} 两部分。定义差模信号为两个输入信号之差,共模信号是两个输入信号的算术平均值,即

$$u_{id} = u_{i1} - u_{i2}$$

$$u_{ic} = \frac{u_{i1} + u_{i2}}{2} \tag{6-58}$$

从式(6-58)可以得出,用差模和共模信号表示的两个输入电压信号的表达式:

$$u_{i1} = \frac{1}{2}u_{id} + u_{ic}$$

$$u_{i2} = -\frac{1}{2}u_{id} + u_{ic} \tag{6-59}$$

因此,任意的一对输入信号都可以分解成一对大小相等、方向相反的差模信号和一对大小相等、方向相同的共模信号的和。例如 $u_{i1}=30\,\text{mV}$,$u_{i2}=10\,\text{mV}$,则 u_{i1} 可以表示为 10 mV(差模)+20 mV(共模),u_{i2} 可以表示为 -10 mV(差模)+20 mV(共模)。对于理想差动放大电路,20 mV 的共模信号对于输出信号是没有贡献的。在实际情况中,由于差动放大电路不可能完全对称以及其他因素的影响,输出信号中总会含有一些由共模输入信号所产生的共模输出,当然这一部分相对较小。

因此,根据叠加原理,在差模和共模输入都存在的情况下,对于线性的差动放大电路,可以分别讨论电路在差模输入时的差模输出和共模输入时的共模输出,叠加之后就可以得到在任意输入信号下总的输出电压,即

$$u_o = A_{ud}u_{id} + A_{uc}u_{ic} \tag{6-60}$$

其中,A_{ud}定义为差模电压放大倍数,为差模输出电压u_{od}与差模输入u_{id}的比值;A_{uc}定义为共模电压放大倍数,为共模输出电压u_{oc}与共模输入u_{ic}的比值。差模电压放大倍数A_{ud}越大,电路的差模放大能力越强,共模电压放大倍数A_{uc}越小,电路抑制共模信号的能力越强。

3. 差模特性动态分析

图 6-42 为差模输入时图 6-40 所示双入双出差动放大电路的交流通路。差模输入时,由于 $u_{i1} = -u_{i2} = \frac{1}{2}u_{id}$,则 T_1 和 T_2 两管的电流和电压变化量总是大小相等、方向相反的。流过射极电阻 R_E 的交流电流由两个大小相等、方向相反的交流电流 i_{e1} 和 i_{e2} 组成。在电路完全对称的情况下,这两个交流电流之和在 R_E 两端产生的交流压降为零,因此,在图 6-42 所示的差模输入交流通路中,把射极电阻 R_E 短路。

1）差模电压放大倍数 A_{ud}

差模电压放大倍数定义为差模输出电压 u_{od} 与差模输入信号 u_{id} 的比值。由图 6-42 可得

$$A_{ud} = \frac{u_{od}}{u_{id}} = \frac{u_{od1} - u_{od2}}{u_{i1} - u_{i2}} = \frac{2u_{od1}}{2u_{i1}}$$

$$= \frac{u_{od1}}{u_{i1}} = -\beta\frac{R_C}{r_{be}} \tag{6-61}$$

可以看出,差动放大电路双端输出时的差模电压放大倍数和单边电路的电压放大倍数相同,差动放大电路为了实现同样的电压放大倍数,必须使用两倍于单边电路的元器件数,但是换来了对零点漂移,或者说共模信号的抑制能力。

带有负载电阻的差放电路如图 6-43 所示。由于电路的对称性,R_L 的中点始终为零电位,相当于接地。因此,对于单边电路来说,单边的负载是 R_L 的一半,即带负载的双端输出差动放大电路的差模电压放大倍数为

$$A_{ud} = -\beta\frac{R_C /\!/ \dfrac{R_L}{2}}{r_{be}} \tag{6-62}$$

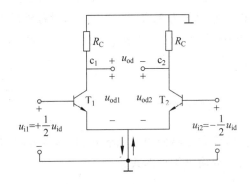

图 6-42　差模输入时基本差动放大电路的
　　　　　交流通路

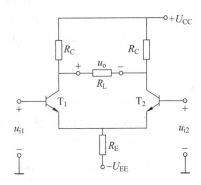

图 6-43　带负载的差动放大电路

2）差模输入电阻 r_{id}

差模输入时从差动放大电路的两个输入端看进去的等效电阻定义为差模输入电阻 r_{id}，即

$$r_{id} = 2r_{be} \tag{6-63}$$

r_{be} 为晶体管的等效输入电阻。

3）差模输出电阻 r_{od}

差模输出电阻 r_{od} 定义为差模输入时从差动放大电路的两个输出端看进去的等效电阻，由图 6-42 可知

$$r_{od} = 2R_C \tag{6-64}$$

4. 共模特性动态分析

输入共模信号时的交流通路如图 6-44 所示。当差动放大电路的输入信号为一对大小相等、方向也相同的共模信号时，由于 $u_{i1} = u_{i2} = u_{ic}$，图 6-44 中 T_1 和 T_2 的电流和电压变化量总是大小相等、方向相同的，流过射极电阻 R_E 的交流电流由两个大小相等、方向相同的交流电流 i_{e1} 和 i_{e2} 组成，流过 R_E 的交流电流为两倍的单管射极电流，所以共模输入时的射极电阻在交流通路中必须保留。

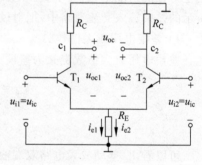

图 6-44　共模输入时基本差动放大
电路的交流通路

1）共模电压放大倍数 A_{uc}

由于电路对称且输入相同，图 6-44 中两管的集电极电位始终相同，有 $u_{oc1} = u_{oc2}$。因此从两管的集电极之间取出的输出电压 $u_{oc} = u_{oc1} - u_{oc2} = 0$。理想情况下双端输出时的共模电压放大倍数为零，即

$$A_{uc} = 0 \tag{6-65}$$

2）共模抑制比 K_{CMRR}

为了更好地描述差动放大电路放大差模、抑制共模的特性，定义放大器差模电压放大倍数与共模电压放大倍数之比为共模抑制比，即

$$K_{CMRR} = \left| \frac{A_{ud}}{A_{uc}} \right| \tag{6-66}$$

差模电压放大倍数越大，共模电压放大倍数越小，K_{CMRR} 越大，差动放大电路的性能越好。显然，理想情况下，双端输出时差动放大电路的共模抑制比为无穷大，当电路的对称性较好时，共模抑制比将是一个很大的数值，为了方便，用分贝（dB）的形式表示共模抑制比为

$$K_{CMRR} = 20\lg \left| \frac{A_{ud}}{A_{uc}} \right| \tag{6-67}$$

5. 差动放大电路的输入、输出形式

根据差动放大电路输入、输出形式的不同，差动放大电路分为双端输入、双端输出，双端输入、单端输出，单端输入、单端输出和单端输入、双端输出 4 种形式。

1）单端输入

单端输入可以看成是双端输入的一种特例：两个输入信号中的一个为 0。

2) 单端输出

单端输出的输出信号可以取自差放管 T_1、T_2 任意一管的集电极与地之间的信号电压。由于所取输出端的位置不同,输出信号与输入信号之间的相位关系也就不同,图 6-45 分别给出了同相和反相两种输出方式。

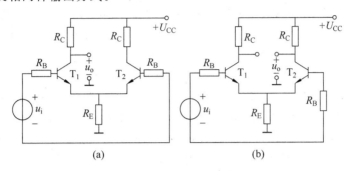

图 6-45 差动放大电路的两种单端输出形式

(a) 反相输出形式;(b) 同相输出形式

(1) 单端输出时的差模电压放大倍数 A_{ud1}

因为单端输出时,差动放大电路中非输出管的输出电压未被利用,所以单端输出时的电压放大倍数只有双端输出时的一半。若带上负载,由于外接负载电阻 R_L 直接并联于输出管的集电极与地之间,因此交流等效负载电阻为 $R_L' = R_C /\!/ R_L$,由此可得单端输出时的差模电压放大倍数为

$$|A_{ud1}| = \frac{1}{2}\frac{\beta R_L'}{r_{be}} \tag{6-68}$$

根据单端输出位置的不同,差模电压放大倍数可正可负。

(2) 单端输出时的共模电压放大倍数 A_{uc1}

因为单端输出时,仅取一管的集电极电压作为输出,使两管的零点漂移不能在输出端互相抵消,所以共模抑制比相对较低。但由于有 R_E 对共模信号的强烈抑制作用,因此其输出零漂比普通的单管放大电路还是小得多。

单端输出时,射极电阻 R_E 上流过两倍的射极电流,根据带射极电阻的单管共发射极放大电路的电压放大倍数公式,可得单端输出时差动放大电路的共模电压放大倍数为

$$A_{uc1} = -\beta\frac{R_C}{r_{be} + 2(1+\beta)R_E} \tag{6-69}$$

(3) 单端输出时的共模抑制比

由式(6-68)和式(6-69)可得单端输出时的共模抑制比为

$$K_{CMRR} \approx \beta\frac{R_E}{r_{be}} \tag{6-70}$$

(4) 单端输出时差动放大电路的输出电阻

由于仅从一管的集电极取输出信号,因此输出电阻是从一管的集电极和接地点之间看进去的等效电阻,它是双端输出时的一半,即

$$r_{od} = R_C \tag{6-71}$$

6.5.4 恒流源差动放大电路

从上面的分析中知道,抑制零点漂移的效果和 R_E 有密切的关系,R_E 越大,效果越好,但维持同样的工作电流所需的负电源 U_{EE} 就越高,因而 R_E 的增大将受到限制。既要使 R_E 较大,又要使负电源 U_{EE} 不致增加,可以用恒流源(理想情况下内阻为无穷大)来替代 R_E。因为恒流源的内阻较大,可以得到较好的共模抑制效果,同时利用恒流源的恒流特性,可给晶体管提供更稳定的静态偏置电流。

当基极电流 I_B 一定时,工作在放大区的晶体管的集电极电流 I_C 基本上是个恒定的数值。所以,固定偏流的晶体管,从集电极看进去就相当于一个恒流源,这个恒流源的交流等效电阻为 $r_{ce} = \Delta U_{CE}/\Delta I_C$,数值相当大。图 6-46(a)中的恒流源就是由晶体管构成的单管恒流源。为了使 T_3 管的集电极电流更加稳定,采用了由 R_{B31}、R_{B32} 和 R_E 构成的分压式偏置电路。

电位器 R_p 是调平衡用的,又叫作调零电位器。因为实际的差动放大电路不可能完全对称,当输入电压为零时(可以将两个输入端接地),输出电压不一定为零。这时为了使输出电压为 0,可以通过调节 R_p 来改变两管的初始状态,进行微调。但由于 R_p 也参与了负反馈作用,故不能取的太大,一般为几十到几百欧姆之间。R_B 为基极偏置电阻。图 6-46(b)为图(a)的简化表示方法。

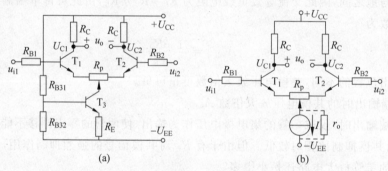

图 6-46 带恒流源的差动放大电路
(a) 电路原理图;(b) 简化表示方法

例 6-7 图 6-46(a)中双入双出的差动放大电路参数为:$\beta_1 = \beta_2 = \beta_3 = 50$,$U_{CC} = U_{EE} = 9V$,$R_C = 4.7k\Omega$,$R_{B31} = 10k\Omega$,$R_{B32} = 3.3k\Omega$,$R_{B1} = R_{B2} = 1k\Omega$,$R_E = 2k\Omega$,$R_p = 220\Omega$ 且动端在中点,晶体管发射结导通压降为 $0.7V$。求:(1)静态时的集电极电位 U_{C1};(2)差模电压放大倍数;(3)差模输入电阻和差模输出电阻。

解 (1)静态分析。

因为

$$U_{B3} = \frac{R_{B32}}{R_{B32} + R_{B31}}(U_{CC} + U_{EE}) = \frac{3.3}{3.3 + 10} \times 18V = 4.47V$$

所以可得集电极电流为

$$I_{C3} \approx I_{E3} = \frac{U_{B3} - U_{BE3}}{R_E} = \frac{3.77}{2}mA = 1.9mA$$

由于电路对称,所以有

$$I_{C1} = I_{C2} = \frac{I_{C3}}{2} = \frac{1.9}{2}\mathrm{mA} = 0.95\mathrm{mA}$$

$$U_{C1} = U_{C2} = (9 - 4.7 \times 0.95)\mathrm{V} = 4.5\mathrm{V}$$

(2)差模电压放大倍数。

由于差模输入时,一管的射极电流增大,另一管的射极电流就会减小同样的数值,所以恒流源上的电流是恒定的,R_p 的中点电位为零,交流通路如图 6-47 所示。由带射极电阻的共发射极放大电路的交流分析结果可得差模电压放大倍数为

$$A_{ud} = -\frac{\beta R_C}{R_{B1} + r_{be1} + (1+\beta)\frac{R_p}{2}}$$

其中

$$r_{be1} = \left[300 + (1+50) \times \frac{26}{0.95}\right]\Omega \approx 1.7\mathrm{k}\Omega$$

所以

$$A_{ud} = -\frac{50 \times 4.7}{1 + 1.7 + (1+50) \times \frac{0.22}{2}} \approx -28.3$$

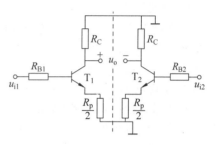

图 6-47　例 6-7 的交流通路

(3)差模输入电阻和差模输出电阻。由单边电路的交流分析可知

$$r_{id} = 2\left[R_{B1} + r_{be1} + (1+\beta)\frac{R_p}{2}\right] = 2 \times (1 + 1.7 + 51 \times 0.11)\mathrm{k}\Omega \approx 16.6\mathrm{k}\Omega$$

$$r_{od} = 2R_C = 9.4\mathrm{k}\Omega$$

【练习与思考】

6.5.1 为什么选用"差动"的电路形式?

6.5.2 何谓差模信号?何谓共模信号?

6.5.3 根据输入输出形式不同,差动放大电路可分为哪几种形式?

6.6　功率放大电路

6.6.1　功率放大电路的特点和工作状态

在多级放大电路中,输出级的主要作用是驱动负载。例如,将放大后的信号送到扩大机的扬声器使其发出声音,或送到自动控制系统的电机使其执行一定的动作等。这就要求输出级向负载提供足够大的信号电压和电流,即向负载提供足够大的信号功率,这种向负载提

供功率的放大电路称为功率放大电路。

1. 功率放大电路的任务和特点

基于输出较大功率的基本任务,对功率放大电路的讨论主要针对以下几个方面。

1) 大信号工作状态

为输出足够大的功率,功率放大电路的输出电压、电流幅度都比较大,因此,功率放大管的动态工作范围很大,功放管中的电压、电流信号都是大信号状态,一般以不超过晶体管的极限参数为限度。

2) 非线性失真问题

由于功放管的非线性,功率放大电路又工作在大信号工作状态,必然导致工作过程中会产生较大的非线性失真。输出功率越大,电压和电流的幅度就越大,信号的非线性失真就越严重。因而如何减小非线性失真是功率放大电路的一个重要问题。

3) 提高功率放大电路的效率、降低功放管的管耗

从能量转换的观点来看,功率放大电路提供给负载的交流功率是在输入交流信号的控制下将直流电源提供的能量转换成交流能量而来的。任何电路都只能将直流电能的一部分转换成交流能量输出,其余的部分主要是以热量的形式损耗在电路内部的功放管和电阻上,并且主要是功放管的损耗。对于同样功率的直流电能,转换成的交流输出能量越多,功率放大电路的效率就越高。因为功率大,所以效率的问题就变得十分重要,否则,不仅会带来能源的浪费,还会引起功放管的发热而损毁。

2. 功率放大电路的分析方法

由于功率放大电路工作在大信号状态,功放管的非线性将十分明显,因此微变等效模型已经不再适用,通常采用图解分析方法。

3. 主要技术指标

1) 最大输出电压幅度 U_{omax} 和最大输出电流幅度 I_{omax}

最大输出幅度表示在输出信号不超过规定非线性失真指标情况下,功率放大电路能输出的最大输出电压和电流,分别用 U_{omax} 和 I_{omax} 来表示。

2) 输出功率 P_o 和最大不失真输出功率 P_{om}

输出电压有效值与输出电流有效值的乘积定义为输出功率 P_o。当输入信号为正弦波时,有

$$P_o = U_o I_o = \frac{U_{om}}{\sqrt{2}} \frac{I_{om}}{\sqrt{2}} = \frac{1}{2} U_{om} I_{om} \tag{6-72}$$

其中 U_{om} 和 I_{om} 分别为输出电压和电流的峰值。

最大不失真输出功率指在正弦输入信号时,功率放大电路在满足输出电压、电流波形基本不失真的情况下,放大电路最大输出电压 U_{omax} 和最大输出电流 I_{omax} 有效值的乘积,记为 P_{om},即

$$P_{om} = \frac{U_{omax}}{\sqrt{2}} \frac{I_{omax}}{\sqrt{2}} = \frac{1}{2} U_{omax} I_{omax} \tag{6-73}$$

3) 管耗 P_V

损耗在功率放大管上的功率叫作功放管的损耗,简称管耗,用 P_V 表示。

4）效率 η

在功率放大电路中,其他元器件的发热损耗较小,所以认为直流电源提供的功率将转换成输出功率、功放管损耗两部分。放大电路的效率定义为放大电路输出给负载的交流功率 $P_\circ$ 与直流电源提供的功率 P_E 之比,即

$$\eta = \frac{P_\circ}{P_E} \times 100\% \tag{6-74}$$

4. 功放管的保护及散热问题

功率放大电路工作在大信号下,管子的工作电流和电压均为大信号,所以,必须考虑功率放大管的保护问题,防止管子击穿或损坏。

5. 功率放大电路的工作状态与效率的关系

提高效率对于功率放大电路来说非常重要,那么,怎样才能最大限度地提高效率呢?在小信号放大电路中,在保证输出信号不失真的情况下,应将放大电路的工作点选得尽可能低,以便减小静态工作点电流,降低静态功率损耗。损耗小了,电路的效率自然就提高了。

在 6.2 节中介绍的单管放大电路中为了得到不失真的输出波形,晶体管必须在整个周期内都有电流流通。晶体管的这种工作状态称为甲类工作状态,如图 6-48(a)所示。甲类工作状态下,要想得到大的输出幅度,必须加大静态工作电流,这就要加大静态功耗。若没有输入信号时,则电源功率全部消耗在管子(电阻)上,并转化为热量的形式耗散出去。可见甲

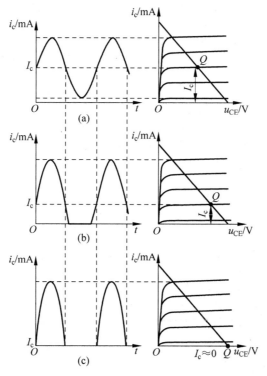

图 6-48 低频功率放大电路的三种工作状态
(a) 甲类工作状态;(b) 甲乙类工作状态;(c) 乙类工作状态

类放大器效率很低,即使在理想情况下,其效率最高只能达到 50%。

从甲类放大电路中我们可看到,静态电流是造成管耗的主要因素。因此,静态工作点下移能使管耗下降。图 6-48(b)(c)分别示出了 $i_c=0$ 的时间小于半个周期的甲乙类放大和 $i_c=0$ 的时间为半个周期的乙类放大。甲乙类和乙类放大,减小了静态功耗,但都出现了严重的波形失真。为了利用其效率高的优点,克服其削波失真的缺点,通常采用乙类互补对称功率放大电路。

6.6.2　乙类互补对称功率放大电路

1. 乙类双电源互补对称功率放大电路

图 6-49 为采用正、负双电源的互补对称功率放大电路。我们在第 7 章讨论的集成运算放大器的输出级也需要在输出一定功率的基础上提高效率,并具有较强的带负载能力,因而也采用互补对称的电路结构。现在,我们以功率放大电路的观点,对这个电路进行更详细的分析。

1) 电路组成

在这个电路中,和集成运放的输出级一样,有两个互补的晶体管——NPN 管 T_1 和 PNP 管 T_2,T_1 和 T_2的特性尽可能相同,两个管子接成基极相连、发射极相连的对称射极输出器形式,所以叫作互补对称功率放大电路。

2) 工作原理

静态时,两管因没有基极偏置而处于截止状态,集电极静态电流约为零(只有很小的穿透电流 I_{CEO}),即 T_1 和 T_2 的静态工作点为 $I_{C1}=I_{C2}=0$,$U_{CE1}=-U_{CE2}=U_{CC}$,设置于截止区内,两功放管属于乙类工作状态,输出电压为零,静态损耗也近似为零。

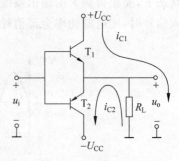

图 6-49　乙类双电源互补对称功率放大电路

2. 分析计算

功率放大电路是大信号工作,需要用图解法对图 6-49 所示的互补对称功率放大电路进行分析。由于电路的互补对称,T_1、T_2 两管一个负责正半周,一个负责负半周,工作过程相似,只是工作电流、电压极性相反,因此只要分析 T_1 或 T_2 的工作情况,就可得到整个电路的工作情况。下面对 T_1 管的工作情况进行图解。

由图 6-50 可以很方便地计算出乙类双电源互补对称功率放大电路的输出功率、效率等技术指标。

1) 输出功率 P_o 和最大不失真输出功率 P_{om}

设输出电压幅度为 U_{om},当输入正弦信号时,有

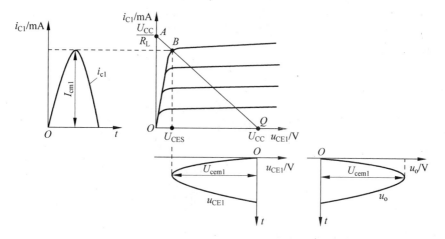

图 6-50 乙类双电源互补对称功率放大电路图解分析（正半周）

$$P_o = U_o I_o = \frac{U_{om}}{\sqrt{2}} \frac{I_{om}}{\sqrt{2}} = \frac{U_{om}}{\sqrt{2}} \frac{U_{om}}{\sqrt{2}R_L} = \frac{1}{2} \frac{U_{om}^2}{R_L} \tag{6-75}$$

由于本电路是由射极输出器组成，在放大区内，$u_o \approx u_i$，因此只要输入信号幅度足够大、使管子导通至 B 点时，忽略功放管的饱和压降，则输出电压幅度近似为电源电压。此时获得了最大输出电压幅度 $U_{omax} \approx U_{imax} = U_{cemax} \approx U_{CC}$，最大输出电流幅度 $I_{omax} = I_{cmax1} \approx U_{CC}/R_L$。所以，最大输出功率为

$$P_{om} = \frac{1}{2} \frac{U_{omax}^2}{R_L} \approx \frac{1}{2} \frac{U_{CC}^2}{R_L} \tag{6-76}$$

2）直流电源提供的功率 P_E

由于 $+U_{CC}$ 和 $-U_{CC}$ 每个电源只有半周期供电，因此两个电源提供的总功率为

$$P_E = 2U_{CC} I_{C1} = 2 \frac{I_{om}}{\pi} U_{CC} = \frac{2U_{CC}U_{om}}{\pi R_L} \tag{6-77}$$

可见，电源提供的功率随输出信号的增大而增大，这和甲类功放相比有本质的区别。当获得最大不失真输出时，电源提供的最大功率 P_{EM} 为

$$P_{EM} = \frac{2U_{CC}^2}{\pi R_L} \tag{6-78}$$

3）效率 η

根据式(6-75)和式(6-77)可得一般情况下的效率为

$$\eta = \frac{P_O}{P_E} \times 100\% = \frac{\pi}{4} \frac{U_{om}}{U_{CC}} \tag{6-79}$$

当获得最大不失真输出幅度时，$U_{om} = U_{omax} \approx U_{CC}$，则可得到乙类双电源互补对称功率放大电路的最大效率为

$$\eta_m = \frac{P_{om}}{P_E} \times 100\% = \frac{\pi}{4} \times 100\% \approx 78.5\% \tag{6-80}$$

4）管耗 P_T 与功率管的选择

在忽略其他元件的损耗时，电源供给的功率与放大器输出功率之差，就是两个管子的管耗：

$$P_{T1,2} = \frac{1}{2}(P_E - P_O) = \frac{1}{2}\left(\frac{2}{\pi} \times \frac{U_{om}U_{CC}}{R_L} - \frac{1}{2} \frac{U_{om}^2}{R_L}\right)$$

$$= \frac{1}{R_L}\left(\frac{U_{om}U_{CC}}{\pi} - \frac{U_{om}^2}{4}\right) \tag{6-81}$$

故两管的总管耗为

$$P_T = P_{T1} + P_{T2}$$

当

$$\frac{dP_{T1,2}}{dU_{om}} = \frac{1}{R_L}\left(\frac{U_{CC}}{\pi} - \frac{U_{om}}{2}\right) = 0$$

最大管耗为

$$P_{T1,2m} = \frac{1}{R_L}\left[\frac{\frac{2U_{CC}}{\pi} \times U_{CC}}{\pi} - \frac{\left(\frac{2U_{CC}}{\pi}\right)^2}{4}\right] = \frac{1}{R_L} \times \left(\frac{U_{CC}}{\pi}\right)^2 \tag{6-82}$$

因为 $P_{om} = \frac{1}{2}\frac{U_{CC}^2}{R_L}$，最大管耗可表示为

$$P_{T1,2m} = \frac{2}{\pi^2}P_{om} \approx 0.2P_{om} \tag{6-83}$$

当最大管耗发生时，输出功率为

$$P_o = \frac{1}{2}\frac{\left(\frac{2}{\pi}U_{CC}\right)^2}{R_L} = \frac{2}{R_L}\frac{U_{CC}^2}{\pi^2} \approx 0.4P_{om} \tag{6-84}$$

在实际应用中，功率管的选择主要依据以下原则：

第一，每只功率管的最大允许管耗 P_{CM} 必须大于 $0.2P_{om}$。如要求输出最大功率为 10W，则选择两只最大集电极功耗 $P_{CM} \geqslant 2W$ 的晶体管即可，当然还可以适当考虑余量。

第二，当 T_2 导通时，T_1 截止，所以当 T_2 饱和时，U_{CE1} 得到最大值 $2U_{CC}$，因此，应选用耐压 $|U_{(BR)CEO}| > 2U_{CC}$ 的管子。

第三，所选管子的 I_{CM} 应大于电路中可能出现的最大集电极电流 U_{CC}/R_L。

5) 交越失真

由于功率管存在死区电压(硅管约为 0.5V)，只有当输入信号的幅值大于 0.5V(对于 T_2 应小于 0.5V)以后，晶体管才逐渐导通。因此输出波形在输入信号零点附近的范围出现交越失真，如图 6-51 所示。

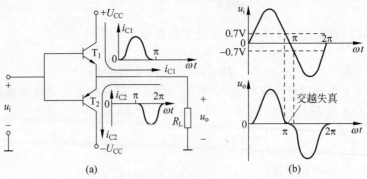

图 6-51 乙类双电源互补对称功率放大电路的交越失真

(a) 乙类双电源互补对称功放电路；(b) 交越失真波形

为了克服交越失真,可以利用 PN 结压降、电阻压降或其他元器件压降给两个晶体管的发射结加上正向偏置电压,使两个晶体管在没有信号输入时处于微导通的状态。由于此时电路的静态工作点已经上移进入了放大区(为了降低损耗,一般将静态工作点设置在刚刚进入放大区的位置),因此功率放大电路的工作状态由乙类变成了甲乙类。

6.6.3　甲乙类互补对称功率放大电路

1. 电路组成与工作原理

甲乙类双电源互补对称功率放大电路的原理电路如图 6-52 所示,T_1、T_2 构成互补对称功率放大电路,T_3 为输出级的前置级,电流源 I_{C3} 给 T_3、D_1 和 D_2 提供静态偏置电流。

静态时,电流 I_{C3} 在 D_1、D_2 上产生静态压降,给 T_1、T_2 的发射结提供静态偏置,使 T_1、T_2 的静态集电极电流不为 0,T_1、T_2 处于甲乙类放大状态,T_1 的静态工作点如图 6-53 所示。由于电路结构对称,静态时 $I_{C1} = I_{C2}$,因此 R_L 中无静态电流过,输出电压仍然为零。

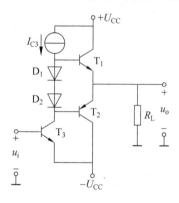

图 6-52　甲乙类双电源互补对称功率放大电路

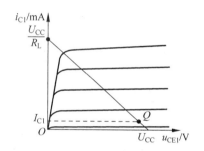

图 6-53　甲乙类电路的静态工作点

有输入信号时,D_1、D_2 的动态电阻很小,所以 D_1、D_2 上的交流压降也很小,基本不影响动态特性,可以认为加在两个功放管上的交流信号是一样的。由于 T_1、T_2 已经处于导通状态,即使输入信号较小,依然可以被功放管输出给负载,由此消除了交越失真。图 6-54 为可调偏置电压的互补对称电路,偏置电压 U_{AB} 的大小为

$$U_{AB} \approx \frac{R_1 + R_2}{R_2} U_{BE4} \qquad (6\text{-}85)$$

只要改变 R_1、R_2 的比值,就可以改变 T_1、T_2 的偏置电压值,在集成电路中经常可以见到这种电路结构。

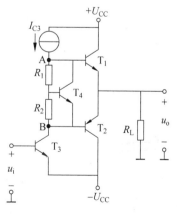

图 6-54　偏置可调的甲乙类双电源
互补对称功率放大电路

2. 主要技术指标的计算

由图 6-48 可以看出,为了提高功率放大电路的效率,在保证消除交越失真的同时,甲乙类电路的静态工作点位置仅比截止区稍高一点,集电极电流依然是一个相当小的数值,因此功率损耗只是略有增加,效率仍接近于原来的乙类互补对称电路,乙类功放的计算公式完全可以适用于甲乙类电路。

【练习与思考】

6.6.1 功率放大电路的特点有哪些?

6.6.2 功率放大电路的三种工作状态各有什么特点?

6.6.3 在实际应用中,如何选择功率管?

本 章 小 结

这一章的内容是学习模拟电子技术课的基础,需要掌握下列概念和方法。

首先,放大电路的组成必须遵循两条原则:第一,使晶体管始终工作在放大区,这需要有合适的直流偏置电路来提供晶体管发射结的正偏电压、集电结的反偏电压。第二,应使输入信号得到足够的放大和顺利的传送。

放大电路是将信号叠加在直流上进行放大的。在不加信号时,放大器的工作状态称为静态,电路中各处均为直流电量。在加信号时,放大器的工作状态称为动态,电路中各处电量均包括静态的直流量和信号作用下的变化量两部分。放大电路的静态分析主要是分析静态工作点;动态分析主要是分析性能指标。

衡量放大器性能好坏的标准是性能指标。这些指标都是针对信号来讨论的。本章中对几种典型的基本放大电路讨论了放大倍数、输入和输出电阻等几个主要性能指标。前一个指标说明了放大器放大信号的能力,后两个指标反映了放大器对信号源的影响及对负载的影响。

其次,放大电路的分析方法有两种,各有特色,相辅相成。

1. 图解法

这种方法是通过作图来直观形象地说明放大电路的工作状态。其要点是:根据晶体管直流通路的电压方程,在晶体管的输入特性和输出特性曲线上,作出直流负载线来确定静态工作点;再根据只考虑信号引起的变化量的交流通路的电压方程作出交流负载线;然后对应输入信号波形,根据交流负载线画出输出信号波形。利用图解法可以分析静态工作点的设置、信号的失真等问题,常用于放大电路的定性分析和放大大信号时的定量计算。因误差较大,图解法不适用于放大小信号时的定量计算。

2. 计算法

这种方法适合于放大小信号时的定量分析计算。在计算晶体管的静态工作点时,先把信号源短接,画出放大器的直流通路。然后对整个直流通路用电路理论计算出静态工作点的直流电量。在进行动态分析时,首先要画出只考虑信号作用下的变化量的交流通路,然后将晶体管用微变等效电路来代替。最后用电路理论计算放大倍数、输入和输出电阻等性能指标。要注意晶体管的微变等效电路是小信号输入条件下的等效电路,它的参数是根据静态工作点求出的。

再次,引起工作点不稳定的主要原因是温度对晶体管的影响。晶体管的分压偏置放大电路,是利用发射极电阻的电流负反馈作用来使得晶体管的工作点趋于稳定的。

接下来,多级放大电路的耦合方式主要有直接耦合和阻容耦合两种,变压器耦合在低频电路中已少见。每种耦合方式有各自的特点,从而反映在电路结构上有不同的设计。但各种耦合方式的多级放大电路的分析计算通常应用计算法分别进行每一级的静态工作点和动态指标的分析计算,然后综合分析计算整个放大电路的性能指标,在分析计算时要注意各级之间的影响。

差动放大电路能放大差模信号,抑制共模信号,差动放大电路有四种接法,在性能指标方面各有特色。差动放大电路的分析计算方法与基本放大电路相似,对于差放的工作原理及分析计算应能熟练掌握。

最后功率放大电路的输出功率要大,电源功率消耗要小,效率要高。静态工作点设置低能使静态管耗下降,由此可提高效率。工作在乙类或工作在接近乙类的甲乙类互补对称功率放大电路,在理想状态下,其效率可达 78.5%,这种电路具有结构简单、体积小等优点,因而得到广泛应用。

习　题　6

6-1　在括号内用"√"或"×"表明下列说法是否正确。

(1) 电路既能放大电流又能放大电压,才称其有放大作用。(　　)

(2) 可以说任何放大电路都有功率放大作用。(　　)

(3) 放大电路中输出的电流和电压都是由有源元件提供的。(　　)

(4) 电路中各电量的交流成分是交流信号源提供的。(　　)

(5) 放大电路必须加上合适的直流电源才能正常工作。(　　)

(6) 由于放大的对象是变化量,所以当输入信号为直流信号时,任何放大电路的输出都毫无变化。(　　)

6-2　判断下列说法是否正确,对的在括号内打"√",否则打"×"。

(1) 现测得两个共射放大电路空载时的电压放大倍数均为−100,将它们连成两级放大电路,其电压放大倍数应为 10000。(　　)

(2) 阻容耦合多级放大电路各级的 Q 点相互独立,(　　)它只能放大交流信号。(　　)

(3) 直接耦合多级放大电路各级的 Q 点相互影响,(　　)它只能放大直流信号。(　　)

(4) 只有直接耦合放大电路中晶体管的参数才随温度而变化。(　　)

6-3　选择合适答案填入空内。

(1) 直接耦合放大电路存在零点漂移的原因是_____。

　　A. 电阻阻值有误差　　　　　　　　B. 晶体管参数的分散性

　　C. 晶体管参数受温度影响　　　　　D. 电源电压不稳定

(2) 集成放大电路采用直接耦合方式的原因是_____。

　　A. 便于设计　　　　B. 放大交流信号　　　C. 不易制作大容量电容

(3) 选用差分放大电路的原因是_____。

　　A. 克服温漂　　　　B. 提高输入电阻　　　C. 稳定放入倍数

(4) 差分放大电路的差模信号是两个输入端信号的_____,共模信号是两个输入端信号的_____。

　　A. 差　　　　　　　B. 和　　　　　　　　C. 平均值

6-4　什么是放大器的静态?什么是静态工作点?不设置静态工作点行不行?

6-5　什么是放大器的动态?什么是交流负载线?它和直流负载线有何不同?

6-6　分析放大电路的基本方法有哪几种?适用范围如何?有什么条件限制?

6-7　在多级放大电路中,通常采用哪些级间耦合方式?各有何特点?

6-8　射极输出器有哪些特点?试总结之。

6-9　什么是差模输入?什么是共模输入?对于任意一种输入如何分解成这两种输入的组合?

6-10　什么是共模抑制比?它标志放大器的一种什么能力?如何计算?

6-11　典型的差动放大电路共有几种输入、输出方式?各有什么特点?

6-12　功率放大电路是否真能把微小的输入功率先放大再输出?所谓功率放大的真正含义是什么?输出的大功率是由何处提供的?

6-13　什么是甲类、乙类和甲乙类功率放大?

6-14　什么是交越失真?应如何克服?

6-15　在如图所示的单管共射放大电路中,已知 $U_{CC}=12\text{V}$,$R_B=280\text{k}\Omega$,$R_C=3\text{k}\Omega$,$R_L=3\text{k}\Omega$,$\beta=50$,$U_{BEQ}=0.7\text{V}$。

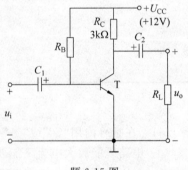

题 6-15 图

(1) 试估算放大电路的静态工作点;

(2) 画出放大电路的微变等效电路;

(3) 估算放大电路的 A_u,r_i,r_o。

6-16　在图示电路中,已知晶体管的 $\beta=80$,$r_{be}=1\text{k}\Omega$,$u_i=20\text{mV}$;静态时 $U_{BEQ}=0.7\text{V}$,$U_{CEQ}=4\text{V}$,$I_{BQ}=20\mu\text{A}$。判断下列结论是否正确,对的在括号内打"√",否则打"×"。

(1) $A_u = -\dfrac{4}{20 \times 10^{-3}} = -200$ (　　)；　　(2) $A_u = -\dfrac{4}{0.7} = -5.71$ (　　)；

(3) $A_u = -\dfrac{80 \times 5}{1} = -400$ (　　)；　　(4) $A_u = -\dfrac{80 \times 2.5}{1} = -200$ (　　)；

(5) $r_i = \left(\dfrac{20}{20}\right)\text{k}\Omega = 1\text{k}\Omega$ (　　)；　　(6) $r_i = \left(\dfrac{0.7}{0.02}\right)\text{k}\Omega = 35\text{k}\Omega$ (　　)；

(7) $r_i = 3\text{k}\Omega$ (　　)；　　(8) $r_i \approx 1\text{k}\Omega$ (　　)；

(9) $r_o = 5\text{k}\Omega$ (　　)；　　(10) $r_o = 2.5\text{k}\Omega$ (　　)。

6-17　电路如图所示，晶体管的 $\beta = 80$。分别计算 $R_L = \infty$ 和 $R_L = 3\text{k}\Omega$ 时的 Q 点、A_u、R_i 和 R_o。

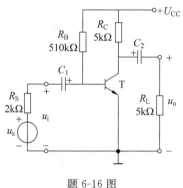 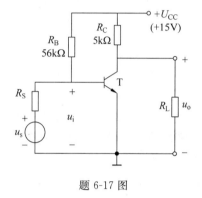

题 6-16 图　　　　　　　　　　　　　题 6-17 图

6-18　已知图示电路中晶体管的 $\beta = 100$，$r_{be} = 1\text{k}\Omega$。

(1) 现已测得静态管压降 $U_{CEQ} = 6\text{V}$，估算 R_b 约为多少千欧；

(2) 若测得 u_i 和 u_o 的有效值分别为 1mV 和 100mV，则负载电阻 R_L 为多少千欧？

6-19　设图示电路所加输入电压为正弦波。试问：(1) $A_{u1} = U_o/U_i \approx$？ $A_{u2} = U_o/U_i \approx$？

(2) 画出输入电压和输出电压 u_i，u_{o1}，u_{o2} 的波形。

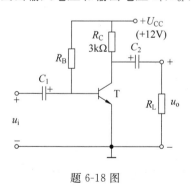 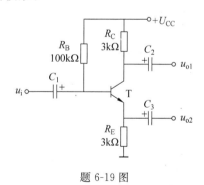

题 6-18 图　　　　　　　　　　　　　题 6-19 图

6-20　电路如图所示，晶体管的 $\beta = 60$。

(1) 求解 Q 点；

(2) 估算 A_u、r_i 和 r_o。

6-21　在如图所示的分压式工作点稳定电路中，已知 $U_{CC} = 12\text{V}$，$R_1 = 2.5\text{k}\Omega$，$R_2 = 7.5\text{k}\Omega$，$R_C = 2\text{k}\Omega$，$R_L = 2\text{k}\Omega$，$R_E = 1\text{k}\Omega$，$\beta = 50$，$U_{BEQ} = 0.7\text{V}$，

(1) 试估算放大电路的静态工作点；

(2) 画出放大电路的微变等效电路；

(3) 估算放大电路的 A_u、r_i 和 r_o。

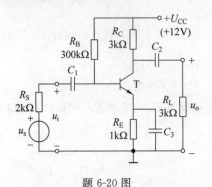 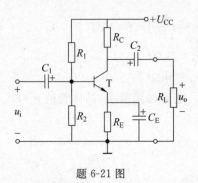

题 6-20 图　　　　　　　　　　题 6-21 图

6-22　如图所示电路参数理想对称，$\beta_1 = \beta_2 = \beta$，$r_{be1} = r_{be2} = r_{be}$。

(1) 写出 R_w 的滑动端在中点时 A_d 的表达式；

(2) 写出 R_w 的滑动端在最右端时 A_d 的表达式，比较两个结果有什么不同。

6-23　如图所示电路参数理想对称，晶体管的 β 均为 50，$U_{BEQ} \approx 0.7V$。试计算 R_w 滑动端在中点时 T_1 管和 T_2 管的发射极静态电流 I_{EQ}，以及动态参数 A_d 和 R_i。

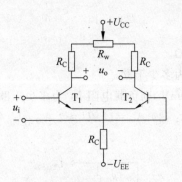 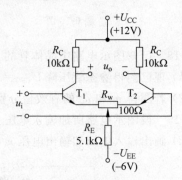

题 6-22 图　　　　　　　　　　题 6-23 图

第7章

集成运算放大器

教学提示

前面所学电子电路,是由若干具有特定功能的电路元件按一定的连接方式所组成,即所谓分立元件电路。集成是对分立而言的,所谓集成是将完成系统任务的电路所使用的元件制造在一块半导体芯片上,组成一个不可分割的固体组件,该组件称集成电路。

所谓运算的含义是什么呢?运算是使用数学语言描述电路输出与输入的基本关系。如:电路中输出电压与输入电压的关系为 $u_o = K u_i$,该表达式在数学中称比例关系,实现了输出与输入信号的比例关系。在电子电路中称比例运算电路。上述表达式还可以表示为: $K = \dfrac{u_o}{u_i}$,其输出与输入之比在放大电路中被定义为系统的放大倍数,可将这种电子电路视为放大电路,因此就产生了运算放大的概念。使用集成电路的芯片,按要求组成不同类型的放大电路,讨论输出与输入信号之间的基本关系,并用数学语言加以描述,即可组成不同形式的运算电路。这就是我们所讨论的集成运算放大器。

本章简要介绍集成电路的主要特点,重点讨论集成运算放大器在信号运算方面的应用。内容包括:集成运算放大器基本组成,主要参数,电压传输特性,理想运算放大器,放大电路中的反馈,负反馈的类型,负反馈对放大电路性能的影响,比例运算电路,加法运算电路,减法运算电路,积分和微分运算电路,集成运算放大器在信号处理方面的应用,集成运算放大器在波形产生方面的应用,集成运算放大器在使用时的注意事项,以及 Multisim 仿真电路实例。

学习目标

➢ 掌握集成运算放大器的组成、主要参数、电压传输特性。
➢ 掌握理想运算放大器及传输特性。
➢ 理解放大电路中的反馈。
➢ 掌握反馈的基本概念、正反馈与负反馈的判断、负反馈的类型。
➢ 了解负反馈对放大电路性能的影响。
➢ 掌握比例运算电路、加法运算电路、减法运算电路、积分运算电路和微分运算电路的原理。

➤ 掌握集成运算放大器在信号处理方面的应用。

➤ 了解集成运算放大器在波形产生方面的应用。

➤ 了解集成运算放大器在使用时的注意事项。

➤ 理解 Multisim 仿真电路实例。

知识结构

本章知识结构图如图 7-1 所示。

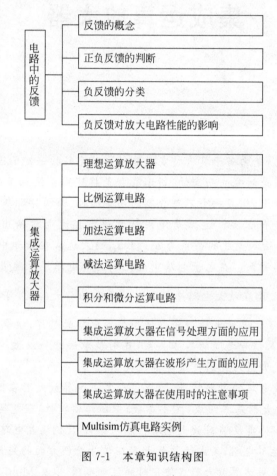

图 7-1   本章知识结构图

7.1   集成运算放大器简介

集成运算放大器是满足系统特定任务的固体组件,最大限度地将电路元件集中在一块半导体芯片上,形成集成电路。

7.1.1　基本组成

集成运算放大器在结构上具有直接耦合和差动放大的特点,具体结构如图 7-2 所示。由图 7-2 可见,结构上为完整的放大电路:有接纳信号的输入极,完成放大任务的中间极,驱动负载工作的输出极,以及为各部分电路提供电源的偏置电路。

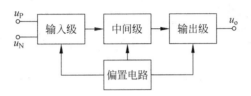

图 7-2　集成运算放大器结构图

如图 7-3 所示是集成运算放大器 F007 的外形、管脚及电路中的图示符号,图 7-3(a)所示为双列直插式外形、管脚,图 7-3(b)所示为圆壳式外形、管脚,图 7-3(c)所示为电路中的图示符号。其各管脚含义如下。

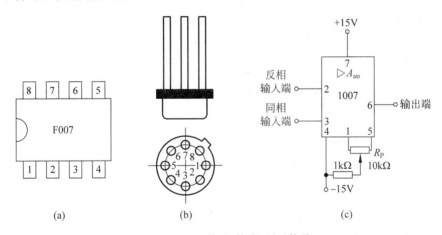

图 7-3　F007 外形、管脚、图示符号

(a) 双列直插式外形、管脚;(b) 圆壳式外形、管脚;(c) 图示符号

2 号管脚为反相输入端,由反相输入端接入信号,则输出信号与输入信号在相位上差 $180°$,即相位相反。

3 号管脚为同相输入端,由同相输入端接入信号,则输出信号与输入信号在相位上差 $0°$,即相位相同。

4 号管脚为电源接入端,接入 -15V 稳压电源。

7 号管脚为电源接入端,接入 $+15\text{V}$ 稳压电源。

6 号管脚为放大器的输出端。

1 号和 5 号管脚为调平衡用的调零电位器。

8 号管脚为空脚。

7.1.2　主要参数

与其他元件一样,可将运算放大器视为一个独立的电子元件,这样它就有具体的性能指标,了解和掌握其主要参数对使用运算放大器具有重要意义。

1. 开环电压放大倍数 A_{uo}

A_{uo} 是指电路在无反馈情况下的差模放大倍数,集成运算放大器的开环放大倍数通常很高,在 $10^4 \sim 10^7$ 之间,若用分贝(dB)表示如下:

$$A_{uo} = 20\lg \left| \frac{u_o}{u_i} \right| (\text{dB}) \tag{7-1}$$

即在 $80 \sim 140$dB 之间。开环放大倍数越高,运算放大器电路就越稳定。

2. 最大输出电压 U_{opp}

最大输出电压 U_{opp} 是指输入与输出电压在保持不失真关系时的最大输出电压。

3. 输入失调电压 U_{IO}

输入失调电压 U_{IO} 是指输入端的补偿电压,即理想情况下,当输入电压为零时,输出电压应为零,但在实际工作时其差动输入不可能完全对称,为使输出为零,在输入端加电压 U_{IO} 即为输入失调电压,输入失调电压一般很小,为 mV 级。

4. 输入失调电流 I_{IO}

输入失调电流 I_{IO} 是指输入信号为零时,两个输入端静态基极电流之差,它反映的是对称电路的对称情况。若电路完全对称,其值应为零,即 $I_{IO} = |I_{B1} - I_{B2}|$。很显然,其值越小越好。

5. 输入偏置电流 I_{IB}

输入偏置电流 I_{IB} 是指输入信号为零时,两个输入极静态电流的平均值,即 $I_{IB} = \frac{I_{B1} + I_{B2}}{2}$。

6. 最大差模输入电压 U_{IDM}

最大差模输入电压 U_{IDM} 指正常工作时,两个输入端之间所允许加入的最大电压,超过该值,会造成输入端的晶体管损坏。

7. 最大共模输入电压 U_{ICM}

运算放大器对共模信号具有抑制作用,若共模电压超过最大共模输入电压 U_{ICM} 时,可使运算放大器的性能变坏,甚至损坏器件。

以上介绍的是一些主要参数,若要选择运算放大器,还要仔细阅读相关的手册。

7.1.3 电压传输特性

运放的输出电压与输入电压之间的关系称为运放的电压传输特性,如图 7-4 所示是基本运算放大器的同相电压(输入信号在同相端输入:$u_i = u_+ - u_-$)传输特性。有三个运行区:AB 段为线性运行区,当运放工作在线性区时有:$u_o = A_{uo} \cdot u_i$,其中:$u_i = u_+ - u_-$。在 A、B 点的两侧为正、负饱和区,当运放工作在饱和区时,$u_o = \pm U_{OPP}$。若输入信号在反相端输入时,反相电压传输特性曲线在 Ⅱ、Ⅳ 象限。在实际的电路中,运放工作在哪个工作区,是由运放外接电路的反馈性质来决定的。一般来说,当引入深度电压负反馈时,运放工作在线性区。在开环或引入正反馈时,运放工作在饱和区。

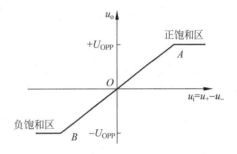

图 7-4 基本运算放大器的同相电压传输特性

7.1.4 理想运算放大器

1. 理想运算放大器的分析依据

理想运算放大器是指其性能指标趋于理想化,具体条件是:

开环电压放大倍数 $A_{uo} \rightarrow \infty$;

开环差模输入电阻 $r_{id} \rightarrow \infty$;

开环输出电阻 $r_o \rightarrow 0$;

共模抑制比 $K_{CMRR} \rightarrow \infty$。

以上是运算放大器在理想情况下的性能指标,实际放大器与理想情况还是有差别的,并不能做到完全吻合,但用理想运算放大器替代实际运算放大器所产生的误差并不大,这在工程上是允许的。对我们来说,把运算放大器理想化,不仅能使分析过程大大简化,而且更有利于突出运算放大器的主要特点。

2. 理想运算放大器的传输特性

由于集成运算放大器已经理想化,其开环放大倍数 $A_{uo} \rightarrow \infty$,而 $A_{uo} = \dfrac{u_o}{u_i} = \dfrac{u_o}{u_+ - u_-}$,又可写为

$$u_+ - u_- = \frac{u_o}{A_{uo}} \tag{7-2}$$

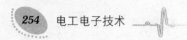
由于 $A_{uo} \rightarrow \infty$,所以又有

$$u_+ = u_- \tag{7-3}$$

式(7-3)又称为"虚短",若有一端接地,则另一端称"虚地"。理想运算放大器的图示符号及传输特性如图 7-5 所示。

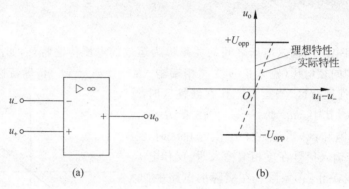

图 7-5 理想运算放大器的图示符号及传输特性

(a) 图示符号;(b) 传输特性

由于差模输入电阻 $r_{id} \rightarrow \infty$,则两个输入端的电流为零,即 $i_+ = i_- = 0$,这种现象称"虚断"。电路分析时,经常用到上面的概念,使电路分析得到简化。

【练习与思考】

7.1.1 集成运算放大器理想化的条件是什么?

7.1.2 将运算放大器理想化的意义是什么?

7.1.3 什么是"虚短"和"虚地"现象?

7.2 放大电路中的反馈

7.2.1 反馈的基本概念

在放大电路中,信号的传输是从输入端到输出端,这个方向称为正向传输。反馈就是将输出信号取出一部分或全部送回到放大电路的输入端,与原输入信号相加或相减后再作用到放大电路的输入端。反馈信号的传输是反向传输,所以,放大电路无反馈也称开环,放大电路有反馈也称闭环。反馈的概念示意图如图 7-6

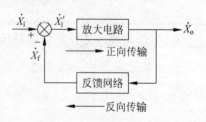

图 7-6 反馈的概念示意图

所示。

图 7-6 中 $\dot{X}_i$ 是输入信号，$\dot{X}_f$ 是反馈信号，$\dot{X}_i'$ 称为净输入信号，所以有

$$\dot{X}_i' = \dot{X}_i - \dot{X}_f \tag{7-4}$$

7.2.2 正反馈与负反馈的判断

反馈使输入信号增强的称正反馈；使输入信号削弱的称负反馈。瞬时极性法是判断正反馈和负反馈的方法之一，具体步骤是：在放大电路的输入端，假设一个输入信号的电压极性，可用"＋""－"或"↑""↓"表示；按信号传输方向依次判断相关点的瞬时极性，直至判断出反馈信号的瞬时电压极性；如果反馈信号的瞬时极性使净输入减小，则为负反馈；反之为正反馈。

7.2.3 负反馈的类型

放大电路中的负反馈具有不同的类型，是因为不同类型的反馈对放大电路性能的影响是不同的。反馈类型可以根据反馈形成的原因和电路的结构作出判断。

（1）反馈形成的原因是指电路中输出端电量的变化生成了反馈信号。若输出端电压变化生成了反馈信号称电压反馈；输出端电流变化生成了反馈信号称电流反馈。

（2）电路的结构是指如何将反馈信号有效地送入输入端，而电路的结构通常有串联或并联，因此反馈有串联反馈和并联反馈之分。

由此可见，放大电路中的负反馈有 4 种类型：

（1）电压串联负反馈；

（2）电压并联负反馈；

（3）电流串联负反馈；

（4）电流并联负反馈。

图 7-7 所示电路是一个含有反馈环节的放大电路，也是工作点稳定电路。所谓稳定是针对电路可能的不稳定因素而采取的措施，以遏制电路中不稳定因素变化的趋势，从而使电路在工作过程中保持

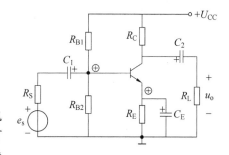

图 7-7　电流串联负反馈放大电路

工作点的相对稳定。这一过程是针对静态工作点导致的不稳定，所以该反馈属直流反馈。对动态参数的调节则属交流反馈范畴，也就是我们曾详细分析过的旁路电容之外的电阻 R_E 的作用，微变等效电路中 R_E 的存在，说明该电路有交流反馈。反馈类型的判断可使用瞬时极性法，即同一时刻晶体管各极电位变化的趋势，上升用 ⊕ 表示，下降用 ⊖ 表示。

反馈信号形成的原因，是由于输出电流与 R_E 共同作用的结果，即电流变化则有信号产生；电流不变化则无信号产生，所以属电流反馈。生成的反馈信号与输入端在结构上形成

有效串联，属串联反馈。

如图 7-8 所示，该电路具有明显的反馈特征，R_F 跨接在输出端与输入端之间，称反馈电阻，输出端电压的变化通过 R_F 对输入端产生影响，该反馈为电压反馈。由于输出电压发生了变化，从而导致了反馈电阻 R_F 上的电流发生变化，这一变化直接影响了晶体管净输入量 $\dot{I}_b$ 的变化，结构上与反馈支路形成并联，所以属于并联反馈。图 7-8 所示电路的反馈应称电压并联负反馈。

以上就反馈的类型及判断的方法作了一般性介绍，其特点和规律是：若将输出端短路，反馈信号依然存在，则该反馈为电流反馈，因为此时输出电压为零；若反馈信号为电压，则该反馈为串联反馈；若反馈信号为电流，则该反馈为并联反馈。

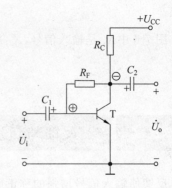

图 7-8　电压并联负反馈放大电路

7.2.4　负反馈对放大电路性能的影响

负反馈是改善放大电路性能的重要技术措施，广泛应用于放大电路和反馈控制系统之中。

1. 负反馈对增益的影响

根据负反馈基本方程，不论何种负反馈，都可使反馈放大倍数下降至原来的 $\dfrac{1}{|1+AF|}$ 倍，只不过不同的反馈组态 AF 的量纲不同而已。对电压串联负反馈，

$$\dot{A}_f = \frac{\dot{X}_o}{\dot{X}_i} = \frac{\dot{U}_o}{\dot{U}_i} = \frac{\dot{A}}{1+\dot{A}\dot{F}} \tag{7-5}$$

在负反馈条件下增益的稳定性也得到了提高，这里增益应该与反馈组态相对应

$$\mathrm{d}A_f = \frac{(1+AF)\cdot \mathrm{d}A - AF\cdot \mathrm{d}A}{(1+AF)^2} = \frac{\mathrm{d}A}{(1+AF)^2}$$

$$\frac{\mathrm{d}A_f}{A_f} = \frac{1}{1+AF}\cdot \frac{\mathrm{d}A}{A} \tag{7-6}$$

有反馈时，增益的稳定性比无反馈时提高了 $1+AF$ 倍。

2. 负反馈对输入电阻的影响

负反馈对输入电阻的影响与反馈加入的方式有关，即与串联反馈或并联反馈有关，而与电压反馈或电流反馈无关。

(1) 串联负反馈使输入电阻增加。串联负反馈输入端的电路结构形式如图 7-9 所示。

对电压串联负反馈和电流串联负反馈效果相同。

有反馈时的输入电阻：

$$R_{if}=\frac{\dot{U}_i}{\dot{I}_i'}=\frac{\dot{U}_i'+U_f}{\dot{I}_i'}=\frac{U_i'+U_i'\dot{A}\dot{F}}{\dot{I}_i'}$$

$$=(1+AF)\frac{U_i'}{\dot{I}_i'}=(1+\dot{A}\dot{F})R_i \qquad (7\text{-}7)$$

式中 $R_i=r_{id}$。

(2) 并联负反馈使输入电阻减小。并联负反馈输入端的电路结构形式如图 7-10 所示。电压并联负反馈和电流并联负反馈效果相同，只要是并联负反馈就可使输入电阻减小。

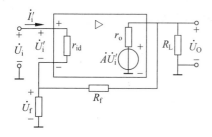 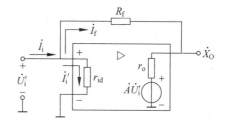

图 7-9 串联负反馈对输入电阻的影响 　　　　　图 7-10 并联负反馈对输入电阻的影响

有反馈时的输入电阻

$$R_{if}=\frac{\dot{U}_i'}{\dot{I}_i}=\frac{\dot{U}_i'}{\dot{I}_i'+\dot{I}_f}=\frac{\dot{U}_i'}{\dot{I}_i'+\dot{F}\dot{U}_o}=\frac{\dot{U}_i'}{\dot{I}_i'+\dot{F}\dot{I}_i'\dot{A}}=\frac{r_{id}}{1+\dot{A}\dot{F}} \qquad (7\text{-}8)$$

3. 负反馈对输出电阻的影响

(1) 电压负反馈使输出电阻减小。电压负反馈可以使输出电阻减小，这与电压负反馈可以使输出电压稳定是一致的。输出电阻小，带负载能力强，输出电压的降落就小，稳定性就好。图 7-11 为求输出电阻的等效电路，将负载电阻开路，在输出端加入一个等效的电压 $\dot{U}_o'$，并将输入端接地。由图 7-11 可得

$$\dot{I}_o'=\frac{\dot{U}_o'-\dot{A}\dot{X}_i'}{r_o}=\frac{\dot{U}_o'+\dot{A}\dot{X}_f}{r_o}=\frac{\dot{U}_o'+\dot{A}\dot{F}\dot{U}_o'}{r_o}=\frac{\dot{U}_o'(1+\dot{A}\dot{F})}{r_o} \qquad (7\text{-}9)$$

$$R_{of}=\frac{\dot{U}_o'}{\dot{I}_o'}=\frac{r_o}{1+\dot{A}\dot{F}} \qquad (7\text{-}10)$$

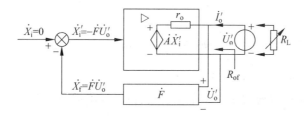

图 7-11 电压负反馈对输出电阻的影响

（2）电流负反馈使输出电阻增加。电流负反馈可以使输出电阻增加,这与电流负反馈可以使输出电流稳定是一致的。输出电阻大,负反馈放大电路接近电流源的特性,输出电流的稳定性就好。图7-12为求输出电阻的等效电路,将负载电阻开路,在输出端加入一个等效的电压$\dot{U}'_o$,并将输入端接地。

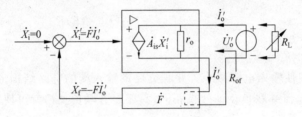

图 7-12　电流负反馈对输出电阻的影响

由图 7-12 可得

$$\dot{A}_{is}\,\dot{X}'_i = -\,\dot{A}_{is}\,\dot{X}_f = \dot{A}_{is}\,\dot{F}\,\dot{I}'_o$$

$$\frac{\dot{U}'_o}{r_o} = \dot{A}_{is}\,\dot{F}\,\dot{I}'_o + \dot{I}'_o = (1 + \dot{A}_{is}\,\dot{F})\,\dot{I}'_o$$

$$R_{of} = \frac{\dot{U}'_o}{\dot{I}'_o} = (1 + \dot{A}_{is}\,\dot{F})r_o \tag{7-11}$$

式(7-11)中 A_{is} 是负载短路时的开环增益,即把负载短路,把电压源转换为电流源,再把负载开路时的增益。

4. 负反馈对通频带的影响

放大电路加入负反馈后,增益下降,但通频带却加宽了,如图7-13所示。

无反馈时的通频带$\Delta f = f_H - f_L \approx f_H$。

放大电路高频段的增益为

$$\dot{A}(j\omega) = \frac{A_m}{1 + j\dfrac{\omega}{\omega_H}} \tag{7-12}$$

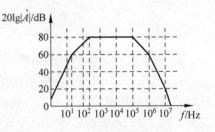

图 7-13　负反馈对通频带的影响

有反馈时

$$\dot{A}_f(j\omega) = \frac{\dot{A}(j\omega)}{1 + \dot{A}(j\omega)F} = \frac{A_m \big/ \left(1 + j\dfrac{\omega}{\omega_H}\right)}{1 + A_m F \big/ \left(1 + j\dfrac{\omega}{\omega_H}\right)}$$

$$= \frac{A_m/(1 + A_m F)}{1 + j\omega/\omega_H(1 + A_m F)} - \frac{A_{mf}}{1 + j\dfrac{\omega}{\omega_{Hf}}} \tag{7-13}$$

有反馈时的通频带$\Delta f_f = (1 + A_m F)f_H$。

负反馈放大电路扩展通频带有一个重要的特性,即增益与通频带之积为常数:

$$A_{mf}\omega_{Hf} = \frac{A_m(1 + A_m F)}{(1 + A_m F)}\omega_H = A_m\omega_H \tag{7-14}$$

5. 负反馈对非线性失真的影响

负反馈可以改善放大电路的非线性失真，但是只能改善反馈环内产生的非线性失真。因加入负反馈，放大电路的输出幅度下降，不好对比，因此必须要加大输入信号，使加入负反馈以后的输出幅度基本达到原来有失真时的输出幅度才有意义。

加入负反馈改善非线性失真，可通过图 7-14来加以说明。失真的反馈信号使净输入信号产生相反的失真，从而弥补了放大电路本身的非线性失真。

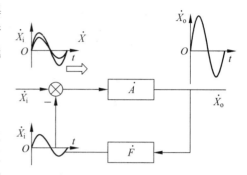

6. 负反馈对噪声、干扰和温漂的影响

负反馈对噪声、干扰和温漂的影响原理同负反馈对放大电路非线性失真的影响。负反馈只对反馈环内的噪声和干扰有抑制作用，且必须加大输入信号后才使抑制作用有效。

图 7-14 负反馈对非线性失真的影响

【练习与思考】

7.2.1 什么是开环系统？什么是闭环系统？

7.2.2 放大电路中通常采用什么类型的反馈？

7.2.3 放大电路中的负反馈可分为几种类型？

7.3 集成运算放大器在信号运算方面的应用

7.3.1 比例运算电路

比例运算是指输出与输入信号之间的关系为比例关系，在电路中所表示的是信号之间的比例关系。由于运算放大器有同相和反相两个输入端，所以比例运算又分同相比例运算电路和反相比例运算电路。

1. 反相比例运算电路

反相比例运算电路结构的特点是：将输入信号置入运算放大器的反相输入端，加上必要的外围电路元件，就形成了反相比例运算电路，如图 7-15 所示。

反相比例运算电路处于闭环状态，R_f 为电路的反馈电阻。将运算放大器理想化，电路分析过程如下。

因为该放大器处于理想状态,其差模输入电阻 $r_{id} \to \infty$,所以有:$i_1 \approx i_f$。

由于同相端经电阻接地,则 $u_+ = 0$,又因为 $u_- = u_+$,所以有:$u_- = 0$。根据电路的分析方法,从图 7-15 中可得

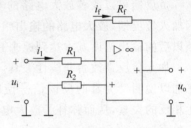

图 7-15　反相比例运算电路

$$i_1 = \frac{u_i - u_-}{R_1} = \frac{u_i}{R_1}$$

$$i_f = \frac{u_- - u_o}{R_f} = -\frac{u_o}{R_f}$$

因为 $i_1 \approx i_f$,则有

$$\frac{u_i}{R_1} = -\frac{u_o}{R_f}$$

整理后得

$$u_o = -\frac{R_f}{R_1} u_i \qquad (7\text{-}15)$$

式(7-15)表明输出与输入电压为比例关系,且相位相反,实现了反相比例运算,比例系数为 $\left(-\frac{R_f}{R_1}\right)$。若将上式写成 $\frac{u_o}{u_i} = -\frac{R_f}{R_1}$,则与放大电路中电压放大倍数的定义是相同的。即

$$A_u = \frac{u_o}{u_i} = -\frac{R_f}{R_1} \qquad (7\text{-}16)$$

由式(7-16)可见,图 7-15 所示电路是一个完成放大任务的放大电路,其电压放大倍数是 $\left(-\frac{R_f}{R_1}\right)$,电压放大倍数与晶体管的参数已没有关系,这正是负反馈放大器的特点之一。

关于 R_2 的设置,应考虑输入端的平衡,即输入信号为零时,两输入端应有等电位的特点,所以 $R_2 = R_1 // R_f$。

例 7-1　电路如图 7-16 所示,分别写出 S_1 和 S_2 同时断开与闭合时的输出与输入电压的运算表达式。

解　(1) 当两个开关同时断开时,该电路为反相比例的典型电路,根据式(7-15)可得

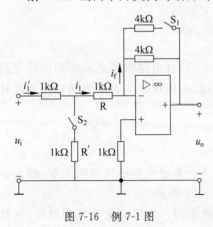

图 7-16　例 7-1 图

$$u_o = -\frac{R_f}{R_1} u_i = -\frac{4}{1+1} u_i = -2u_i$$

(2) 当两个开关同时闭合时,因为 $u_+ = 0$,$u_- = u_+ = 0$,S_2 的闭合,形成输入端 R 和 R′ 两个 1kΩ 电阻的并联,S_1 的闭合,使反馈电阻 $R_f = 2\mathrm{k\Omega}$。

$$i_1' = \frac{u_i - u_-}{1 + \frac{1 \times 1}{1+1}} = \frac{u_i}{1.5} \mathrm{mA}$$

则

$$i_1 = \frac{1}{2} i_1' = \frac{u_i}{3} \mathrm{mA}$$

$$i_f = \frac{u_- - u_o}{R_f} = -\frac{u_o}{2}\mathrm{mA}$$

因为 $i_1 \approx i_f$，所以 $\frac{u_i}{3} = -\frac{u_o}{2}$，即

$$u_o = -\frac{2}{3}u_i$$

2. 同相比例运算电路

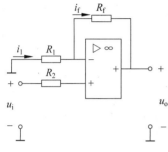

图 7-17 同相比例运算电路

同相比例运算电路的结构特点是：将输入信号置入运算放大器的同相输入端，加上必要的外围电路元件，就形成了同相比例运算电路，如图 7-17 所示。

同相比例运算电路的分析过程与反相比例运算电路基本相同，不同的是信号所处位置。具体分析过程如下。前提是：

$$i_1 \approx i_f$$

$$i_1 = \frac{0 - u_-}{R_1} = -\frac{u_-}{R_1}$$

根据放大器的分析条件：$u_+ = u_i$，$u_- = u_+$，所以，$u_- = u_i$，有

$$i_1 = -\frac{u_i}{R_1}$$

$$i_f = \frac{u_- - u_o}{R_f} = \frac{u_i - u_o}{R_f}$$

$$i_1 = i_f$$

$$-\frac{u_i}{R_1} = \frac{u_i - u_o}{R_f} = \frac{u_i}{R_f} - \frac{u_o}{R_f}$$

整理后得

$$u_o = \left(1 + \frac{R_f}{R_1}\right)u_i \tag{7-17}$$

式(7-17)实现了信号的同相比例运算。与反相比例运算相比，其比例系数为正，即：$\left(1 + \frac{R_f}{R_1}\right)$。若将上式表示为：$\frac{u_o}{u_i} = \left(1 + \frac{R_f}{R_1}\right)$，则为放大电路的放大倍数的定义式，即表示为电压放大倍数

$$A_u = \frac{u_o}{u_i} = 1 + \frac{R_f}{R_1} \tag{7-18}$$

在式(7-18)中，若 $R_f = 0$，或 $R_1 \to \infty$，则 $A_u = 1$，该结果为射极输出器。在放大电路中我们曾经对射极输出器做过详尽的分析，结论是放大倍数接近于1、输出信号与输入信号同相位。

例 7-2 电路如图 7-18 所示。写出输出与输入信号电压的运算表达式。

解 结构上该电路仍为比例运算电路，但该电路输入

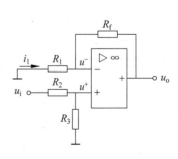

图 7-18 例 7-2 图

信号加在了运算放大器的同相输入端,形成同相比例运算。

在同相比例运算电路的分析中,要点是:$u_+ = u_i$。结论是:$u_o = \left(1 + \dfrac{R_f}{R_1}\right)u_i$。而该电路中,$u_+ \neq u_i$,$u_+ = \dfrac{R_3}{R_2 + R_3}u_i$。准确地说:$u_o = \left(1 + \dfrac{R_f}{R_1}\right)u_+$,由此得出

$$u_o = \left(1 + \frac{R_f}{R_1}\right)\frac{R_3}{R_2 + R_3}u_i$$

7.3.2　加法运算电路

加法运算电路是指对信号的合成,通过运算放大器实现信号的加法运算。加法运算电路结构的特点是:将欲合成信号加在电路的输入端,通常加在反相输入端,如图 7-19 所示。

电路分析的依据是:仍将运算放大器视为理想运算放大器,同样具有 $i_1 \approx i_f$ 的特点。由图 7-19 可知

$$i_1 = \frac{u_{i1}}{R_{i1}} + \frac{u_{i2}}{R_{i2}} + \frac{u_{i3}}{R_{i3}}$$

$$i_f = -\frac{u_o}{R_f}$$

$$i_1 = i_f$$

所以

$$\frac{u_{i1}}{R_{i1}} + \frac{u_{i2}}{R_{i2}} + \frac{u_{i3}}{R_{i3}} = -\frac{u_o}{R_f}$$

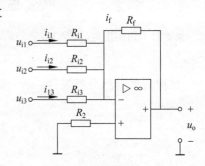

图 7-19　反相加法运算电路

整理后得

$$u_o = -\left(\frac{R_f}{R_{i1}}u_{i1} + \frac{R_f}{R_{i2}}u_{i2} + \frac{R_f}{R_{i3}}u_{i3}\right) \tag{7-19}$$

式(7-19)表明,该电路具有加法运算的功能。若电路参数中 $R_{i1} = R_{i2} = R_{i3} = R_1$ 时,则式(7-19)又可表示为

$$u_o = -\frac{R_f}{R_1}(u_{i1} + u_{i2} + u_{i3}) \tag{7-20}$$

若 $R_f = R_1$,则

$$u_o = -(u_{i1} + u_{i2} + u_{i3}) \tag{7-21}$$

由此可见,可根据需要设置电路的参数。R_2 的设置与上面所介绍的电路具有相同的原则,即:$R_2 = R_{i1} /\!/ R_{i2} /\!/ R_{i3} /\!/ R_f$。

例 7-3　电路如图 7-20 所示,已知:$u_{i1} = 2V$,$u_{i2} = 1V$,$u_{i3} = 0.5V$。计算输出电压 $u_o = ?$

解　从电路的结构上看,这是一个典型的加法运算电路。可直接利用加法运算电路的结论,代入已知数据。

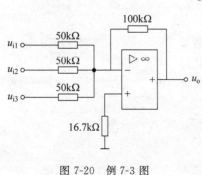

图 7-20　例 7-3 图

$$u_o = -\frac{R_f}{R_1}(u_{i1} + u_{i2} + u_{i3}) = -\left(\frac{100}{50}u_{i1} + \frac{100}{50}u_{i2} + \frac{100}{50}u_{i3}\right)$$
$$= -(2 \times 2 + 2 \times 1 + 2 \times 0.5)\text{V}$$
$$= -7\text{V}$$

7.3.3　减法运算电路

若将输入信号分别加在电路的两个输入端,且其输出为两个信号的差值,该电路就完成了减法运算,该电路被称为差分减法运算电路。其电路结构如图 7-21 所示。

由图 7-21 可见,两个信号分别加在同相和反相输入端,也称差分输入方式。其分析依据不变,分析过程如下。

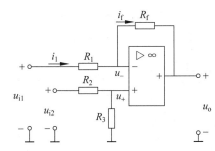

图 7-21　差分减法运算电路

该电路分析思路是,以两输入端电位相等为条件,列出条件等式,整理后得出运算结果。即:

$u_- \approx u_+$, $u_- = u_{i1} - R_1 i_1$, $i_1 = \frac{u_{i1} - u_o}{R_1 + R_f}$, 所以有

$$u_- = u_{i1} - \frac{R_1}{R_1 + R_f}(u_{i1} - u_o)$$

而

$$u_+ = \frac{R_3}{R_2 + R_3}u_{i2}$$

因为 $u_- \approx u_+$,所以 $u_{i1} - \frac{R_1}{R_1 + R_f}(u_{i1} - u_o) = \frac{R_3}{R_2 + R_3}u_{i2}$,整理后得

$$u_o = \left(1 + \frac{R_f}{R_1}\right)\frac{R_3}{R_2 + R_3}u_{i2} - \frac{R_f}{R_1}u_{i1} \tag{7-22}$$

若使 $R_1 = R_2$, $R_3 = R_f$,则

$$u_o = \frac{R_f}{R_1}(u_{i2} - u_{i1}) \tag{7-23}$$

当 $R_f = R_1$ 时,则

$$u_o = u_{i2} - u_{i1} \tag{7-24}$$

上式表明,该电路可实现减法运算,称减法运算电路。电路中参数的设置可根据需要确定。

例 7-4　某测量系统,输出与输入电压的关系为: $u_o = 4(u_{i2} - u_{i1})$,设反馈电阻 $R_f = 80\text{k}\Omega$,作出能实现该运算关系的运算电路。

解　由已知运算表达式 $u_o = 4(u_{i2} - u_{i1})$ 可知,该电路为减法运算电路,且条件为: $R_1 = R_2$, $R_3 = R_f$,即有: $\frac{R_f}{R_1} = 4$,所以 $R_1 = \frac{R_f}{4} = \frac{80}{4}\text{k}\Omega = 20\text{k}\Omega$,电路如图 7-21 所示,可实现本题目计算要求。

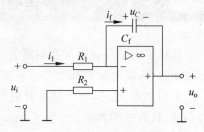

7.3.4 积分运算电路

输出信号与输入信号的运算关系为积分形式的运算称积分运算,实现积分运算的电路称积分运算电路。电路如图 7-22 所示。

电路中,反馈回路的电阻 R_f 变成了电容 C_f。

分析思路是:利用 $i_1 \approx i_f$ 的关系,建立条件等式,整理后可得出运算表达式。电路中,$i_1 = \dfrac{u_i - u_-}{R_1}$,因为

$u_- = u_+$,而 $u_+ = 0$,则:$i_1 = \dfrac{u_i}{R_1}$。

i_f 为流过电容器的电流,而 $i_C = C_f \dfrac{\mathrm{d}u_C}{\mathrm{d}t}$,即:$i_f = C_f \dfrac{\mathrm{d}u_C}{\mathrm{d}t}$。

图 7-22 积分运算电路

$$i_1 = i_f, \quad \text{所以} \quad \frac{u_i}{R_1} = C_f \frac{\mathrm{d}u_C}{\mathrm{d}t}$$

电路中

$$u_C = u_- - u_o = -u_o$$

所以有

$$\frac{u_i}{R_1} = -C_f \frac{\mathrm{d}u_o}{\mathrm{d}t}$$

整理后得

$$u_o = -\frac{1}{R_1 C_f} \int u_i \mathrm{d}t \tag{7-25}$$

式(7-25)即为积分运算电路的运算表达式,实现了对信号的积分运算。

例 7-5 电路如图 7-23 所示。写出输出电压与输入电压的运算表达式。

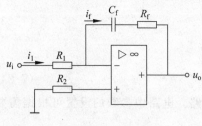

图 7-23 例 7-5 图

【解】 由图 7-23 可见,该电路总体上为反相比例运算的结构,信号为反相端输入,有一点值得注意的是,反馈回路中除了有反馈电阻 R_f 还串有电容 C_f。我们知道:反馈回路只有电阻为反相比例运算电路;只有电容为积分运算电路;既有电阻又有电容就可能是比例积分电路。分析过程如下。

首先,列出反馈回路上的电压表达式,即

$$u_o - u_- = -R_f i_f - u_C$$

其中,

$$u_C = \frac{1}{C_f} \int i_f \mathrm{d}t; \quad i_1 \approx i_f = \frac{u_i - u_-}{R_1}$$

同相端经电阻接地得

$$u_+ = 0, \quad u_- = u_+ = 0$$

所以有

$$u_o = -R_f i_f - \frac{1}{C_f}\int i_f \mathrm{d}t = -\frac{R_f}{R_1}u_i - \frac{1}{R_1 C_f}\int u_i \mathrm{d}t$$

由此可见,该电路为比例积分运算电路。又称 P-I 调节器。

7.3.5 微分运算电路

输出信号与输入信号的运算关系为微分形式的运算称为微分运算,实现微分运算的电路称为微分运算电路。数学中微分是积分的逆运算,反相比例电路中,把 R_1 的位置换成电容,其余电路不变,就成为微分运算电路,如图 7-24 所示。

分析的依据和方法:放大器仍为理想状态,$i_1 \approx i_f$。由图 7-24 可知:$i_1 = i_C = C\dfrac{\mathrm{d}u_C}{\mathrm{d}t}$;

$u_C = u_i - u_-$;$u_- = u_+$;同相端经电阻接地,$u_+ = 0$,所以 $i_1 = C\dfrac{\mathrm{d}u_i}{\mathrm{d}t}$。$i_f$ 的表达式没有变化,仍为 $i_f = \dfrac{u_- - u_o}{R_f} = -\dfrac{u_o}{R_f}$。因为 $i_1 \approx i_f$,所以

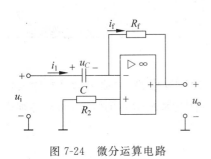

图 7-24 微分运算电路

$$C\frac{\mathrm{d}u_i}{\mathrm{d}t} = -\frac{u_o}{R_f}$$

$$u_o = -CR_f\frac{\mathrm{d}u_i}{\mathrm{d}t} \qquad (7\text{-}26)$$

式(7-26)说明了该电路输出信号与输入信号的基本运算关系为微分运算关系,该电路称微分运算电路。

例 7-6 电路如图 7-25 所示,写出输出与输入电压的运算表达式。

解 电路的总体结构仍为反相比例的特点,不同的是输入端并联电容。输入端只有电阻为反相比例运算;只有电容为微分运算;既有电阻又有电容能否实现比例微分运算?

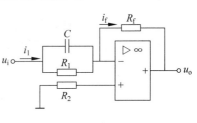

图 7-25 例 7-6 图

分析的基本思路仍按理想运算放大器依据进行,即用 $i_1 \approx i_f$ 的关系可得出

$i_1 = \dfrac{u_i}{R_1} + C\dfrac{\mathrm{d}u_C}{\mathrm{d}t}$;而 $u_C = u_i$,于是:

$$i_1 = \frac{u_i}{R_1} + C\frac{\mathrm{d}u_i}{\mathrm{d}t}$$

$$i_f = -\frac{u_o}{R_f}$$

$$i_1 \approx i_f$$

所以

$$\frac{u_i}{R_1} + C\frac{\mathrm{d}u_i}{\mathrm{d}t} = -\frac{u_o}{R_f}$$

$$u_{\mathrm{o}} = -\frac{R_{\mathrm{f}}}{R_{1}}u_{\mathrm{i}} - CR_{\mathrm{f}}\frac{\mathrm{d}u_{\mathrm{i}}}{\mathrm{d}t}$$

由此可见,该电路为比例微分运算电路,又称 P-D 调节器。

【练习与思考】

7.3.1 什么是集成运算放大器?有什么特点?

7.3.2 理想运算放大器的参数有哪些?

7.3.3 将集成运算放大器理想化对分析运算电路有哪些好处?

7.4 集成运算放大器在信号 处理方面的应用

集成运算放大器在信号运算方面可根据需要组成各种运算电路,在输出信号与输入信号的关系上实现某种运算。在信号处理方面的应用,是利用运算放大器的特点,组成各种应用电路。

7.4.1 电压比较器

电压比较器是由运算放大器组成并处于开环状态的一种应用电路。这种电路的特点是:只要输入端有信号,输出电压就等于运算放大器的饱和输出电压,其电路如图 7-26 所示。

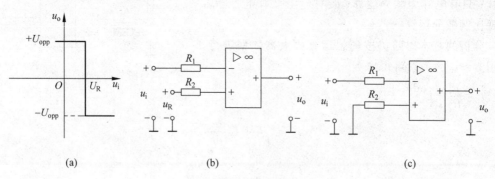

图 7-26 电压比较器

(a) 传输特性;(b) 电压比较器;(c) 过零比较器

电压比较器既有输入电压,又有参考电压,如图 7-26(b)所示。分别加在运算电路的两个输入端,若 $u_{\mathrm{i}} = u_{\mathrm{R}}$ 时,则输出电压为零;若 $u_{\mathrm{i}} > u_{\mathrm{R}}$,则输出为 $-U_{\mathrm{opp}}$;若 $u_{\mathrm{i}} < u_{\mathrm{R}}$ 时,则输出为 $+U_{\mathrm{opp}}$。若 $u_{\mathrm{R}} = 0$,则该电路称过零比较器,如图 7-26(c)所示。

7.4.2　有源滤波器

所谓滤波是指电路传输关系的频率特性,是电路的一种选频能力。

1. 有源低通滤波电路

有源低通滤波电路及幅频特性如图 7-27 所示。电路中包括 RC 滤波电路和同相比例运算电路。

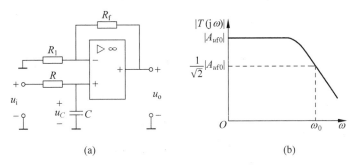

(a)　　　　　　　　　　　　(b)

图 7-27　有源低通滤波电路及幅频特性
(a) 电路;(b) 幅频特性

其中 RC 滤波电路在结构上为低通滤波电路,电容器两端电压为 RC 电路的输出电压。即

$$\dot{U}_C = \frac{\dot{U}_i}{R + \dfrac{1}{j\omega C}} \frac{1}{j\omega C} = \frac{\dot{U}_i}{1 + j\omega RC}$$

而同相比例运算电路的输出电压表达式为:

$$\dot{U}_O = \left(1 + \frac{R_f}{R_1}\right)\dot{U}_+$$

电路中

$$\dot{U}_+ = \dot{U}_C = \frac{\dot{U}_i}{1 + j\omega RC}$$

所以有

$$\dot{U}_O = \left(1 + \frac{R_f}{R_1}\right)\frac{\dot{U}_i}{1 + j\omega RC}$$

以频率特性的讨论方式,则该表达式可视为频率的函数,传递函数如公式(7-27):

$$T(j\omega) = \frac{\dot{U}_O(j\omega)}{\dot{U}_i(j\omega)} = \frac{1 + \dfrac{R_f}{R_1}}{1 + j\omega RC} \tag{7-27}$$

设 $\omega_o = \dfrac{1}{RC}$,并称截止频率,则有式(7-28):

$$T(j\omega) = \frac{1 + \dfrac{R_f}{R_1}}{1 + j\dfrac{\omega}{\omega_o}} = \frac{A_{ufo}}{1 + j\dfrac{\omega}{\omega_o}} \tag{7-28}$$

式(7-28)中，$A_{ufo} = 1 + \dfrac{R_f}{R_1}$，为同相比例运算电路的电压放大倍数。

由传递函数式得出其幅频特性和相频特性分别为：

$$|T(j\omega)| = \frac{|A_{ufo}|}{\sqrt{1 + \left(\dfrac{\omega}{\omega_o}\right)^2}} \tag{7-29}$$

$$\varphi(\omega) = -\arctan\frac{\omega}{\omega_o}$$

当 $\omega = 0$ 时，$|T(j\omega)| = |A_{ufo}|$；

当 $\omega = \omega_o$ 时，$|T(j\omega)| = \dfrac{1}{\sqrt{2}}|A_{ufo}|$；

当 $\omega \to \infty$ 时，$|T(j\omega)| = 0$。

由此可见，信号的频率越低其通过率越高，ω_o 为电路的转折频率，也称截止频率。

2. 有源高通滤波电路

若限制低频信号，使高频信号容易通过，则采用高通滤波电路，与运算放大电路相结合构成有源高通滤波电路，电路如图 7-28 所示。

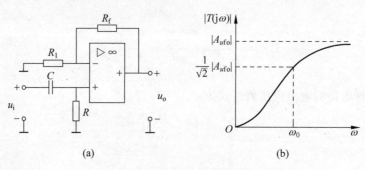

图 7-28　有源高通滤波电路
(a) 基本电路；(b) 幅度与频率的传输关系

其电路结构与低通滤波电路的区别仅在于电阻与电容的位置，电路中电阻上的电压为 RC 滤波电路的输出电压。即

$$\dot{U}_R = \frac{\dot{U}_i}{R + \dfrac{1}{j\omega C}}R = \frac{\dot{U}_i}{1 + \dfrac{1}{j\omega CR}} = \frac{\dot{U}_i}{1 - j\dfrac{1}{\omega CR}}$$

运算电路为同相比例，其 $\dot{U}_+ = \dot{U}_R$，所以有

$$\dot{U}_O = \left(1 + \frac{R_f}{R_1}\right)\frac{\dot{U}_i}{1 - j\dfrac{1}{\omega CR}}$$

讨论频率特性,并设 $\omega_o = \dfrac{1}{RC}$,则有

$$T(j\omega) = \frac{1 + \dfrac{R_f}{R_1}}{1 - j\dfrac{\omega_o}{\omega}} = \frac{A_{ufo}}{1 - j\dfrac{\omega_o}{\omega}} \tag{7-30}$$

式(7-30)中 $A_{ufo} = 1 + \dfrac{R_f}{R_1}$。由式(7-30)可分别得出其幅频和相频特性:

$$|T(j\omega)| = \frac{|A_{ufo}|}{\sqrt{1 + \left(\dfrac{\omega_o}{\omega}\right)^2}} \tag{7-31}$$

$$\varphi(\omega) = \arctan\frac{\omega_o}{\omega}$$

当 $\omega = 0$ 时,$|T(j\omega)| = 0$;

当 $\omega = \omega_o$ 时,$|T(j\omega)| = \dfrac{1}{\sqrt{2}}|A_{ufo}|$;

当 $\omega \to \infty$ 时,$|T(j\omega)| = |A_{ufo}|$。

由此可见,信号的频率越高其通过率越高,ω_o 为电路的转折频率,也称截止频率。

7.4.3　仪用放大器

仪用放大电路与很多放大电路一样,都是用来放大信号的。仪用放大电路的特点是:它所测量的信号通常都是在噪声环境下的微小信号,而噪声通常都是公共模噪声,所以在电路设计要求上,电路有很高的共模抑制比,利用共模抑制比将信号从噪声中分离出来。因此好的仪用放大器测量的信号能达到很高的精度,在医用设备、数据采集、检测和控制电子设备等方面都得到了广泛的应用。

1. 仪用放大器基本电路

大多数仪用放大器采用 3 个运算放大器排成两级:一个是由两运放组成的前置放大器,后面跟一个差分放大器。前置放大器提供高输入阻抗、低噪声和增益。差分放大器抑制共模噪声,在需要时提供一定的附加增益,如图 7-29 所示。

2. 仪用放大器信号放大原理

如图 7-29 所示。仪用放大器是由运放 A1,A2 按同向输入接法组成第一级差分放大电

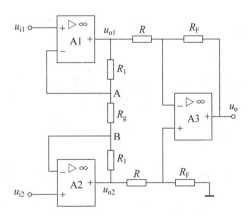

图 7-29　三运放结构的仪用放大器

路,运放 A3 组成第二级差分放大电路。

在第一级电路中,u_{i1},u_{i2} 分别加到 A1 和 A2 的同向端,R_g 和 R_1 组成反馈网络,引入了负反馈。由 A1、A2 虚短可得

$$u_{i1} = u_A; \quad u_{i2} = u_B$$

又由 A1、A2 虚断可得

$$u_{i2} - u_{i1} = u_B - u_A = \frac{R_g}{R_1 + R_g + R_1}(u_{o2} - u_{o1})$$

由 A3 虚断和虚短可得

$$u_o = \frac{R_F}{R}(u_{o2} - u_{o1}) \tag{7-32}$$

整理可得

$$u_o = \frac{R_F}{R}\left(1 + \frac{2R_1}{R_g}\right)(u_{i2} - u_{i1}) \tag{7-33}$$

电压增益则为

$$A_u = \frac{u_o}{u_{i1} - u_{i2}} = -\frac{R_F}{R}\left(1 + \frac{2R_1}{R_g}\right) \tag{7-34}$$

从式(7-34)中可直观地看到,我们可以选取 R_F/R 和 R_1/R_g 的比例关系,来达到不同的信号放大比例要求。所以电阻的选取也是仪用放大器设计中最重要的环节之一。很多仪用放大器芯片,考虑到电路的稳定和安全,一般都固定 R_1、R_F 和 R 的阻值,只将 R_g 设置成可调。

【练习与思考】

7.4.1 有源滤波电路与无源滤波电路的主要区别是什么?

7.4.2 采样保持电路中,若改变采样周期对测量结果有何影响?

7.4.3 电压比较器中集成运算放大器的工作状态是开环还是闭环?

*7.5 集成运算放大器在波形产生方面的应用

7.5.1 RC正弦波振荡电路

1. RC 网络的频率响应

如图 7-30 所示,RC 串并联网络电路的频率响应如下:

$$Z_1 = R_1 + (1/j\omega C_1), \quad Z_2 = R_2 // (1/j\omega C_2) = \frac{R_2}{1 + j\omega R_2 C_2}$$

幅频特性表达式:

$$|\dot{F}| = \cfrac{1}{\sqrt{\left(1 + \cfrac{R_1}{R_2} + \cfrac{C_2}{C_1}\right)^2 + \left(\omega R_1 C_2 - \cfrac{1}{\omega R_2 C_1}\right)^2}}$$

$$= \cfrac{1}{\sqrt{3^2 + \left(\cfrac{\omega}{\omega_0} - \cfrac{\omega_0}{\omega}\right)^2}} \tag{7-35}$$

相频特性表达式：

$$\varphi_F = -\arctan \cfrac{\omega R_1 C_2 - \cfrac{1}{\omega R_2 C_1}}{1 + \cfrac{R_1}{R_2} + \cfrac{C_2}{C_1}} = -\arctan \cfrac{\cfrac{\omega}{\omega_0} - \cfrac{\omega_0}{\omega}}{3} \tag{7-36}$$

幅频特性曲线如图 7-31 所示。

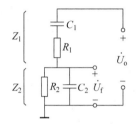

图 7-30 *RC* 串并联网络电路

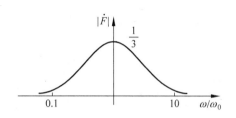

图 7-31 幅频特性曲线

相频特性曲线如图 7-32 所示。

该网络有选频特性，振荡频率为 $f = f_0 = \cfrac{1}{2\pi \sqrt{R_1 R_2 C_1 C_2}}$ 时，幅频值最大为 $1/3$，相位 $\varphi_F = 0°$。

2. *RC* 文氏桥振荡器

当 $f = f_0$ 时的反馈系数 $|\dot{F}| = \cfrac{1}{3}$，且与频率 f_0 的大小无关。此时的相角 $\varphi_F = 0°$。即改变频率不会影响反馈系数和相角，在调节谐振频率的过程中，不会停振，也不会使输出幅度改变。

(1) *RC* 文氏桥振荡电路的构成：*RC* 文氏桥振荡电路由 *RC* 串并联网 C_1、R_1 和 C_2、R_2 正反馈支路与 R_3、R_4 负反馈支路构成，如图 7-33 所示。

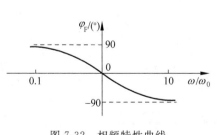

图 7-32 相频特性曲线

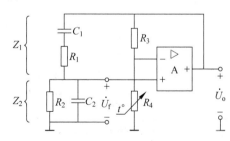

图 7-33 *RC* 文氏桥振荡电路

为满足振荡的幅度条件 $|\dot{A}\dot{F}| = 1$，所以 $A_f \geqslant 3$。加入 R_3、R_4 支路，构成串联电压负反馈。可导出：$A_f = 1 + \cfrac{R_3}{R_4} \geqslant 3$。

（2）RC 文氏桥振荡电路的稳幅过程：RC 文氏桥振荡电路的稳幅作用是靠热敏电阻 R_4 实现的。R_4 是正温度系数热敏电阻，当输出电压升高，R_4 上所加的电压升高，即温度升高，R_4 的阻值增加，负反馈增强，输出幅度下降，反之输出幅度增加。采用反并联二极管的稳幅电路如图 7-34(a)所示；二极管工作在 A、B 点，如图 7-34(b)所示。电路的增益较大，引起增幅过程。当输出幅度大到一定程度，增益下降，最后达到稳定幅度的目的。

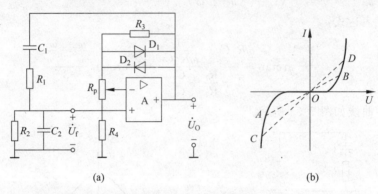

(a)　　　　　　　　　　　　(b)

图 7-34　反并联二极管的稳幅电路和二极管传输特性曲线
(a) 稳幅电路；(b) 传输特性曲线

7.5.2　矩形波发生器

1. 基本原理

利用 RC 积分电路产生三角波，用滞回电压比较器作为开关将其转换为矩形波。

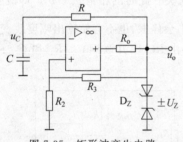

图 7-35　矩形波产生电路

2. 工作原理

矩形波产生电路如图 7-35 所示，产生波形图如图 7-36 所示。

充电
$$u_C(t) = U_+ = +\frac{R_2}{R_2 + R_3} U_z \tag{7-37}$$

放电
$$u_C(t) = U_+ = -\frac{R_2}{R_2 + R_3} U_z \tag{7-38}$$

3. 振荡周期的计算

$$u_C(t) = u_C(\infty) + [u_C(0_+) - u_C(\infty)] e^{-\frac{t}{\tau}}$$

$$u_C(T_1) = u_C(\infty) + [u_C(0_+) - u_C(\infty)] e^{-\frac{T_1}{\tau}}$$

$$u_C(T_1) - u_C(\infty) = [u_C(0_+) - u_C(\infty)] e^{-\frac{T_1}{\tau}}$$

$$e^{-\frac{T_1}{\tau}} = \frac{u_C(T_1) - u_C(\infty)}{u_C(0_+) - u_C(\infty)}, \quad -\frac{T_1}{\tau} = \ln\frac{u_C(\infty) - u_C(T_1)}{u_C(\infty) - u_C(0_+)}$$

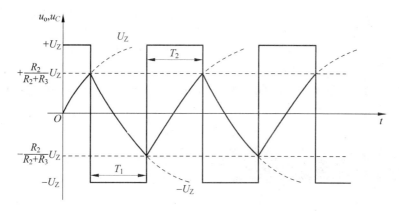

图 7-36　矩形波电路产生波形图

$$T_1 = \tau_{\text{放}} \ln \frac{u_C(\infty) - u_C(0_+)}{u_C(\infty) - u_C(T_1)} \tag{7-39}$$

其中：

$$\tau_{\text{放}} = RC, \quad u_C(\infty) = -U_Z$$

$$u_C(0_+) = \frac{R_2}{R_2 + R_3} U_Z, \quad u_C(T_1) = -\frac{R_2}{R_2 + R_3} U_Z$$

代入式(7-39)得

$$T_1 = RC\ln \frac{-U_Z - \dfrac{R_2}{R_2 + R_3} U_Z}{-U_Z + \dfrac{R_2}{R_2 + R_3} U_Z} = RC\ln\left(1 + \frac{2R_2}{R_3}\right) \tag{7-40}$$

同理求得

$$T_2 = RC\ln\left(1 + \frac{2R_2}{R_3}\right) \tag{7-41}$$

则周期为

$$T = T_1 + T_2 = 2RC\ln\left(1 + \frac{2R_2}{R_3}\right) \tag{7-42}$$

从前面我们可知,矩形波的占空比为

$$D = \frac{T_2}{T}$$

占空比可调电路如图 7-37 所示。

可求出占空比:

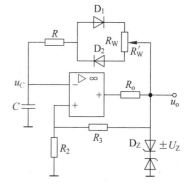

图 7-37　占空比可调电路

$$T_1 = (R + R_W - R'_W + r_{d_1})C\ln\left(1 + \frac{2R_2}{R_3}\right) \tag{7-43}$$

$$T_2 = (R + R'_W + r_{d_2})C\ln\left(1 + \frac{2R_2}{R_3}\right) \tag{7-44}$$

$$T = T_1 + T_2 = (R_W + r_{d_1} + r_{d_2} + 2R)C\ln\left(1 + \frac{2R_2}{R_3}\right) \tag{7-45}$$

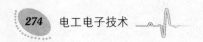
占空比：

$$D = \frac{T_2}{T} = \frac{R'_w + r_{d_2} + R}{R_w + r_{d_1} + r_{d_2} + 2R} \tag{7-46}$$

其中 r_{d_1} 和 r_{d_2} 分别是二极管 D_1 和 D_2 的导通电阻。即改变 R'_w，占空比就可改变。

7.5.3 三角波发生器

1. 电路组成

从矩形波产生电路中的电容器上输出电压，可得到一个近似的三角波信号。由于它不是恒流充电，随时间 t 的增加 u_C 上升，而充电电流：

$$i_充 = \frac{u_o - u_C}{R}$$

随时间而下降，因此 u_C 输出的三角波线性较差。为了提高三角波的线性，只要保证电容器恒流充放电即可。用集成运放组成的积分电路代替 RC 积分电路即可，电路如图 7-38 所示。集成运放 A1 组成滞回比较器，A2 组成积分电路。

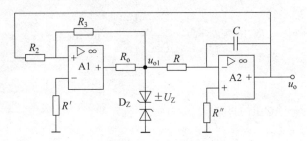

图 7-38　三角波产生电路

2. 工作原理

设闭合电源开关时 $t=0$，$u_{o1}=+U_Z$，电容器恒流充电，$i_充=\dfrac{U_Z}{R}$，$u_o=-u_C$ 线性下降，当下降到一定程度，使 A1 的 $U_+=U_-=0$ 时，u_{o1} 从 $+U_Z$ 跳变为 $-U_Z$ 后，电容器恒流放电，则输出电压线性上升。

u_{o1} 和 u_o 波形如图 7-39 所示。

3. 三角波的幅值

u_o 幅值从滞回比较器产生突变时刻求出，对应 A1 的 $U_+=U_-=0$ 时的 u_o 值就为幅值。从图 7-39 中可以看出

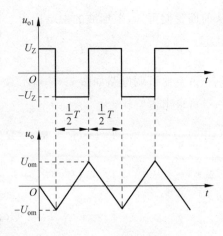

图 7-39　u_{o1} 和 u_o 波形

$$U_+ = \frac{R_3}{R_2 + R_3} u_o + \frac{R_2}{R_2 + R_3} u_{o1}$$

$$U_{om} = -\frac{R_2}{R_3} u_{o1}$$

当 $u_{o1} = +U_Z$ 时，

$$U_{om} = -\frac{R_2}{R_3} U_Z$$

当 $u_{o1} = -U_Z$ 时，

$$U_{om} = \frac{R_2}{R_3} U_Z \tag{7-47}$$

4. 三角波的周期

由积分电路可求出周期,其输出电压 u_o 从 $-U_{om}$ 上升到 $+U_{om}$ 所需的时间为 $T/2$,所以有

$$\frac{1}{C} \int_0^{t/2} i \, dt = \frac{1}{RC} \int_0^{T/2} U_Z \, dt = 2U_{om}$$

$$\frac{TU_Z}{2RC} = 2U_{om}, \quad T = 4RC \frac{U_{om}}{U_Z}$$

$$T = \frac{4RCR_2}{R_3} \tag{7-48}$$

$$f = \frac{1}{T} = \frac{R_3}{4RCR_2} \tag{7-49}$$

【练习与思考】

7.5.1　矩形波发生器的基本原理是什么?

7.5.2　占空比可调电路的占空比是多少?

7.5.3　三角波的周期和频率分别是多少?

*7.6　集成运算放大器在使用时的注意事项

7.6.1　合理选用集成运算放大器型号

按照集成运放指标、性能不同分类,集成运放可分为高放大倍数的通用型、高输入阻抗、低漂移、低功能、高速、宽带、高压、大功率和电压比较器等专用集成运放。在结构上还有单片多运放型运放。

在选用集成运放时,要遵循经济适用原则,选用性价比较高的运放,一般指标性能高的运放、专用集成运放,价格也相应较高,在无特别要求的场合应尽量选用通用型、多运放型运放。

7.6.2 消振和调零

产生高频自激振荡的原因是极间电容和其他寄生参数。消除高频自激振荡的方法有相位补偿法。相位补偿法的原理是:在具有高放大倍数的集成运放内部的中间级利用电容C_B(几十皮法~几百皮法)构成电压并联负反馈电路。目前大多数集成运放内部电路已设置消振补偿网络,如5G6234。但有些运放,如5G24、宽带运放5G1520等需外接消振补偿电容后,才能使用。

调零原理:在运放的输入端外加一个补偿电压,以抵消运放本身的失调电压,达到调整的目的。调零方法:①静态调零法即将两个输入端接地,调节调零电位器R_p,使输出为零;②动态调零法,即加入信号前将示波器的扫描线调到荧光屏的中心位置,加入信号后扫描线的位置若发生偏移,调节调零电位器,使波形回到荧光屏中心的对称位置,这样运放的动态零点就被调好。调零电路有内部调零和外部调零两种电路。

7.6.3 保护

(1) 电源极性保护:利用二极管的单向导电特性防止由于电源极性接反而造成的损坏。当电源极性错接成上负下正时,两二极管均不导通,等于电源断路,从而起到保护作用。

(2) 输入保护:利用二极管的限幅作用对输入信号幅度加以限制,以免输入信号超过额定值损坏集成运放的内部结构。无论是输入信号的正向电压或负向电压超过二极管导通电压,则 V1 或 V2 中就会有一个导通,从而限制了输入信号的幅度,起到了保护作用。

(3) 输出保护:利用稳压管 V1 和 V2 接成反向串联电路。若输出端出现过高电压,集成运放输出端电压将受到稳压管稳压值的限制,从而避免损坏。

【练习与思考】

7.6.1 消振和调零的原理是什么?

7.6.2 如何保护集成运算放大器?

7.7 Multisim 仿真电路实例

利用运算放大器分别构建反相比例放大器和过零比较电路,并利用 Multisim 软件进行仿真。

7.7.1 反相比例放大器

采用741运算放大器构建反相比例放大电路,并记下电压表读数,步骤如下:

(1)用鼠标单击电子仿真软件 Multisim 10 基本界面元件工具条中的"Place Analog"按钮,如图7-40所示,在弹出的对话框"Family"栏下选取"OPAMP",再在"Component"栏下选择"741"运放,将它调入电路窗口,如图7-41所示。

图7-40 单击"Place Analog"按钮

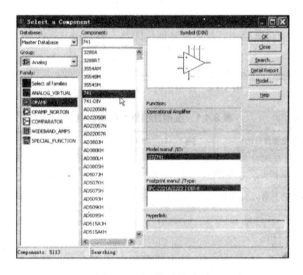

图7-41 调出运放电路

(2)在电子仿真软件 Multisim 10 基本界面的电子平台上,建立如图7-42所示的反相比例放大仿真电路。

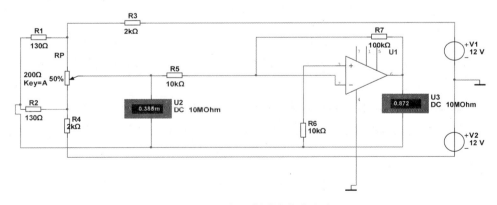

图7-42 反相比例放大仿真电路

（3）开启仿真开关，先按住键盘上的 Shift 键，再连续按 A 键，使电位器 R_P 的百分比为 5％，如图 7-43 所示，记下电压表 U_2 和 U_3 的值，百分比调整，依次记下电压表的值，并与理论估算值进行比较。

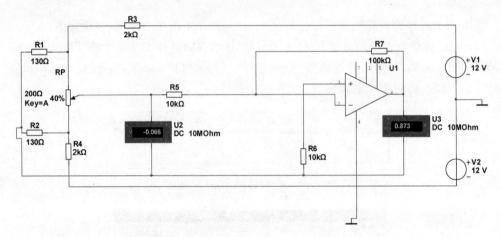

图 7-43　电位器 R_P 的百分比为 5％时的仿真电路

7.7.2　过零比较电路

采用运算放大器和稳压管构建过零比较电路，并记录仿真波形。具体步骤如下：

（1）用鼠标单击电子仿真软件 Multisim 10 基本界面元件工具条的 Place Diode 按钮，如图 7-44 所示，在弹出的对话框中，在 Family 下选取 ZENER，再在 Component 栏下选取 IZ6.2 稳压管，共调出两只稳压管到电路窗口中，如图 7-45 所示。

图 7-44　元件工具条中的"Place Diode"按钮

（2）其他元件调出与反相比例电路相同；再从电子仿真软件 Multisim 10 基本界面调出虚拟函数信号发生器和虚拟示波器，经重新整理组成过零比较仿真电路，如图 7-46 所示。

（3）将虚拟函数信号发生器设置成幅值为 1V、频率为 500Hz 的正弦波，开启仿真开关，双击虚拟示波器图标，在放大面板的屏幕上将观察到过零比较仿真电路波形，如图 7-47 所示。

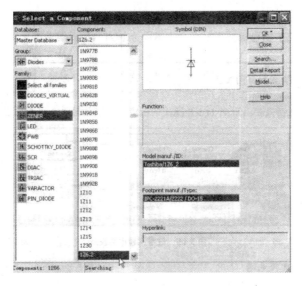

图 7-45 选取"IZ6.2"稳压管

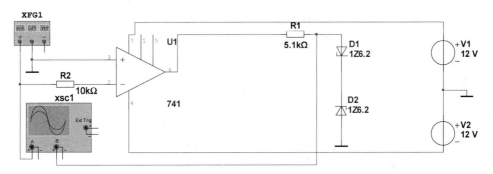

图 7-46 过零比较仿真电路

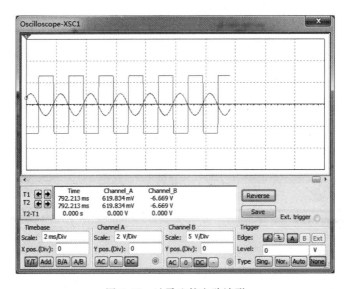

图 7-47 过零比较电路波形

本 章 小 结

　　集成运算放大器是一种电路组件,是一个完成特定任务的集成电路芯片。本章主要介绍了集成运算放大器、放大电路中的反馈、集成运算放大器在信号运算方面的应用及集成运算放大器在信号处理方面的应用。

　　主要内容如下:

　　(1) 放大电路中负反馈的类型和分类依据,根据反馈到输入端的信号是正比于输出电压还是正比于输出电流来分别决定是电压反馈还是电流反馈;根据反馈量与输入量的连接方式来区分串联反馈和并联反馈。

　　(2) 瞬时极性法是分析反馈电路的基本方法,以电路中某点电位变化的趋势,确定电位的极性,从而可确定电路是正反馈还是负反馈。

　　(3) 比例运算电路:实现输出信号与输入信号在数学运算表达式中的比例关系。若将输入信号加在运算放大器的反相输入端,称反相比例运算;若将输入信号加在运算放大器的同相输入端,称同相比例运算。

　　(4) 加法运算电路:该电路可实现对输入信号的合成,根据需要改变电路参数实现不同的合成结果。

　　(5) 减法运算电路:减法运算将实现信号的差值运算,信号分别加在运算放大器的两个输入端,根据需要选择外围电路元件的参数。

　　(6) 积分运算电路:该电路可实现输出信号与输入信号的积分运算,与比例运算的区别在于将反馈回路上的电阻变成了电容就实现了积分运算的结果。

　　(7) 微分运算电路:微分与积分为互逆运算,只要将反馈回路上的电容与输入端的电阻调换位置,就成为微分运算电路。

　　(8) 集成运算放大器在信号处理方面的应用:电压比较器、有源滤波器、仪用放大器及工作原理。

习 题 7

　　7-1　什么叫反馈? 反馈分类的依据有哪些? 反馈有几种类型?

　　7-2　什么叫正反馈? 什么叫负反馈? 放大电路中通常采用何种反馈? 正反馈通常在什么电路中使用?

7-3 判断反馈的基本方法是什么？用方框图画出带有反馈环节的放大电路。

7-4 用瞬时极性法判断图中电路的反馈类型。

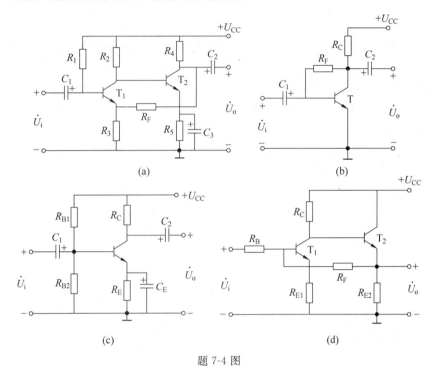

题 7-4 图

7-5 放大电路如图所示。已知：开环放大倍数 $A_u = 1000$，放大电路的反馈系数 $F = 0.05$，若输出电压 $u_o = 2\text{V}$，求：u_i、u_f 和 u_d 的值。

7-6 电路如图所示。已知：$R_1 = 10\text{k}\Omega$，$R_F = 100\text{k}\Omega$。(1)求电路中 R_2 的值；(2)如输入电压信号 $u_i = 30\text{mV}$，计算输出电压 u_o 的值。

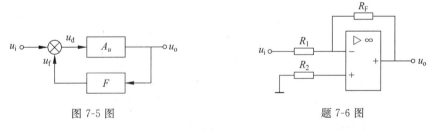

图 7-5 图   题 7-6 图

7-7 电路如图所示。已知条件如上题，计算当 $u_i = 30\text{mV}$ 时，输出电压 u_o 的值。

7-8 电路如图所示，写出输出与输入电压的运算表达式。

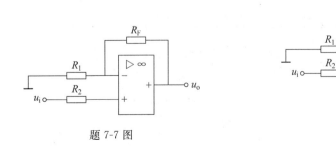

题 7-7 图   题 7-8 图

7-9　电路如图所示。已知 $R_1=20\text{k}\Omega,R_F=100\text{k}\Omega,$
$R_2=28\text{k}\Omega,R_3=42\text{k}\Omega,$若输入电压 $u_i=50\text{mV},$求：输出
电压 u_o。

7-10　电路如图所示。写出输出与输入电压的运算
表达式。

7-11 电路如图所示。写出输出与输入电压的运算表
达式。若 $R_1=R_2=10\text{k}\Omega,R_3=R_F=50\text{k}\Omega,u_{i1}=1\text{V},u_{i2}=$
2V。求：输出电压 $u_o=?$

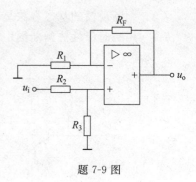

题 7-9 图

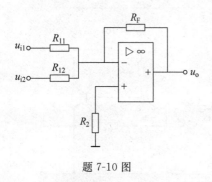

题 7-10 图

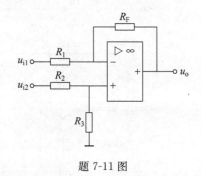

题 7-11 图

7-12　电路如图所示。写出输出与输入电压的运算表达式。

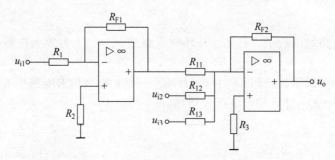

题 7-12 图

7-13　电路如题 7-12 图所示。已知：$R_1=2\text{k}\Omega,R_{F1}=10\text{k}\Omega,R_{11}=2\text{k}\Omega,R_{12}=5\text{k}\Omega,$
$R_{13}=10\text{k}\Omega,R_{F2}=10\text{k}\Omega,R_3=2.5\text{k}\Omega$。写出电路的运算关系表达式。

7-14　电路如图所示。写出输出与输入的运算表达式。

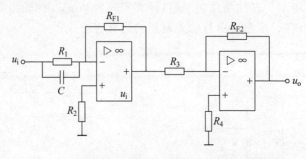

题 7-14 图

7-15 电路如图所示。写出输出与输入的运算表达式。

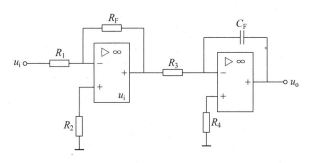

题 7-15 图

7-16 电路如图所示。写出输出与输入的运算表达式。

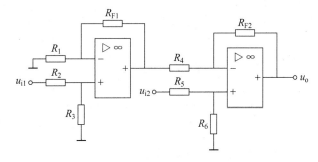

题 7-16 图

第8章

直流稳压电源

教学提示

前面介绍了各种电子电路,如基本放大电路、集成运算放大电路、信号发生器等,这些电路在应用中,一般都需要电压稳定的直流电源供电。常用的直流电源电压为3V,4.5V,6V,9V,12V,24V等。但电网提供的通常是正弦交流电,这就需要把电网的交流电转换成稳定的直流电,直流稳压电源就是实现这种转换的电子设备。

本章首先介绍一般直流电源的工作原理,对小功率直流电源中常用的整流电路进行分析,然后介绍各种滤波电路的性能,最后对常用稳压电路的稳压原理进行简明扼要的介绍。

学习目标

➢ 掌握单向桥式整流电路的工作原理。

➢ 理解各种整流电路的工作原理、电路性能特点。

➢ 定量分析整流电路输出电压与变压器副边电压的关系。

➢ 了解集成稳压电源与开关型稳压电路。

知识结构

本章知识结构如图 8-1 所示。

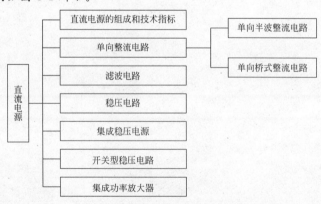

图 8-1　本章知识结构图

8.1　直流电源的组成

8.1.1　直流电源概述

一般直流电源的组成如图 8-2 所示,主要包括电源变压器、整流电路、滤波电路和稳压电路四个基本组成部分。

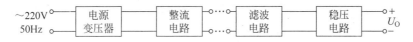

图 8-2　直流稳压电源结构图

1. 电源变压器

在电子电路及电子设备中通常都需要直流稳压电源提供不同幅值的直流电压,而电网提供的交流电压一般为 220V(或 380V),因此电源变压器是将交流电网 220V 的电压变为所需要的电压值,再将变换后的交变电压整流、滤波和稳压,最后获得所需要的直流电压。

2. 整流电路

整流电路是利用具有单向导电性的整流器件(如整流二极管、晶闸管),将大小、方向均随时间变化的正弦交流电变换成单向脉动的直流电,完成交流—脉动直流的变换过程。但脉动直流还不能直接应用,需要对其中的纹波即波动成分进行去除。

3. 滤波电路

滤波电路的主要功能是滤除单向脉动直流电压中的纹波成分,使输出电压平滑。滤波电路通常由电容、电感等储能元件组成。对于稳定性要求不高的电子电路,经过整流、滤波后的直流电压可以直接作为供电电源使用。

4. 稳压电路

交流电压通过整流、滤波后虽然变为交流分量较小的直流电压,但是,当电网电压、负载和温度有所变化的时候,其平均值也将发生变化。稳压电路的作用是采取某种措施,使输出的直流电压在电网电压波动和负载电阻变化的时候,保持稳定。

8.1.2　直流电源的主要技术指标

直流稳压电路的主要技术指标分为特性指标和质量指标两种。特性指标主要包括电源容量的大小、电路允许的输入电流和输入电压、电路的输出电流和输出电压等。而质量指标主要用来衡量输出直流电压的稳定程度,包括稳压系数、输出电阻、温度系数和纹波电压等。下面重点介绍质量指标。

1. 稳压系数

稳压系数是衡量稳压电源质量的重要指标,在相同的输入电压变化和负载电流变化的条件下,电路的稳压系数越小,则电路的输出电压波动越小。

2. 输出电阻

输出电阻是衡量直流稳压电源输出电压稳定性的重要指标,当输出电流变化时,输出电阻越小,则输出电压波动越小,电路稳定性越好。

3. 温度系数

温度系数是衡量直流稳压电源在环境温度变化时电源输出电压的波动程度,温度系数越小,电源的质量越高。

4. 纹波电压

经过整流、滤波和稳压过程之后,输出信号中仍会有一定的交流分量,称纹波电压。通过交流毫伏表或者示波器就可以看到。一般用纹波系数来衡量电路中交流成分的大小。

【练习与思考】

8.1.1　何为直流稳压电源?

8.1.2　直流稳压电路由什么组成?

8.2　单向整流电路

整流电路的任务是将电网提供并且经变压器降压的交流电变换成脉动直流电。由第 5 章可知,二极管具有单向导电性,正是利用二极管的这一特性组成了整流电路,将交流电压变换为单向的脉动直流电压。

8.2.1　单向半波整流电路

1. 工作原理

单相半波整流电路是最简单的一种整流电路。如图 8-3 所示是它的工作原理图。

图 8-3 中 D 为整流二极管，R_L 表示负载，假定变压器的副边电压

$$u_2 = U_{2m}\sin\omega t = \sqrt{2}U_2\sin\omega t \qquad (8\text{-}1)$$

式中，U_{2m} 为变压器副边电压的最大值，U_2 为有效值。

u_2 波形如图 8-4 所示，当变压器副边电压 u_2 处在正半周期时，二极管外加正向电压，处于导通状态，电流正向经过二极管流过负载，在 R_L 两端产生上正下负的电压；当 u_2 处在负半周期时，二极管外加反向电压，处于截止状态，电路中电流为零。所以，全周期内在 R_L 上得到的电压和电流都是具有单一方向的脉动直流。

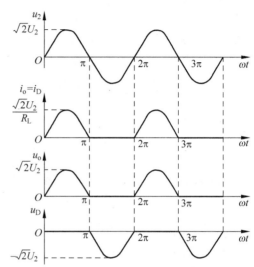

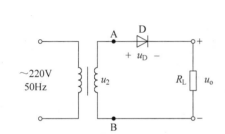

图 8-3　单向半波整流电路原理图　　　　图 8-4　单向半波整流电路波形图

设整流二极管 D 为理想二极管（正向电阻为 0，反向电阻无穷大），同时忽略变压器内阻，则在 u_2 的正半周，二极管导通，流过负载的电流 i_o 和二极管的电流 i_D 为

$$i_o = i_D = \frac{u_2}{R_L} \qquad (8\text{-}2)$$

由于二极管导通时其管压降 u_D 可忽略，则负载上的电压 u_o 等于变压器副边电压 u_2，即在正半周内，负载和二极管两端的电压分别为

$$u_o = u_2, \quad u_D = 0 \qquad (8\text{-}3)$$

在 u_2 的负半周，二极管截止

$$i_o = i_D = 0 \qquad (8\text{-}4)$$

此时，负载上的输出电压和二极管两端的反向电压分别为

$$u_o = 0, \quad u_D = u_2 \qquad (8\text{-}5)$$

综上，整流电路中各个波形如图 8-4 所示。利用二极管的单向导电性，将变压器副边的交流电压变换成了负载两端的单向脉动电压，达到了整流的目的，由于这个电路只在交流电压的半个周期内有电流流过，所以称单向半波整流电路。

2. 主要参数

整流电路的主要参数包括：整流电路输出直流电压的平均值 $U_{O(AV)}$，整流电路输出电压的脉

动系数 S,整流二极管正向平均电流 $I_{D(AV)}$,以及整流二极管承受的最大反向峰值电压 U_{RM}。

(1) 输出直流电压 $U_{O(AV)}$

输出直流电压即负载电压在一个周期内的平均值,用 $U_{O(AV)}$ 表示。

$$U_{O(AV)} = \frac{1}{2\pi}\int_0^{2\pi} u_o \mathrm{d}(\omega t) \tag{8-6}$$

在半波整流电路中,负载上得到的直流电压为变压器副边电压有效值的 45%,而需要注意的是,这个结果是在理想情况下得到的,如果考虑整流电路内部二极管正向内阻和变压器等效内阻的话,输出电压的实际数值还要低。

(2) 二极管正向平均电流 $I_{D(AV)}$

温度是影响二极管工作特性的一个重要指标,整流二极管的温度特性与其流过的平均电流 $I_{D(AV)}$ 有着非常密切的关系,在单向半波整流电路中,流过整流二极管的平均电流就等于输出电流平均值,即

$$I_{D(AV)} = I_{O(AV)} \tag{8-7}$$

平均电流是整流电路的主要参数,在器件手册中给出。在实际应用中,可以根据上式来确定整流二极管的工作定额。

(3) 脉动系数 S

整流电路输出电压的脉动系数 S 定义为整流输出电压的基波峰值 U_{O1m} 与输出电压平均值 $U_{O(AV)}$ 之比,即

$$S = \frac{U_{O1m}}{U_{O(AV)}} \tag{8-8}$$

将半波整流电路中输出波形用傅里叶级数展开可表示为

$$u_o = \frac{2\sqrt{2}}{\pi}U_2\left(\frac{1}{2} + \frac{\pi}{4}\sin\omega t - \frac{1}{1\times3}\cos\omega t - \frac{1}{3\times5}\cos4\omega t\cdots\right) \tag{8-9}$$

其基波电压的最大值为

$$U_{O1m} = \frac{\sqrt{2}}{2}U_2 \tag{8-10}$$

因此,脉动系数为

$$S = \frac{U_{O1m}}{U_{O(AV)}} = 1.57 \tag{8-11}$$

故半波整流电路输出电压脉动系数为 1.57,单相半波整流电路的脉动成分很大。

(4) 二极管最大反向峰值电压 U_{RM}

整流二极管的反向峰值电压 U_{RM} 是指整流管不导电时,在它两端能够出现的最高反向电压值,是选择整流二极管,防止其反向击穿的主要依据。由图 8-3 可以看出,整流管承受的最大反向电压就是变压器副边电压的最大值,即

$$U_{RM} = \sqrt{2}U_2 \tag{8-12}$$

半波整流电路结构简单,使用的元件少。但是其输出波形脉动大,直流成分比较低,变压器只有半个周期导电,利用率低;同时变压器电流含有直流成分,容易饱和。所以单向半波整流电路只能用在输出功率较小、负载要求不高的场合。单向电路中应用较为广泛的是桥式整流电路。

例 8-1 在如图 8-3 所示整流电路中,已知电网电压波动范围为 $\pm10\%$,变压器副边电压有效值 $U_2 = 20\text{V}$,负载电阻 $R_L = 1\text{k}\Omega$,试问:

（1）负载电阻 R_L 上电压平均值和电流平均值各为多少？

（2）二极管承受的最大反向电压和流过的最大平均电流各为多少？

（3）若不小心将输出端短路，则会出现什么现象？

解 （1）负载电阻 R_L 上电压平均值

$$U_{O(AV)} = 0.45U_2 = (0.45 \times 20)V = 9V$$

流过负载电阻的电流平均值

$$I_{O(AV)} = \frac{U_{O(AV)}}{R_L} \approx \frac{9}{1000}A = 0.009A$$

（2）二极管承受的最大反向电压

$$U_{RM} = 1.1\sqrt{2}U_2 \approx 1.1 \times 1.414 \times 20V \approx 31.11V$$

二极管流过的最大平均电流

$$I_{D(AV)} = 1.1I_{O(AV)} = 1.1 \times 0.009A = 0.01A$$

（3）若不小心将输出端短路，则变压器副边电压瞬时全部加在整流管两端，导致整流管因正向电流过大而烧毁。同时变压器副边线圈短路，会造成变压器永久损坏。

8.2.2 单向桥式整流电路

为了克服单向半波整流电路脉动大、效率低等缺点，实用中多采用的是单相桥式整流电路。

1. 工作原理

单相桥式整流电路如图 8-5 所示，其中 Tr 为电源变压器，实现电压转换，R_L 是负载电阻，四个二极管 $D_1 \sim D_4$ 接成电桥形式，故称为桥式整流。图 8-6 是其简化画法。

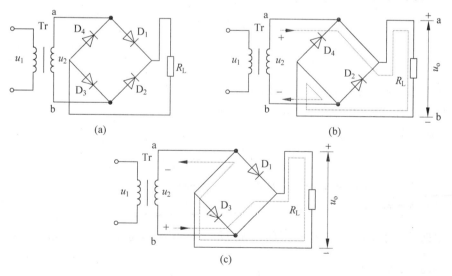

图 8-5 桥式整流电路

(a) 桥式整流电路；(b) 正半周期电流通路；(c) 负半周期电流通路

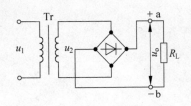

图 8-6 桥式整流电路简化图

图 8-5 中，设电源变压器二次侧电压 $u_2 = \sqrt{2}U_2\sin\omega t$，二极管为理想二极管，如图(a)所示。在电压 u_2 的正半周时，其极性为上正下负，即 a 点电位高于 b 点。二极管 D_1、D_3 因承受正向电压而导通，D_2 和 D_4 承受反向电压而截止，电流 i 的通路是 $a \rightarrow D_1 \rightarrow R_L \rightarrow D_3 \rightarrow b$，这时负载电阻 R_L 上得到一个半波电压，如图 8-5(b)所示。

在电压 u_2 的负半周时，其极性为上负下正，即 b 点电位高于 a 点，因此 D_1 和 D_3 截止，D_2 和 D_4 导通，电流 i 的通路是 $b \rightarrow D_2 \rightarrow R_L \rightarrow D_4 \rightarrow a$，如图 8-5(c)所示。同样在负载电阻上得到一个与前半周期相同的半波电压，如图 8-7 所示。

所以，正、负半周均有电流流过负载电阻 R_L，而且无论在正半周还是负半周，流过负载的电流方向是一致的，因而输出电压的直流成分提高，脉动成分降低。但是电路中需要用到 4 个整流二极管，为此，厂家生产出桥式整流的组合器件——硅整流组合管，又称桥堆，它将 4 个二极管集中制作成一个整体，引出 4 个脚；两个为交流电源输入端，两个为交流信号输出端。

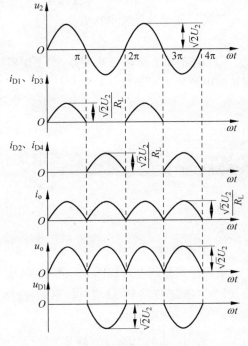

图 8-7 桥式整流电路波形图

2. 主要参数

参考半波整流的参数计算方法，得到桥式整流的主要参数指标：

(1) 输出电压平均值 $U_{O(AV)}$

$$U_{O(AV)} = \frac{1}{\pi}\int_0^\pi \sqrt{2}U_2\sin\omega t\,\mathrm{d}(\omega t) \qquad (8\text{-}13)$$

解得

$$U_{O(AV)} = \frac{2\sqrt{2}U_2}{\pi} \approx 0.9U_2 \qquad (8\text{-}14)$$

桥式整流实现了全波整流，将 u_2 负半周也加以利用，所以在变压器副边电压有效值相同的条件下，输出电压平均值是半波整流电路的两倍。

(2) 输出电流平均值 $I_{O(AV)}$

$$I_{O(AV)} = \frac{U_{O(AV)}}{R_L} \approx \frac{0.9U_2}{R_L} \qquad (8\text{-}15)$$

相同条件下，输出电流平均值也是半波整流的两倍。

(3) 脉动系数 S

依据谐波分析，桥式整流电路的基波 U_{O1M} 的角频率是 u_2 的两倍，即 $U_{O1M} = \frac{2}{3} \times 2\sqrt{2}U_2/\pi$，故脉动系数

$$S = \frac{U_{O1M}}{U_{O(AV)}} \qquad (8\text{-}16)$$

与半波整流电路相比,输出电压的脉动减小很多。

(4)二极管正向平均电流 $I_{\mathrm{D(AV)}}$

$$I_{\mathrm{D(AV)}} = \frac{I_{\mathrm{O(AV)}}}{2} \approx \frac{0.45U_2}{R_{\mathrm{L}}} \tag{8-17}$$

与半波整流电路中二极管的平均电流相同。

(5)二极管最大反向峰值电压 U_{RM}

二极管承受的最大反向峰值电压

$$U_{\mathrm{RM}} = \sqrt{2}U_2 \tag{8-18}$$

综上,半波整流和全波整流电路在相同的变压器副边电压作用下,对二极管参数要求基本相同,而桥式整流电路输出的直流电压比较高,脉动系数小,变压器利用率高,所以桥式整流电路得到了广泛的应用。

【练习与思考】

8.2.1 稳压二极管的工作条件是什么?

8.2.2 整流的工件原理是什么?

8.3 滤波电路

通过整流电路的学习可知,整流电路的作用是将交流电转换成方向单一的直流电,而这种直流输出电压都含有较大的脉动成分,属脉动直流,这样的直流电压除特殊的场合,如作为电镀、蓄电池充电的电源还是允许的,但对于大多数的系统都要求直流电源提供尽可能平滑的直流电,这就要求在整流电路之后,加接一定形式的电路,在尽量保留输出电压中的直流成分的前提下,降低输出电压的脉动成分,使之接近于理想的直流电压。这样的电路就是滤波电路。

常用的滤波电路有电容滤波电路、电感滤波电路、π 滤波电路等。

8.3.1 电容滤波电路

电容滤波电路多用于小功率电源中,如图 8-8 所示为半波整流电容滤波电路。

1. 工作原理

图 8-8 中电容 C 称为滤波电容。电容 C 与负载 R_{L} 并联($u_{\mathrm{o}} = u_C$),其滤波工作原理如

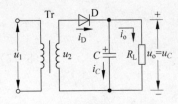

图 8-8　半波整流电容滤波电路

下：接入负载 R_L 的情况：设电源刚接通时，正好是变压器 Tr 的次级电压 u_2 从正半周的零值开始增大，此时有电流流过整流元件 D，然后分成两路，一路给负载 R_L 提供电流，另一路向电容 C 充电。由于二极管的正向电阻和电源的内阻都很小，故充电很快。当 u_2 上升到最大值时，电容 C 上所充的电压 u_C（即 u_o）已接近峰值 U_{2m}，如图 8-9 所示的 a 点。

当 u_2 由峰值开始下降时，由于这时电容 C 上充得的电压 u_C 高于 u_2，二极管受反向电压而截止。此时电容 C 则向负载 R_L 按指数趋势放电，因为放电时间常数 $R_L C$ 较大，所以 u_o 缓慢下降。当 u_o 下降到第二个半周期波上升 $u_o = u_2$ 时（图中的 b 点），二极管重新为正向偏压而导通，电源又通过二极管 D 分别给负载 R_L 提供电流和给电容 C 充电，在 u_C 重新上升到接近 U_{2m} 时（图中的 c 点），二极管再次截止。如此周期性地重复以上过程，使输出电压 u_o 比纯电阻负载的整流电路平滑得多，如波形图 8-9 中实线所示，进而滤去纹波，提高了输出电压的直流分量 U_o。

2. 电路特点

电容滤波电路具有如下特点：

（1）接入电容后，整流二极管的导电时间缩短了，由图 8-9 能看到，二极管的导通角小于 180°。而且滤波电容 C 的容量越大，电容放电常数越大，导通角就越小，因此，二极管会在短暂的导电时间内流过一个很大的冲击电流，对管子的寿命不利，必须选择大容量的二极管。

（2）负载平均电压的直流分量被提高。从图 8-9 可看出电路的时间常数 $\tau = R_L C$ 越大，纹波分量越小，平均电压 U_o 越高。其输出电压 u_o 与电路时间常数 τ 的关系如图 8-10 所示。为得到比较平滑的输出电压，一般选取时间常数

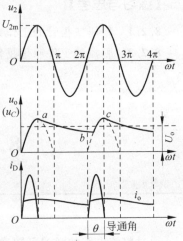

图 8-9　半波整流电容滤波波形图

$$\tau \gg (3 \sim 5)T \text{（半波整流）} \tag{8-19}$$

$$\tau \gg (3 \sim 5)\frac{T}{2} \text{（全波整流）} \tag{8-20}$$

（3）随着负载电流 I_o 的增加，电容滤波电路的输出电压 U_o 会随着负载电流的增加而减小。U_o 随 I_o 的变化关系称作电容滤波电路的外特性，如图 8-11 所示。U_o 随 I_o 下降的主要原因是负载 R_L 减小，即 $\tau = R_L C$ 减小，致使电容滤波的作用下降，一般 U_o 与 U_2 的关系约为

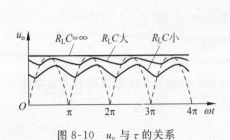

图 8-10　u_o 与 τ 的关系

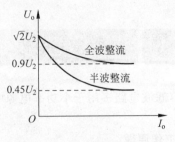

图 8-11　电容滤波外特性

$$U_o = (0.9 \sim 1.0)U_2 (\text{半波整流}) \qquad (8\text{-}21)$$

$$U_o = (1.1 \sim 1.2)U_2 (\text{全波整流}) \qquad (8\text{-}22)$$

（4）随着负载电流 I_o 的增加，脉动系数 S 增大，脉动系数 S 与负载电流 I_o 的关系称为电容滤波电路的脉动特性，如图 8-12 所示。读者可自行分析其 S 增大的原因。

（5）滤波电容的估算。估算滤波电容的容量可得

$$C \gg (3 \sim 5)\frac{T}{R_L} (\text{半波整流}) \qquad (8\text{-}23)$$

$$C \gg (3 \sim 5)\frac{T}{R_L} (\text{全波整流}) \qquad (8\text{-}24)$$

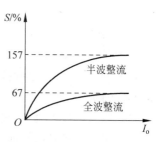

图 8-12 电容滤波脉动特性

电容量的选择要合适。若电容量选得太大，将增加整流器的成本和体积，一般容量大的电容漏电也大，漏电对滤波不利。一般取 C 的容量为几十微法到几千微法的电解电容器，且注意其耐压大于 $2\sqrt{2}U_2$，连接在电路中极性一定要正确，正、负极千万不可接错。

电容滤波电路结构简单，输出的直流电压较高，脉动小。它的缺点是外特性差，故适用于负载变动小、要求电压较高的场合。

8.3.2 电感滤波电路

在整流电路与负载电阻之间串联一个电感线圈 L 就构成电感滤波电路，桥式整流电感滤波电路如图 8-13 所示。

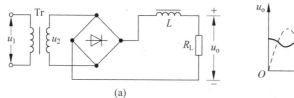
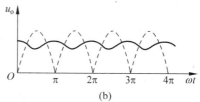

图 8-13 桥式整流电感滤波电路

(a) 电路组成；(b) 输出电压波形

1. 工作原理

电感线圈是储能元件，当电感中有变化的电流流过时，电感两端便产生一与之方向相反的电动势来阻碍这种电流的变化。若电流增加，则反电动势会阻碍电流的增加，并将一部分电场能转换成磁场能储存起来；若电流减小，则反电动势会阻碍电流的减小，电感释放储存的能量。基于电感的这种特性，负载 R_L 上就能够得到较为平滑的电流，如图 8-13(b) 所示为输出电压 u_o 的波形。这种反电动势的存在，大大减弱了输出电流的变化，达到了滤波的目的。

下面再从电感元件的电抗性质来进行讨论，依据 $Z_L = j\omega L$ 可知，电感对直流分量没有

感抗作用,而对于交流分量,频率越高,其呈现的感抗越大。所以,当电感串联在电路中时,直流分量可以顺利通过,而交流分量则大部分降在了电感上,使负载的交流分量减少,波形平滑。负载上的直流电压 U_O,在忽略电感线圈直流电阻的情况下,与不加滤波时负载上的电压相同,即 $U_O=0.9U_2$。

2. 电路特点

电感滤波具有如下特点:

(1) 电感滤波的外特性较为平坦。U_O 随 I_O 的增大略有下降。这是由于输出电流增大时,整流电路的内阻和电感的直流电阻产生的压降增加的缘故。

(2) 脉动系数 S 随 I_O 的增大而减小,纹波电压主要降落在 L 两端。

(3) 整流二极管的导通角 $\theta=\pi$,对整流二极管产生的电流冲击不太大。

基于以上特点,电感滤波适用于直流电压不高、输出电流较大,及负载变化较大的场合。

【练习与思考】

8.3.1 滤波的目的是什么?

8.3.2 滤波电路用到了哪些元件?

8.4 稳压电路

整流滤波电路输出的直流电压平滑度较好,但其稳定性比较差。其主要原因如下:

(1) 当负载电流变化时,由于整流滤波电路存在内阻,因此输出直流电压将随之发生变化。

(2) 当环境湿度发生变化时,引起电路元件(特别是半导体器件)参数发生变化,而使输出电压变化。

(3) 当电网电压波动时,整流电压也会发生变化,从而输出电压也会发生变化,为了能提供稳定的直流电源,需要在整流滤波电路的后面加上稳压电路。

稳压电路主要有两种形式:一种是稳压管稳压电路,即把硅稳压二极管与负载并联,故称并联型稳压电路;另一种是把调整元件(晶体管)与负载串联,故称为串联型稳压电路。下面分别予以介绍。

8.4.1 硅稳压管稳压电路

如图 8-14 所示电路为硅稳压管构成的并联型稳压电路,D_Z 与负载 R_L 是并联形式。其

中 R 为限流调压电阻,整流滤波电路的输出电压 U_i 即作为稳压电路的输入,负载 R_L 上的电压 U_o 就是稳压管 D_Z 两端的电压 U_Z。

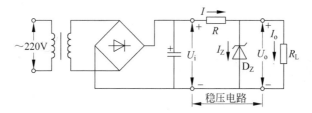

图 8-14 并联型稳压电源

并联型稳压管稳压电路是利用稳压二极管两端电压发生微小变化时,能引起较大电流的变化这一性质,通过限流电阻 R 上电压降的调节,使输出电压 U_o 稳定。稳压二极管起着电流补偿作用,I_Z 补偿了 I_o 的变化。这种电路的稳压作用是稳压二极管 D_Z 和限流电阻 R 共同完成的,R 起着限流、调压的作用。若 $R=0$,始终 $U_o=U_i$,电路就不会有稳压性能。

简要介绍一下如何选择稳压管的型号和限流电阻 R 的数值。

(1) 选择稳压管 D_Z

一般情况下,可根据输出电压 U_o 和输出电流 I_{omax} 的要求选择稳压二极管,即选取

$$\begin{cases} U_Z = U_o \\ I_{Zmax} = (1.5 \sim 3)I_{omax} \end{cases} \tag{8-25}$$

(2) 确定限流电阻 R

当输入电压最大(U_{imax})时,流过稳压管的电流必须小于最大稳定电流 I_{Zmax},即

$$\frac{U_{imax} - U_o}{R} - I_{omin} < I_{Zmax} \tag{8-26}$$

也就是

$$R > \frac{U_{imax} - U_o}{I_{Zmax} + I_{omin}} \tag{8-27}$$

另外,当输入电压最小(U_{imin})、负载电容最大(I_{omax})时,流过稳压管的电流必须大于最小稳定电流 I_{Zmin},即

$$\frac{U_{imin} - U_o}{R} - I_{omax} > I_{Zmin} \tag{8-28}$$

也就是

$$R < \frac{U_{imin} - U_o}{I_{Zmin} + I_{omax}} \tag{8-29}$$

综上考虑,R 的阻值选择范围是

$$\frac{U_{imin} - U_o}{I_{Zmin} + I_{omax}} > R > \frac{U_{imax} - U_o}{I_{Zmax} + I_{omin}} \tag{8-30}$$

综合以上分析可看出,稳压管稳压电路的优点是结构简单,所用元件少,计算、调试也比较方便。但这种电路的输出电压是由稳压管的稳定电压 U_Z 决定的,不能任意调节。而且

负载电流也受稳压管的限制不能做得很大,其输出电压的稳定性也比较差。这种电路只适用于负载电流较小、电压固定不变、负载变动不大及稳压质量要求不高的场合。

8.4.2 串联型稳压电路

稳压管稳压电路的稳压效果不够理想,输出电压不能调节,并且只能用于负载电流较小的场合。为了克服稳压管稳压电路的缺点,可采用串联型晶体管稳压电路。

图 8-15 是简单的串联型稳压电路,虽然分立元件稳压电路已基本上被集成稳压电路所替代,但其电路原理仍为集成稳压电路的基础。下面介绍该稳压电路的工作原理。

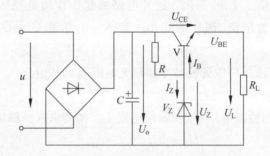

图 8-15 简单串联型稳压电路

由限流电阻 R 和稳压管 V_Z 组成基准电压 U_Z, U_Z 是一个稳定性较高的直流电压。由于某种原因使输出的负载电压 U_L 下降时,由于 U_Z 不变,则 U_{BE} 随 U_L 的下降而增大,基极电流 I_B 增大,集电极电流 I_C 也增大,集电极—发射极电压 U_{CE} 减小,从而使 U_L 回升,这样 U_L 基本保持不变。电路的自动调节过程可描述如下:

$$U_L \downarrow \ \rightarrow U_{BE} \uparrow \ \rightarrow I_B \uparrow \ \rightarrow I_C \uparrow \ \rightarrow U_{CE} \downarrow$$
$$U_L \uparrow \longleftarrow$$

同理,某种原因使 U_L 增大时,电路的自动调节过程相反。

由上面分析可知,晶体管 V 起调整电压的作用,故称调整管,调整管与负载电阻串联,因此称串联型稳压电路。

图 8-15 的电路是由 U_L 的变化直接控制调整管,如果将 U_L 的变化经过放大后,再去控制调整管,便可以大大提高调整的灵敏度和输出电压的稳定程度。

具有放大环节的串联型稳压电路的形式很多,但其基本结构均由采样环节、基准电压、比较放大环节、调整环节和保护电路 5 部分组成。

【练习与思考】

8.4.1 稳压电源指的是什么?

8.4.2 在稳压电路中,二极管起什么作用?电容起什么作用?

8.5 开关型稳压电路

串联型晶体管稳压电源,输出电压稳定度高,结构简单,工作可靠,调试方便,在电子设备中被广泛应用。但这种稳压电路中的调整管连续工作在线性放大区,负载电流全部流过调整管,且管子的集电极、发射极之间存在一定的管压降,所以串联型稳压电源存在着功耗大、效率低、稳压范围小等缺点。解决这种缺点的根本措施是,设法让调整管工作在截止区和饱和区的两种转换状态上,即开关状态。采用开关型稳压电路,可使电源本身功耗大大下降,并具有稳压范围宽、电源效率高、保护电路灵敏、滤波电容小、稳压性能高、可靠性强等优点。开关型稳压电源,其电路结构的类型也不少,分法各异。按开关管的工作方式划分,有自激开关型和他激开关型;按调整管的受控方式分,有脉冲调宽型和脉冲调频型;按滤波电路中 L 与负载的连接方式分,有串联型和并联型等类型。

8.5.1 开关型电源的基本原理

图 8-16(a)所示为串联开关型电源的工作原理示意图。图中左端输入的是经整流滤波后的直流电压 U_i,经过开关 K 加至输出负载 R_L 的两端。容易分析出,若使开关 K 按一定的周期开(ON)和关(OFF),在接通时间 T_{ON} 内输入电压 U_i 就传递到输出端。在断开时间 T_{OFF} 内,输出端电压就为零。开关周期性连续工作,于是就把输入的直流电压 U_i 变成了图 8-16(b)所示的高频矩形脉冲电压 U_K,经过 LC 滤波电路后,就得到稳定的直流输出电压 U_o。已知开关的工作周期 $T(T=T_{ON}+T_{OFF})$,便可求得矩形脉冲的平均分量,即输出电压

$$U_o = \frac{T_{ON}}{T}U_i = \delta U_i \tag{8-31}$$

式中,$\delta = \dfrac{T_{ON}}{T}$ 为矩形脉冲的占空比。只要调整矩形脉冲的占空比,即可调整图 8-16 中的开关 K(它实际上是一个受脉冲控制的开关调整管),工作于饱和与截止状态,完成开关动作。由于调节的是输出脉冲的宽度,也就是占空比 δ,故又称为调宽型开关电源。

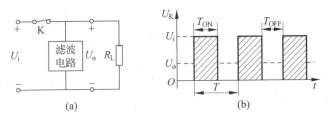

(a) (b)

图 8-16 开关电源示意图及工作波形

8.5.2 调宽型开关电源的电路结构

调宽型开关电源电路方框图如图 8-17 所示。该电路主要由取样电路、比较放大电路、基准电源、保护电路、脉冲调宽电路、开关调整管和储能电路等构成。

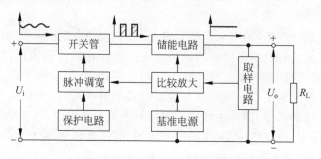

图 8-17 调宽型开关电源方框图

各部分作用和功能如下：

（1）开关管。也称为开关调整管，它经常采用复合管构成。开关管在脉冲调宽电路的控制下工作于开关状态，将输入的直流电压切换成占空比可调的矩形脉冲电压，如图 8-16(b) 中波形所示。

（2）储能电路。主要由储能电感和电容元件构成，利用它们的储能特性，将开关调整管输出的脉冲电压进行滤波，变为比较平滑的直流电压，提供给负载。

（3）脉冲调宽电路。它是一种由取样电路、比较放大和基准电压共同作用下的开关控制电路。它是利用脉冲宽度的变化调控开关管的通断时间进而调整输出电压，使之趋于稳定。由于滤波储能元件 L 与负载 R_L 串联，故称为串联调宽型开关电源。

其工作原理如下：电路正常工作时，开关调整管受脉冲调宽电路的控制，工作在开关状态，使输出与输入端之间周期性地闭合和断开，从而间断地把输入的能量送入储能电路，经滤波后成为稳定的直流输出电压，其输出电压的大小取决于单位时间内输入储能电路能量的多少，即取决于开关调整管在单位时间内导通时间的长短、矩形脉冲的占空比的大小。当电源的输入电压 U_i 和负载 R_L 变化，输出电压 U_o 有一定波动时，取样电路将取回输出电压 U_o 的一部分与基准电压进行比较，误差电压经比较放大器放大后，去控制脉冲调宽电路，改变控制脉冲的宽度，从而改变开关管的导通时间 T_{ON}，也就是改变脉冲的占空比 δ，使输出电压 U_o 向相反的方向变化，达到了稳压的目的。例如，输出电压 U_o 偏高时，误差信号电压使脉冲宽度变窄，进而使开关管在单位时间里导通时间变短，结果使脉冲的占空比 δ 下降，输入储能电路的能量减小，输出电压 U_o 下降。其稳压过程可简化表示为

$$U_o \uparrow \rightarrow 取样电压 \uparrow \rightarrow 比较误差电压 \uparrow$$

$$U_o \downarrow \leftarrow 占空比 \delta \downarrow \leftarrow 导通时间 T_{on} \downarrow$$

【练习与思考】

8.5.1 开关型稳压电路的构成是什么？

8.5.2 开关型稳压电路的工作原理是什么？

本 章 小 结

本章主要介绍了电子系统中直流稳压电源的原理,重点介绍了单向整流电路、滤波电路和稳压电路。

在整流电路中,重点介绍了应用二极管的单向导电性将交流电转换为脉动直流,再予以滤波;滤波电路介绍了电容滤波和电感滤波两种,说明了在直流输出电流较小且负载几乎固定的场合,常采用电容滤波,而负载电流大的大功率场合,则采用电感滤波。

介绍了开关稳压电源以及它的类型,包括脉宽调制型、脉频调制型和混合调制型。

习 题 8

8-1　直流电源的组成包括_____、_____、_____和_____四个部分。

8-2　整流的主要目的是_____。

8-3　整流是利用二极管的_____特性将交流电变为直流电。

8-4　在直流电源中的滤波电路应采用_____滤波电路。

8-5　在直流电源中,在变压器次级电压相同的条件下,若希望二极管承受的反向电压较小,而输出直流电压较高,则应采用_____整流电路;若负载电流为200mA,则宜采用_____滤波电路;在负载电流较小的电子设备中,为了得到稳定的但不需要调节的直流输出电压,则可采用_____稳压电路或集成稳压器电路;为了适应电网电压和负载电流变化较大的情况,且要求输出电压可以调节,则可采用_____晶体管稳压电路或可调的集成稳压器电路。

8-6　具有放大环节的串联型稳压电路在正常工作时,调整管所处的工作状态是_____。

A. 开关　　　　B. 放大　　　　C. 饱和　　　　D. 不能确定

8-7　具有放大环节的串联型稳压电路在正常工作时,若要求输出电压为18V,调整管压降为6V,整流电路采用电容滤波,则电源变压器次级电压有效值应为_____。

A. 12V　　　　B. 18V　　　　C. 20V　　　　D. 24V

8-8　简述直流电源的组成及各部分的作用。

8-9 简述从交流电网上获得直流稳定电压的变换过程。

8-10 半波整流、全波整流、桥式整流、倍压整流电路各自存在的优、缺点是什么？

8-11 选取整流二极管主要注意哪些参数？

8-12 滤波电路的主要作用是什么

8-13 滤波电容的选择原则是什么？

8-14 为什么电容滤波能升高整流后输出电压平均值？

8-15 直流电源电路中为什么还要设置稳压电路？串联型稳压和并联型稳压的区别是什么？

8-16 选择稳压二极管的主要依据是什么？

8-17 开关型电源具有哪些优点？按电路结构特点,开关电源可分为几类？

8-18 电路如图所示,已知稳压管的稳定电压为 6V,最小稳定电流为 5mA,允许耗散功率为 240mW,输入电压为 20～24V,$R_1 = 360\Omega$。试问:

(1) 为保证空载时稳压管能够安全工作,R_2 应选多大？

(2) 当 R_2 按上面原则选定后,负载电阻允许的变化范围是多少？

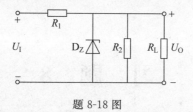

题 8-18 图

8-19 如图所示电路,已知 $U_2 = 20V$(有效值),设二极管为理想二极管,操作者用直流电压表测得负载两端电压出现下列情况:①28V；②24V；③20V；④18V；⑤9V；试讨论:这 5 种情况,哪个是正常情况,为什么？分析其他情况可能产生的故障原因。

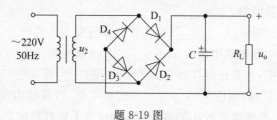

题 8-19 图

第9章

门电路与组合逻辑电路

教学提示

存在于自然界的物理量有很多种,根据它们变化的规律可以分为两大类:模拟量和数字量。以温度为例,温度信号在时间上和数值上是连续变化的,因此,这种在时间上和数量上连续变化的物理量称为模拟量,表示模拟量的信号称为模拟信号。前面几章主要讲述的就是这种工作在模拟信号下的模拟电路。而另一类物理量则在时间上和数值上是离散变化的,以传送带上是否有零件这个信号为例,这个物理量在时间上和数量上是离散的,零件信号只能用有或者没有来定义,并没有数值上的连续变化,这一类物理量称为数字量。我们将工作在数字信号下的电子电路称为数字电路。

本章主要介绍数字电路的基础知识、门电路及组合逻辑电路的分析设计及应用。主要内容包括:数字电路概述、分立元器件门电路、集成门电路、逻辑代数、组合逻辑电路的分析与设计、常用的组合逻辑电路、半导体存储器及可编程逻辑器件、应用举例、Multisim仿真电路实例。

学习目标

理解数字信号的特点,能列举模拟信号与数字信号的实例。

掌握二进制的表示方法,能列举实际生活中应用的不同进制数。

掌握分立元器件门电路及集成门电路的种类。

掌握逻辑代数的运算规则和常用公式。

掌握逻辑函数的表示及化简方法。

掌握组合逻辑电路的分析与设计方法。

了解其他功能的组合逻辑电路。

了解半导体存储器及可编程逻辑器件基础知识。

理解门电路的一些应用实例。

掌握 Multisim 仿真电路实例。

本章知识结构如图 9-1 所示。

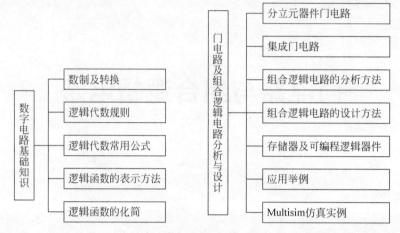

图 9-1　本章知识结构图

9.1　数字电路概述

9.1.1　数制

　　数字电路讨论的是逻辑关系的问题,所以应该采用的是二进制。在现实生活中,人们习惯使用十进制。为了符合人们的习惯又适用于数字电路,所以通常会进行进制的转换。由于二进制数太长使得记录不方便,所以又会采用八进制或者十六进制进行辅助计数。

1. 十进制

　　十进制是最常使用的进位计数制,有 0~9 十个数码,它的计数规律是"逢十进一"。例如:$115.24 = 1 \times 10^2 + 1 \times 10^1 + 5 \times 10^0 + 2 \times 10^{-1} + 4 \times 10^{-2}$。

　　任意十进制数 D 均可以表示为

$$D = \sum_{i=-m}^{n-1} D_i \times 10^i \tag{9-1}$$

2. 二进制

　　二进制数是数字电路能够处理的数制,只有 0 和 1 两个数字符号,每位的基数是 2,计数规律是"逢二进一"。

例如：$(1101.01)_2 = 1\times2^3 + 1\times2^2 + 0\times2^1 + 1\times2^0 + 0\times2^{-1} + 1\times2^{-2} = (13.25)_{10}$，任意二进制数 D 均可以表示为

$$D = \sum_{i=-m}^{n-1} D_i \times 2^i \tag{9-2}$$

3. 十六进制

十六进制数有 $0\sim9$，$A\sim F$ 16 个数字符号，每位的基数是 16，计数规律是"逢十六进一"。例如：$(18F.7B)_{16} = 1\times16^2 + 8\times16^1 + 15\times16^0 + 7\times16^{-1} + 11\times16^{-2} = (399.480)_{10}$。

任意十六进制数 D 均可以表示为

$$D = \sum_{i=-m}^{n-1} D_i \times 16^i \tag{9-3}$$

9.1.2　数字信号

我们把表示数字量的信号叫作数字信号，如图 9-2 所示。例如，用数字电路记录从自动生产线上输出的零件数目时，每送出一个零件便给数字电路一个信号，使之记为 1，而平时没有零件送出时给电子电路的信号是 0。可见零件数目这个信号无论在时间上还是数量上都是不连续的，是离散的，它便是一个数字信号。

图 9-2　数字信号

9.1.3　数字电路

数字电路是用数字来"处理"信息，以方便实现计算和操作的电子电路。数字电路通常需要实现以下功能：①将现实的状态信息转换成数字电路可以理解的二进制信息；②所要求完成的计算和操作只针对 0 和 1；③将处理后的数字结果转换为可以理解的现实的状态信息。

数字电路主要研究的是输入与输出信号之间对应的逻辑关系，需要应用的主要数学工具是逻辑代数（也称二值代数），因此数字电路又称逻辑电路。

【练习与思考】

9.1.1　什么是数制？

9.1.2　说明进制之间互相转换的规律。

9.1.3　数字信号的特点是什么？

9.2 分立元器件门电路

将能够实现各种基本逻辑关系的电路称为门电路,它是构成数字电路的基本单元。在数字电路中,输入和输出信号只有高电平和低电平两种状态,这里高电平和低电平表示的都是一定的电压范围,而不是某一个精确的数值。因此,数字电路对元器件参数精度的要求比模拟电路要低一些。

在数字电路中,有两种逻辑体制:如果用逻辑 1 表示高电平,用逻辑 0 表示低电平,则为正逻辑体制,简称正逻辑;如果用逻辑 0 表示高电平,逻辑 1 表示低电平,则为负逻辑体制,简称负逻辑。在本书中如未加说明,则一律采用正逻辑。基本逻辑关系有与、或、非三种,能实现其逻辑功能的电路称为基本逻辑门电路。

9.2.1 二极管与门电路

能实现与逻辑功能的电路称为与门电路。最简单的能够实现与逻辑功能的门电路为如图 9-3 所示的二极管与门电路,其中 A、B 代表与门输入,Y 代表输出。图 9-4 所示为与门逻辑符号。假设与门电路中二极管的正向压降 $V_D = 0.7V$,输入端对地的高低电平分别为 3V 和 0V,则根据电路可以得到表 9-1 所表示的与门电路输入和输出的电平关系。

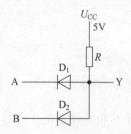

图 9-3 二极管与门电路

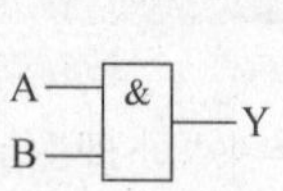

图 9-4 与门逻辑符号

按正逻辑定义相应的输入输出电平,则表 9-2 表示的是与逻辑真值表。

表 9-1 二极管与门电路的电平关系

输 入		输 出
A/V	B/V	Y/V
0	0	0.7
0	3	0.7
3	0	0.7
3	3	3.7

表 9-2 与逻辑的真值表

输 入		输 出
A	B	Y
0	0	0
0	1	0
1	0	0
1	1	1

由真值表可得与门逻辑表达式为

$$Y = AB \tag{9-4}$$

9.2.2 二极管或门电路

能实现或逻辑功能的电路称为或门电路。二极管或门电路如图 9-5 所示,图 9-6 所示为其逻辑符号,其输入 A、B 和输出 Y 的电平关系及逻辑真值表见表 9-3 和表 9-4。

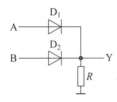

图 9-5 二极管或门电路

图 9-6 或门逻辑符号

表 9-3 二极管或门电路的电平关系

输 入		输 出
A/V	B/V	Y/V
0	0	0
0	3	2.3
3	0	2.3
3	3	2.3

表 9-4 或逻辑真值表

输 入		输 出
A	B	Y
0	0	0
0	1	1
1	0	1
1	1	1

由真值表可得或门的逻辑表达式为

$$Y = A + B \tag{9-5}$$

9.2.3 晶体管非门电路

能够实现非逻辑功能的电路称为非门电路,非门电路也称为反相器,只有一个输入 A,输出为 Y。三极管非门电路如图 9-7 所示,图 9-8 所示为其逻辑符号。

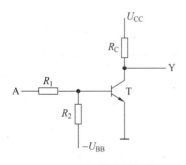

图 9-7 三极管非门电路

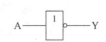

图 9-8 非门逻辑符号

下面简单介绍非门的工作原理：当输入端 A 为低电平时，三极管基极电位小于零，即 $V_{BE}<0V$，三极管截止，输出端 Y 为高电平；当输入端 A 为高电平时，只要合理配置 R_1 和 R_2，就能使三极管工作在饱和状态，输出端 Y 为低电平，表 9-5 所示为非门真值表。

由真值表写出非门的逻辑表达式为

$$Y = \overline{A} \tag{9-6}$$

表 9-5　三极管非门真值表

输　　入	输　　出
A	Y
0	1
1	0

【练习与思考】

9.2.1　什么是门电路？

9.2.2　说明二极管与门、或门电路的电压输出与输入的关系。

9.2.3　数字电路中，两种逻辑体制是什么？

9.3　集成门电路

常用的集成门电路有 TTL 门电路和 CMOS 门电路两种。

9.3.1　TTL 与非门电路

晶体管-晶体管逻辑（transistor-transistor logic，TTL）门电路简称 TTL 门电路。由于 TTL 集成电路功耗大，不宜制作成大规模集成逻辑电路，因此被广泛用在中小规模集成逻辑电路中。

典型的 TTL 与非门电路结构、逻辑符号和外形如图 9-9 所示。

图 9-9(a)中 T_1 为多发射极晶体管。下面分析 TTL 与非门的工作原理。

1. 当输入端全为高电平时

当 A 和 B 全为 1 时，电源通过 R_1 和 T_1 的集电极向 T_2 提供足够的基极电流，使得 T_2 饱和导通。T_2 的发射极电流在 R_3 上产生的压降为 T_4 提供足够的基极电流，使 T_4 也饱和导通，所以输出端 Y=0。

2. 当输入端不全为高电平时

当输入端 A 或 B 有一个为 0 或均为 0 时，则 T_1 的发射极反偏，基极电位为 1V 左右，不足以向 T_2 提供正向基极电流，所以 T_2 截止，导致 T_4 也截止。T_2 的集电极电位接近于电

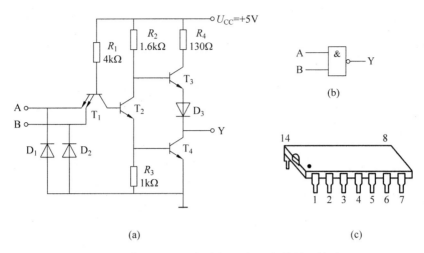

图 9-9 典型的 TTL 与非门电路、逻辑符号和外形

（a）典型的 TTL 与非门电路；（b）逻辑符号；（c）外形

源电压，T_3 因而导通，所以输出端 Y＝1。

图 9-10 所示为 8 种常用的 TTL 门电路芯片。

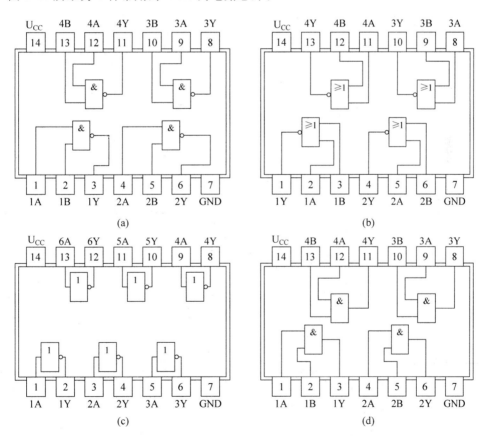

图 9-10 8 种常用 TTL 集成电路芯片

（a）74LS00；（b）74LS02；（c）74LS04；（d）74LS08；（e）74LS10；（f）74LS20；（g）74LS86；（h）74LS51

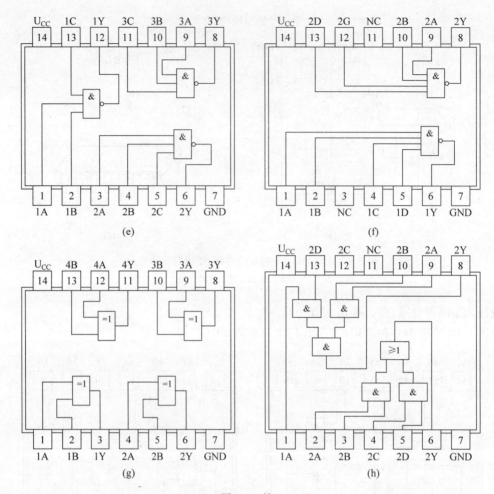

图 9-10(续)

TTL 与非门有很多系列,参数也有很多,在这里仅列出几个反映主要性能的参数。

(1) 输出高电平 U_{OH} 和输出低电平 U_{OL}。输出端为高电平时的输出电压值称为输出高电平 U_{OH}。U_{OH} 的典型值约为 3.4V,产品规范值 $U_{OH} \geqslant 2.4$V。

输出端为低电平时的输出电压值称为输出低电平 U_{OL}。U_{OL} 的典型值约为 0.25V,产品规范值 $U_{OL} \leqslant 0.4$V。

(2) 开门电平 U_{ON} 和关门电平 U_{OFF}。实际门电路中,高电平或低电平都不可能是某一个数值,而是在一定的范围内。通常把最小输入高电平称为开门电平 U_{ON},最大输入低电平称为关门电平 U_{OFF}。

开门电平 U_{ON} 和关门电平 U_{OFF} 在电路中是很重要的参数,它们反映了电路的抗干扰能力。实际传输的高电平电压值与开门电平之间的差值称为高电平噪声容量 U_{NH}。关门电平与实际传输的低电平电压值之间的差值称为低电平噪声容量 U_{NL}。一般 TTL 门电路的高电平噪声容量比低电平噪声容量大。

(3) 扇出系数 N_O。扇出系数 N_O 是指一个门电路的输出端所能连接的下一级同类门电路的最大数目,它表示带负载的能力。一般 TTL 与非门的扇出系数为 8~10,驱动门的扇出系数可达 25。

（4）平均传输延迟时间 t_{pd}。当在门电路的输入端加一变化信号时，需经过一定的时间间隔才能从输出端得到一个相应信号，这个时间间隔称为该门电路的延迟时间。通常，以信号的上升或下降沿的 50% 处计时，开门时的延时称为开门延时 $t_{pd(ON)}$，关门时的延时称为关门延时 $t_{pd(OFF)}$。通常，二者不相等，平均传输延迟时间则定义为二者的平均值，即

$$t_{pd} = \frac{1}{2}(t_{pd(ON)} + t_{pd(OFF)}) \tag{9-7}$$

可见，平均传输延迟时间越小，门电路的响应速度越快。

以上是以 TTL 门电路为例，对逻辑门电路的外部性能指标进行了介绍，至于每种实际 TTL 门电路的具体参数可查阅有关手册。

9.3.2 CMOS 或非门电路

以 MOS(Metal Oxide-Semiconductor)管作为开关元件的门电路称为 MOS 门电路。MOS 门电路的特点是制造工艺简单、集成度高、功耗小以及抗干扰能力强等，在数字集成电路中占有相当大的比例，它的工作速度比 TTL 电路略低。

MOS 门电路有三种类型：N 沟道管的 NMOS 电路、P 沟道管的 PMOS 电路，以及同时使用 PMOS 管和 NMOS 管的 CMOS 电路。其中，CMOS 门电路性能更加优越，因此 CMOS 门电路是应用较广泛的一种电路。

如图 9-11 所示是一个有两个输入端的 CMOS 或非门电路，它由两个并联的 NMOS 管 T_1、T_2 和两个串联的 PMOS 管 T_3、T_4 构成。每个输入端连接到一个 CMOS 管和一个 PMOS 管的栅极。如图 9-12 所示是或非门的逻辑符号。

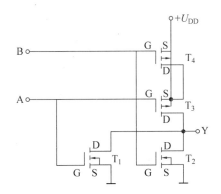

图 9-11 CMOS 或非门电路

图 9-12 或非门的逻辑符号

当输入 A、B 均为低电平时，T_1 和 T_2 截止，T_3 和 T_4 导通，输出 Y 为高电平。当输入端 A、B 中有一个为高电平，则对应的 T_1 和 T_2 中至少有一个导通，T_3 和 T_4 中至少有一个截止，使输出 Y 为低电平。因此，该电路实现了或非逻辑功能，得到 $Y = \overline{A+B}$。

9.3.3 其他逻辑功能的门电路

1. CMOS 非门

CMOS 非门也称为 CMOS 反相器。图 9-13 所示是一个 N 沟道增强型 MOS 管 T_1 和一个 P 沟道增强型 MOS 管 T_2 组成的 CMOS 非门，T_1 与 T_2 制作在同一块芯片上。T_1 与 T_2 两管的栅极相连作为输入端，两管的漏极相连作为输出端。T_1 的源极接地，T_2 的源极接电源。

当 A＝0 时，T_1 截止，T_2 导通，此时输出电压接近电源电压 U_{DD}，因此 Y＝1；当 A＝1 时，T_1 导通，T_2 截止，此时输出电压接近 0V，Y＝0。因此实现了非逻辑功能，得到 $Y=\overline{A}$。

CMOS 非门具有较好的动态特性，CMOS 非门的平均传输延迟时间约为 10ns，电流极小，电路的静态功耗很低，一般为微瓦（μW）数量级。

2. CMOS 与非门

如图 9-14 所示为一个两输入端的 CMOS 与非门电路，它由两个串联的 NMOS 管 T_1、T_2 作为驱动管，两个并联的 PMOS 管 T_3、T_4 作为负载管。每个输入端连到一个 PMOS 管和一个 NMOS 管的栅极。

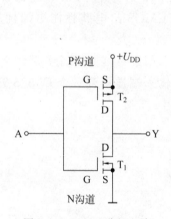

图 9-13　CMOS 非门电路

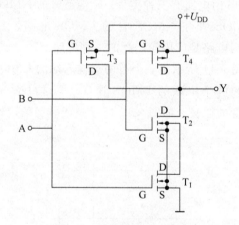

图 9-14　CMOS 与非门电路

当输入端 A、B 至少有一个为 0 时，T_1 和 T_2 至少有一个截止，T_3 和 T_4 至少有一个导通，输出端为高电平，因此 Y＝1；

当输入端 A、B 全为 1 时，T_1 和 T_2 导通，T_3 和 T_4 截止，这时输出端为低电平，因此 Y＝0。因此，该电路实现了与非逻辑功能，得到

$$Y = \overline{AB} \tag{9-8}$$

3. TTL 三态门

三态输出门简称三态门（three-state gate），输出状态有三种，分别为高电平、低电平和

高阻态。在高阻态下,相当于开路,表示与其他电路无关,高阻态所表示的不是一种逻辑值。图 9-15 给出了三态与非门的电路结构和逻辑符号,该电路是在一般与非门的基础上,附加了使能控制端和控制电路构成的。

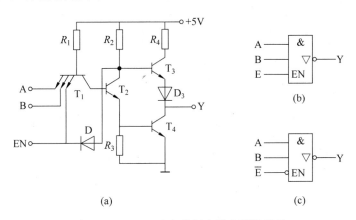

图 9-15 TTL 三态与非门电路和逻辑符号

(a)电路图;(b)工作状态逻辑符号;(c)高阻状态逻辑符号

当控制端 EN=1 时,三态门的输出状态由输入端 A、B 的状态来决定,能够实现与非的功能。当 EN=0 时,T_2 和 T_4 截止,同时 T_3 也截止,这样与输出端相连的两个晶体管 T_3 和 T_4 都截止(不论输入端 A、B 状态如何),所以输出端处于开路状态,称为高阻态。逻辑状态如表 9-6 所示。

表 9-6 三态输出与非门的逻辑状态表

控制端 E	输 入 端		输 出 端 Y
	A	B	
1	0	0	1
	0	1	1
	1	0	1
	1	1	0
0	×	×	高阻

三态门主要应用于总线传送,它既可以用于单向数据传送,也可以用于双向数据传送。

4. 集电极开路与非门

集电极开路与非门又称 OC(open collector 的缩写)门。OC 门的内部电路及逻辑符号如图 9-16 所示。

OC 门能够实现与非的逻辑功能,但在工作时需要外接一个负载电阻 R_L(上拉电阻)和电源。工作过程如下:当 A、B 全为高电平时,三极管 T_2 和 T_4 饱和导通,输出低电平;当 A、B 为低电平时,三极管 T_2 和 T_4 截止,输出高电平。

OC 门常用于实现以下功能。

1）实现线与

线与是指 OC 门电路的输出端并联使用，并可以实现各输出端相与逻辑功能。一般的 TTL 门电路的输出端是不允许并联使用的，否则如果某个输出端为低电平，则电流会全部流向这一端，可能会因电流过大而烧坏器件。OC 门工作时是采用外接上拉电阻和电源的方式，因此多个 OC 门的输出端可以直接并联使用，实现线与的逻辑功能，如图 9-17 所示。

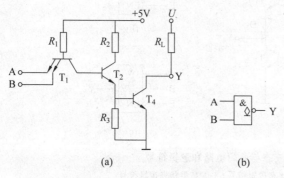

图 9-16　集电极开路与非门电路及其逻辑符号

（a）电路图；（b）逻辑符号

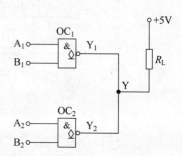

图 9-17　"线与"电路图

2）驱动显示器及实现电平转换

由于 OC 门输出管的耐压一般较大，同时存在着上拉电阻，因此，外加电源的工作范围较宽，可驱动高电压、大电流负载，或者用于电平转换接口等电路，如图 9-18 所示。

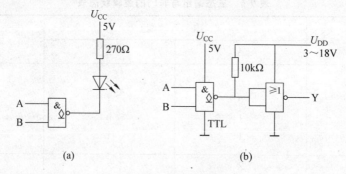

图 9-18　OC 门电路

（a）OC 门驱动发光二极管电路；（b）OC 门与 CMOS 门接口电路

【练习与思考】

9.3.1　常用的集成门电路有哪两种？

9.3.2　基本的 TTL 和 CMOS 门电路的基本结构和性能特点是什么？

9.3.3　OC 门、三态门电路的结构和特点是什么？

9.4　逻辑代数

逻辑代数也称布尔代数,它由逻辑变量和运算符组成逻辑函数表达式来描述事物的因果关系,是用代数的方法来研究、证明、推理逻辑问题的一种数学工具,是解决数字电路的数学工具。同普通代数一样,逻辑代数的变量也可以用 A,B 等表示,但不同的是,在普通代数中,变量的取值可以是任意的,而在逻辑代数中,变量的取值只能为 0 或者 1,逻辑函数也只能是 0 或者 1。

9.4.1　逻辑代数的运算规则和常用公式

1. 基本逻辑运算

逻辑代数的 3 种基本运算分别为与、或、非。下面以图 9-19 所示的 3 个简单电路对 3 种基本逻辑关系进行简要的说明。

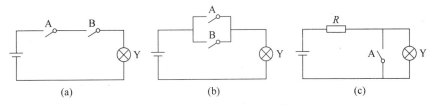

图 9-19　说明三种基本逻辑关系的电路

(a) 与逻辑电路;(b) 或逻辑电路;(c) 非逻辑电路

"与"表示的逻辑关系是:当决定事件结果的所有条件全部具备时,结果才会发生。例如在图 9-19(a)所示的电路中,只有在开关 A 和 B 都闭合,灯 Y 才能亮,否则,灯 Y 不会亮。这种灯亮与开关闭合的关系就称为与逻辑。

"或"表示的逻辑关系是:当决定事件结果的条件具备任何一个,结果就会发生。例如在图 9-19(b)所示的电路中,只要开关 A 和 B 有一个闭合,灯 Y 就会亮。这种灯亮与开关闭合的关系就称为或逻辑。

"非"表示的逻辑关系是:当决定事件结果的条件具备了,结果就不会发生;而条件不具备时,结果反而会发生。例如在图 9-19(c)所示的电路中,只要开关 A 闭合,灯 Y 就不会亮;只有当开关 A 断开时,灯 Y 才会亮。这种灯亮与开关闭合的关系就称为非逻辑。

如果用字母 A、B 表示开关的状态,其中用 1 表示开关闭合,用 0 表示开关断开;用字母 Y 表示灯的状态,用 1 表示灯亮,用 0 表示灯灭,那么以上 3 种逻辑关系,可以用表 9-7、表 9-8 和表 9-9 表示,这种表称逻辑真值表,在后面会详细介绍。

表 9-7　与逻辑运算的真值表

A	B	Y
0	0	0
0	1	0
1	0	0
1	1	1

表 9-8　或逻辑运算的真值表

A	B	Y
0	0	0
0	1	1
1	0	1
1	1	1

在逻辑代数中,逻辑关系也可以表示成逻辑表达式的形式,以上 3 种基本逻辑关系的代数表达式可以写成如下形式。

表 9-9　非逻辑运算的真值表

A	Y
1	0
0	1

与逻辑的代数表达式为

$$Y = AB$$

或逻辑的代数表达式为

$$Y = A + B$$

非逻辑的代数表达式为

$$Y = \overline{A}$$

2. 复合逻辑关系

与、或、非是 3 种基本的逻辑关系,其他复杂的逻辑关系都可以由这 3 种基本逻辑关系组合得到。下面介绍几种较常用的复合逻辑关系。

(1) 与非、或非、与或非逻辑运算

与非逻辑运算是与运算和非运算的组合,即

$$Y = \overline{AB}$$

或非逻辑运算是或运算和非运算的组合,即

$$Y = \overline{A + B} \tag{9-9}$$

与或非逻辑运算是与、或、非 3 种运算的组合,即

$$Y = \overline{AB + CD} \tag{9-10}$$

(2) 异或和同或逻辑运算

异或逻辑的含义是:当两个输入变量不同时,输出为 1;相同时输出为 0。异或运算的符号是⊕,真值表见表 9-10,逻辑表达式为

$$Y = A \oplus B = \overline{A}B + A\overline{B} \tag{9-11}$$

同或逻辑与异或逻辑相反,它表示当两个输入变量相同时,输出为 1;不同时输出为 0。同或运算的符号是⊙,真值表见表 9-11,逻辑表达式为

$$Y = A \odot B = \overline{A}\,\overline{B} + AB \tag{9-12}$$

表 9-10　异或逻辑运算的真值表

A	B	Y
0	0	0
0	1	1
1	0	1
1	1	0

表 9-11　同或逻辑运算的真值表

A	B	Y
0	0	1
0	1	0
1	0	0
1	1	1

根据异或和同或的定义以及真值表可见,异或逻辑与同或逻辑互为反函数。

3. 逻辑代数公式和定则

(1) 基本定律

根据逻辑变量和逻辑运算的基本定义,可得出逻辑代数基本定律如下。

① 0-1 律

$$0 + A = A, \quad 1 \cdot A = A$$
$$1 + A = 1, \quad 0 \cdot A = 0$$

② 重叠律

$$A + A = A$$
$$A \cdot A = A$$

③ 互补律

$$A + \overline{A} = 1$$
$$A \cdot \overline{A} = 0$$

④ 交换律

$$A + B = B + A$$
$$A \cdot B = B \cdot A$$

⑤ 结合律

$$A + (B + C) = (A + B) + C$$
$$A \cdot (B \cdot C) = (A \cdot B) \cdot C$$

⑥ 分配律

$$A(B + C) = AB + AC$$
$$A + BC = (A + B) \cdot (A + C)$$

⑦ 否定律

$$\overline{\overline{A}} = A$$

⑧ 反演律(摩根定律)

$$\overline{A + B} = \overline{A} \cdot \overline{B}, \quad \overline{AB} = \overline{A} + \overline{B}$$

⑨ 吸收律

$$A + AB = A$$
$$A \cdot (A + B) = A$$

吸收律可由前面基本公式推导得到,以上为基本公式,以下几个为常用的公式:

$$AB + A\overline{B} = A, \quad A + \overline{A}B = A + B, \quad AB + \overline{A}C + BC = AB + \overline{A}C$$

若要证明上述各等式,可采用列真值表的方法,即分别列出等式两边逻辑表达式的真值表,若两个真值表完全一致,则表明两个表达式相等,公式得证。当然,也可以利用基本关系式进行代数证明。

(2) 基本规则

逻辑代数中有 3 个重要的基本规则,即代入规则、反演规则及对偶规则。

① 代入规则

在逻辑函数表达式中,凡是出现某变量的地方都用同一个逻辑函数代替,则等式仍然成立,这个规则称为代入规则。

例如:已知 $A+AB=A$,将等式中所有出现 A 的地方都代入函数 $C+D$,则等式仍然成立,即 $(C+D)+(C+D)B=C+D$。

② 反演规则

将逻辑函数 Y 的表达式中所有的"·"变成"+","+"变成"·";常量"0"变成"1","1"变成"0";所有"原变量"变成"反变量","反变量"变成"原变量",则所得的函数式就是原函数 Y 的反函数,这个规则称为反演规则。

例如:$Y=A+\overline{B}D+\overline{C}$,则根据反演规则,$\overline{Y}=\overline{A} \cdot (B+D) \cdot C$。

使用反演规则时应注意保持原函数中的运算顺序,即先算括号里的,然后按先"与"后"或"的顺序运算。

③ 对偶规则

将逻辑函数 Y 的表达式中所有的运算符"·"变成"+","+"变成"·";常量"0"变成"1";"1"变成"0",则得到一个新的逻辑函数 Y',Y' 称为 Y 的对偶式。对偶规则为:若某个逻辑恒等式成立,则它的对偶式也成立。

例如:$Y=\overline{A}+BC$,则其对偶式 $Y'=\overline{A}(B+C)$。使用对偶规则时也应注意保持原函数中的运算顺序。

当需要证明两个等式相等时,可以通过证明它们的对偶式相等,则原等式相等。

9.4.2　逻辑函数的表示方法

逻辑函数是用来描述逻辑问题的二进制函数,逻辑函数常见的表示方法有逻辑表达式、真值表、逻辑图和卡诺图等,各种表示方法之间可以进行相互转换。其中真值表是逻辑函数的最基本形式,从真值表可以得出逻辑表达式及卡诺图,通过表达式,可以画出逻辑图。卡诺图将在逻辑函数化简方法中详细介绍。

1. 逻辑表达式

逻辑表达式是由逻辑变量及"与""或""非"3 种运算符构成的式子。例如:

$$Y = A + \overline{B}$$
$$Y = A\overline{B} + \overline{C}D$$
$$Y = A + B\overline{C}$$

2. 逻辑真值表

逻辑真值表是一种用表格来表示逻辑函数的方法。由于任意逻辑变量只有两种取值 0 或者 1,所以 n 个逻辑变量共有 2^n 种可能取值组合,对逻辑函数所有输入的取值可能求出函数结果并列出表格,称为逻辑真值表,简称真值表。

例 9-1 求两变量函数 $Y = A + \overline{B}$ 的真值表。

解 函数 $Y = A + \overline{B}$ 的真值表如表 9-12 所示。

3. 逻辑图

逻辑函数表示的逻辑关系可以通过逻辑电路来实现,逻辑电路是用逻辑符号画出的电路,称为逻辑图。如图 9-20 所示为一个逻辑图,对于逻辑符号的具体内容将在本章后面门电路部分介绍。

表 9-12　例 9-1 的逻辑真值表

A	B	Y
0	0	1
0	1	0
1	0	1
1	1	1

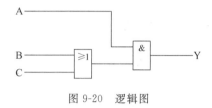

图 9-20　逻辑图

9.4.3 逻辑函数的化简

由逻辑函数真值表写出的表达式是逻辑函数的最小项表达式形式,不是最简形式,而简单的逻辑表达式意味着成本的节约,因此需要经过化简。常用的化简方法有两种,一种为代数法化简,另一种为卡诺图化简。

下面分别讲述两种化简方法。

1. 代数法化简

代数法化简就是利用逻辑代数的公式和定理消除逻辑表达式中的多余项和多余因子,常见的方法如下。

（1）并项法

利用公式 $AB + A\overline{B} = A$,将两乘积项合并为一项,并消去一对互反的因子。A 和 B 可以是任何一个复杂的逻辑式。

如：$Y = \overline{A}B\overline{C} + \overline{A}\,\overline{B}\,\overline{C}$

化简得：$Y = \overline{A}\,\overline{C}(B + \overline{B}) = \overline{A}\,\overline{C}$

（2）吸收法

利用公式 $A + AB = A$ 可将 AB 项消去。A 和 B 可以是任何一个复杂的逻辑式。

如：$Y = \overline{A}B + \overline{A}B\overline{C}$

化简得：$Y = AB$

（3）消去法

利用公式 $A + \overline{A}B = A + B$ 消去多余因子 $\overline{A}$,利用公式 $AB + \overline{A}C + BC = AB + \overline{A}C$ 消去多余项 BC。

如：$Y = B + \overline{B}C + A\overline{C}D$

化简得：$Y＝B＋C＋AD$

又如：$Y＝AB＋A\overline{B}CD＋ACD$

化简得：$Y＝AB＋ACD$

（4）配项法

利用公式 $A＋A＝A,A＋\overline{A}＝1$ 及 $AB＋\overline{A}C＋BC＝AB＋\overline{A}C$ 等，给函数配上合适的项，可以消去原函数中的某些项。

如：化简函数 $Y＝A\overline{B}＋BD＋\overline{A}D$

配上前两项的冗余项 AD，对原函数没有影响，即

$$Y＝A\overline{B}＋AD＋BD＋\overline{A}D$$

化简得：$Y＝A\overline{B}＋BD＋D＝A\overline{B}＋D$

利用代数法化简，需要公式熟练，并且具有一定的经验与技巧。有时会很难判断由代数法化简所得到的逻辑表达式是否最简，相比较而言，用卡诺图化简法则可以得到最简的表达式。

*2. 卡诺图化简法

（1）卡诺图

卡诺图是逻辑函数最小项的一种表示方法。卡诺图就是按逻辑相邻规则把逻辑函数的最小项排列出来的方格图形式。n 个变量的卡诺图由 2^n 个小方格构成，它是真值表图形化的结果。图 9-21 所示分别为二变量、三变量和四变量的卡诺图。

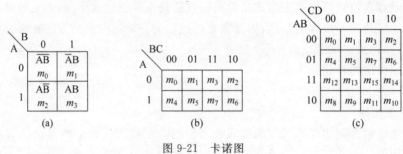

图 9-21　卡诺图

（a）二变量；（b）三变量；（c）四变量

用卡诺图化简逻辑函数，第一步将逻辑函数写成最小项之和的形式，第二步在卡诺图上相对应的最小项位置填入 1，其余的位置填入 0，就得到了该函数的卡诺图。

（2）卡诺图化简

卡诺图法化简逻辑函数，利用的是卡诺图方格的几何相邻即为相邻的最小项，这样可以消去互反变量。所以把几何相邻的 2^n 个（n 为正整数）最小项为 1 的方格圈在一起即为合并，这样就可以消去 n 个变量。2 个相邻最小项合并，可以消去 1 个变量；4 个相邻最小项合并，可以消去 2 个变量；8 个相邻最小项合并，可以消去 3 个变量。以此类推，2^n 个最小项相邻，可以消去 n 个变量，如图 9-22 所示。

在卡诺图上画出几个圈，就会有几个"与项"。应该注意的是：4 个角为 1 也应该圈在一起。

下面的 4 个步骤为用卡诺图化简逻辑函数的基本步骤：

① 将函数化为最小项之和的形式。

② 画出表示该逻辑函数的卡诺图。

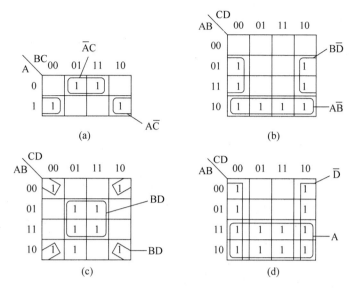

图 9-22 相邻最小项合并的几种常见情况

③ 找出可以合并的最小项。

④ 选取化简后的乘积项。

以下为归纳出的 n 变量卡诺图最小项的合并规则：

① 将取值为 1 的相邻小方格圈成矩形或方形，相邻小方格包括最上行与最下行，最左列与最右列，同列或同行两端的两个小方格，以及 4 个角。

② 所圈取值为 1 的相邻小方格的个数应为 $2^n (n=0,1,2,3,\cdots)$，即 $1、2、4、8、\cdots$，不允许 $3、6、10、12、14$ 等。

③ 圈的个数应最少，圈内小方格个数应尽可能多。每圈一个新的圈时必须包含至少一个在已圈过的圈中未出现过的 1，否则会出现重复而得不到最简式。

④ 每一个取值为 1 的小方格可被圈多次，但不能遗漏。

例 9-2 应用卡诺图化简逻辑函数 $Y = A\overline{B}\overline{C} + \overline{A}\overline{B} + \overline{A}CD + BD$。

解 将函数表示成卡诺图形式，如图 9-23 所示。

经化简后得：$Y = \overline{A}\overline{B} + BD + \overline{B}\overline{C}$

例 9-3 应用卡诺图化简逻辑函数 $Y = ABC + ABD + A\overline{C}D + \overline{C}\overline{D} + A\overline{B}C + \overline{A}C\overline{D}$。

解 将函数表示成卡诺图形式，如图 9-24 所示。

经化简后得 $Y = A + \overline{D}$。

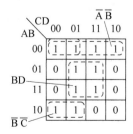

图 9-23 例 9-2 的卡诺图化简

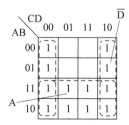

图 9-24 例 9-3 的卡诺图化简

【练习与思考】

9.4.1 逻辑函数的标准形式是什么？

9.4.2 基本和常用的逻辑代数的公式和定理有哪些？

9.4.3 如何用公式法和卡诺图化简逻辑函数？

9.5 组合逻辑电路的分析与设计

数字电路根据逻辑功能的不同，可以分为两大类：一类是组合逻辑电路，另一类是时序逻辑电路。组合逻辑电路逻辑功能的共同特点是：电路任意时刻的输出仅仅与该时刻的输入有关，而与电路的历史状态无关。图 9-25 所示就是一个组合逻辑电路的例子。

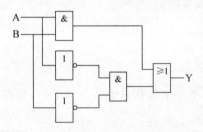

图 9-25　组合逻辑电路

由图 9-25 的逻辑图可以看出，该电路有两个输入变量 A、B 和一个输出变量 Y。分析图 9-25 可知，只要输入变量 A、B 的取值确定，输出变量 Y 的取值也随之确定，与电路历史状态无关。

9.5.1 组合逻辑电路的分析

组合逻辑电路的分析就是对一个给定的逻辑电路，通过分析找出电路的逻辑功能。

组合逻辑电路的分析步骤如下：①根据给定的逻辑电路写出逻辑函数表达式；②化简和变换逻辑函数表达式；③列出真值表（根据分析问题而定）；④确定组合逻辑电路的功能。

例 9-4 分析图 9-26 所示电路的逻辑功能。

解 （1）根据给定的逻辑电路图，写出逻辑函数表达式

$$Y = \overline{\overline{A}B + A\overline{B}}$$

（2）表达式变换或化简：

$$Y = \overline{\overline{A}B + A\overline{B}} = (A + \overline{B})(\overline{A} + B)$$
$$= \overline{A}\,\overline{B} + AB$$

（3）根据输出函数表达式列出真值表。

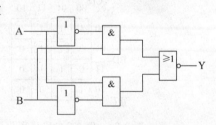

图 9-26　例 9-4 的逻辑电路图

该函数的真值表如表 9-13 所示。

表 9-13 例 9-4 的真值表

A	B	Y
0	0	1
0	1	0
1	0	0
1	1	1

（4）确定逻辑功能

由真值表分析可知，该电路在输入 A、B 取值相同时，即同时为 0 或同时为 1 时，输出 Y 的值为 1，所以该电路实现"同或"逻辑功能。

例 9-5 分析图 9-27 所示电路的逻辑功能。

解 （1）写出逻辑函数表达式

$$Y=\overline{\overline{ABC}\cdot\overline{ABD}\cdot\overline{ACD}\cdot\overline{BCD}}$$

（2）列真值表

由逻辑函数表达式列出真值表，如表 9-14 所示。

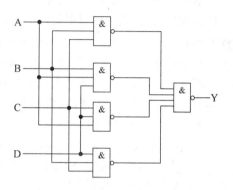

图 9-27 例 9-5 的逻辑电路图

表 9-14 例 9-5 的真值表

输 入				输 出
A	B	C	D	Y
0	0	0	0	0
0	0	0	1	0
0	0	1	0	0
0	0	1	1	0
0	1	0	0	0
0	1	0	1	0
0	1	1	0	0
0	1	1	1	1
1	0	0	0	0
1	0	0	1	0
1	0	1	0	0
1	0	1	1	1
1	1	0	0	0
1	1	0	1	1
1	1	1	0	1
1	1	1	1	1

（3）确定逻辑功能。

由真值表可以看出，该电路为四变量多数表决器，当输入变量 A、B、C、D 有 3 个或 3 个以上为 1 时，输出为 1。

9.5.2 组合逻辑电路的设计

组合逻辑电路的设计是指根据给定的实际逻辑问题,找出一个能解决该问题的最简的逻辑电路。最简是指电路所用的器件数少、器件种类少、器件间的连线少。组合逻辑电路的设计步骤如下:①进行逻辑抽象,根据给定的逻辑问题通过逻辑抽象,用一个逻辑函数表达式来描述。具体的做法是首先分析事件的因果关系,确定输入、输出变量,并对输入、输出变量进行逻辑赋值,然后再根据给定的实际逻辑问题列出真值表,最后根据真值表写出逻辑函数表达式。②选择器件种类。根据对电路的具体要求和器件资源情况决定选用哪种器件。③对逻辑函数式进行化简并变换适当的形式。④根据化简后的逻辑函数式画出逻辑图。

例 9-6 设计一个 3 人参与的多数同意表决电路。要求当 3 人中有两人或两人以上表示同意时,结果成立;否则,结果不成立。要求用与非门实现该电路。

解 (1)进行逻辑抽象

① 确定输入变量、输出变量,并赋值。

设 3 个人为输入变量 A、B、C,为 1 时表示同意,为 0 时表示不同意;表决结果为输出变量 Y,Y 为 1 时,表示通过,为 0 时表示不通过。

② 根据要求列真值表,如表 9-15 所示。

表 9-15 例 9-6 的真值表

A	B	C	Y
0	0	0	0
0	0	1	0
0	1	0	0
0	1	1	1
1	0	0	0
1	0	1	1
1	1	0	1
1	1	1	1

(2)根据真值表写出逻辑函数表达式

$$Y=\overline{A}BC+A\overline{B}C+AB\overline{C}+ABC$$

(3)选定逻辑器件

用与非门集成器件实现此电路。

① 化简变换逻辑函数得

$$Y=\overline{A}BC+A\overline{B}C+AB\overline{C}+ABC$$
$$=AB+BC+AC$$
$$=\overline{\overline{AB+BC+AC}}$$
$$=\overline{\overline{AB}\cdot\overline{BC}\cdot\overline{AC}}$$

② 根据逻辑表达式画出逻辑图,如图 9-28 所示。

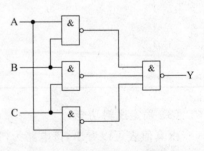

图 9-28 例 9-6 的逻辑图

例 9-7　设计一个验证能否输血的逻辑电路,要求当 4 种血型中有一对是可以输送与接受的血型时,给出相应的指示。4 种基本血型分别为 A 型、B 型、AB 型和 O 型。O 型血可以输给任意血型的人,而自己只能接受 O 型;AB 型可以接受任意血型,但只能输给 AB型;A 型能输给 A 型或 AB 型,可接受 A 型或 O 型;B 型能输给 B 型或 AB 型,可以接受 B型或 O 型。要求用与非门实现。

解　(1) 逻辑抽象

① 选取 AB 两个变量编码的 4 种组合,分别代表可能输送的 4 种血型,选取 CD 两个变量编码的组合分别代表接受的 4 种血型,分别以 00 代表 O 型、01 代表 A 型、10 代表 B 型、11 代表 AB 型。选取变量 Y 为输出变量,当 Y 为 1 时表示可以输血,Y 为 0 时则不能输血。

② 根据编码及题目的输血规则,列真值表 9-16。

表 9-16　例 9-7 的真值表

A	B	C	D	Y
0	0	0	0	1
0	0	0	1	1
0	0	1	0	1
0	0	1	1	1
0	1	0	0	0
0	1	0	1	1
0	1	1	0	0
0	1	1	1	1
1	0	0	0	0
1	0	0	1	0
1	0	1	0	1
1	0	1	1	1
1	1	0	0	0
1	1	0	1	0
1	1	1	0	0
1	1	1	1	1

写出表达式为 $Y = \overline{A\overline{C} + B\overline{D}}$。

(2) 选取逻辑器件

选取与非门实现。

(3) 变换逻辑函数 $Y = \overline{\overline{\overline{A\overline{C}} \cdot \overline{B\overline{D}}}}$

(4) 画逻辑图如图 9-29 所示。

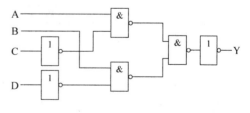

图 9-29　例 9-7 的逻辑图

【练习与思考】

9.5.1　组合逻辑电路的分析一般有哪些步骤?

9.5.2　组合逻辑电路的设计一般有哪些步骤?

9.5.3　组合逻辑电路的逻辑功能和共同特点是什么?

9.6　常用的组合逻辑电路

根据集成度来划分,可以将集成电路分为小规模集成电路(small scale integration, SSI)、中规模集成电路(medium scale integration, MSI)、大规模集成电路(large scale integration, LSI)和超大规模集成电路(very large scale integration, VLSI)。小规模集成电路中仅仅是基本器件的集成,中规模集成电路中是逻辑部件的集成,如常用的编码器、译码器、显示译码器、加法器、数据选择器、数值的比较器等。大规模和超大规模集成电路是一个数字子系统或整个数字系统的集成,比如微处理器和存储器。本节主要讨论几种常用的中规模组合逻辑电路及其应用。

9.6.1　加法器

在数字系统中加法运算是算术运算中最基本的运算,其他的运算都可以转化成加法运算来实现。能实现加法运算的电路称为加法器。加法器按加数位数不同可分为一位加法器和多位加法器。

本节只讲述一位加法器。一位加法器又可分为半加器和全加器。

(1) 半加器

两个一位二进制数相加,不考虑来自低位进位数的运算称为半加,能实现半加运算的电路称为半加器。

设 A 和 B 为两个加数,S 为本位的和,C 为向高位的进位。根据二进制数加法的运算规则,可以得出半加器的真值表,如表 9-17 所示。

表 9-17　半加器逻辑真值表

输　　　入		输　　　出	
A	B	S	C
0	0	0	0
0	1	1	0
1	0	1	0
1	1	0	1

由逻辑状态写出逻辑表达式

$$S = \overline{A}B + A\overline{B} = A \oplus B$$
$$C = AB$$

(9-13)

由逻辑式得到的逻辑图如图 9-30 所示。

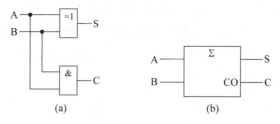

图 9-30 半加器的逻辑图及逻辑符号

（a）逻辑图；（b）逻辑符号

（2）全加器

两个一位二进制数相加，考虑来自低位进位数的加法运算称为全加。能实现全加运算的电路称为全加器。设 A_i 和 B_i 为两个加数，还有一个来自低位的进位数 C_{i-1}。这 3 个数相加，得出本位和 S_i 以及向高位的进位 C_i。根据二进制加法的运算规则，可列出全加器的真值表，如表 9-18 所示。

表 9-18　全加器逻辑真值表

A_i	B_i	C_{i-1}	S_i	C_i
0	0	0	0	0
0	0	1	1	0
0	1	0	1	0
0	1	1	0	1
1	0	0	1	0
1	0	1	0	1
1	1	0	0	1
1	1	1	1	1

由全加器的真值表可以写出全加器的逻辑函数表达式

$$\begin{aligned}
S_i &= \overline{A_i}\,\overline{B_i}C_{i-1} + \overline{A_i}B_i\,\overline{C_{i-1}} + A_i\,\overline{B_i}\,\overline{C_{i-1}} + A_iB_iC_{i-1} \\
&= \overline{A_i}(B_i \oplus C_{i-1}) + A_i(\overline{B_i \oplus C_{i-1}}) \\
&= A_i \oplus B_i \oplus C_{i-1} \\
C_i &= \overline{A_i}B_iC_{i-1} + A_i\,\overline{B_i}C_{i-1} + A_iB_i\overline{C_{i-1}} + A_iB_iC_{i-1} \\
&= A_iB_i + A_iC_{i-1} + B_iC_{i-1}
\end{aligned} \tag{9-14}$$

由表达式得到的逻辑图如图 9-31 所示。

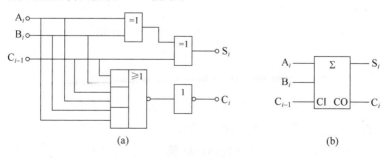

图 9-31 全加器逻辑图及逻辑符号

（a）逻辑图；（b）逻辑符号

集成器件 74LS283 即为由上述逻辑图构成的双全加器。能实现多位加法运算的电路称为多位加法器。多个一位二进制全加器级联就可以实现多位加法运算。根据级联的方式不同,多位加法可分为串行进位加法器和超前进位加法器两种。图 9-32 所示是由 4 个全加器组成的 4 位串行进位加法器。

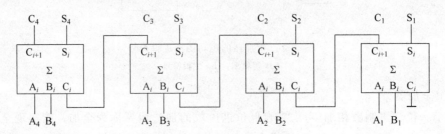

图 9-32 4 位串行进位加法器

四位串行进位加法器的特点是:低位全加器输出的进位信号 C_{i+1} 加到相邻的高位全加器的进位输入端 C_i,最低位的进位输入端 C_i 接地。每一位的相加结果需等到低一位的进位信号产生后才能建立起来。因此串行加法器的运算速度比较慢,这是它的主要缺点,但它的电路比较简单。

当对运算速度要求较高时,可采用超前进位加法器。超前进位加法器是根据加到第 i 位的进位输入信号 C_i,是由 A_i、B_i 这两个加数之前各位加数 A_i,A_{i-1},…,A_1 和 B_i,B_{i-1},…,B_1 决定的原理,通过逻辑电路事先得出每一位全加器的进位输入信号。而无须再从最低位开始向高位逐位传递进位信号了,因而有效地提高了运算速度。

74LS283 就是一个 4 位二进制超前进位全加器,可进行 4 位二进制的加法运算,图 9-33 是它的图形符号和外引线图。

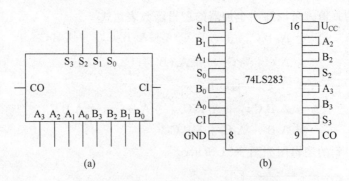

图 9-33 74LS283 的图形符号和外引线图

(a) 一般符号;(b) 外引线图

例 9-8 用 74LS283 实现将 8421BCD 码转换成余 3 码的电路。

解 设输入 8421BCD 码为 DCBA,输出余 3 码为 $Y_4 Y_3 Y_2 Y_1$。

由 8421 码和余 3 码的关系可知 $Y_4 Y_3 Y_2 Y_1 = DCBA + 0011$。

选用一片 74LS283,便可实现两种代码的转换。连接方法如图 9-34 所示。

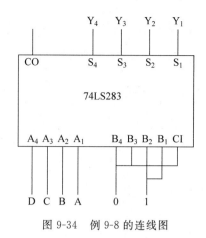

图 9-34 例 9-8 的连线图

9.6.2 编码器

编码器是能实现编码功能的电路,它能够对具有特定含义的信息(如数字、文字、符号等)进行编码,即编码器的输出是所要编码信息的二进制代码。按编码方式不同,可以将编码器分为二进制普通编码器和优先编码器。按输出代码的种类不同,又可以将编码器分为二进制编码器和二-十进制编码器等。

1) 二进制普通编码器

普通编码器是指每次只能对一个电路状态进行编码,因此其他状态为约束项。用 n 位二进制代码对 2^n 个信息进行编码的电路即为二进制编码器。如图 9-35 所示为 3 位二进制普通编码器的逻辑图,由逻辑图可以看出该编码器有 8 个编码输入端 $I_0 \sim I_7$,I_0 未画出,有 3 个二进制代码输出端 $Y_0 \sim Y_2$。

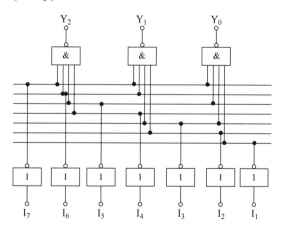

图 9-35 三位二进制普通编码器的逻辑图

由图 9-35 可写出编码器各输出端的逻辑函数并利用无关项进行化简可以得到

$$Y_2 = I_4 + I_5 + I_6 + I_7$$
$$Y_1 = I_2 + I_3 + I_6 + I_7$$
$$Y_0 = I_1 + I_3 + I_5 + I_7$$

由逻辑函数表达式可列出该编码器的功能表,如表 9-19 所示。

表 9-19　三位二进制编码器的功能表

输　　入								输　　出		
I_0	I_1	I_2	I_3	I_4	I_5	I_6	I_7	Y_2	Y_1	Y_0
0	0	0	0	0	0	0	1	1	1	1
0	0	0	0	0	0	1	0	1	1	0
0	0	0	0	0	1	0	0	1	0	1
0	0	0	0	1	0	0	0	1	0	0
0	0	0	1	0	0	0	0	0	1	1
0	0	1	0	0	0	0	0	0	1	0
0	1	0	0	0	0	0	0	0	0	1
1	0	0	0	0	0	0	0	0	0	0

由逻辑功能表可以看出,当 8 个输入端中有任一个高电平时表示有编码请求,可以编出相应的代码,输出也为高电平有效。

2) 优先编码器

优先编码器中,允许同时输入两个以上编码信号。在设计时,需要预先将所有输入信号按优先顺序进行排序,当输入端有多个编码请求时,编码器只对其中优先级别最高的输入信号进行编码,而不考虑其他优先级别比较低的输入信号。下面以常用二-十进制优先编码器 74LS147 为例分析优先编码器。图 9-36 为 74LS147 的逻辑符号及外引线图。

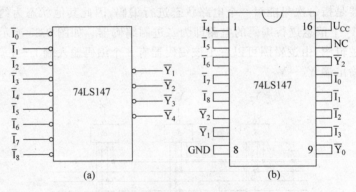

图 9-36　74LS147 的图形符号及外引线图
(a) 逻辑符号;(b) 外引线图

优先编码器的逻辑功能如表 9-20 所示。

由表 9-20 可知,74LS147 具有如下逻辑功能。

(1) $\bar{I}_0 \sim \bar{I}_8$ 为 9 个编码输入端,低电平有效。

优先级别最高的是 $\bar{I}_8$,依次降低,$\bar{I}_0$ 优先级最低。当 $\bar{I}_0 \sim \bar{I}_8$ 全为高电平即无编码请求时,输出端 $\bar{Y}_0 \sim \bar{Y}_3$ 全为高电平,此时相当于对 $\bar{I}_0$ 进行编码。

(2) $\bar{Y}_0 \sim \bar{Y}_3$ 为 4 个 BCD 码的输出端,低电平有效。4 位二进制代码从高位到低位的顺序为 $\bar{Y}_3、\bar{Y}_2、\bar{Y}_1、\bar{Y}_0$,且输出为 8421BCD 的反码。

74LS147 没有使能端,因此不利于扩展功能。

表 9-20 74LS147 的功能表

输 入									输 出			
$\bar{I}_0$	$\bar{I}_1$	$\bar{I}_2$	$\bar{I}_3$	$\bar{I}_4$	$\bar{I}_5$	$\bar{I}_6$	$\bar{I}_7$	$\bar{I}_8$	$\bar{Y}_3$	$\bar{Y}_2$	$\bar{Y}_1$	$\bar{Y}_0$
H	H	H	H	H	H	H	H	H	H	H	H	H
×	×	×	×	×	×	×	×	L	L	H	H	L
×	×	×	×	×	×	×	L	H	L	H	H	H
×	×	×	×	×	×	L	H	H	H	L	L	L
×	×	×	×	×	L	H	H	H	H	L	L	H
×	×	×	×	L	H	H	H	H	H	L	H	L
×	×	×	L	H	H	H	H	H	H	L	H	H
×	×	L	H	H	H	H	H	H	H	H	L	L
×	L	H	H	H	H	H	H	H	H	H	L	H
L	H	H	H	H	H	H	H	H	H	H	H	L

9.6.3 译码器和数字显示器

译码是编码的反过程,能实现译码功能的电路称为译码器。译码器将输入的二进制代码转换成的输出是与输入代码对应的高、低电平信号。常用的译码器有二进制译码器、二-十进制译码器和显示译码器 3 类。

1) 二进制译码器 74LS138

二进制译码器的输入是一组二进制代码,输出是一组与输入代码对应的高、低电平信号。图 9-37 给出了二进制译码器 74LS138 的逻辑符号及外引线图。

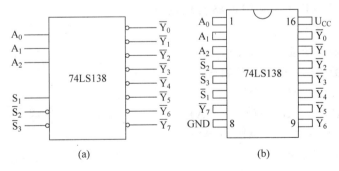

图 9-37 74LS138 的逻辑符号及外引线图
(a) 逻辑符号;(b) 外引线图

由于 74LS138 有 3 个二进制代码输入端 $A_2 \sim A_0$,8 个输出端 $\bar{Y}_7 \sim \bar{Y}_0$,因此它被称为 3-8 线译码器。74LS138 的逻辑功能如表 9-21 所示。

由表 9-21 可知,74LS138 具有如下逻辑功能。

(1) $A_2 \sim A_0$ 为 3 个二进制代码输入端,输入的是 3 位二进制代码。

(2) $\overline{Y}_7 \sim \overline{Y}_0$ 为 8 个输出端,低电平有效。

表 9-21　74LS138 的功能表

输　　入		输　　　　出							
S_1	$\overline{S}_2 + \overline{S}_3$	$\overline{Y}_0$	$\overline{Y}_1$	$\overline{Y}_2$	$\overline{Y}_3$	$\overline{Y}_4$	$\overline{Y}_5$	$\overline{Y}_6$	$\overline{Y}_7$
×	H	H	H	H	H	H	H	H	H
L	×	H	H	H	H	H	H	H	H
H	L	L	H	H	H	H	H	H	H
H	L	H	L	H	H	H	H	H	H
H	L	H	H	L	H	H	H	H	H
H	L	H	H	H	L	H	H	H	H
H	L	H	H	H	H	L	H	H	H
H	L	H	H	H	H	H	L	H	H
H	L	H	H	H	H	H	H	L	H
H	L	H	H	H	H	H	H	H	L

由 74LS138 功能表可写出各输出端的逻辑函数表达式为

$$\overline{Y}_0 = \overline{\overline{A}_2 \overline{A}_1 \overline{A}_0} = \overline{m}_0, \quad \overline{Y}_1 = \overline{\overline{A}_2 \overline{A}_1 A_0} = \overline{m}_1, \quad \overline{Y}_2 = \overline{\overline{A}_2 A_1 \overline{A}_0} = \overline{m}_2$$

$$\overline{Y}_3 = \overline{\overline{A}_2 A_1 A_0} = \overline{m}_3, \quad \overline{Y}_4 = \overline{A_2 \overline{A}_1 \overline{A}_0} = \overline{m}_4, \quad \overline{Y}_5 = \overline{A_2 \overline{A}_1 A_0} = \overline{m}_5$$

$$\overline{Y}_6 = \overline{A_2 A_1 \overline{A}_0} = \overline{m}_6, \quad \overline{Y}_7 = \overline{A_2 A_1 A_0} = \overline{m}_7$$

由逻辑函数表达式可以得出,译码器输出 $\overline{Y}_7 \sim \overline{Y}_0$ 是 3 个输入变量 $A_2 \sim A_0$ 的全部最小项的译码输出,所以也称这种译码器为最小项译码器。

(3) S_1、$\overline{S}_2$、$\overline{S}_3$ 为 3 个输入控制端,其中 S_1 高电平有效,$\overline{S}_2$、$\overline{S}_3$ 低电平有效。

当 $S_1 = L$ 或 $\overline{S}_2 + \overline{S}_3 = H$ 时,译码器不工作,$\overline{Y}_7 \sim \overline{Y}_0$ 均为高电平。

当 $S_1 = H$ 或 $\overline{S}_2 + \overline{S}_3 = L$ 时,译码器工作。

此外这 3 个输入端还可以用于扩展译码器的功能。

例 9-9　试用 74LS138 和门电路实现逻辑函数 $Y = \overline{A}\overline{B}\overline{C} + A B \overline{C} + BC$。

解　(1) 设输入变量 $A = A_2$、$B = A_1$、$C = A_0$。

(2) 逻辑函数表达式的最小项表达式形式为

$$Y = \overline{A}\overline{B}\overline{C} + A B \overline{C} + BC$$
$$= \overline{A}\overline{B}\overline{C} + A B \overline{C} + BC(A + \overline{A})$$
$$= \overline{A}\overline{B}\overline{C} + A B \overline{C} + \overline{A} BC + ABC$$
$$= m_0 + m_3 + m_6 + m_7$$
$$= \overline{\overline{m_0 \cdot m_3 \cdot m_6 \cdot m_7}}$$
$$= \overline{\overline{Y}_0 \cdot \overline{Y}_3 \cdot \overline{Y}_6 \cdot \overline{Y}_7}$$

(3) 根据变换后的逻辑函数式画连线图

使译码器处于译码工作状态,即 $S_1 = 1$,$\overline{S}_2 = \overline{S}_3 = 0$,其连线图如图 9-38 所示。

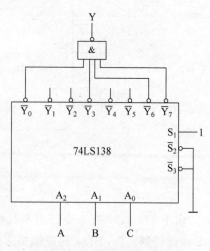

图 9-38　例 9-9 的连线图

2）二-十进制译码器

二-十进制译码器是将输入的 BCD 码中的 10 个 4 位二进制代码译成 10 个高、低电平的输出信号。图 9-39 给出了二-十进制译码器 74LS42 的逻辑符号及外引线图，这种译码器为 4 线-10 线译码器。

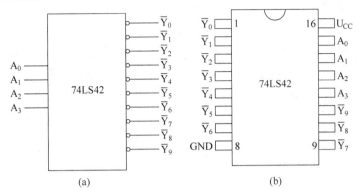

图 9-39　74LS42 的图形符号及外引线图

（a）逻辑符号；（b）外引线图

74LS42 的功能表如表 9-22 所示。

表 9-22　74LS42 的功能表

十进制数码	输　　入				输　　　　出									
	A_3	A_2	A_1	A_0	$\overline{Y}_0$	$\overline{Y}_1$	$\overline{Y}_2$	$\overline{Y}_3$	$\overline{Y}_4$	$\overline{Y}_5$	$\overline{Y}_6$	$\overline{Y}_7$	$\overline{Y}_8$	$\overline{Y}_9$
0	L	L	L	L	L	H	H	H	H	H	H	H	H	H
1	L	L	L	H	H	L	H	H	H	H	H	H	H	H
2	L	L	H	L	H	H	L	H	H	H	H	H	H	H
3	L	L	H	H	H	H	H	L	H	H	H	H	H	H
4	L	H	L	L	H	H	H	H	L	H	H	H	H	H
5	L	H	L	H	H	H	H	H	H	L	H	H	H	H
6	L	H	H	L	H	H	H	H	H	H	L	H	H	H
7	L	H	H	H	H	H	H	H	H	H	H	L	H	H
8	H	L	L	L	H	H	H	H	H	H	H	H	L	H
9	H	L	L	H	H	H	H	H	H	H	H	H	H	L
伪码	H	L	H	L	H	H	H	H	H	H	H	H	H	H
	H	L	H	H	H	H	H	H	H	H	H	H	H	H
	H	H	L	L	H	H	H	H	H	H	H	H	H	H
	H	H	L	H	H	H	H	H	H	H	H	H	H	H
	H	H	H	L	H	H	H	H	H	H	H	H	H	H
	H	H	H	H	H	H	H	H	H	H	H	H	H	H

3）显示译码器

由译码电路驱动显示器件，将代码显示出来，即为显示译码器，常用的显示器件有七段显示器。

（1）七段数码显示器

七段数码显示器就是用来显示十进制数 0～9 十个数码的器件。常见的七段数码显示器有半导体数码显示器和液晶显示器两种。下面介绍常用的七段半导体数码显示器。半导体数码管大多由 7 个条形的发光二极管排列成七段组合字形,以分段显示数字,其字形结构如图 9-40 所示。

图 9-40　七段半导体显示器外形图及显示的数字

(a) 七段译码器；(b) 显示的数字

发光二极管数码显示管的内部有两种接法,分别为共阳极接法和共阴极接法,如图 9-41(a)、(b)所示。

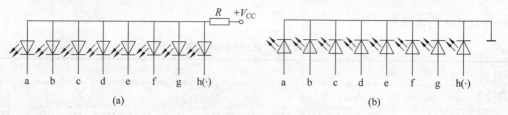

图 9-41　半导体七段显示器的内部接法

(a) 共阳极接线图；(b) 共阴极接线图

(2) BCD 码七段显示译码器 74LS48

七段显示器显示十进制数字,需要在其输入端加驱动信号,BCD 七段显示译码器就是一种能将 BCD 代码转换成七段显示所需要的驱动信号的逻辑电路,它输入的是 BCD 码,输出的则是与七段显示器相对应的 7 位二进制代码。根据七段显示器内部接法的不同,或者低电平有效或者高电平有效。如图 9-42 所示为七段显示译码器 74LS48 的逻辑符号及外引线图。74LS48 输出高电平有效,因此可与共阴极七段显示器配合使用。如果七段显示译码器为输出低电平有效,则应与共阳极七段显示器配合使用。

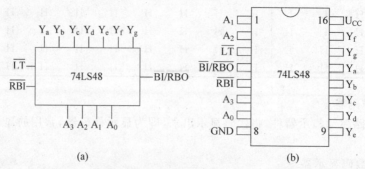

图 9-42　七段显示译码器 74LS48 的图形符号及外引线图

(a) 逻辑符号；(b) 外引线图

74LS48 的功能表如表 9-23 所示。

表 9-23　74LS48 的功能表

十进制数字或功能	输入						输入/输出	输出							字形
	$\overline{LT}$	$\overline{RBI}$	A_3	A_2	A_1	A_0	$\overline{BI}/\overline{RBO}$	Y_a	Y_b	Y_c	Y_d	Y_e	Y_f	Y_g	
0	H	H	L	L	L	L	/H	H	H	H	H	H	H	L	0
1	H	×	L	L	L	H	/H	L	H	H	L	L	L	L	1
2	H	×	L	L	H	L	/H	H	H	L	H	H	L	H	2
3	H	×	L	L	H	H	/H	H	H	H	H	L	L	H	3
4	H	×	L	H	L	L	/H	L	H	H	L	L	H	H	4
5	H	×	L	H	L	H	/H	H	L	H	H	L	H	H	5
6	H	×	L	H	H	L	/H	L	L	H	H	H	H	H	6
7	H	×	L	H	H	H	/H	H	H	H	L	L	L	L	7
8	H	×	H	L	L	L	/H	H	H	H	H	H	H	H	8
9	H	×	H	L	L	H	/H	H	H	H	H	L	H	H	9
10	H	×	H	L	H	L	/H	L	L	L	H	H	L	H	非
11	H	×	H	L	H	H	/H	L	L	H	H	L	L	H	正
12	H	×	H	H	L	L	/H	L	H	L	L	L	H	H	常
13	H	×	H	H	L	H	/H	H	L	L	H	L	H	H	字
14	H	×	H	H	H	L	/H	L	L	L	H	H	H	H	型
15	H	×	H	H	H	H	/H	L	L	L	L	L	L	L	全暗
灭灯	×	×	×	×	×	×	/L	L	L	L	L	L	L	L	全暗
灭零	H	L	L	L	L	L	/L	L	L	L	L	L	L	L	全暗
灯测试	L	×	×	×	×	×	/H	H	H	H	H	H	H	H	8

根据 74LS48 的功能表,其逻辑功能如下。

① $A_3 \sim A_0$ 为数码输入端,其输入为 8421BCD 码。

② $Y_a \sim Y_g$ 为输出端,高电平有效,输出 7 位二进制代码。功能表中"H"表示该段所对应的线段亮,"L"表示该段所对应的线段不亮。

③ $\overline{LT}$ 为试灯输入端,低电平有效,它的功能是检查七段显示器各段是否能正常工作。当 $\overline{LT}$ 为低电平时,无论输入端是何状态,输出端均为高电平,即七段全部发光。此时 $\overline{BI}/\overline{RBO}$ 作输出端,输出高电平。当七段显示译码器正常工作时,需将 $\overline{LT}$ 置高电平。

④ $\overline{RBI}$ 为灭零输入,低电平有效。

如果当七段显示译码器应该显示"0"时,并且此时将 $\overline{RBI}$ 置为低电平,则这个零就熄灭,不会显示出来。$\overline{RBI}$ 的作用就是将多余的零熄灭,此时 $\overline{BI}/\overline{RBO}$ 作输出端,输出为低电平。

例如:有一个 8 位数码显示器,当显示 2.4 时,出现"0002.4000"字样,这时便可将不需要的 0 所对应的七段显示器的 $\overline{RBI}$ 端加低电平,则多余的 0 被灭掉,七段显示器显示出"2.4"字样。此时 $\overline{BI}/\overline{RBO}$ 作为输出端,输出低电平。

⑤ $\overline{BI}/\overline{RBO}$ 为灭灯输入/灭零输出端,低电平有效,这个端有两个功能:一可为输入端,二可为输出端。

$\overline{BI}/\overline{RBO}$ 作为输入端使用时,称为灭灯输入控制端。其作用为当 $\overline{BI}$ 为低电平时,无论其余端为何状态,七段显示器各段同时被熄灭。如果需显示器正常工作,应将 $\overline{BI}$ 置高电平。

$\overline{BI}/\overline{RBO}$ 作输出端使用时,为灭零输出端。即 4 位输入代码 $A_3 \sim A_0$ 全为低电平,此时置 $\overline{LT}$ 为高电平,$\overline{RBI}$ 为低电平时,$\overline{RBO}$ 则会输出低电平。

【练习与思考】

9.6.1 根据集成度来划分,可以将集成电路分为几大类?

9.6.2 半加器和全加器的工作原理各是什么?

9.6.3 简述编码器、译码器的功能和使用方法。

*9.7 半导体存储器及可编程逻辑器件

本节将主要介绍各种半导体存储器的功能、组成及其工作原理。内容有存储器的概念,随机和只读存储器的功能、结构与应用,可编程逻辑器件的结构、工作原理、功能与应用。

9.7.1 半导体存储器

半导体存储器是一种能够存储大量二值信息的半导体器件,它属于大规模集成电路,它具有集成度高、存储密度大、速度快、功耗低、体积小和使用方便等特点。目前应用比较广泛的存储器有半导体存储器和光盘存储器等。存储器不仅可以用于存储文字的编码数据,而且还可以用于存储声音和图像的编码数据。半导体存储器的种类很多,仅从存取功能上可以分为只读存储器(简称 ROM)和随机存储器(简称 RAM)两大类。通常把存取容量和存取速度作为衡量存储器性能的重要指标。目前动态存储器的容量已高达 10^9 位每片。一些高速随机存储器的存取时间仅需要 10ns 左右。存储容量反映的是存储器能够存储多少二进制数据或信息,通常用 $2^n \times M$(字线×位线)位来表示。例如 256×8 位 ROM 的存储容量为 256 个字,字长为 8 位,即一共能存储 2048 位二进制数据。存取时间决定了存储器的工作速度,用读/写周期来描述。读写周期是存储器连续两次读/写操作所需最短的时间间隔。读/写周期越短,则说明存取时间越短,存储器的工作速度就越快。

1) 只读存储器

只读存储器用于存储固定不变的数据信息,在工作时只能从中读取已经存入的固定的信息,而不能重新进行修改和写入新的信息,只读存储器能够存储数据是依靠电路的物理结构,所以断电后数据仍然能够保持,并且能够长期保存。根据对存储矩阵编程方式的不同,只读存储器又分为掩膜 ROM、可编程 ROM 和可擦除 ROM。

(1) 只读存储器的电路组成

只读存储器(ROM)主要包含地址译码器、存储矩阵和输出缓冲器 3 个组成部分,其结构框图如图 9-43 所示。

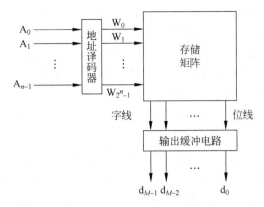

图 9-43　ROM 的结构框图

ROM 的核心部分是存储矩阵,用于存放二进制信息。存储矩阵是由若干存储单元排列而成的,存储单元可以用二极管也可以用双极型三极管或 MOS 管构成。每个单元能存放一位二值代码(0 或 1),一位或多位二进制数据构成了字。图 9-43 中的存储矩阵有 2^n 个字,每个字的字长为 M 位,因此整个存储器的存储容量为 $2^n \times M$ 位。每一个或一组存储单元有一个对应的地址代码。存储矩阵的输出线称为位线,存储矩阵的内容经位线送至输出缓冲电路。

地址译码器的作用是将输入的地址码译成相应的控制信号,利用这个控制信号从存储矩阵中选取指定的存储单元(即字)的内容,并把选中的存储单元的信息送至输出缓冲电路。地址译码器的输出线称为字线,图 9-43 中,地址译码器有 n 条输入线 $A_0 \sim A_{n-1}$,有 2^n 条输出线 $W_0 \sim W_{2^n-1}$,称为字线。每条字线对应的存储矩阵中的一个字,每输入一个地址码,相应的字即被选中。

输出缓冲电路和存储矩阵的位线相连,一般由三态门构成,这样可以便于与系统的总线连接。输出缓冲电路主要要考虑输出缓冲器的带负载能力和电平匹配问题。由存储矩阵输出的数据是以并行方式读出的。

(2) 只读存储器工作原理

图 9-44 所示为一个二极管掩膜 ROM 存储器电路结构,现以此电路来说明 ROM 的工作原理。掩膜 ROM 又称为固定 ROM,其存储信息是由生产厂家在制造时利用掩膜工艺写

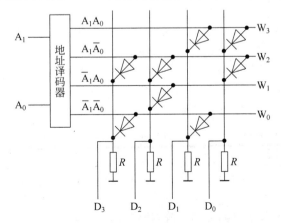

图 9-44　4×4 二极管掩膜 ROM 的结构图

入的。掩膜 ROM 的存储元件可采用二极管、双极型晶体管和 MOS 管。

图 9-44 中，ROM 由一个有两位地址码的地址译码器和 4×4 二极管存储矩阵组成。地址译码是全译码，有两位地址码 A_1 和 A_0，能译出 4 个不同的地址 00、01、10、11，即能产生输入变量的全部最小项 $m_0 \sim m_3$，在图示地址译码器中，因为含有 4 个与逻辑门，所以最小项实现了输入变量的与运算。

存储矩阵有 4 条字线 $W_0 \sim W_3$ 和 4 条位线 $D_0 \sim D_3$，所以共有 $n\times M=4\times4=16$ 个交叉点，每个交叉点都是一个存储单元，可以用来存放一位二进制数码。交叉点处接有二极管的相当于存 1，没接二极管的则相当于存 0。例如字线 W_2 与位线有 4 个交叉点（此处交叉点并不是节点），其中有 3 处接有二极管。当 W_2 为高电平 1（其余字线均为低电平 0）时，3 个二极管因正向偏置而导通，使位线 D_3、D_2 和 D_0 均为高电平 1；而另一个交叉点因为没有接二极管，所以使位线 D_1 为低电平。位线输出与各字线之间是或逻辑关系。所以无论地址码 A_1A_0 取何种值，4 条字线中必有一条为高电平 1，它即被选中，其余字线则为低电平。存储矩阵则实现了有关最小项的或运算。存储单元内所存储的数据是 0 还是 1，在设计时就已经固化在存储器芯片里，内容是不能更改的。只读 ROM 成本较低，适合大批量生产。

图 9-44 所示 ROM 的存储内容如表 9-24 所示。

表 9-24　图 9-44 所示 ROM 的存储内容

地址		字线				存储内容			
A_1	A_0	W_0	W_1	W_2	W_3	D_0	D_1	D_2	D_3
0	0	1	0	0	0	0	1	0	1
0	1	0	1	0	0	0	0	1	0
1	0	0	0	1	0	1	0	1	1
1	1	0	0	0	1	1	1	0	0

图 9-45 为图 9-44 所示 ROM 的阵列图。由 ROM 的阵列图可以非常直观地表示出地址译码器和存储矩阵之间的逻辑关系，与阵列中垂直线（即字线）代表与逻辑，交叉圆点代表与逻辑的变量；或阵列中水平线（即位线）代表或逻辑，交叉圆点代表有存储元件，存储数据为 1，否则为 0。

由图 9-45 可以写出

$$D_0 = W_2 + W_3$$
$$D_1 = W_0 + W_3$$
$$D_2 = W_1 + W_2$$
$$D_3 = W_0 + W_2 + W_3$$

例如，当地址译码 $A_1A_0=10$ 时，译码器输出最小项 $m_2=A_1\overline{A_0}=1$，同时字线 $W_2=1$，该字线上有两个交叉圆点（存 1），另两个交叉点无圆点（存 0），ROM 的输出信息为 $D_3D_2D_1D_0=1101$。

图 9-46 为由 MOS 管组成的存储矩阵，请作分析，并画出它的简化阵列图。

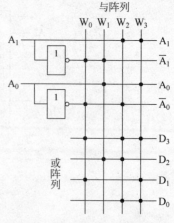

图 9-45　ROM 的阵列图

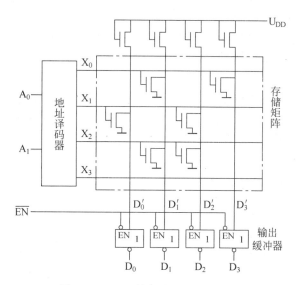

图 9-46 MOS 管组成的 ROM 电路

2）随机存储器的结构和工作原理

随机存储器也称为读/写存储器，简称为 RAM。RAM 应用于存储随时要更换的数据，可以随时从给定的地址所对应的存储单元中读出数据，也可以随时往给定的地址单元所对应的存储单元中写入新的数据，因此 RAM 可以更方便地读和写。但是由于 RAM 存储的数据 0 或者 1 是依靠电路的状态保持的，所以断电后 RAM 中存储的数据会丢失。

根据所采用的存储单元工作原理的不同，可将随机存取存储器分为静态存储器（简称 SRAM）和动态存取存储器（DRAM）；按制造工艺分，又可将随机存储器分为双极型和 MOS 型。由于 MOS 电路具有功耗低、集成度高的优点，所以目前大容量的存储器都采用 MOS 工艺制作。

RAM 的主要结构分为存储矩阵、地址译码器、读/写控制电路，它的结构如图 9-47 所示。

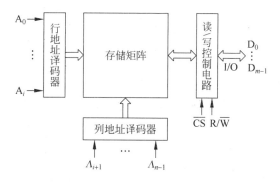

图 9-47 RAM 的基本结构

RAM 的存储矩阵由许多存储单元组成，每个存储单元都能存放一位二进制数据 0 或 1。在地址译码器和读/写控制电路共同作用下，对存储单元进行读/写操作。与 ROM 所不同的是，RAM 存储单元中的数据并不是固定的，而是可以随时地由外部进行写入或读出，为了更可靠地存储数据,RAM 的存储单元采用了具有记忆功能的电路。

地址译码器一般分为行地址译码器和列地址译码器两部分,对输入的地址进行译码,一个地址对应着一条字线(选择线)用来选择存储单元。如图 9-47 所示 RAM 共有 n 根地址线,分成 $A_0 \sim A_i$ 和 $A_{i+1} \sim A_{n-1}$ 两组,分别作为行地址和列地址输入。行地址译码器确定有效的行选择线,从存储矩阵中选中某一行存储单元;列地址译码器确定有效的列选择线,并从列选择线选中的某一列存储单元中再选出 m 个存储单元。只有被行选择线和列选择线同时选中的存储单元,该存储单元中的数据才能与位线(数据线)相通,就可以进行读/写操作。

3) RAM 芯片介绍

图 9-48 所示型号为 2114RAM 外引线排列图。2114RAM 是双列直插式封装,有 18 条引脚。

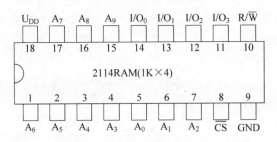

图 9-48 2114RAM 外引线图

各管脚功能如下

(1) $A_0 \sim A_9$ 是 RAM 的地址输入端,有 10 条($n=10$)地址线(10 位地址码)。该 RAM 的字数是 $2^{10}=1024$ 字(即 1024 个字单元)。习惯上称 1024 字为 1K 字。

(2) $I/O_0 \sim I/O_3$ 是 RAM 的数据输入/输出端,有 4 条数据线,数据为 4 位。

(3) 该 RAM 的存储容量为 $1024 \times 4 = 4096$ 个存储单元。可表示为 1024 字 $\times$ 4 位 RAM 或 1K$\times$4RAM。

(4) R/$\overline{\text{W}}$ 是 RAM 的读/写控制端。R/$\overline{\text{W}}=1$ 时,RAM 执行读出操作;R/$\overline{\text{W}}=0$ 时,RAM 执行写入操作。

(5) $\overline{\text{CS}}$ 是 RAM 的片选控制端。$\overline{\text{CS}}=0$ 时,该片 RAM 被选中,可以进行读/写操作;$\overline{\text{CS}}=1$ 时,该片 RAM 未被选中。

(6) 2114RAM 采用 NMOS 工艺制造,电源 U_{DD} 为 +5V。

4) RAM 的扩展

一位 RAM 的位数和字数在计算机和数字系统中是不能满足存储容量的要求的,因此在需要增加 RAM 的字数和位数时,可将若干 RAM 芯片组合起来,扩展成大容量的存储器。RAM 扩展时所需芯片的数量 $N=$ 总存储量/单片存储容量,其扩展可以分为字扩展和位扩展,也可以将字数和位数同时进行扩展。

① RAM 位扩展

当 RAM 的位数不够用时,需要进行位扩展来扩展位数。位扩展的方法很简单,只需要将多片 RAM 的相应地址端、读/写控制端 R/$\overline{\text{W}}$ 和片选信号 $\overline{\text{CS}}$ 端并接在一起,而各片 RAM 的 I/O 端并行输出即可。如图 9-49 所示是将两片 2114 即 1K$\times$4 位 RAM 扩展成 1K$\times$8 位 RAM 的连接图。

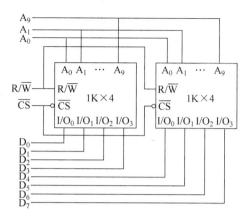

图 9-49 用两个 2114RAM 实现位数扩展

② RAM 的字扩展

当 RAM 的字数不够时,需要进行字扩展,RAM 的字扩展是利用译码器输出控制各片 RAM 的片选信号 $\overline{\text{CS}}$ 来实现的。字数扩展的关键是增加 RAM 的地址输入端,增加的地址线作为高位地址,需要与译码器的输入相连。同时各片的 RAM 的相应地址端、读/写控制端 $R/\overline{W}$、各片 RAM 的 I/O 端并接在一起使用,再用一个非门来控制两片的片选信号 $\overline{\text{CS}}$。图 9-50 是将两片 $1K \times 4$ 位 RAM 扩展成 $2K \times 4$ 位 RAM 的连接图。图中增加一位高位码 A_{10},当 $A_{10}=0$ 时,第一片 RAM 被选中,可以对它的 1K 字进行读/写操作;当 $A_{10}=1$ 时,第 2 片的 RAM 被选中,可以对它的 1K 字进行读/写操作。由此可得到 $2K \times 4$RAM,字数即扩展成 2 倍。

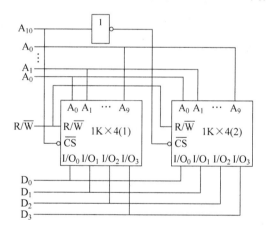

图 9-50 用两片 2114RAM 实现字数扩展

例 9-10 试用 4 片 256×8 位 RAM 扩展成 1024×8 位 RAM。

解 根据要求,字数将扩展成 4 倍,所以地址端需增加 2 位高地址码 $A_8 \sim A_9$,扩展后的电路如图 9-51 所示。

各片 RAM 地址端、读/写控制端、输入/输出端并接在一起。用新增的两位高地址码 A_9、A_8 通过额外增加的 2 线-4 线译码器将它的 4 种状态组合 00、01、10、11 分别译码成 $\overline{Y}_0$、$\overline{Y}_1$、$\overline{Y}_2$、$\overline{Y}_3$(低电平有效),由此可以来控制 4 片 RAM 的片选端。4 片的地址分配将如表 9-25 所示。

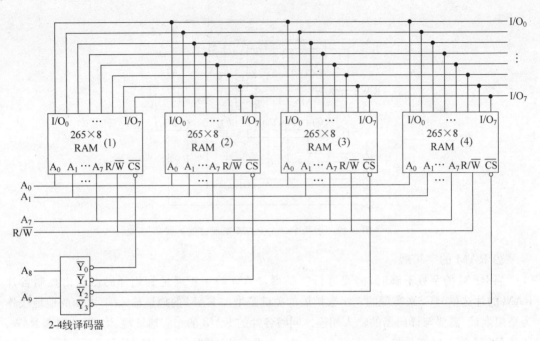

图 9-51　用 4 片 256×8 位 RAM 实现字数扩展

表 9-25　例 9-10 中各片 RAM 电路的地址分配

器件编号	A_9	A_8	$\overline{Y_0}$	$\overline{Y_1}$	$\overline{Y_2}$	$\overline{Y_3}$	地址范围 A_9　A_8　A_7　A_6　A_5　A_4　A_3　A_2　A_1　A_0 （等效十进制数）
RAM (1)	0	0	0	1	1	1	00　00 000 000　～　00　11 111 111 (0)　　　　　　　(255)
RAM (2)	0	1	1	0	1	1	01　00 000 000　～　01　11 111 111 (256)　　　　　　(551)
RAM (3)	1	0	1	1	0	1	10　00 000 000　～　10　11 111 111 (512)　　　　　　(767)
RAM (4)	1	1	1	1	1	0	11　00 000 000　～　11　11 111 111 (768)　　　　　　(1023)

　　当 $A_9 A_8 = 00$ 时，第 1 片被选中，可以对第 1 片进行读写操作；当 $A_9 A_8 = 01$ 时，第 2 片被选中，可以对第 2 片进行读写操作；当 $A_9 A_8 = 10$ 时，第 3 片被选中，可以对第 3 片进行读写操作；当 $A_9 A_8 = 11$ 时，第 4 片被选中，可以对第 4 片进行读写操作。扩展后的 RAM 有 10 位地址端，总字数为 $2^{10} = 1024 = 1K$ 字，成为 1K×8 位 RAM。

9.7.2　可编程逻辑器件

　　可编程逻辑器件(PLD)是专用集成电路家族中的一员，属于中、大规模集成电路。它的逻辑功能是由用户对器件的编程来决定的，由于它的规模越来越大，可以满足数字系统的设计要求,这样设计人员就可以自己编程而把数字系统集成到一片 PLD 中,而不必去请集成电路制造商设计和制作专用集成电路了。

由于可编程逻辑器件的性能优越、使用方便,近几年,大有代替中、小规模通用逻辑电路的趋势。PLD 是用排列成阵列的存储单元的导通与断开实现输入和输出之间的逻辑关系,其将存储单元导通或断开的过程称为编程。

1) PLD 的通用结构

多数 PLD 由与阵列、或阵列、起缓冲驱动作用的输入、输出结构组成,由于其核心结构都排列成阵列(一般是与阵列和或阵列),所以称为阵列逻辑,图 9-52 是 PLD 的通用结构框图。

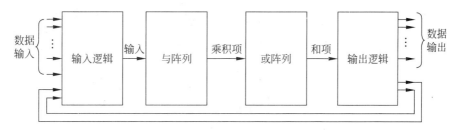

图 9-52 PLD 的通用结构

其中每个数据输出都是输入的与、或函数。与、或阵列的输入线及输出线都排列成阵列方式,每个交叉点处用逻辑器件或熔丝连接起来,用器件的通、断或熔丝的烧断、保留进行编程。有的 PLD 是与阵列可编程,有的 PLD 是或阵列可编程,有的 PLD 是与、或阵列都可以编程。

2) 通用阵列逻辑电路(GAL)

GAL 器件是 1985 年由 LATTICE 公司推出的可编程逻辑器件——通用阵列逻辑 GAL,GAL 采用电可擦除的 CMOS(E^2CMOS)制作,可以用电压信号擦除并可以重新编程。GAL 器件的输出设置了可编程的输出逻辑宏单元(output logic macro cell,OLMC),通过编程可以将 OLMC 设置成不同的工作状态。

GAL 的基本结构:图 9-53 所示的是 GAL 基本结构框图,它由可编程与阵列、不可编程的或阵列和可编程的输出逻辑宏单元(OLMC)三部分组成。

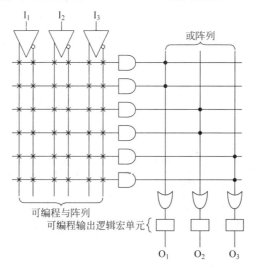

图 9-53 GAL 的基本结构图

图 9-53 中,与阵列中的"×"表示可以编程但未被编程,或阵列中的"·"表示固定连接,不能编程。该与阵列有 6 个与门(每一条横线是一个与门),每个与门有 6 个输入(每一条竖线就是一个输入),所以该与阵列为 6×6。

GAL16V8 电路构成:普通型 GAL16V8 功能框图见图 9-54。它包括可编程与阵列(64×32)、输入缓冲器、输出三态缓冲器、输出反馈/输入缓冲器、输出逻辑宏单元和输出使能缓冲器等。

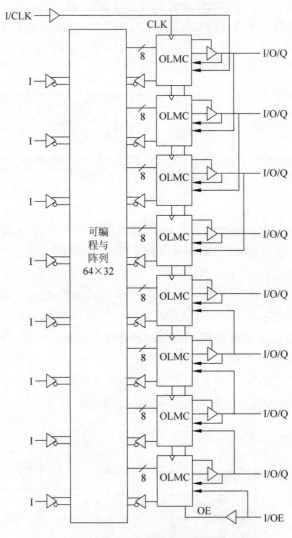

图 9-54　GAL16V8 的功能框图

GAL16V8 的与阵列由 8×8 个与门构成,每个与门有 32 个输入,所以整个阵列规模为 64×32。与阵列的每个交叉点上设有 E^2CMOS 编程单元,这种编程单元与 E^2PROM 的存储单元相同。组成或阵列的 8 个或门分别包含在 8 个 OLMC 中,它们和与逻辑的连接是固定的。GAL16V8 的 PLCC 封装和 DIP 封装如图 9-55 所示。GAL16V8 的逻辑图如图 9-56 所示。

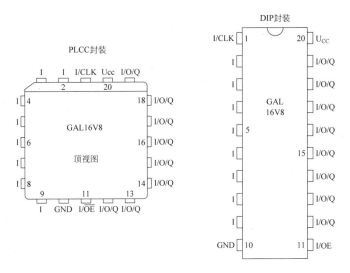

图 9-55 GAL16V8 的封装图

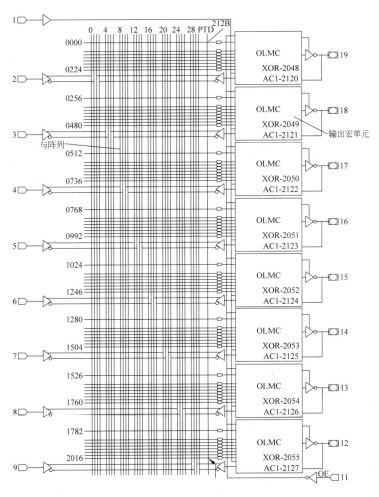

图 9-56 GAL16V8 的电路结构图

输出逻辑宏单元(OLMC)：

图 9-57 显示的是 OLMC 的结构,它由四个数据选择器和一些门电路构成。

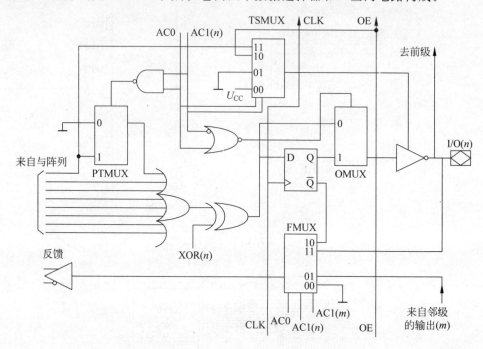

图 9-57 输出逻辑宏单元(OLMC)

OLMC 工作模式控制字：

控制 OLMC 的工作模式是靠改变结构控制字来实现的,通过控制字编程可以得到多种工作模式及输出组态,GAL16V8 的控制字有 5 种：

SYN：同步控制字,1 位,8 个输出逻辑宏单元共用。

AC0：结构控制字,1 位,8 个输出逻辑宏单元共用。

AC1(n)：结构控制字,8 位,每个输出宏单元一个。

XOR(n)：极性控制字,8 位,每个输出宏单元一个。

PT：乘积项禁止控制字,64 位,每个与门一个。

OLMC 中的 D 触发器：

该触发器用来存储异或门的输出信号,以满足时序电路的需要,8 个 OLMC 中的 D 触发器的时钟端均受 1 号引脚的 CLK 控制,所以 1 号引脚要作组合电路输入引脚,只有 8 个 OLMC 都是组合电路才可以。

OLMC 中的多路选择器：

PTMUX：称为乘积项多路开关。该开关的输入是与阵列的第一与项和地线,在 AC0 和 AC1(n)控制下,决定第一与项是否成为或门的输入信号。

OMUX：称为输出多路开关。该开关的输入是异或门的输出和 D 触发器的输出,在 AC0 和 AC1(n)控制下,决定输出是组合电路还是时序电路。

TSMUX：称为三态多路开关。在 AC0 和 AC1(n)控制下,从 U_{CC}、地电平、OE 和第一与项中选择一个控制输出的三态门。

FMUX：称为反馈多路开关，在 AC0、AC1(n)和 AC1(m)控制下，从 D 触发器的 $\overline{Q}$ 端、本级输出、邻级输出和地电平这 4 个信号中选择一个反馈到输入端。

GAL 的工作模式

（1）简单模式

在此模式下，OLMC 可以被定为三种结构：专用输入结构、组合输出结构和具有反馈的组合输出结构。专用输入结构见图 9-58（a），组合输出结构和具有反馈的组合输出结构见图 9-58（b）和（c）。

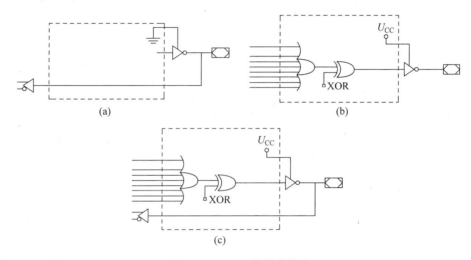

图 9-58　OLMC 的简单模式

（a）专用输入结构；（b）组合输出结构；（c）具有反馈的组合输出结构

（2）复合模式

工作在复合模式下的 OLMC 有两种结构：组合输入/输出结构和组合输出结构，见图 9-59。

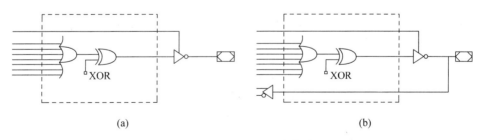

图 9-59　OLMC 的复合模式

（a）组合输入/输出结构；（b）组合输出结构

（3）寄存器模式

寄存器模式下的 OLMC 包含寄存器输出和组合输入/输出两种结构，若选择此模式，任何一个 OLMC 都可以独立配置成这两种结构中的一种。图 9-60（a）是组合输入/输出结构图，而寄存器输出结构见图 9-60（b）。

在图 9-60（b）中时钟 CLK 和选通使能端 OE 是公共的，分别连接到相应的公共引脚，这种输出结构特别适合实现计数器、移位寄存器等时序电路。

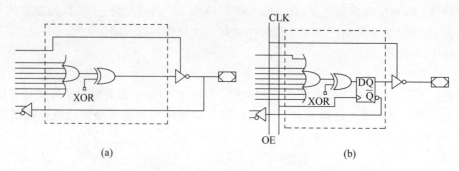

图 9-60 寄存器模式的两种结构

(a) 组合输入/输出结构；(b) 寄存器输出结构

GAL 器件的技术指标和使用环境：

运行温度：工业级－40～85℃,商业级 0～75℃；

电源电压：工业级 4.5～5.5V,商业级 4.75～5.25V；

输入电平：低电平最大 0.8V,高电平最小 2.0V；

输出高电平：拉电流负载(3.2mA)时,最小 2.4V；

输出低电平：灌电流负载(24mA)时,最大 0.5V；

平均电源供电电流：商用 90mA,工业 100mA；

极限电源电压：大于－0.5V,小于＋7.0V；

极限输入电压：大于－2.5V,小于电源电压加1V。

【练习与思考】

9.7.1 什么是 RAM、ROM、SRAM、DRAM?

9.7.2 简述 PLD 的通用结构。

9.7.3 简述 GAL 的基本结构。

*9.8 应用举例

9.8.1 电子密码锁电路

如图 9-61 所示是一个可用于保险柜场合的密码锁控制电路。开锁的条件是：①要拨对密码；②要将开锁控制开关 S 闭合。如果以上两个条件都得到满足,开锁信号为 1,报警信号为 0,锁打开而不发出报警信号。拨错密码则开锁信号为 0,报警信号为 1,锁打不开而警铃报警。

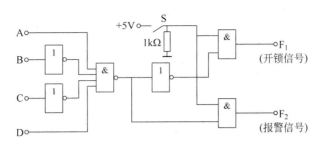

图 9-61　电子密码锁电路

控制开关 S 闭合：开锁信号 $F_1 = 1 \cdot A\overline{B}\overline{C}D = A\overline{B}\overline{C}D$

报警信号 $F_2 = 1 \cdot \overline{A\overline{B}\overline{C}D} = \overline{F_1}$

当 $A = 1$，$B = 0$，$C = 0$，$D = 1$ 时，$F_1 = 1$，密码为 1001。密码拨对时，$F_1 = 1$，$F_2 = 0$；密码拨错时，$F_1 = 0$，$F_2 = 1$。当控制开关 S 断开时，$F_1 = 0$，$F_2 = 0$，密码锁电路不工作。

9.8.2　交通信号灯故障检测电路

如图 9-62 所示是交通信号灯故障检测电路。当交通信号灯正常工作时，红灯（R）亮表示停车信号，黄灯（Y）亮表示准备信号，绿灯（R）亮表示通行信号。正常工作时只有一个灯亮。如果灯全不亮或者全亮，或者两个灯同时亮都是故障。如果灯亮用 1 表示，灯灭用 0 表示，故障用 1 表示，正常用 0 表示，那么当发生故障时，$F = 1$，晶体管导通，继电器 KA 通电，其触点闭合，故障指示灯亮。

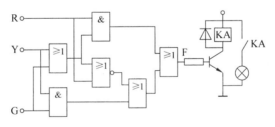

图 9-62　交通信号灯故障检测电路

9.8.3　故障报警电路

如图 9-63 所示是一个故障报警电路，正常工作时，$ABCD = 1111$，T_1 导通，电动机 M 转动，T_2 截止，蜂鸣器 DL 不响，各状态指示灯 HL 全亮。如果系统中某路出现故障，例如 A 路，则 A 的状态从 1 变为 0，这时 T_1 导通，电动机 M 停止转动；T_2 导通，蜂鸣器 DL 发出报警声响，A 路的状态指示灯 HL 熄灭，表示 A 路发生故障。

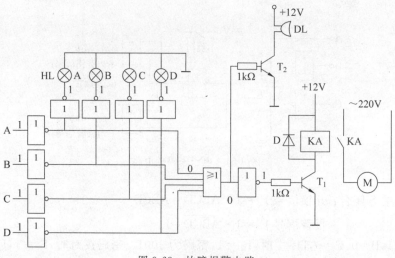

图 9-63　故障报警电路

9.9　Multisim 仿真电路实例

9.9.1　用 Multisim 进行逻辑函数的化简与变换

1. 实验目的和要求

已知逻辑函数 Y 的真值表,用 Multisim 10 求出 Y 的逻辑函数式,并将其化简为最简与或形式。

2. 实验内容

函数真值表如图 9-64 所示。

3. 实验步骤

启动 Multisim 10 后打开逻辑转换器图如图 9-65 所示。

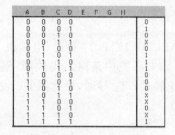

图 9-64　已知逻辑函数 Y 的真值表

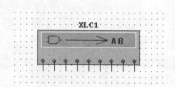

图 9-65　启动 Multisim 10 后打开逻辑转换器图

双击图9-65,将真值表的值输入到逻辑转换器操作窗口左半部分的表格中,然后单击第二个按钮即可完成从真值表到逻辑式的转换,如图9-66所示。

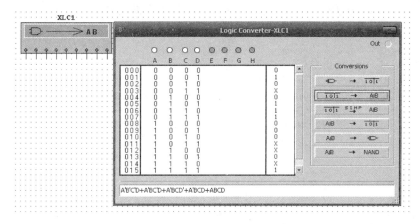

图 9-66　真值表到逻辑式的转换

转换结果显示在逻辑转换器底部窗口中,得到

$$Y(A,B,C,D) = \overline{A}\overline{B}\overline{C}D + \overline{A}\overline{B}C\overline{D} + \overline{A}BC\overline{D} + \overline{A}BCD + ABCD \qquad (9\text{-}15)$$

为了将其化简为最简与或形式,只需要单击逻辑转换器操作窗口右半部分的第三个按钮即可,如图9-67所示。

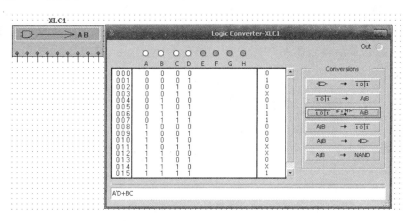

图 9-67　需要单击逻辑转换器操作窗口右半部分的第三个按钮图

得到其最简与或形式

$$Y(A,B,C,D) = \overline{A}D + BC \qquad (9\text{-}16)$$

9.9.2　用 Multisim 分析组合逻辑电路

1. 实验目的和要求
学习 Multisim 软件在组合逻辑电路的应用。

2. 实验内容

用 Multisim 10 分析图 9-68 所示的逻辑电路,找出电路的逻辑函数式和真值表。

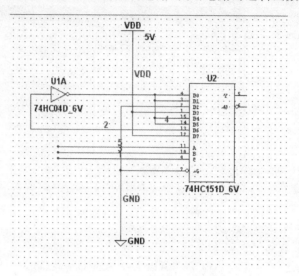

图 9-68 实验所用的逻辑电路

3. 实验步骤

启动 Multisim 10,然后建立如图 9-68 所示的逻辑电路图,根据组合逻辑电路选取所需的器件,然后接线,最后得到图 9-69。

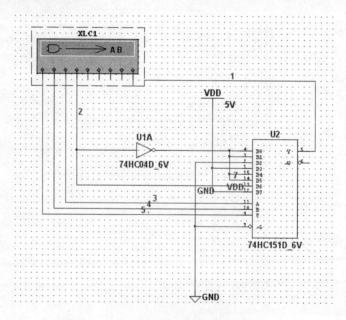

图 9-69 选取所需的器件后的接线图

按图 9-69 接线后得到图 9-70。

双击画面左上方的逻辑转换器图标,便弹出画面上右边的操作窗口。单击操作窗口右

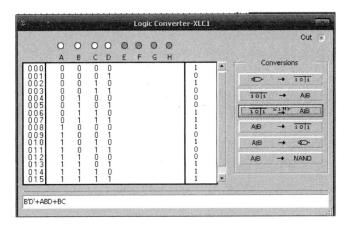

图 9-70　接线后的图

侧上方第一个按钮，逻辑真值表就马上出现，如图 9-71 所示。再单击右侧上方的第三个按钮，在操作栏窗口底部一栏里就可以得到化简后的逻辑函数为

$$\overline{B}\overline{D}+ABD+BC \tag{9-17}$$

	A	B	C	D	
000	0	0	0	0	1
001	0	0	0	1	0
002	0	0	1	0	1
003	0	0	1	1	0
004	0	1	0	0	0
005	0	1	0	1	0
006	0	1	1	0	1
007	0	1	1	1	1
008	1	0	0	0	1
009	1	0	0	1	0
010	1	0	1	0	1
011	1	0	1	1	0
012	1	1	0	0	0
013	1	1	0	1	1
014	1	1	1	0	1
015	1	1	1	1	1

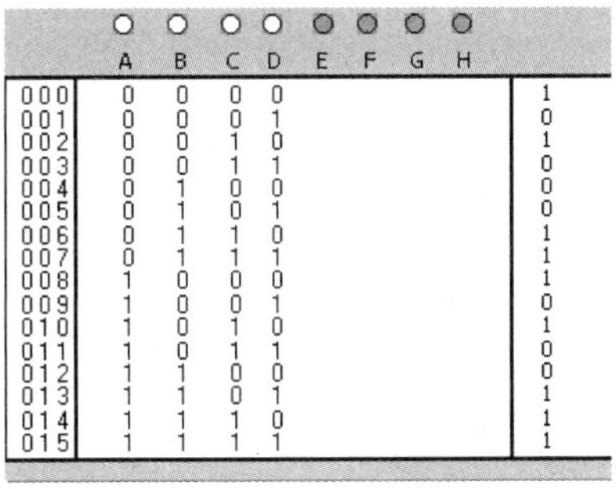

图 9-71　真值表

本章小结

本章主要介绍了逻辑代数基础、门电路、组合逻辑电路、可编程逻辑器件及应用举例。主要内容如下。

(1) 逻辑代数基础，包括进制和码制，逻辑代数的基本公式和常用公式及基本定则，以及逻辑函数的表示方法及化简。

(2) 门电路包括基本逻辑门电路、TTL 和 CMOS 集成逻辑门电路的电路构成及外特性。

(3) 组合逻辑电路的分析和设计，几种常用的中规模集成组合逻辑电路，如编码器、译码器、显示译码器、加法器和数据比较器的逻辑功能及应用。

习 题 9

9-1 将下列十进制数转换成相应的二进制数。

$(12.5)_{10}$ $(101)_{10}$ $(15.25)_{10}$ $(12.718)_{10}$

9-2 将下列二进制数转换成相应的十进制数、十六进制数。

$(1011.11)_2$ $(110011.01101)_2$ $(1001.001)_2$ $(11110.011)_2$

9-3 将下列十进制数转换成 8421BCD 码。

$(13.17)_{10}$ $(102.52)_{10}$ $(10.75)_{10}$ $(78.23)_{10}$

9-4 将下列十六进制数转换成相应的二进制数。

$(23F.15)_{16}$ $(A2.3D)_{16}$ $(11.53)_{16}$ $(5C.E2)_{16}$

9-5 下列函数,当 $A=1,B=0$ 时求 Y 的值。

$$Y_1 = \overline{A}B + A\overline{B}$$

$$Y_2 = AB + (\overline{A+B})(\overline{A}+\overline{B})$$

$$Y_3 = (\overline{\overline{A}+B} + \overline{A+\overline{B}})(\overline{A}B + A\overline{B})$$

9-6 化简下列逻辑函数。

$$Y_1 = A\overline{B}(\overline{A}CD + \overline{AD} + \overline{BC})(\overline{A}+B)$$

$$Y_2 = A + (\overline{B+\overline{C}})(A+\overline{B}+C)(A+B+C)$$

$$Y_3 = B\overline{C} + AB\overline{C}E + \overline{B}(\overline{\overline{A}\overline{D}+AD}) + B(A\overline{D}+\overline{A}D)$$

9-7 根据下列逻辑表达式,画出逻辑图。

$$Y_1 = AB + A\overline{C}$$

$$Y_2 = (A+B)(A+C)$$

$$Y_3 = A\overline{B} + A\overline{C} + \overline{A}BC$$

9-8 用卡诺图化简下列逻辑函数。

$$Y_1 = \sum m(3,5,6,7)$$

$$Y_2 = AB + \overline{A}BC + \overline{A}B\overline{C}$$

$$Y_3 = A\overline{B} + B\overline{C}\overline{D} + ABD + \overline{A}B\overline{C}D$$

9-9 与门两个输入端 A,B 的波形如图所示,请画出输出端 Y 的波形。

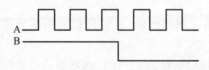

题 9-9 图

9-10　输入端 A,B 的波形如图所示,请画如图所示电路在 C＝0 和 C＝1 时的输出波形。

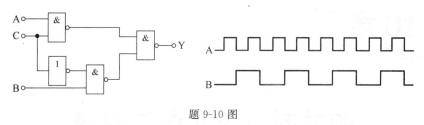

题 9-10 图

9-11　根据如图所示逻辑图,写出逻辑表达式。

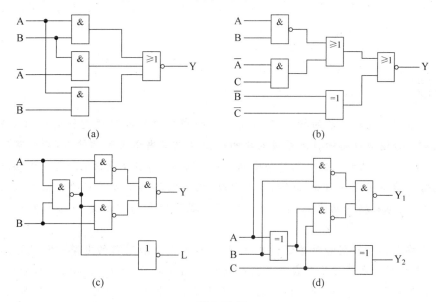

题 9-11 图

9-12　根据下列逻辑函数表达式画出波形图:

$$Y_1 = A\bar{C} + \bar{B}C$$
$$Y_2 = BC + \bar{A}\bar{B}C$$

9-13　试用门电路设计一个两位二进制乘法电路。

9-14　有四台电动机的额定功率分别为 10kW,15kW,25kW,30kW,电源设备的额定容量为 50kW,电动机是随机运行,请用与非门设计一个电源过载时的报警电路。

9-15　用门电路设计一个 4 位验奇电路。当 4 个输入中有奇数个"1"时,输出为"1";当四个输入中有偶数个"1"时,输出为"0"。

9-16　用 74LS138 设计一个交通灯监测控制电路。每一组交通信号用红、黄、绿 3 盏设计,要求在任一时刻只允许有一盏灯亮,否则认为故障,应输出故障信号。

第 10 章

触发器与时序逻辑电路

教学提示

数字电路根据逻辑功能的特点,可以分为组合逻辑电路和时序逻辑电路两大类。第 9 章所介绍的组合逻辑电路的特点是该电路的输出仅仅取决于当时的输入,与电路的历史状态无关,对于需要记录和存储电路的历史状态的这类电路,组合逻辑电路是不能实现的。时序逻辑电路是能够实现存储和记忆功能的电路,该类电路的特点是它的输出不仅仅取决于当时的输入,还与电路的历史状态有关。能够实现存储和记忆功能的基本单元电路是触发器。

本章主要介绍触发器和时序逻辑电路,包括各种类型触发器的电路结构及基本工作原理、触发器逻辑功能表示方法及各种类型触发器之间的转换,时序逻辑电路的分析和设计,以及常用时序逻辑电路及应用。内容包括:触发器、寄存器、计数器、555 定时器及其应用、应用举例及 Multisim 仿真电路实例等。

学习目标

掌握各种 RS 触发器、JK 触发器和 D 触发器的逻辑功能;

掌握时序逻辑电路的分析设计方法,能熟练分析寄存器、计数器等时序逻辑电路;

理解数码寄存器、移位寄存器、二进制计数器和十进制计数器的工作原理;

理解 555 定时器的工作原理和逻辑功能;

理解由 555 定时器组成的单稳态触发器和无稳态触发器的工作原理。

知识结构

本章知识结构如图 10-1 所示。

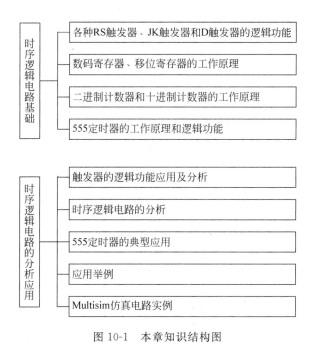

图 10-1 本章知识结构图

10.1 触 发 器

能够存储 1 位二值信号的基本单元电路叫作触发器。触发器具有两个能够自行保持的稳定状态 Q 和 $\overline{Q}$，Q 和 $\overline{Q}$ 可以根据不同的输入信号置成 1 或者 0 状态，其中用 Q 的状态代表整个触发器的状态。例如，某触发器的 Q＝0，则可以说该触发器的状态为 0。根据电路结构的不同，触发器可以分为基本 RS 触发器、同步 RS 触发器、主从触发器、维持阻塞触发器和边沿触发器等。根据逻辑功能的不同，触发器又可以分为 RS 触发器、JK 触发器、D 触发器和 T 触发器等几种类型。

10.1.1 RS 触发器

1) 基本 RS 触发器

如图 10-2 所示给出了由两个与非门交叉耦合组成的基本 RS 触发器的逻辑图和逻辑符号。基本 RS 触发器是各种类型触发器的基本结构。由图 10-2 可知，基本 RS 触发器有 Q 和 $\overline{Q}$ 两个互补输出端，$\overline{R}_D$ 和 $\overline{S}_D$ 两个输入端。其中 $\overline{R}_D$ 为置 0 端，$\overline{S}_D$ 为置 1 端。$\overline{R}_D$ 和 $\overline{S}_D$ 都是低电平有效的,低电平有效的表示方法可以用变量上带非号来表示。触发器在正常工作情况下,有两个有效的输出状态:$Q=0,\overline{Q}=1$,称为触发器 0 态;$Q=1,\overline{Q}=0$,称为触发器 1 态。

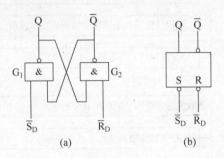

图 10-2　基本 RS 触发器的逻辑图和逻辑符号

(a) 逻辑图;(b) 逻辑符号

通常用 Q^n 表示变化前的状态,称为初态(也叫现态);Q^{n+1} 表示触发器变化后的状态,称为次态。下面简要说明基本 RS 触发器的功能。

当 $\overline{S}_D=0,\overline{R}_D=1$ 时,不论触发器初态 Q^n 是 0 还是 1,次态 Q^{n+1} 均为 1,所以称触发器被置 1。

当 $\overline{R}_D=0,\overline{S}_D=1$ 时,不论触发器初态 Q^n 是 0 还是 1,次态 Q^{n+1} 均为 0,所以称触发器被置 0。

当 $\overline{R}_D=1,\overline{S}_D=1$ 时,触发器的状态不变,即若 $Q^n=0$,则次态 $Q^{n+1}=0$,若 $Q^n=1$,则次态 $Q^{n+1}=1$,即触发器保持了原来的状态,可以说触发器具有存储能力,当输入无效信号时,可以保持前一时刻的数据。

当 $\overline{R}_D=0,\overline{S}_D=0$ 时,不论 $Q^n=0$,还是 $Q^n=1$,次态 $Q^{n+1}=\overline{Q^{n+1}}=1$,这与触发器正常工作状态下两个输出互补是矛盾的,同时当输入信号由 0 变为 1 时,由于两个与非门的延迟时间不同,触发器的次态 $\overline{Q^{n+1}}$ 无法确定,所以对这种情况进行了约束。

归纳以上功能,可以得出基本 RS 触发器具有 3 个功能:置 0、置 1 和保持。输入信号 $\overline{R}_D$ 和 $\overline{S}_D$ 为低电平有效,所以在图 10-2 所示的逻辑符号中,$\overline{R}_D$ 和 $\overline{S}_D$ 端画有小圆圈,小圆圈表示的是"非"或者低电平有效。

描述触发器功能的方法有:逻辑功能表(也叫逻辑状态表)、特征方程、状态图和波形图。下面逐一介绍这些描述方法。

(1) 基本 RS 触发器的逻辑功能如表 10-1 所示。

表 10-1　由与非门组成的基本 RS 触发器的逻辑功能表

$\overline{S}_D$	$\overline{R}_D$	Q^n	Q^{n+1}	功　能
1	1	0 1	0 1 $\Big\}Q^n$	保持
1	0	0 1	0 0	置 0

续表

$\bar{S}_D$	$\bar{R}_D$	Q^n	Q^{n+1}	功　能
0	1	0 1	1 1 } 1	置1
0	0	0 1	× × } ×	禁用

（2）根据功能表画出基本 RS 触发器的卡诺图如图 10-3 所示。

对卡诺图进行化简可以得到基本 RS 触发器的特征方程

$$\begin{cases} Q^{n+1} = S_D + \bar{R}_D Q^n \\ R_D S_D = 0(约束条件) \end{cases} \tag{10-1}$$

（3）基本 RS 触发器状态图如图 10-4 所示，图中两个圆圈的 0 和 1 分别表示触发器的两个稳定状态。箭头表示状态的转移方向，箭头旁边的 $\bar{R}_D$ 和 $\bar{S}_D$ 的值表示状态转换的条件。

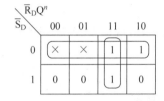

图 10-3　与非门基本 RS 触发器的卡诺图

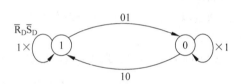

图 10-4　基本 RS 触发器状态图

（4）波形图。

根据给定的输入信号 $\bar{R}_D$ 和 $\bar{S}_D$ 的波形，画出基本触发器的输出 Q 和 $\bar{Q}$ 的波形，如图 10-5 所示。

2）同步 RS 触发器和主从 RS 触发器

同步 RS 触发器：

如果要求各个触发器在同一个脉冲作用下共同动作，基本 RS 触发器不能实现这一要求，因此，必须给系统中的这些触发器引入时钟控制端，即 CP 端，把这些受时钟信号控制的触发器称为同步触发器。

图 10-6 是在基本 RS 触发器的基础上，增加两

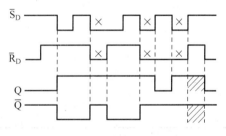

图 10-5　基本 RS 触发器的波形图

个控制门 G_3 和 G_4，并加入时钟脉冲(clock pulse,CP)所构成的同步 RS 触发器的逻辑图和逻辑符号。在图 10-6 中，R 和 S 为同步 RS 触发器的两个输入端，Q 和 $\bar{Q}$ 为两个互补输出端。其中，R 为置 0 端，S 为置 1 端。R 和 S 表示输入信号高电平有效。

同步 RS 触发器的工作原理如下。

当 CP＝0 时，输入控制门 G_3 和 G_4 输出为 1，对于由 G_1 和 G_2 构成的基本 RS 触发器，相当于 $\bar{R}_D = \bar{S}_D = 1$，可知触发器的状态不变。

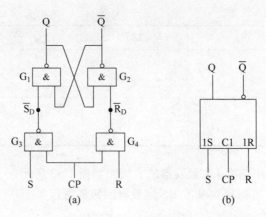

图 10-6 同步 RS 触发器的逻辑图和逻辑符号

(a) 逻辑图;(b) 逻辑符号

当 CP=1 时,G_3、G_4 门被打开,G_1、G_2 门所接收的信号为 $\bar{S}$ 和 $\bar{R}$。相当于基本 RS 触发器的 $\bar{S}_D$ 和 $\bar{R}_D$。当 S=1,R=0 时,触发器置 1;当 S=0,R=1 时,触发器置 0;S=0,R=0 时,触发器保持状态不变。仍然存在 R 和 S 不能同时为 1 的约束条件,因此同步 RS 触发器必须满足 RS=0。

通过以上分析可将同步 RS 触发器的功能按逻辑功能表、特征方程、状态图及波形图表述如下。

(1) 同步 RS 触发器的逻辑功能如表 10-2 所示。

表 10-2 同步 RS 触发器的功能表

S	R	Q^n	Q^{n+1}	功　能
0	0	0 1	0 1 } Q^n	保持
0	1	0 1	0 0 } 0	置 0
1	0	0 1	1 1 } 1	置 1
1	1	0 1	× × } ×	禁用

(2) 同步 RS 触发器的特征方程式

$$\begin{cases} Q^{n+1} = S + \bar{R}Q^n \\ RS = 0(约束条件) \end{cases} \quad CP = 1 \qquad (10\text{-}2)$$

(3) 状态图如图 10-7 所示。

(4) 波形图。

根据给定的输入信号 R 和 S 的波形,画出相应的输出 Q 和 $\bar{Q}$ 的波形,如图 10-8 所示。可在同步 RS 触发器上附加直接复位端 $\bar{R}_D$ 和直接置位端 $\bar{S}_D$,$\bar{R}_D$ 和 $\bar{S}_D$ 不受时钟信号 CP 控制,可以直接对触发器的状态置 0 或置 1,将触发器预先设定一个状态。触发器正常工作时,$\overline{R}_D$ 和 $\overline{S}_D$ 都要置高电平,即无效状态。

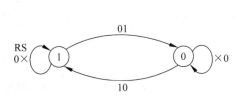

图 10-7 同步 RS 触发器的状态图

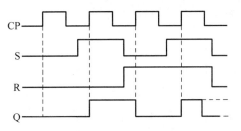

图 10-8 同步 RS 触发器的波形图

主从 RS 触发器:

图 10-6 所示的同步 RS 触发器时钟为高电平期间,触发器接收输入信号,输入信号改变,触发器的状态也要根据输入信号的不同发生相应的变化。如果在一个时钟脉冲的有效期内,由于输入状态的变化,触发器的输出状态可能发生两次或两次以上的翻转,这种现象被称为"空翻"现象。为了克服"空翻"现象,提高触发器工作的可靠性,提高触发器的抗干扰能力,引入了主从 RS 触发器。主从 RS 触发器是由两个同步 RS 触发器串联得到的,电路如图 10-9 所示,与输入端相连的称为主触发器,与状态输出端相连的称为从触发器。当 CP＝1 时,主触发器时钟有效,开始工作;此时从触发器$\overline{CP}$＝0,时钟为无效状态,从触发器将保持原来的状态不变。当 CP 由高电平向低电平改变时,主触发器的时钟无效,此后无论 R 和 S 的状态如何转变,在 CP＝0 期间,主触发器状态将不再改变。同时,从触发器时钟有效,则会接收主触发器的状态而进行动作。因此在 CP 的一个周期内,触发器的状态只能在 CP 的下降沿时发生改变。在图 10-9 所示的主从 RS 触发器的逻辑符号中用 CP 输入端的小圆圈表示下降沿动作,若是上升沿动作,则不需要小圆圈。在逻辑符号中,输出端的"¬"表示 CP 的下降沿到来时,从触发器根据主触发器而动作,触发器的状态改变是在时钟的下降沿。主从 RS 触发器的功能表和特征方程与同步 RS 触发器一致,只是时钟触发条件不同而已。

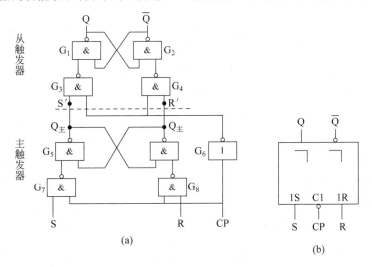

图 10-9 主从 RS 触发器的逻辑图和逻辑符号

(a) 逻辑图;(b) 逻辑符号

10.1.2　JK 触发器

主从 RS 触发器虽然只在 CP 有效边沿到来时才会发生状态变化,但是 R、S 仍然存在约束条件,即仍然不能同时取 1。为了解决这个问题,在主从 RS 触发器的基础上改进得到了主从 JK 触发器,将图 10-9 所示的主从 RS 触发器改接成图 10-10 所示的主从 JK 触发器。由两图比较可知,RS 触发器转换成 JK 触发器的关系为 $R=KQ^n$,$S=J\,\overline{Q^n}$。由 RS 触发器的特征方程,得到主从 JK 触发器的特征方程为

$$Q^{n+1}=S+\overline{R}Q^n=J\,\overline{Q^n}+\overline{KQ^n}\cdot Q^n=J\,\overline{Q^n}+\overline{K}Q^n(\text{CP 下降沿有效})\qquad(10\text{-}3)$$

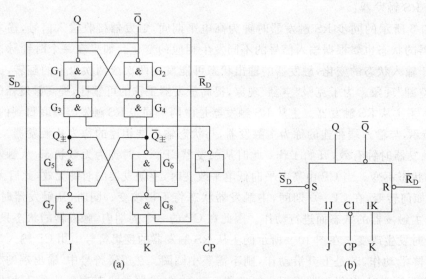

图 10-10　主从 JK 触发器的逻辑图和逻辑符号

（a）逻辑图；（b）逻辑符号

对于主从 JK 触发器的主触发器来讲,$RS=KQ^n\cdot J\,\overline{Q^n}=0$,在任何时刻均能自动满足同步 RS 触发器的约束条件,故对 J、K 无约束条件。

在实际应用中,主从 JK 触发器除了时钟脉冲控制端、输入信号端和输出端之外,通常还会附加两个异步输入端 $\overline{R}_D$ 和 $\overline{S}_D$(异步在这里指不受时钟控制),可以通过异步输入端来设置触发器的初始状态为 0 或者为 1,与 CP、J 和 K 端的状态无关。主从 JK 触发器正常工作时,应置 $\overline{R}_D=\overline{S}_D=1$。如图 10-10(b)所示的逻辑符号中,$\overline{R}_D$ 和 $\overline{S}_D$ 端表示的是异步置 0 和置 1 端,小圆圈表示低电平有效。CP 端的小圆圈表示 CP 从 1 变为 0 时,主触发器的状态传送到从触发器,并确定输出状态。也就是说图 10-10(a)中所示的 JK 触发器是下降沿触发的电路。为保证主从 JK 触发器能够可靠地工作,对 CP 和 J、K 提出了一定的要求:在 CP=1 期间 J、K 不允许发生变化,以免引出输出端的变化,产生错误的动作。主从 JK 触发器的功能表如表 10-3 所示。

在保证 CP=1 且 J、K 不变化的前提下,可根据 JK 触发器的功能表分析 JK 触发器的逻辑功能。

表 10-3 主从 JK 触发器的功能表

J	K	Q^n	Q^{n+1}	功 能
0	0	0 1	0 1 } Q^n	保持
0	1	0 1	0 0 } 0	置 0
1	0	0 1	1 1 } 1	置 1
1	1	0 1	1 0 } $\overline{Q^n}$	翻转

在 CP=1 期间,如果 J、K 发生了变化,则不能完全根据表 10-3 确定输出,需根据具体的变化对电路另行分析得出结论。

主从 JK 触发器的状态图如图 10-11 所示。主从 JK 触发器的波形图如图 10-12 所示。

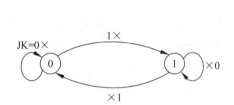

图 10-11 主从 JK 触发器的状态图

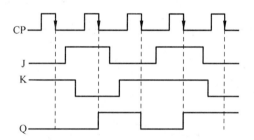

图 10-12 主从 JK 触发器的波形图

10.1.3 D 触发器

1) 同步 D 触发器

同步 D 触发器如图 10-13 所示,由于该电路可以把某一瞬时的输入信号保存下来,所以称之为 D 锁存器,它是在同步 RS 触发器基础上演变而来的。由于无论 D 取 1 还是 0,都可以满足 RS=0 的约束条件,因此输入信号不再受任何限制。

当 CP=0 时,触发器的状态保持不变,即 $Q^{n+1}=Q^n$。当 CP=1 时,S=D,R=$\overline{D}$,则同步 D 触发器的特征方程为 $Q^{n+1}=D$,也就是当 CP=1 时,触发器将根据 D 的状态来决定次态。即满足 D=0 时,则 $Q^{n+1}=0$;D=1 时,则 $Q^{n+1}=1$。表 10-4 所示为同步 D 触发器的功能表。

图 10-14 所示为同步 D 触发器的状态图,图 10-15 为同步 D 触发器的波形图。

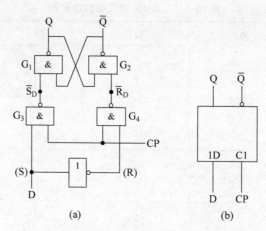

图 10-13　同步 D 触发器的逻辑图和逻辑符号

（a）逻辑图；（b）逻辑符号

表 10-4　同步 D 触发器的功能表

CP	D	Q^{n+1}
0	ϕ	Q^n
1	0	0
1	1	1

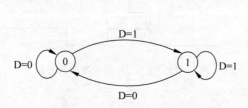

图 10-14　同步 D 触发器的状态图

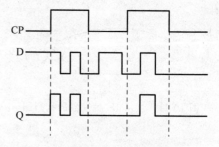

图 10-15　同步 D 触发器的波形图

2）维持阻塞 D 触发器

同步 D 触发器仍然是电平触发器，在此基础上设计出利用电路内部的维持阻塞线产生的维持阻塞作用来克服"空翻"的维持阻塞 D 触发器。图 10-16 所示为上升沿触发的维持阻塞 D 触发器的逻辑图和逻辑符号。

在图 10-16 的逻辑符号中，CP 端的小三角符号"∧"表示边沿触发，$\overline{R}_D$ 和 $\overline{S}_D$ 端的功能仍为异步复位端和异步置位端，D_1、D_2 的关系为"与"。

图 10-16 所示维持阻塞 D 触发器功能如下。

当 CP＝0 时，G_3、G_4 门输出都为 1，使基本 RS 触发器保持原来的状态不变。与此同时，G_5、G_6 随着输入信号 D 的变化而变化，结果为 $G_5＝D$，$G_6＝\overline{D}$。

当 CP 的上升沿到来时，G_3、G_4 被打开，接收 G_5 和 G_6 的输出信号，$G_3＝\overline{D}$，$G_4＝D$。若

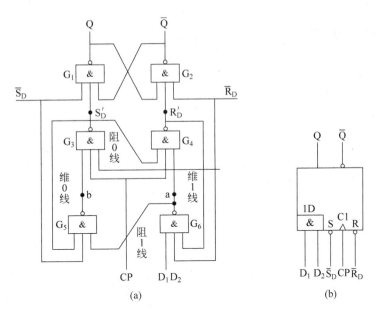

图 10-16 上升沿触发的维持阻塞 D 触发器的逻辑图和逻辑符号

(a) 逻辑图；(b) 逻辑符号

D＝0，则 G_4＝0，一方面使触发器置 0；另一方面又经过维持 0 的线反馈至 G_6 的输入端，封锁 G_6，使输入 D 的变化不影响输出，克服了"空翻"，从而触发器状态能够维持 0 不变。

CP＝1 时，G_6 输出的 1 还通过阻止 1 的线反馈至 G_5 的输入端，使 G_5 输出为 0，从而可靠地保证了 G_3 的输出为 1，阻止触发器向 1 翻转。

若 CP 的上升沿到来时，D＝1，则 G_3＝0，一方面使触发器置 1，另一方面又经过维持 1 的线反馈至 G_5 的输入端来维持输出为 1，通过阻止 0 的线保证 G_4＝1，使触发器在 CP＝1 期间不会向 0 翻转，从而有效地克服"空翻"现象。

综上所述，维持阻塞 D 触发器在 CP 上升沿到达时，输出随输入信号 D 的变化而变化，CP 上升沿过后，D 将不再起作用，触发器的状态将保持不变，保持上升沿到达时的 D 信号状态。因此，维持阻塞 D 触发器是上升沿触发器。

表 10-5 所示为维持阻塞 D 触发器的功能表，图 10-17 所示为维持阻塞 D 触发器的波形图。

表 10-5 维持阻塞 D 触发器的功能表

$\overline{S}_D$	$\overline{R}_D$	D	CP↑	Q^{n+1}	功能名称
1	1	0	↑	0	同步置"0"
1	1	1	↑	1	同步置"1"
0	1	φ	φ	1	异步置"1"
1	0	φ	φ	0	异步置"0"
1	1	φ	0	Q^n	保持

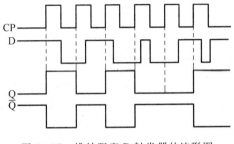

图 10-17 维持阻塞 D 触发器的波形图

10.1.4 T 触发器和 T′ 触发器

将图 10-10 所示的主从 JK 触发器 J 和 K 相连改为 T 端,便构成了 T 触发器,其逻辑符号和状态图如图 10-18 所示。

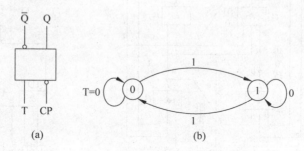

图 10-18　T 触发器的逻辑符号和状态图

（a）逻辑符号；（b）状态图

将 J＝K＝T 代入 JK 触发器的特征方程即可得到 T 触发器的特征方程为

$$Q^{n+1} = T\,\overline{Q^n} + \overline{T}Q^n \tag{10-4}$$

T 触发器的功能表如表 10-6 所示。

表 10-6　T 触发器的功能表

T	Q^n	Q^{n+1}	说　明
0 0	0 1	0 1 $\Big\}Q^n$	保持状态
1 1	0 1	1 0 $\Big\}\overline{Q^n}$	每来一个 CP（计数 状态翻转一次 状态）

若将 T 触发器的输入端 T 接至固定的高电平,则 T 触发器的特征方程变为

$$Q^{n+1} = T\,\overline{Q^n} + \overline{T}Q^n = \overline{Q^n} \tag{10-5}$$

T＝1 时的触发器称为 T′ 触发器。该触发器的逻辑式表示每到达一个有效 CP 信号,触发器的状态翻转一次。

【练习与思考】

10.1.1　触发器按逻辑功能分有哪些类型？

10.1.2　RS、JK、D、T 触发器的逻辑功能是什么？ 特征方程是什么？

10.1.3　触发器的复位端和置位端的作用是什么？

10.2　寄　存　器

触发器是时序逻辑电路的基本单元,本节主要介绍由触发器构成的寄存器。寄存器是用于暂时存放数据或指令的时序逻辑部件,广泛应用在数字计算机及数字仪器仪表中。寄存器以存放数的方式和取出数的方式来分类,可分为并行和串行两种。并行方式是指数码从各对应的输入端同时存入到寄存器中,然后从各输出端同时取出寄存的数码;串行方式是指数码从一个输入端逐位输入到寄存器中,从一个输出端逐个取出寄存的数码。寄存器可分为数码寄存器和移位寄存器,它们的区别在于是否有移位的功能。

10.2.1　数码寄存器

数码寄存器也称基本寄存器,它具有清除原有数码和接收数码的功能。图 10-19 所示为由基本 RS 触发器构成的 4 位寄存器。在寄存数据时,需要经过两步实现。

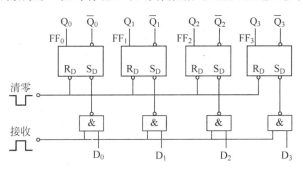

图 10-19　由基本 RS 触发器构成的双拍式 4 位寄存器

(1) 清零。在接收数据前,输入负脉冲进行清零,使各个触发器置 0。

(2) 接收、存储数据。接收数据时,输入有效正脉冲进行接收数据,与非门打开,输入数据经与非门并行写入相应的触发器,并进行存储。当 D=0 时,Q=0;当 D=1 时,Q=1。寄存器在准备寄存数据前必须进行清零,否则会出现寄存数据错误。

图 10-20 所示为边沿 D 触发器构成的 4 位寄存器。

当 CP 脉冲的下降沿($CP\downarrow$)到来时,加在 $D_0 \sim D_3$ 端的 4 位并行数据立即被送入到相应的触发器中,根据 D 触发器的逻辑功能和特性方程可得：$Q_0 = D_0$，$Q_1 = D_1$，$Q_2 = D_2$，$Q_3 = D_3$,与寄存器中原来存储的数据无关。而在 $CP=0$、$CP=1$ 和 CP 脉冲的上升沿($CP\uparrow$)到来时,各触发器保持原有状态不变,因此在下一个 $CP\downarrow$ 到来之前,接收到的数据将一直寄存在各触发器的输出端。

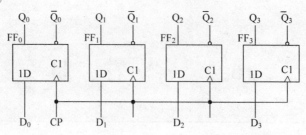

图 10-20 边沿 D 触发器构成的 4 位寄存器

基本寄存器只能暂时寄存数据,数据的输入、输出采用并行输入/并行输出的方式。

10.2.2 移位寄存器

移位寄存器不仅可以寄存数据,还可以对数据进行移位操作。根据数据移位的特点,移位寄存器可分为单向移位寄存器和双向移位寄存器。单向移位寄存器只能对数据进行单向移动,可分为左移和右移。双向移位寄存器又称为可逆移位寄存器,具有双向移位功能。移位寄存器具有并行输入/并行输出、并行输入/串行输出、串行输入/并行输出和串行输入/串行输出 4 种工作方式,广泛应用于并行数据的存储、数据的串/并和并/串变换、串行数据的延时控制等。

图 10-21 所示是由 D 触发器构成的单向移位寄存器的逻辑图。

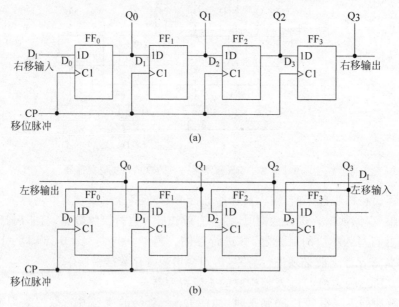

图 10-21 D 触发器构成的单向移位寄存器的逻辑图
(a) 右移寄存器;(b) 左移寄存器

图 10-21(a)所示是单向右移寄存器,在时钟脉冲 CP 作用下需寄存的数据依次从左边串行口输入端 D_I 端输入,同时每个触发器的输出状态也将依次移给右边高位的触发器,这

种输入为串行输入。假设输入的数码为1011,在移位脉冲的作用下,寄存器中数码的移动情况如表 10-7 所示,根据表 10-7 画出寄存器的时序图如图 10-22 所示。

表 10-7　单向移位寄存器中数码的移动(右移)

移位脉冲 CP	Q_3	Q_2	Q_1	Q_0	输入数据 D_I
初始	0	0	0	0	
1	0	0	0	1	1
2	0	0	1	0	0
3	0	1	0	1	1
4	1	0	1	1	1
并行输出	1	0	1	1	

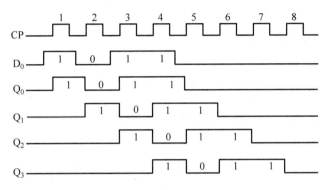

图 10-22　表 10-7 的时序图

在单向移位寄存器动作前,可附加 $\overline{R}_D$ 清零端,使各触发器的状态都从 0 开始。根据时序图可以看出,经过 4 个 CP 脉冲后,串行输入的 4 位数据 1011 恰好全部移入寄存器中,即 $Q_3Q_2Q_1Q_0 = 1011$。这时,从 4 个触发器的输出端可以同时并行输出数据 1011,实现了数据的串行输入—并行输出的转换。如果再经过 4 个 CP 脉冲,则 4 位数据 1011 还可以从图 10-21 所示的 Q_3 端依次输出,这又实现数据的串行输入—串行输出。

下面以集成寄存器 74LS194 为例介绍双向移位寄存器。74LS194 逻辑图和外引线图如图 10-23 所示。

表 10-8 所示为 74LS194 的功能表。

表 10-8　74LS194 的功能表

输　入										输　出			
$\overline{R}_D$	CP	S_1	S_0	D_{SL}	D_{SR}	D_3	D_2	D_1	D_0	Q_3	Q_2	Q_1	Q_0
0	×	×	×	×	×			×		0	0	0	0
1	0	×	×	×	×			×		Q_{3n}	Q_{2n}	Q_{1n}	Q_{0n}
1	↑	1	1	×	×	d_3	d_2	d_1	d_0	d_3	d_2	d_1	d_0
1	↑	0	1	×	d			×		d	Q_{3n}	Q_{2n}	Q_{1n}
1	↑	1	0	d	×			×		Q_{2n}	Q_{1n}	Q_{0n}	d
1	×	0	0	×	×			×		Q_{3n}	Q_{2n}	Q_{1n}	Q_{0n}

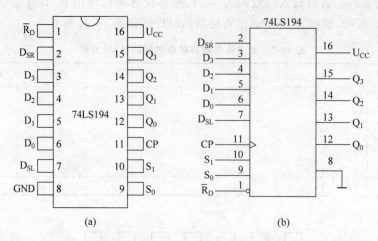

(a)   (b)

图 10-23 74LS194 的逻辑图和外引线图

根据逻辑功能表,读者可自行分析 74LS194 的功能。图 10-24 所示为两片 74LS194 相连的逻辑图,读者可以根据 74LS194 的逻辑功能自行分析图 10-24 的逻辑功能。

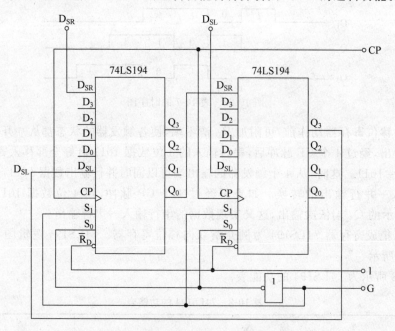

图 10-24 由两片 74LS194 接成的逻辑图

【练习与思考】

10.2.1 数码寄存器和移位寄存器有什么区别?

10.2.2 请解释串行输入、串行输出、并行输入、并行输出。

10.3　计　数　器

计数器是数字系统中用途最广泛的时序电路,它不仅可以累计输入脉冲的个数,还可以实现分频、定时、产生序列信号以及执行数字运算等。按照计数器各级触发器所接收的时钟信号是否相同,可分为同步计数器和异步计数器。同步计数器中各级触发器采用同一个时钟脉冲信号,异步计数器各级触发器没有统一的时钟信号。如果按照计数的增减规律,可分为加法计数器、减法计数器和可逆计数器。其中加法计数器对输入脉冲进行递增的计数,减法计数器是对输入脉冲进行递减的计数,而可逆计数器是在电路中增加了一个加/减控制信号,在这个控制信号作用下,既可以进行加法计数,也可以进行减法计数。计数器的进制又称为容量,即为计数器的模,通常用字母 M 表示,它表示的是计数器电路中有效状态的个数。由此可知,n 位二进制计数器的计数模值为 2^n,N 进制计数器的计数模值为 N,其中比较常用的 N 进制计数器是十进制计数器。如果按照编码原则来分类,计数器又分为二进制码计数器、BCD 码计数器和循环码计数器等。

10.3.1　二进制加法计数器

二进制计数器只有 0 和 1 两种数码,而构成时序电路的基本单元触发器也只有 0 和 1 两种稳态,由此可知 n 位二进制计数器就需要 n 个触发器构成。n 位二进制计数器最多可累计的脉冲个数是 2^n-1 个。例如 3 位二进制计数器,$n=3$,最多可累计脉冲个数为 7 个。下面分别介绍异步二进制计数器和同步二进制计数器。

1) 异步二进制计数器

异步二进制计数器就是各个触发器的时钟端所接收的计数脉冲是分别加至各触发器的,使各触发器的输出状态在各自计数脉冲到来时,按各触发器的功能进行相应的改变,因为各自时钟不同,所以触发器的状态改变不是同时的。图 10-25 所示是由主从型 JK 触发器组成的 4 位异步二进制加法计数器。

对逻辑图进行分析,这是由 4 个 J 和 K 端都悬空(这相当于接 1)的 JK 触发器构成的异步二进制计数器,所以每来一个计数脉冲 CP,首先最低位的触发器 FF0 翻转一次;而高位的触发器的时钟依次取自低位触发器的状态输出端,所以高位触发器状态的翻转只能发生在相邻的低位触发器的状态从 1 变为 0 时。表 10-9 所示为异步 4 位二进制加法计数器的状态表。

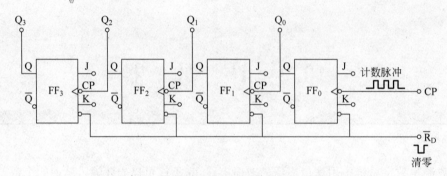

图 10-25 由主从型 JK 触发器组成的 4 位异步二进制加法计数器

表 10-9 异步 4 位二进制加法计数器的状态表

计数脉冲数	二 进 制 数				十 进 制 数
	Q_3	Q_2	Q_1	Q_0	
0	0	0	0	0	0
1	0	0	0	1	1
2	0	0	1	0	2
3	0	0	1	1	3
4	0	1	0	0	4
5	0	1	0	1	5
6	0	1	1	0	6
7	0	1	1	1	7
8	1	0	0	0	8
9	1	0	0	1	9
10	1	0	1	0	10
11	1	0	1	1	11
12	1	1	0	0	12
13	1	1	0	1	13
14	1	1	1	0	14
15	1	1	1	1	15
16	0	0	0	0	0

根据表 10-9 分析得到,当第 16 个计数脉冲到来时,触发器的状态回到 0000,一个新的计数循环开始,并且每来 1 个计数脉冲,$Q_3 Q_2 Q_1 Q_0$ 按每次加 1 递增的顺序在变化,所以称为加法计数器。图 10-26 所示为表 10-9 的波形图。

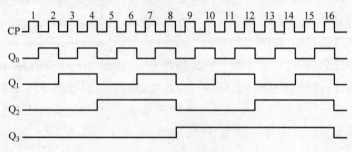

图 10-26 表 10-9 的波形图

2）同步二进制计数器

由 JK 触发器构成的同步 3 位二进制计数器如图 10-27 所示。

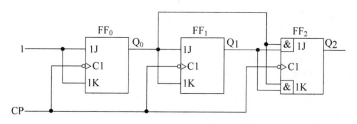

图 10-27　同步 3 位二进制计数器

对同步二进制计数器分析过程如下。

（1）列写方程组

驱动方程为

$$\begin{cases} J_0 = K_0 = 1 \\ J_1 = K_1 = Q_0^n \\ J_2 = K_2 = Q_0^n Q_1^n \end{cases} \tag{10-6}$$

将驱动方程代入 JK 触发器的特征方程 $Q^{n+1} = J\overline{Q^n} + \overline{K}Q^n$，得到各触发器的状态方程

$$Q_0^{n+1} = \overline{Q_0^n}$$

$$Q_1^{n+1} = Q_0^n \overline{Q_1^n} + \overline{Q_0^n} Q_1^n \tag{10-7}$$

$$Q_2^{n+1} = Q_0^n Q_1^n \overline{Q_2^n} + \overline{Q_0^n Q_1^n} Q_2^n = Q_0^n Q_1^n \overline{Q_2^n} + \overline{Q_0^n} Q_2^n + \overline{Q_1^n} Q_2^n$$

（2）根据状态方程，列出状态转换表，如表 10-10 所示。

表 10-10　状态转换表

Q_2^n	Q_1^n	Q_0^n	Q_2^{n+1}	Q_1^{n+1}	Q_0^{n+1}	Q_2^n	Q_1^n	Q_0^n	Q_2^{n+1}	Q_1^{n+1}	Q_0^{n+1}
0	0	0	0	0	1	1	0	0	1	0	1
0	0	1	0	1	0	1	0	1	1	1	0
0	1	0	0	1	1	1	1	0	1	1	1
0	1	1	1	0	0	1	1	1	0	0	0

（3）根据状态转换表画出状态图和时序图，如图 10-28 所示。

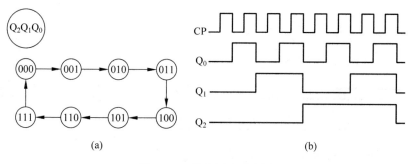

(a)　　　　　　　　　　　　(b)

图 10-28　状态图和时序图

（a）状态图；（b）时序图

由图 10-28(b)可知,随着时钟脉冲 CP 的增加,电路输出状态对应的二进制数也在增加,并且经过 8 个 CP 可以完成一次状态循环。

(4) 由以上分析可知,该电路为同步 3 位二进制计数器。

3) 集成同步二进制计数器

集成同步计数器包括 TTL 和 CMOS 两大类。这两类产品逻辑功能相同,图形符号、外引线图及型号通用,其区别在于二者内部结构与性能。CMOS 系列性能优于 TTL 系列性能,目前大部分产品采用 CMOS 系列,一般情况下,选用 TTL 系列即可以满足实际需要。

常见的集成同步计数器型号有 160/161、162/163、190/191、192/193、4510、40103 等。其中 160～163 为可预置数加法计数器;190～193 为可预置数加、减可逆计数器(其中 192/193 为双时钟)。下面分别简要介绍。

160～163 均在计数脉冲 CP 的上升沿作用下进行加法计数,其中 160/161 二者外引线完全相同,逻辑功能也相同,不同之处是 160 为十进制,而 161 为十六进制(162/163 与此类似)。下面以 160/161 为例介绍。

160/161 的逻辑符号和外引线图如图 10-29 所示,其中 $\overline{R_D}$ 为异步清零端,$\overline{LD}$ 为同步置数端,EP、ET 为保持功能端,CP 为计数脉冲输入端,$D_0 \sim D_3$ 为数据端,$Q_0 \sim Q_3$ 为输出端,RCO 为进位输出端。功能表见表 10-11。

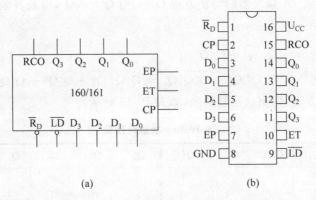

图 10-29 161/160 逻辑符号和外引线图

(a) 逻辑符号;(b) 外引线图

表 10-11 160/161 功能表

输　入					输　出
CP	$\overline{LD}$	$\overline{R_D}$	EP	ET	Q
×	×	L	×	×	全"L"
↑	L	H	×	×	预置数据
↑	H	H	H	H	计数
×	H	H	0	×	保持
×	H	H	×	0	保持

由表 10-11 可知 161 具有以下功能。

• 异步清零。

当 $\overline{R_D} = 0$ 时,使计数器清零。由于 $\overline{R_D}$ 端的清零功能不受 CP 控制,故称为异步清零。

- 同步置数。

当 $\overline{LD}=0$，$\overline{R}_D=1$（清零无效），且 $CP\uparrow$ 到来时，使 $Q_3Q_2Q_1Q_0=D_3D_2D_1D_0$，即将初始数据 $D_3D_2D_1D_0$ 送到相应的输出端，实现同步预置数据功能。

- 计数功能。

当 $\overline{R}_D=\overline{LD}=EP=ET=1$（均为 H，无效），且 $CP\uparrow$ 到来时，161 按十六进制计数。当计数至第 16 个时钟脉冲时，进位信号 RCO 来一个下降沿，表示产生一个进位信号（逢十六进一）。

- 保持功能。

当 $\overline{R}_D=\overline{LD}=1$，同时 EP、ET 中有一个为 0 时，无论是否有计数脉冲 $CP\uparrow$ 输入，计数器输出端都会保持原来的状态，即状态不改变。

10.3.2　十进制加法计数器

在日常生活中，习惯用十进制计数，在二进制计数器的基础上，经过电路改变得到十进制计数器，也就是用 4 位二进制数表示十进制数，因此也称为二-十进制计数器。根据前面的 8421 码的编码方式，取二进制数 0000~1001，这样，当第 10 个计数脉冲到来时，由 1001 变为 0000，而 1010~1111 则被跳过，每 10 个脉冲循环一次。下面分别介绍同步十进制计数器和集成异步十进制计数器。

1) 同步十进制计数器

图 10-30 所示为由 4 个 JK 触发器构成的同步十进制计数器。

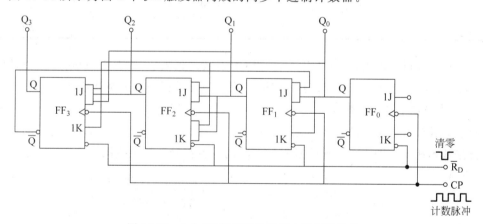

图 10-30　4 个 JK 触发器构成的十进制计数器

对同步十进制计数器分析过程如下：

驱动方程为

$$
\begin{aligned}
J_0 &= K_0 = 1 \\
J_1 &= Q_0^n\,\overline{Q_3^n}, \quad K_1 = Q_0^n \\
J_2 &= K_2 = Q_0^n Q_1^n \\
J_3 &= Q_0^n Q_1^n Q_2^n, \quad K_3 = Q_0^n
\end{aligned}
\tag{10-8}
$$

代入 JK 触发器的特征方程 $Q^{n+1} = J\overline{Q^n} + \overline{K}Q^n$ 得到状态方程

$$Q_0^{n+1} = \overline{Q_0^n}$$

$$Q_1^{n+1} = Q_0^n\,\overline{Q_1^n}\,\overline{Q_3^n} + \overline{Q_0^n}Q_1^n$$

$$Q_2^{n+1} = (Q_0^n Q_1^n) \oplus Q_2^n \qquad\qquad (10\text{-}9)$$

$$Q_3^{n+1} = Q_0^n Q_1^n Q_2^n\,\overline{Q_3^n} + \overline{Q_0^n}Q_3^n$$

状态表如表 10-12 所示。

表 10-12　图 10-30 的状态表

计数脉冲数	二 进 制 数				十 进 制 数
	Q_3	Q_2	Q_1	Q_0	
0	0	0	0	0	0
1	0	0	0	1	1
2	0	0	1	0	2
3	0	0	1	1	3
4	0	1	0	0	4
5	0	1	0	1	5
6	0	1	1	0	6
7	0	1	1	1	7
8	1	0	0	0	8
9	1	0	0	1	9
10	0	0	0	0	进位

　　根据状态表可以得出在 1001 状态时，当 CP 有效沿到来后，次态变为 0000，所以计数器是从 0000 计至 1001，然后开始新的计数循环，因此该计数器为十进制计数器。

　　2）集成异步十进制计数器

　　异步集成计数器常见的集成芯片型号有 290、292、293、390、393 等几种，它们的功能和应用方法基本相同。图 10-31 所示为 74LS290 的逻辑符号和外引线图。

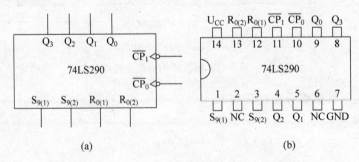

图 10-31　74LS290 的逻辑符号和外引线图

（a）逻辑符号；（b）外引线图

74LS290 是一种较为典型的中规模集成异步计数器,其内部分为二进制和五进制计数器两个独立的部分,这两部分既可单独使用,也可连接起来使用构成十进制计数器,因此被称为"二、五、十进制计数器"。表 10-13 所示为 74LS290 的功能表。

表 10-13　74LS290 的功能表

$S_{9(1)}$	$S_{9(2)}$	$R_{0(1)}$	$R_{0(2)}$	$\overline{CP_0}$	$\overline{CP_1}$	Q_3	Q_2	Q_1	Q_0
H	H	H	H	×	×	1	0	0	1
H	H	×	L	×	×	1	0	0	1
L	×	H	H	×	×	0	0	0	0
×	L	H	H	×	×	0	0	0	0
$S_{9(1)} \cdot S_{9(2)} = 0$ $R_{0(1)} \cdot R_{0(2)} = 0$				CP↓	0	二进制			
				0	CP↓	五进制			
				CP↓	Q_0	8421 十进制			

下面分别按二、五、十进制 3 种情况来分析。

(1) 二进制计数器从 $\overline{CP_0}$ 输入计数脉冲,从 Q_0 端输出。

(2) 五进制计数器从 $\overline{CP_1}$ 输入计数脉冲,从 $Q_3 Q_2 Q_1$ 端输出。根据如图 10-32 所示的 74LS290 的逻辑图进行分析。

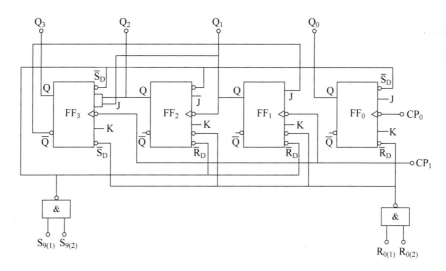

图 10-32　74LS290 的逻辑图

假设初态为 000,根据触发器的状态方程进行计算,可知状态转换从 000 开始,经 001→010→011→100→000,最后恢复到 000,可见经过 5 个脉冲循环一次,所以为五进制计数器。

(3) 将 Q_0 端与 CP_1 相连,输入计数脉冲 CP_0。按照图 10-32 进行分析可知从初始状态 0000 开始计数,经过 10 个脉冲后恢复 0000,并且各个触发器的时钟不是同一个,所以为异步十进制计数器。

图 10-33 所示为 74LS290 的基本计数方式。

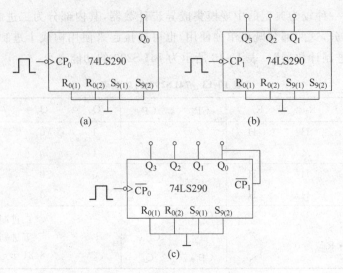

图 10-33　74LS290 的基本计数方式

(a) 二进制码；(b) 五进制码；(c) 十进制码

10.3.3　任意进制计数器

目前常用的计数器主要有二进制和十进制。当需要任一进制计数器时，只能将现有的计数器通过电路改接而得到。常用的方法有两种：一为清零法，二为置数法，下面介绍这两种方法。

1）清零法

利用计数器的清零端进行清零，可以得到小于原来进制的任意进制的计数器。例如图 10-34 所示的两个电路，分别为六进制计数器和九进制计数器。

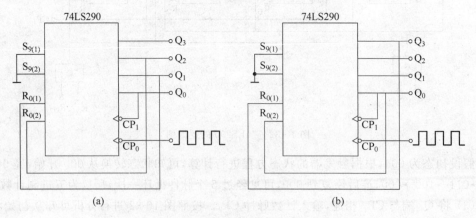

图 10-34　计数器

(a) 六进制计数器；(b) 九进制计数器

对图 10-34(a)分析如下：图中，从 0000 开始计数，当来了 5 个计数脉冲 CP_0 后，状态变为 0101(见 74LS290 状态表)，当第 6 个脉冲到来时，出现 0110，由于 Q_2 和 Q_1 端分别接在

$R_{0(2)}$ 和 $R_{0(1)}$ 清零端,置 0 不受时钟控制,这个状态时间非常短,显示不出来,就立即回到 0000,所以为六进制计数器。状态循环图如图 10-35 所示。

图 10-35　图 10-34(a)的六进制计数器的状态图

用上面的方法分析图 10-34(b),可知其为九进制计数器。如果任意进制数 N 小于集成计数器的计数容量 M,即 $N<M$,可以利用上面讲述的方法来完成。如果 $N>M$,一片集成计数器不可能完成,则需要多片集成计数器级联而成。图 10-36 所示即为两片集成计数器级联而成的六十进制计数器,它是由两片 74LS290 通过清零法,分别组成个位为十进制和十位为六进制的计数器,将个位的最高位 Q_3 连到十位的 CP_0,级连后计数容量为 $6\times10=60$,即为六十进制计数器。

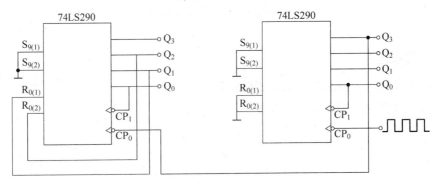

图 10-36　六十进制计数器

2) 置数法

置数法适用于有并行预置数功能的计数器,它利用预置数端 $\overline{LD}$ 和数据输入端 $D_3D_2D_1D_0$ 来实现。如果计数器具有同步置数功能,则可计数至 $N-1$ 值;如果是异步置数功能,则计数至 N 值。用预置数法实现的六进制电路如图 10-37(a)所示。先令 $D_3D_2D_1D_0=0000$,并以此为计数初始状态。当第 5 个 $CP\uparrow$ 到来时,$D_3D_2D_1D_0=0101$,则 $\overline{LD}=\overline{Q_2Q_1}=0$,置数功能有效,但由于 161 是同步置数,所以此时还不能置数(因第 5 个 $CP\uparrow$ 已过去),只有当第 6 个 $CP\uparrow$ 到来时,才能同步置数使 $Q_3Q_2Q_1Q_0=D_3D_2D_1D_0=0000$,完成一个计数周期,计数过程如图 10-37(b)所示。

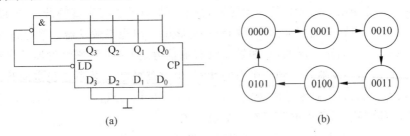

(a)　　　　　　　　　　　　　(b)

图 10-37　由 161 构成的六进制计数器
(a) 电路连接;(b) 计数过程(状态图)

图 10-38(a)所示为用预置数法实现的九进制计数器的电路。先令 $D_3D_2D_1D_0 = 0111$，可实现 $0111 \sim 1111$ 共 9 个有效状态的计数，完成一个计数周期，所以说计数不从 0000 开始，可以从计数过程中任何一个状态开始，只要计数脉冲的个数符合所要求的计数即可，计数过程如图 10-38(b)所示。

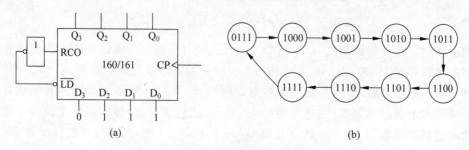

图 10-38 由 161 构成的九进制计数器
（a）电路连接图；（b）计数过程（状态图）

【练习与思考】

10.3.1 简述二进制加法计数器的构成。

10.3.2 如何设计任意进制计数器？

10.4 555 定时器及其应用

在数字电路中，经常需要各种不同宽度和幅度并且边沿陡峭的脉冲波形，例如矩形脉冲、锯齿脉冲和三角脉冲等。要产生这些脉冲信号可以通过两种途径，其中一种是利用脉冲振荡器直接产生，另外一种则是利用整形电路将已有的波形转换成符合要求的脉冲波形。在数字电路中应用最多的矩形脉冲产生电路是多谐振荡器，它不需要外加触发脉冲，只需要通过自激振荡就能输出一定频率的矩形脉冲，由于矩形脉冲含有丰富的谐波，所以又称为多谐振荡器。在数字电路中应用最为广泛的整形电路就是单稳态触发器。单稳态触发器与前面所讲的双稳态触发器是不同的，在触发器没有加信号之前，单稳态触发器处于稳定状态，经过信号的触发后，触发器翻转到一个新的状态，但这新的状态并不是稳定的状态，只能暂时保持，称之为暂稳态，电路参数将决定暂稳态的时间长短，经过一段时间后，触发器会自动翻转到原来的稳定状态，所以电路只有一个稳定状态。

单稳态触发器和多谐振荡器可以利用门电路和电路元件构成，目前广泛采用由 555 定时器（555 定时器是一种模拟电路和数字电路相结合的中规模集成电路）通过不同的外部连接构成的单稳态触发器和多谐振荡器。

10.4.1　555 定时器

555 定时器是一种将模拟电路和数字电路结合在一起的中规模集成电路,它的结构简单,使用灵活方便,应用领域非常广泛。通常只要在 555 定时器外部配接少量的元件就可形成很多实用的电路。

图 10-39 所示为 555 定时器的电路结构、逻辑符号和外引线图。由图 10-39 可见,由 3 个 $5k\Omega$ 电阻组成的分压网络为两个电压比较器提供了两个参考电压,它们是 C_1 的同相输入端电压 $u_{I1+} = \frac{2}{3}U_{CC}$ 和 C_2 的反相输入端电压 $u_{I2-} = \frac{1}{3}U_{CC}$。当将输入电压分别加到复位控制端 TH 和置位控制端 $\overline{TR}$ 时,它们将与 u_{I1+} 和 u_{I2-} 进行比较以决定电压比较器 C_1、C_2 的输出,从而确定 RS 触发器及放电管 T 的工作状态。在 $\overline{R}_D$ 端加低电平复位信号,定时器复位,放电管 T 饱和导通,输出电压 $u_0 = 0$。直接复位端 $\overline{R}_D = 1$,u_{I1-} 和 u_{I2+} 分别为 6 端和 2 端的输入电压,表 10-14 所示是 555 定时器的功能表。

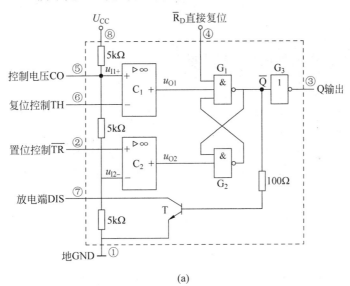

(a)

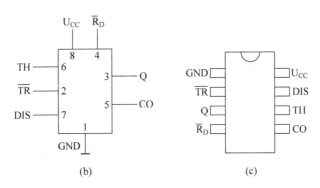

(b)　　　　　(c)

图 10-39　555 定时器的电路结构、逻辑符号和外引线图

(a) 电路结构;(b) 逻辑符号;(c) 外引线图

表 10-14　555 定时器的功能表

输　入			输　出	
TH	$\overline{\text{TR}}$	$\overline{R}_D$	Q	T 状态
$\times$	$\times$	0	0	导通
$>\frac{2}{3}U_{CC}$	$>\frac{1}{3}U_{CC}$	1	0	导通
$<\frac{2}{3}U_{CC}$	$<\frac{1}{3}U_{CC}$	1	1	截止
$<\frac{2}{3}U_{CC}$	$>\frac{1}{3}U_{CC}$	1	不变	不变
$>\frac{2}{3}U_{CC}$	$<\frac{1}{3}U_{CC}$	1	禁止	

由于 TTL 的 555 定时器输出电压范围为 5～16V，输出电流可达 200mA，因此可以直接驱动继电器、发光二极管、扬声器及指示灯等。

10.4.2　555 定时器的典型应用

1) 用 555 定时器组成多谐振荡器

（1）电路组成

利用 555 定时器还可以组成多谐振荡器，连接电路如图 10-40 所示。图中 R_1、R_2 和 C 为外接定时元件，复位控制端与置位控制端相连并接到定时电容上，R_1 和 R_2 接点与放电端相连，控制电压端不用，通常外接 $0.01\mu F$ 电容。

（2）工作原理

接通电源后，U_{CC} 通过 R_1、R_2 对 C 充电，u_C 上升。当 $u_C<\frac{1}{3}U_{CC}$ 时，即复位控制端 TH$<\frac{2}{3}U_{CC}$，置位控制端 $\overline{\text{TR}}<\frac{1}{3}U_{CC}$，定时器置位，Q=1，$\overline{Q}$=0，放电管截止。

随着充电过程，u_C 的值越来越大，当 $u_C \geqslant \frac{2}{3}U_{CC}$ 时，复位控制端 TH$>\frac{2}{3}U_{CC}$，置位控制端 $\overline{\text{TR}}>\frac{1}{3}U_{CC}$，定时器复位，Q=0，$\overline{Q}-1$，放电管饱和导通，$C$ 通过 R_2 经 T 放电，u_C 下降。

当 $u_C \leqslant \frac{1}{3}U_{CC}$ 时，又回到复位控制端 TH$<\frac{2}{3}U_{CC}$，置位控制端 $\overline{\text{TR}}<\frac{1}{3}U_{CC}$，定时器又置位，Q=

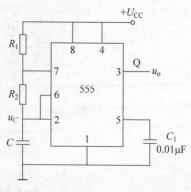

图 10-40　555 定时器组成多谐振荡器

1，$\overline{Q}=0$，放电管截止，C 停止放电而重新充电。如此反复，形成振荡波形，如图 10-41 所示。

图 10-41 中，t_{w1} 是充电时间，t_{w2} 是放电时间，可用下式估算：

$$t_{\mathrm{w1}} \approx 0.7(R_1 + R_2)C$$

$$t_{\mathrm{w2}} \approx 0.7R_2C$$

多谐振荡器的振荡周期 T 为

$$T = t_{\mathrm{w1}} + t_{\mathrm{w2}} \approx 0.7(R_1 + R_2)C + 0.7R_2C$$
$$= 0.7(R_1 + 2R_2)C$$

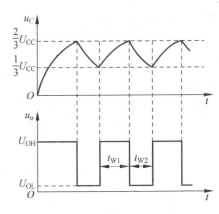

图 10-41 多谐振荡器波形图

振荡频率 $f = \dfrac{1}{T} = \dfrac{1.43}{(R_1 + 2R_2)C}$，由 555 定时器组成的振荡器，最高工作频率可达 300kHz。占空比为

$$q = \frac{t_{\mathrm{w1}}}{t_{\mathrm{w1}} + t_{\mathrm{w2}}} = \frac{R_1 + R_2}{R_1 + 2R_2}$$

2) 用 555 定时器组成单稳态触发器

(1) 电路组成

利用 555 定时器组成的单稳态触发器电路如图 10-42 所示。R 和 C 为外接定时元件，复位控制端与放电端相连并连接定时元件，置位控制端作为触发输入端，同样，控制电压端不用，通常外接 $0.01\mu\mathrm{F}$ 电容。

(2) 工作原理

单稳态触发器静态时，触发输入 u_i 高电平，U_{CC} 通过 R 对 C 充电，u_C 上升。当 $u_C \geqslant \dfrac{2}{3}U_{\mathrm{CC}}$ 时，复位控制端 $\mathrm{TH} > \dfrac{2}{3}U_{\mathrm{CC}}$，而 u_i 高电平使得置位控制端 $\overline{\mathrm{TR}} > \dfrac{1}{3}U_{\mathrm{CC}}$，定时器复位，$Q=0$，$\overline{Q}=1$，放电饱和管导通，$C$ 放电，u_C 迅速下降。由于 u_i 高电平使 $\overline{\mathrm{TR}} > \dfrac{1}{3}U_{\mathrm{CC}}$，所以即便此时 $u_C \leqslant \dfrac{2}{3}U_{\mathrm{CC}}$，定时器也仍然保持复位状态，$Q=0$，$\overline{Q}=1$，放电管始终饱和导通，$C$ 可以将电放至 $u_C \approx 0$，电路处于稳定状态。

当触发输入 u_i 为低电平，使得置位控制端 $\overline{\mathrm{TR}} < \dfrac{1}{3}U_{\mathrm{CC}}$，而此时 $u_C \approx 0$，使得复位控制端 $\mathrm{TH} < \dfrac{2}{3}U_{\mathrm{CC}}$，则定时器置位，$Q=1$，$\overline{Q}=0$，放电饱和管截止，电路进入暂稳态。随后，$U_{\mathrm{CC}}$ 通过 R 对 C 充电，u_C 上升。当 $u_C \geqslant \dfrac{2}{3}U_{\mathrm{CC}}$ 时，复位控制端 $\mathrm{TH} > \dfrac{2}{3}U_{\mathrm{CC}}$，而此时 u_i 已完成触发回到高电平，使置位控制端 $\overline{\mathrm{TR}} > \dfrac{1}{3}U_{\mathrm{CC}}$，定时器又复位，$Q=0$，$\overline{Q}=1$，放电管又导通，$C$ 再放电，电路回到稳

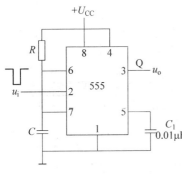

图 10-42 555 定时器组成单稳态触发器

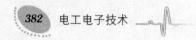

定状态,波形如图 10-43 所示。

单稳态电路的暂态时间可按下式估算:

$$t_w = RC\ln3 \approx 1.1RC \qquad (10\text{-}10)$$

根据上式可知,当改变 RC 的值时,脉冲的宽度可以发生改变,从而可进行定时控制。在 RC 值一定时,对于不规则的脉冲可以进行整形,得到幅度和宽度一定的矩形脉冲输出波形,图 10-44 所示即为用单稳态触发器得到的脉冲整形波形。

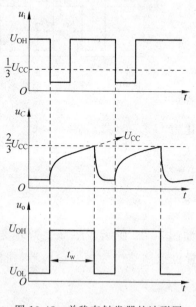

图 10-43 单稳态触发器的波形图

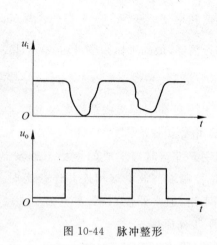

图 10-44 脉冲整形

【练习与思考】

10.4.1 什么是单稳态触发器?

10.4.2 什么是多谐振荡器?

10.4.3 如何用 555 定时器组成单稳态触发器和多谐振荡器?

*10.5 应用举例

10.5.1 冲床保安电路

在某些由电动机拖动的机械设备中,需要保证有关人员的操作安全。希望当操作人员不慎处于机械(如刀具等)所及的范围时,安全保护电路可以使电动机停转。图 10-45 就是这样一类的安全保护电路。当操作人员的手进入危险区时,遮住光电二极管 D_1 的光线,其电流很小,晶体管 T_1 截止。当将手撤出危险区时,光电二极管有光照,光电流较大,T_1 导通。

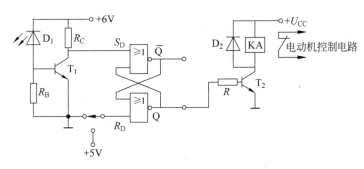

图 10-45 冲床保安电路

10.5.2 四人抢答器

图 10-46 是四人抢答电路,电路中主要器件是 74LS175 型四上升沿 D 触发器,其外引线排列图如图 10-46(b)所示,它的清零端 $\overline{R}_D$ 和时钟脉冲 CP 是四个 D 触发器共用的。抢答前先清零,$Q_1 \sim Q_4$ 均为 0,相应的发光二极管 LED 都不亮;$\overline{Q}_1 \sim \overline{Q}_4$ 均为 1,与非门 G_1 的输出为 0,扬声器不响。当 G_2 输出为 1 时,将 G_3 打开,时钟脉冲 CP 可以经过 G_3 进入 D 触发器的 CP 端。由于 $S_1 \sim S_4$ 均未按下,$D_1 \sim D_4$ 均为 0,所以触发器的状态不变。抢答开始,若 S_1 首先被按下,D_1 和 Q_1 均变为 1,相应的发光二极管亮,$\overline{Q}_1$ 变为 0,G_1 的

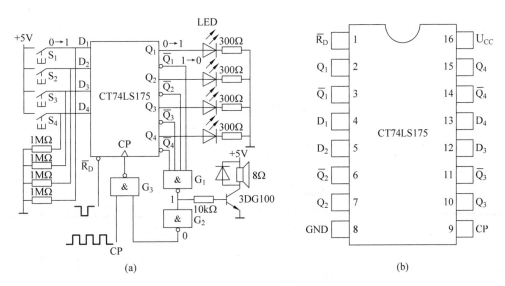

图 10-46 四人抢答器电路

(a) 电路图;(b) 74LS175 外引线排列图

输出为 1,扬声器响。当 G_2 输出为 0 时,将 G_3 封闭,时钟脉冲 CP 便不能经过 G_3 进入 D 触发器。由于没有时钟脉冲,因此,再按其他按钮,就不起作用了,触发器的状态不会改变。

10.5.3　数字显示电子钟

图 10-47 为数字显示电子钟电路原理图,电路原理图由下列三部分组成。

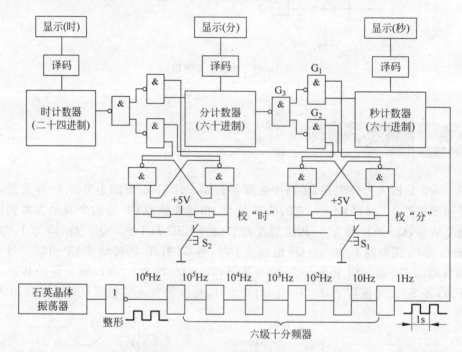

图 10-47　数字显示电子钟电路原理图

(1)标准秒脉冲发生电路

这部分电路由石英晶体振荡器和六级十分频器组成。

(2)时、分、秒计数、译码、显示电路

这部分电路包括两个六十进制计数器、一个二十四进制计数器以及相应的译码显示器。

(3)时、分校准电路

以校"分"电路为例来说明。在正常计时时:与非门 G_1 的一个输入端为 1,将它打开,使秒计数器输出的分脉冲加到 G_1 的另一个输入端,并经 G_3 进入分计数器,而此时 G_2 有一个输入端为 0,因此被封闭,校准用的秒脉冲进不去。在校"分"时:按下开关 S_1,情况与在正常计时时相反,G_1 被封闭,G_2 打开,标准秒脉冲直接进入分计数器,进行快速校"分"。时校准电路的工作原理与分校准电路相同。

10.6 Multisim 仿真电路实例

1. 实验目的和要求

了解 555 电路的工作原理,用 Multisim 仿真 555 时基振荡发生器,学会分析 555 电路所构成的几种应用电路工作原理。

2. 实验内容

555 电路是一种常见的集模拟与数字功能于一体的集成电路,只要适当配接少量的元件,即可构成时基振荡、单稳触发等脉冲产生和变换的电路,其内部原理图如图 10-48 所示,其中(1)脚接地,(2)脚触发输入,(3)脚输出,(4)脚复位,(5)脚控制电压,(6)脚阈值输入,(7)脚放电端,(8)脚电源。

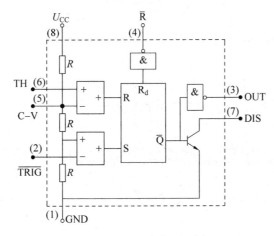

图 10-48 555 内部原理图

图 10-49 是 555 振荡电路,从理论上我们可以得出:

振荡周期:

$$T = 0.7(R_1 + 2R_2)C$$

高电平宽度:

$$t_w = 0.7(R_1 + R_2)C$$

占空比:

$$q = \frac{R_1 + R_2}{R_1 + 2R_2}$$

图 10-50 为 555 单稳触发电路,我们可以得出(3)脚输出高电平宽度为

$$t_w = 1.1RC$$

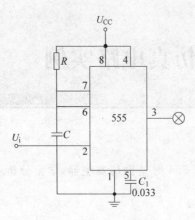

图 10-49 555 振荡电路

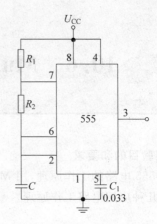

图 10-50 555 单稳触发电路

3. 实验步骤

（1）单击电子仿真软件 Multisim 10 基本界面左侧左列
真实元件工具条 Mixed 按钮，如图 10-51 所示，从弹出的对
话框 Family 栏中选 TIMER，再在 Component 栏中选
LM555CM，如图 10-52 所示，单击对话框右上角 OK 按钮将
555 电路调出放置在电子平台上。

（2）从电子仿真软件 Multisim 10 基本界面左侧左列真
实元件工具条中调出其他元件，并从基本界面左侧调出虚拟
双踪示波器，按图 10-53 在电子平台上建立仿真实验电路。

图 10-51 工具条 Mixed 按钮

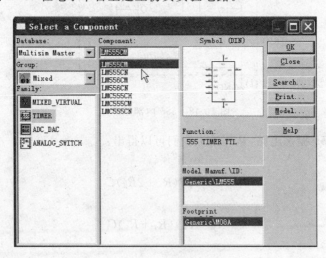

图 10-52 在 Component 栏中选 LM555CM

（3）打开仿真开关，双击示波器图标，观察屏幕上的波形，示波器面板设置参阅图 10-54。
利用屏幕上的读数指针对波形进行测量，记录实验测量值、周期 T、高电平宽度 T_W 和占空
比 q，并和理论计算值比较。

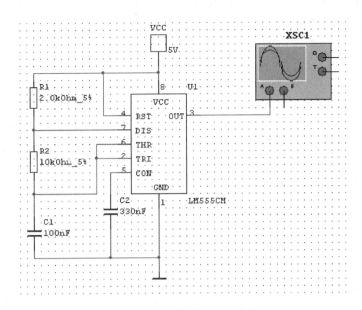

图 10-53 仿真实验电路

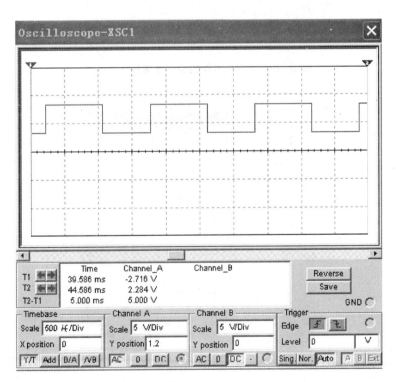

图 10-54 示波器面板设置

占空比可调的多谐振荡器实验步骤：

(1) 在电子仿真软件 Multisim 10 电子平台上建立如图 10-55 所示仿真电路。其中电位器从电子仿真软件 Multisim 10 左侧虚拟元件工具条中调出，并双击电位器图标，将弹出对话框的 Increment 栏改为"1"％；将 Resistance 改成"10"kOhm，单击对话框下方"确定"按钮退出，如图 10-56 所示。

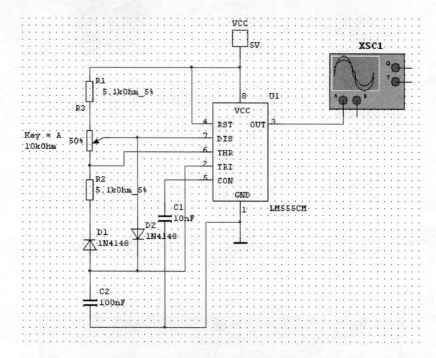

图 10-55　占空比可调的多谐振荡器仿真电路

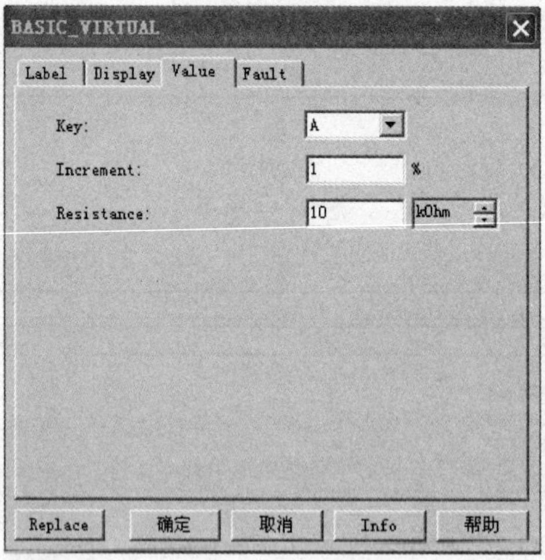

图 10-56　对话框

　　(2) 打开仿真开关，双击示波器图标将从放大面板的屏幕上看到多谐振荡器产生的矩形波如图 10-57 所示，面板设置参阅图 10-57。

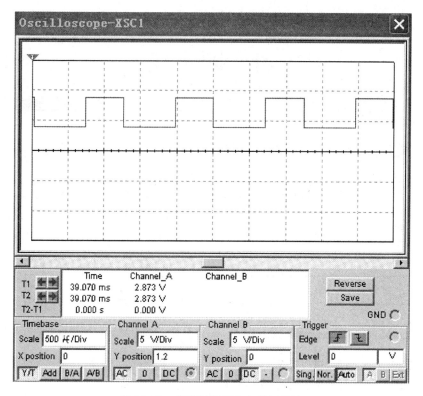

图 10-57 多谐振荡器产生的矩形波

本 章 小 结

本章主要介绍了触发器、时序逻辑电路和 555 定时器以及由 555 定时器组成的单稳态触发器以及多谐振荡器。主要内容如下：

（1）触发器的结构和分类，触发器逻辑功能的表示方法以及各种类型触发器之间的转换。

（2）时序逻辑电路的基本特点，在时序电路中，输出不仅仅取决于即时的输入，还与电路原来的状态有关。这是区别于组合逻辑电路的一个重要特点。

（3）几种常用的时序逻辑电路、计数器和寄存器，以及较常用的集成计数器和集成寄存器。

（4）555 定时器是一种使用方便灵活的集成电路，通过外部的适当连接，可以作为多谐振荡器、单稳态触发器使用。

习 题 10

10-1 基本 RS 触发器的输入波形如图所示,试画出 Q 端和 $\bar{Q}$ 端的波形。设初始状态为 1。

10-2 同步 RS 触发器的时钟信号、R 和 S 信号如图所示,试画出 Q 的波形。设初始状态为 1。

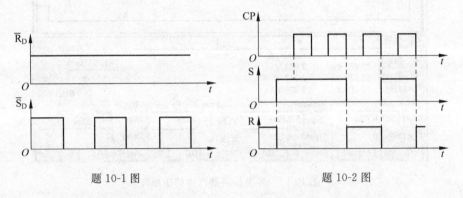

题 10-1 图　　　　　　　　题 10-2 图

10-3 J 和 K 端的波形如图所示,试画出 Q 端的输出波形(触发器为主从 JK 触发器)。

10-4 D 触发器(上升沿触发)波形如图所示,试画出 Q 端的波形(设初态为 0)。

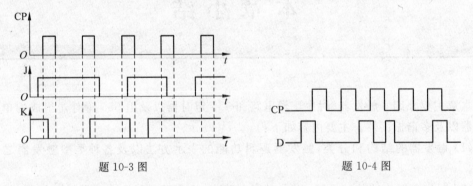

题 10-3 图　　　　　　　　题 10-4 图

10-5 由 D 触发器和非门组成的电路如图所示,试画出 Q 端的波形。设初态为 1。

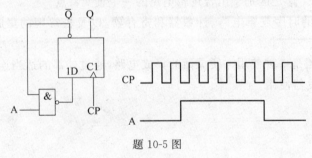

题 10-5 图

10-6 电路如图所示,试画出 Q_1、Q_2 的波形。

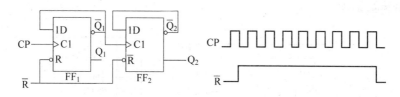

题 10-6 图

10-7 电路如图所示,画出 Q_1、Q_2 的波形图。

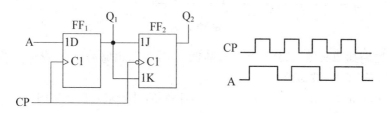

题 10-7 图

10-8 电路如图所示,画出各触发器的状态波形。

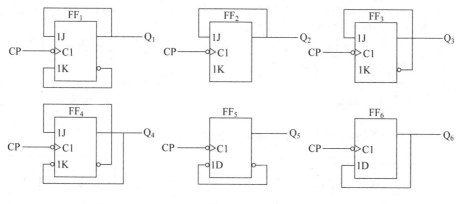

题 10-8 图

10-9 电路如图所示,画出输出端 A、B 的波形。设初态为 0。

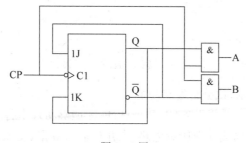

题 10-9 图

10-10 电路如图所示,试分析其逻辑功能。(要求写出驱动方程、状态方程式,列出状态表,画出状态转换图、波形图)

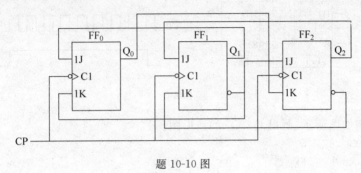

题 10-10 图

10-11 电路如图所示,试分析其逻辑功能。(要求写出驱动方程、状态方程式,列出状态表,画出状态转换图、波形图)

10-12 电路如图所示,试分析此为几进制计数器,并要求画出状态图。

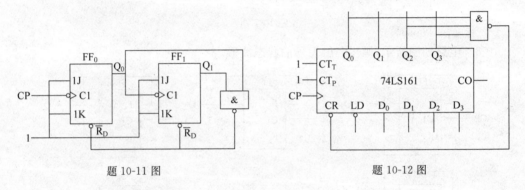

题 10-11 图   题 10-12 图

10-13 电路如图所示,试分析是几进制计数器?

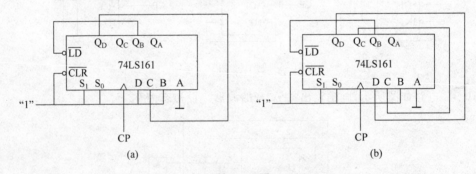

(a)   (b)

题 10-13 图

10-14 电路如图所示,试分析电路功能。

10-15 74LS194 需要经过几个 CP 移位脉冲,才能够实现串行/并行输出?

10-16 用 74LS194 构成如图所示电路,先并行输入数据,使 $Q_A Q_B Q_C Q_D = 0001$。画出状态图,并说明电路功能。

10-17 试分别用清零法和置数法,利用 74LS160 设计八进制计数器。

10-18 试用 74LS290 设计六十进制计数器。

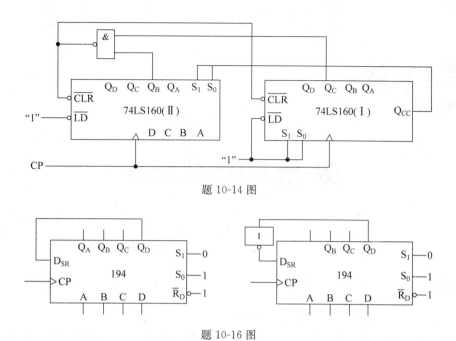

题 10-14 图

题 10-16 图

10-19　用 555 定时器连接的电路如图（a）所示，试根据图（b）所示输入波形确定输出波形。

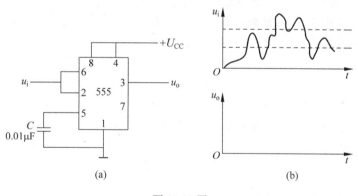

(a)　　　　　　　　　　(b)

题 10-19 图

10-20　分析如图所示的过电压监测电路。试简要分析其工作原理。

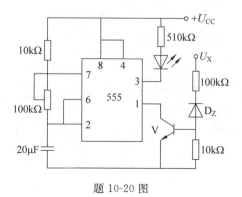

题 10-20 图

第11章

数-模与模-数转换

教学提示

在电子技术中,数字量与模拟量经常需要互相转换。例如当计算机应用于过程控制或者进行信号处理时,需要将连续变化的温度、压力、语言等模拟物理量经传感器转变成电压或电流等电模拟量,再经 A/D 转换器转变成数字量,才能送入计算机进行处理;而计算机处理的结果仍然是数字量,必须要经过 D/A 转换器还原成模拟量,才能实施控制。在数字仪表中,则需要将模拟量转换成数字量进行数字显示。

本章主要介绍数-模与模-数转换器的电路结构、工作原理及主要技术指标。内容包括:数-模转换器,模-数转换器,Multisim 仿真电路实例。

学习目标

掌握 A/D 与 D/A 转换的电路结构和工作原理;
理解 D/A 转换器的主要参数和衡量它们的技术指标。

知识结构

本章知识结构如图 11-1 所示。

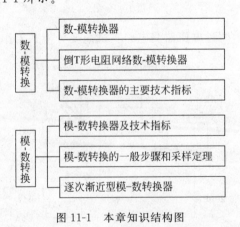

图 11-1　本章知识结构图

11.1 概 述

将模拟量转换成数字量称为模-数转换,能够实现模-数转换的装置称为模-数转换器,简称 A/D 转换器或 ADC(analog digital converter);将数字量转换成模拟量称为数模转换,能够实现数-模转换的装置称为数-模转换器,简称 D/A 转换器或 DAC(digital analog converter)。

图 11-2 所示是模-数和数-模转换的原理框图。

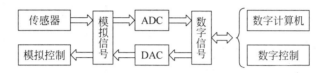

图 11-2 模-数和数-模转换原理框图

衡量 A/D 和 D/A 转换器的指标有两个,一个是 A/D 和 D/A 转换器的转换精度,另一个是 A/D 和 D/A 转换器的转换速度。

D/A 转换器有权电阻网络 DAC、倒 T 形电阻网络 DAC、权电流型 DAC、权电容网络 DAC 以及开关树型 DAC 等几种类型,目前生产的 DAC 大多采用的是倒 T 形电阻网络 DAC。

A/D 转换器一般可以分为直接 A/D 转换器和间接 A/D 转换器两大类。直接 A/D 转换器有并联比较型、计数式反馈比较型、逐次逼近式反馈比较型和可逆式反馈比较型等多种;间接 A/D 转换器有积分型和压-频变换型两类,其中积分型又分为直接积分型、双积分型和多重积分型等多种。

【练习与思考】

11.1.1 什么是 ADC 和 DAC 电路?

11.1.2 衡量 A/D 和 D/A 转换器的两个主要指标是什么?

11.2 数-模转换器

数-模(D/A)转换器的种类有很多,本节主要介绍倒 T 形电阻网络 D/A 转换器和 D/A 转换器的主要技术指标。

11.2.1　倒 T 形电阻网络数-模转换器

倒 T 形电阻网络 D/A 转换器的特点是结构简单、转换速度快,电阻网络只有 R 和 $2R$ 两种阻值的电阻,可以提高转换精度。倒 T 形电阻网络 D/A 转换器的电路结构如图 11-3 所示。

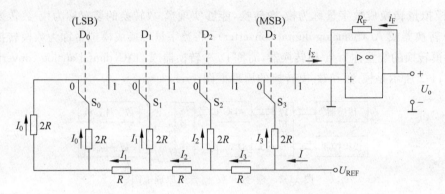

图 11-3　倒 T 形电阻网络 D/A 转换器

倒 T 形电阻网络 D/A 转换器包括:

(1) 基准电压 U_{REF};

(2) R-$2R$ 倒 T 形电阻网络;

(3) 电子模拟开关 S_0、S_1、S_2、S_3;

(4) 运算放大器。

如图 11-3 所示的运算放大器为反相比例运算电路,输出电压为 U_o;$D_3 \sim D_0$ 为输入的 4 位二进制数,当 D_i 为 1 时,它所控制的开关 S_i 接到运算放大器的反相输入端;当 D_i 为 0 时,它所控制的开关 S_i 接地,所以各 $2R$ 电阻上端都等效为接地。由此可得 U_{REF} 向左的等效电路如图 11-4 所示,等效电阻为 R,总电流 $I = U_{REF}/R$。

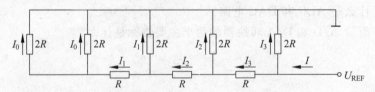

图 11-4　倒 T 形电阻网络的等效电路

由此可得各 $2R$ 电阻支路的电流 I_3、I_2、I_1、I_0 依次为 $I/2$、$I/4$、$I/8$、$I/16$,流入运算放大器的电流 i_{Σ} 为

$$i_{\Sigma} = D_3 \frac{I}{2} + D_2 \frac{I}{4} + D_1 \frac{I}{8} + D_0 \frac{I}{16}$$

$$= \frac{U_{REF}}{2^4 R}(D_3 \times 2^3 + D_2 \times 2^2 + D_1 \times 2^1 + D_0 \times 2^0) \tag{11-1}$$

运算放大器的输出电压 U_o 为

$$U_o = -i_\Sigma R_F = -\frac{U_{REF} R_F}{2^4 R}(D_3 \times 2^3 + D_2 \times 2^2 + D_1 \times 2^1 + D_0 \times 2^0) \tag{11-2}$$

由此可推算出 n 位倒 T 形电阻网络 DAC,当 $R_F = R$ 时,输出电压的计算公式为

$$U_o = -\frac{U_{REF} R_F}{2^n R}(D_{n-1} \times 2^{n-1} + D_{n-2} \times 2^{n-2} + \cdots + D_1 \times 2^1 + D_0 \times 2^0)$$

$$= -\frac{U_{REF}}{2^n} \sum_{i=0}^{n-1} D_i \times 2^i \tag{11-3}$$

由上式可知 R-$2R$ 倒 T 形电阻网络 DAC 输出的模拟电压 U_o 与输入二进制数字量成正比。

D/A 转换器集成芯片种类繁多,按输入的二进制数的位数可分为 8 位、10 位、12 位和 16 位等。以 DAC0832 为例,它是 CMOS 工艺制成的双列直插式 8 位 D/A 转换器,它可以直接与 8051、8085 等多种微处理器接口,它采用的是倒 T 形电阻网络。其结构框图和引脚排列如图 11-5 所示。

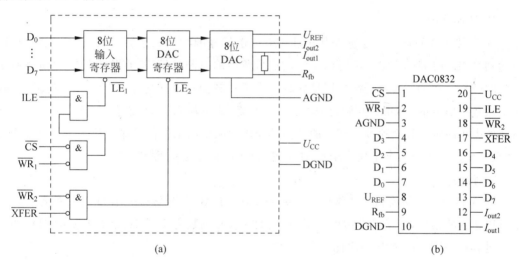

图 11-5　DAC0832 的结构框图和引脚排列图

(a) 结构框图;(b) 引脚排列图

下面简单介绍 DAC0832,它由 8 位输入寄存器、8 位 DAC 寄存器和 8 位 DAC 组成。各引脚功能如下。

$D_0 \sim D_7$:8 位输入数字信号。

$\overline{CS}$:片选信号,输入低电平有效。

ILE:输入锁存允许信号,输入高电平有效。

$\overline{WR_1}$:输入寄存器写信号,输入低电平有效。

$\overline{CS}$、ILE 和 $\overline{WR_1}$:共同控制输入寄存器的数据输入。

$\overline{WR_2}$:DAC 寄存器写信号,输入低电平有效。

$\overline{XFER}$:传送控制信号,输入低电平有效。

$\overline{WR_2}$、$\overline{XFER}$:共同控制 DAC 寄存器的数据输入。

I_{OUT1}：DAC 电流输出 1，当 DAC 寄存器为全 1 时，I_{OUT1} 最大；全 0 时，I_{OUT1} 最小。

I_{OUT2}：DAC 电流输出 2，电路中 $I_{OUT1}+I_{OUT2}=$ 常数。在实际使用中，总是外接运算放大器，将电流输出信号转换成电压输出信号。I_{OUT1} 和 I_{OUT2} 作为运算放大器的两个差分输入信号。

R_{fb}：为外接运放提供的反馈电阻引出端。

U_{REF}：参考电压输入，其电压范围为 $-10\sim10\text{V}$。

U_{CC}：电源电压端，其电压范围为 $5\sim15\text{V}$。

AGND、DGND：模拟地和数字地。

11.2.2　数-模转换器的主要技术指标

1）转换速度

D/A 转换器的转换速度通常由电阻网络传送信号的时间和运算放大器接收信号到输出达到稳态的时间所决定。电阻网络传送信号所用的时间较短，运算放大器接收信号所用的时间较长。在 D/A 转换器中，用建立时间来描述转换速度。建立时间也称为转换时间，它是从数字信号输入 DAC 开始，到输出模拟电流（或电压）达到稳态值所需的时间。建立时间的大小决定了转换速度。在一般产品的使用说明中给出的都是输入数字量满量程变化（从全 0 变为全 1 或从全 1 变为全 0）时的建立时间，通常为 μs 量级。

2）转换精度

D/A 转换器的转换精度通常用分辨率来描述。DAC 的分辨率表示 D/A 转换器在理论上可以达到的精度，是指最小输出电压（对应的输入二制数为 1）与最大输出电压（对应的输入二进制数的所有位全为 1）之比。即

$$分辨率 = \frac{U_{LSB}}{U_m} = \frac{1}{2^n-1}$$

式中，n 表示输入数字量的位数，当 n 分别为 4、8、10、12 时，分辨率则分别为

$$\frac{1}{2^4-1}=0.067, \quad \frac{1}{2^8-1}=0.004, \quad \frac{1}{2^{10}-1}=0.001, \quad \frac{1}{2^{12}-1}=0.00025$$

分辨率越低，说明 D/A 转换器的精度越高。

D/A 转换器的精度除了与位长和分辨率有关外，还常常会受到转换过程中各种误差的影响，也就是说转换的误差将会直接影响转换的精度。造成误差的主要原因包括以下几种：

（1）比例系数误差：它是由于参考（基准）电压 U_{REF} 偏离标准值所引起的，与输入数字量的大小成正比。

（2）漂移误差：它是由运算放大器的零点漂移造成的，与输入数字量的大小无关，是一个可负、可正的固定偏差。

（3）非线性误差：它是由电子开关的导通压降和电阻网络的电阻值偏差产生的。

【练习与思考】

11.2.1 简述倒 T 形电阻网络数-模转换器的特点。

11.2.2 如何定义 ADC 和 DAC 的转换精度？影响转换精度的因素是什么？

11.3 模-数转换器

本节主要介绍模-数转换的一般步骤和采样定理、逐次逼近型模-数转换器及模-数转换器的主要技术指标。

11.3.1 模-数转换的一般步骤和采样定理

A/D 转换过程通常包括采样、保持、量化和编码 4 个步骤，转换过程如图 11-6 所示。

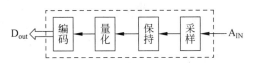

图 11-6　A/D 转换的主要步骤

图 11-6 中所标的采样是对连续变化的模拟信号进行周期性的测量。通常采样脉冲频率 f_s 越高，测量的点就越多，转换就越精确。对输入模拟信号的采样一般应满足下述采样定理：

$$f_s \geqslant 2f_{Imax} \tag{11-4}$$

式中：f_s 为采样频率，f_{Imax} 为输入模拟信号的最高频率。

保持的作用是将采样得到的脉冲进行相应的展宽。通常对采样的要求是速度要快，因而采样的脉宽 T_W 很小，得到采样值的脉冲宽度也很小，所以需要用保持电路展宽采样脉冲。

量化是将采样得到的电压值通过一定的方式转变为量化单位的整数倍，量化的单位用 Δ 表示。Δ 值越小，量化级越多，和模拟量相对应的数字信号的位数也越多；反之 Δ 值越大，量化级越少，相应的数字信号的位数也越少。

编码是用二进制代码表示量化的采样值，二进制代码即为输出的数字信号。

A/D 转换的过程由采样、保持、量化和编码 4 个步骤组成，但在实际的 A/D 转换中，采样和保持通常是合并进行的，而量化和编码也是同时完成的，所用时间是采样保持时间的一部分。

11.3.2 逐次逼近型模-数转换器

下面以逐次逼近型 ADC 的工作过程为例说明 A/D 转换器的原理。逐次逼近型 ADC 是用一系列参考电压与要转换的输入模拟电压从高位到低位逐位进行比较，并由比较结果依次确定各位数据是 0 还是 1。在转换开始前，逐次逼近寄存器需要清零。逐次逼近型 ADC 工作原理框图如图 11-7 所示。

输出数字量
输入电压
u_i
顺序脉冲发生器
逐次逼近寄存器
DAC
u_0
电压比较器

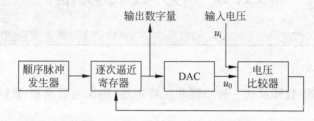

图 11-7 逐次逼近型 ADC 原理框图

逐次逼近型 ADC 的转换过程如下：转换开始，由顺序脉冲发生器输出的顺序脉冲首先将寄存器的最高位置 1，寄存器输出 1000…0000，经 n 位 DAC 转换成相应的模拟电压 $u_o=\frac{U_{REF}}{2}$，送入比较器与输入模拟电压 u_i 进行比较。如果 $u_o>u_i$，则说明数字量过大，需要通过控制逻辑电路将最高位修改为 0，而将次高位置 1；如果 $u_o<u_i$，则说明该数字量不够大，需要通过控制逻辑电路将这一位 1 保留，然后用同样的方法将次高位置 1，经过比较来决定次高位是 0 还是 1。按照这个方法逐位进行比较，直到比较至最低位为止。寄存的逻辑状态就是对应于输入电压 u_i 的输出数字量。

目前广泛采用的是单片集成 ADC，它的种类很多。下面以 ADC0809 为例来简单说明。ADC0809 是 CMOS 8 位 8 通道逐次逼近型 A/D 转换器，它采用双列直插式 28 引脚封装，可以直接与 8 位微机系统接口。ADC0809 的外引脚图如图 11-8 所示。

ADC0809
IN_3 1
IN_4 2
IN_5 3
IN_6 4
IN_7 5
START 6
EOC 7
D_3 8
OE 9
CLOCK 10
U_{CC} 11
$U_{REF(+)}$ 12
GND 13
D_1 14
28 IN_2
27 IN_1
26 IN_0
25 ADDA
24 ADDB
23 ADDC
22 ALE
21 D_7
20 D_6
19 D_5
18 D_4
17 D_0
16 $U_{REF(-)}$
15 D_2

图 11-8 ADC0809 的外引脚图

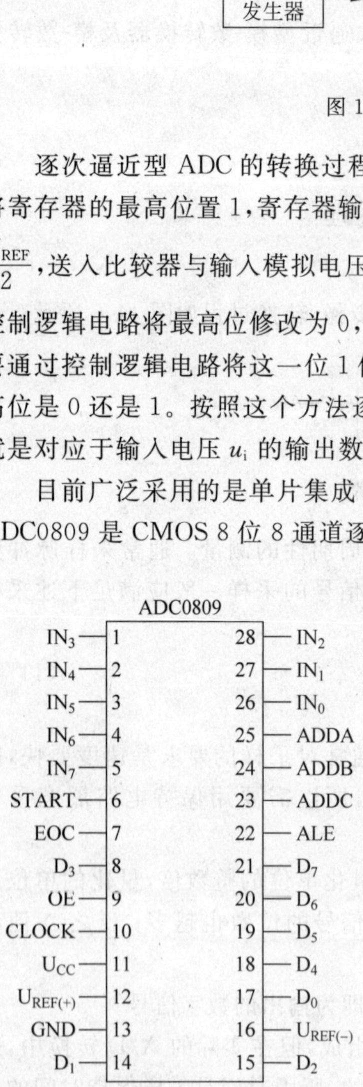

ADC0809 的各引脚功能如下。

$IN_0\sim IN_7$：8 路模拟信号输入端。

$D_0\sim D_7$：8 位数字量输出端。

ADDA、ADDB、ADDC：通道地址选择信号，用来在 $IN_0\sim IN_7$ 中选择一路信号进行模数转换。其中，ADDC 为高位。

ALE：地址锁存允许信号，高电平有效。只有当该信号有效时，才能将地址信号有效锁存，并经译码选中一路模拟通道。

START：启动脉冲输入信号。该信号的上升沿将所有内部寄存器清零，下降沿时开始进行 A/D 转换。

EOC：转换结束信号，EOC＝0 表示转换正在进行，

EOC＝1 表示转换已经结束。因此,EOC＝1 可以作为通知数据接收设备读取转换结果的信号。

CLOCK：时钟脉冲输入端。

OE：输出允许信号,高电平有效。OE＝1 时,打开三态输出缓冲器,允许转换后的数据从 $D_0 \sim D_7$ 输出；OE＝0 时,$D_0 \sim D_7$ 为高阻状态。

$U_{REF(+)}$、$U_{REF(-)}$：参考电压的正、负输入端。单极性转换时 $U_{REF(+)}$ 接 U_{CC},$U_{REF(-)}$ 接 GND。

11.3.3 模-数转换器的主要技术指标

1) 转换精度

在 A/D 转换器中也用分辨率和转换误差来描述转换精度。ADC 的分辨率也被称为分解度,是指 A/D 转换器能够分辨的最小输入模拟电压,通常用输出二进制数的位数表示。从理论上讲,输出为 n 位二进制数的 A/D 转换器可以区分 2^n 个不同的量化级,可以分辨的最小电压是输入满量程电压值的 $\frac{1}{2^n}$,即

$$分辨率 = \frac{1}{2^n} FSR$$

式中,n 表示输出数字量的位数,FSR 表示满量程输入的模拟电压值。例如,当输入模拟电压的满量程为 5V 时,8 位 ADC 的分辨率为 $\frac{5}{2^8} \approx 19.53 \text{mV}$,而 10 位的 ADC 的分辨率则为 $\frac{5}{2^{10}} \approx 4.88 \text{mV}$。由以上两组数值可知,在输入模拟电压满量程一定时,A/D 转换器的位数越多,它的分辨率(分解度)越好。

转换误差通常以输出误差的最大值形式给出,它表示 A/D 转换器实际输出的数字量和理论输出值的差别,并用最低有效位 LSB 的倍数来表示。例如给出转换误差＜±1LSB,这表明实际输出的数字量和理论输出的数字量之间的误差小于最低有效位 1。

2) 转换速度

转换速度是指完成一次转换所需的时间,A/D 转换器的转换时间是从收到转换控制信号开始,到输出端得到稳定的数字信号所经历的时间。它主要由转换电路的类型来决定,不同类型的 ADC 转换速度相差很大。逐次逼近型的转换速度稍低于并联比较型的转换速度,转换速度一般为几十微秒。

【练习与思考】

11.3.1 模-数转换的一般步骤是什么？

11.3.2 什么是采样定理？

11.3.3 简述逐次逼近型模-数转换器的原理。

11.4 Multisim 仿真电路实例

用 Multisim 进行 D/A 转换器仿真分析。

1. 实验目的和要求

熟悉 D/A 转换器数字输入与模拟输出之间的关系,学会设置 D/A 转换器的输出范围。

2. 实验内容

D/A 转换:D/A 转换的过程是先把输入数字量的每一位代码按其权的大小转换成相应的模拟量,然后将代表各位的模拟量相加,即可得到与该数字量成正比的模拟量,从而实现数字/模拟转换。

DAC 的转换精度与它的分辨率有关。分辨率是指 DAC 对最小输出电压的分辨能力,可定义为输入数码只有最低有效位为 1 时的输出电压 U_{LSB} 与输入数码为全 1 时的满度输出电压 U_{m} 之比,即:分辨率 $= \dfrac{U_{\text{LSB}}}{U_{\text{m}}} = \dfrac{1}{2^n-1}$,当 U_{m} 一定时,输入数字代码位数 n 越多,则分辨率越小,分辨能力就越高。

图 11-9 为 8 位电压输出型 DAC 电路图,这个电路可加深我们对 DAC 数字输入与模拟输出关系的理解。DAC 满度输出电压的设定方法为:首先在 DAC 数码输入端全加 1(即 11111111),然后调整 2k 电位器使满度输出电压值达到输出电压的要求。

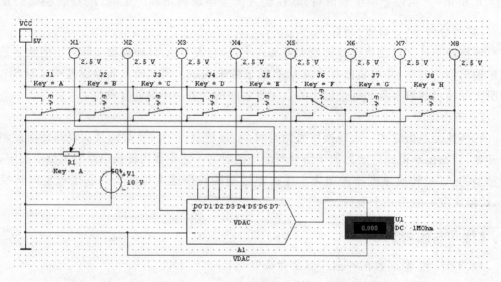

图 11-9 8 位电压输出型 DAC 电路图

图 11-10 为一个 8 位电压输出型 DAC 与一个 4 位二进制计数器 7493 相连,计数器的输入时钟脉冲由 1kHz 信号发生器提供。

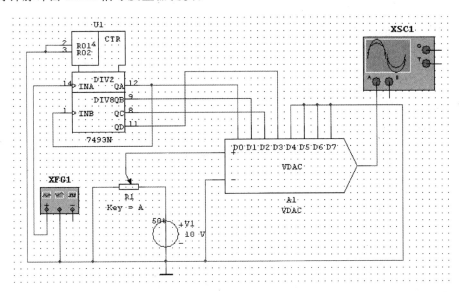

图 11-10　8 位电压输出型 DAC 与 4 位二进制计数器 7493 相连

电路中只有 DAC 低 4 位输入端接到计数器的输出端,高 4 位输入端接地。这意味着这个 DAC 最多只有 15 级模拟电压输出,而不是通常 8 位 DAC 的 255 级。计数器在计到最后一个二进制数 1111 时,将复位到 0000,并开始新一轮计数。因此在示波器的屏幕上,所看到的 DAC 模拟电压输出曲线像是一个 15 级阶梯。通过测量示波器曲线图上第 15 级的最大电压值,可确定 DAC 满度输出电压。这个电压将小于全 8 位数码输入时 255 级 DAC 的满度输出电压。

3. 实验步骤

(1) 单击电子仿真软件 Multisim 10 基本界面左侧左列真实元件工具条的 Mixed 按钮,从弹出的对话框 Family 栏选取 ADC_DAC,再从 Component 栏选取 VDAC,如图 11-11 所示,最后单击右上角 OK 按钮,将 D/A 转换器调出放置在电子平台上。

(2) 单击电子仿真软件 Multisim 10 基本界面左侧右列虚拟元件工具条,从弹出的元件列表框中选取电位器,调出放置在电子平台上,并双击电位器图标,将弹出的对话框中 Increment 栏改成"1"%;将 Resistance 栏改成"2"kOhm,最后单击对话框下方"确定"按钮退出。

(3) 直流电压源 V_1 从电子仿真软件 Multisim 10 基本界面左侧左列元件工具条 Source 元件库中调出,并双击电压源图标,将弹出的对话框 Voltage 栏改成"10"V,单击对话框下方"确定"按钮退出;其他元件调法不再赘述。

(4) 在 Multisim 10 平台上建立如图 11-9 所示仿真实验电路。

(5) 打开仿真开关进行动态分析,将所有的逻辑开关置 1,指示灯 $X_1 \sim X_8$ 都亮。调整电位器(一般置 50%处即可),使 DAC 输出电压尽量接近 5V(约 4.972V),这时 DAC 的满度输出电压已设置成为 5V。

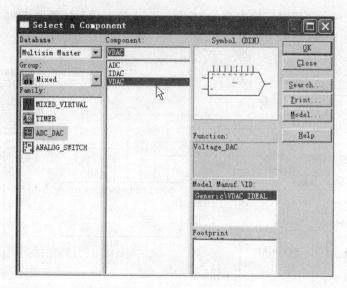

图 11-11　VDAC 对话框

（6）根据需要按键盘上的 A～H 键，将 DAC 的数码输入逐渐改为 00000000～00000111 和 11111111，记录数/模转换器相应的输出电压。

（7）根据 DAC 的满度输出电压和 8 位输入的级数，计算图 11-9 所示 DAC 电路的分辨率。

（8）关闭仿真开关。保留图 11-9 中的 VDAC、10V 电压表和 2k 电位器，删除其他所有元件。

（9）单击电子仿真软件 Multisim 10 基本界面左侧左列真实元件工具条的 TTL 按钮，从弹出的对话框 Family 栏选取"74STD"，再从 Component 栏选取 7493N，如图 11-12 所示，最后单击右上角 OK 按钮，将 4 位二进制计数器调出放置在电子平台上。

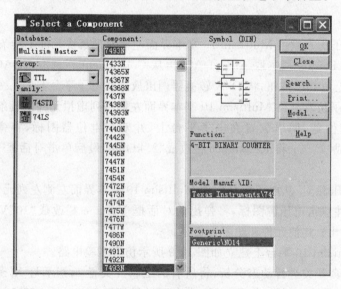

图 11-12　7493N 对话框

（10）从电子仿真软件 Multisim 10 基本界面右侧调出虚拟函数信号发生器和双踪示波器，将它们放置在电子平台上，连成仿真电路如图 11-10 所示。

（11）打开仿真开关进行动态分析。双击虚拟函数信号发生器图标，弹出的放大面板参照图 11-13 设置；双击虚拟示波器，在放大面板屏幕上将显示出 DAC 模拟输出的阶梯波，虚拟示波器放大面板设置参照图 11-14。

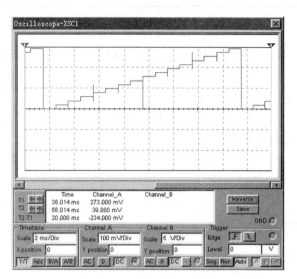

图 11-13　虚拟函数信号发生器
　　　　　设置参照图

图 11-14　虚拟示波器放大面板屏幕

（12）利用虚拟示波器放大面板屏幕上的波形，测量并记录 DAC 的分辨率和满度输出电压。

本 章 小 结

本章主要介绍了数据采集系统中两种重要的接口电路：D/A 转换器和 A/D 转换器。

（1）在 D/A 转换器中，主要介绍了倒 T 形电阻网络 D/A 转换器的电路组成、工作原理以及相应的集成电路 DAC0832。

（2）在 A/D 转换电路中，介绍了 A/D 转换的主要步骤及逐次逼近型 A/D 转换器的电路组成、工作原理及相应的集成电路 ADC 0809。

（3）对上述两种电路的主要参数进行了描述。在实际应用和设计 DAC 和 ADC 时，必须考虑转换精度和转换速度这两个重要技术指标。

习　题　11

11-1　在图 11-3 中,当 $D_3 D_2 D_1 D_0 = 1011$ 时,试计算输出电压 u_o。设 $U_{REF} = 10V, R_F = R$。

11-2　在图 11-3 中,设 $U_{REF} = 10V, R_F = R = 10k\Omega$,当 $D_3 D_2 D_1 D_0 = 1010$ 时,计算输出电压 u_o 及各支路电流。

11-3　在 4 位逐次逼近型 A/D 转换器中,设 $U_{REF} = 10V, u_i = 8.1V$,试求转换结果并说明逐次比较的过程。

参 考 文 献

[1] 秦曾煌.电工学简明教程[M].北京：高等教育出版社,2015.

[2] 清华大学教研组.模拟电子技术基础简明教程[M].北京：高等教育出版社,1995.

[3] 吕砚山.电子技术(电工学Ⅱ)例题习题集[M].北京：高等教育出版社,1990.

[4] 齐书聪,蔡胜乐.模拟电子技术基础[M].沈阳：东北大学出版社,1994.

[5] 杨素行.模拟电子技术基础简明教程[M].3版.北京：高等教育出版社,2007.

[6] 童诗白,华成英.模拟电子技术基础[M].4版.北京：高等教育出版社,2010.

[7] 范立南,恩莉,代红艳,等.模拟电子技术[M].北京：中国水利水电出版社,2006.

[8] 于荣义.电工与电子技术[M].北京：人民邮电出版社,2011.

[9] 王鸿明,段玉生,王艳丹.电工与电子技术[M].北京：高等教育出版社,2009.

[10] 郭木森.电工学[M].北京：高等教育出版社,2001.

[11] 程周.电工与电子技术教学参考书[M].北京：高等教育出版社,2006.

[12] 康恩顺.电工与电子技术基础[M].沈阳：东北大学出版社,2010.

[13] 唐庆玉.电工技术与电子技术[M].北京：清华大学出版社,2007.

[14] 肖志红.电工电子技术[M].北京：机械工业出版社,2010.

[15] 梁艳,苏圣超,蒲永红.电工与电子技术[M].北京：清华大学出版社,2013.

[16] 叶挺秀,张伯尧.电工电子学[M].北京：高等教育出版社,2014.

[17] 徐淑华.电工电子技术[M].北京：电子工业出版社,2013.

[18] 王殿宾.电工技术[M].北京：机械工业出版社,2012.